高等职业教育“十四五”规划教材

蔬菜生产技术

（南方本）

第2版

刘峻蓉　林春华　赵劲松　主编

中国农业大学出版社
·北京·

内 容 简 介

本教材介绍了蔬菜生产的基本原理、主要设施、基本技术、栽培制度与生产计划的制订，瓜类蔬菜、茄果类蔬菜、白菜类蔬菜、根菜类蔬菜、葱蒜类蔬菜、绿叶菜类蔬菜、豆类蔬菜、薯芋类蔬菜、水生蔬菜、多年生蔬菜和其他蔬菜生产技术以及主要病虫害识别与防治技术。本版教材增加了课程思政元素，注重新知识、新技术、新成果的融入，配套了课件、习题和视频、动画等教学资源，教材图文并茂，内容充实，实用性强。

本教材可供园艺技术、园林技术、现代农业技术、设施农业与装备、作物生产技术与经营管理、植物保护技术等相关专业学生使用，也可作为高素质农民和基层农技人员的培训教材和参考书籍。

图书在版编目(CIP)数据

蔬菜生产技术．南方本／刘峻蓉，林春华，赵劲松主编．-- 2 版．-- 北京：中国农业大学出版社，2024．7．-- ISBN 978-7-5655-3253-5

Ⅰ．S63

中国国家版本馆 CIP 数据核字第 20247SZ505 号

书　　名　蔬菜生产技术(南方本)　第 2 版
Shucai Shengchan jishu (Nanfangben)

作　　者　刘峻蓉　林春华　赵劲松　主编

策划编辑　张　玉　　**责任编辑**　张　玉
封面设计　中通世奥图文设计
出版发行　中国农业大学出版社
社　　址　北京市海淀区圆明园西路 2 号　　**邮政编码**　100193
电　　话　发行部 010-62733489，1190　　读者服务部 010-62732336
编辑部 010-62732617，2618　　出　版　部 010-62733440
网　　址　http://www.caupress.cn　　**E-mail** cbsszs@cau.edu.cn
经　　销　新华书店
印　　刷　天津鑫丰华印务有限公司
版　　次　2024 年 12 月第 2 版　　2024 年 12 月第 1 次印刷
规　　格　185mm×260mm　　16 开本　　20.5 印张　　512 千字
定　　价　58.00 元

图书如有质量问题本社发行部负责调换

第2版编写人员

主　　编　刘峻蓉（云南农业职业技术学院）
　　　　　林春华（广东农工商职业技术学院）
　　　　　赵劲松（襄阳职业技术学院）

副 主 编　祁永琼（云南农业职业技术学院）
　　　　　盛　鹏（云南农业职业技术学院）
　　　　　冯冬林（福建农业职业技术学院）
　　　　　王国伟（玉溪农业职业技术学院）

参　　编　张江丽（云南农业职业技术学院）
　　　　　杨普秋（云南农业职业技术学院）
　　　　　王永竹（广东科贸职业学院）
　　　　　周　欣（江西生物工程职业学院）
　　　　　刘美琴（福建农业职业技术学院）

第 1 版编写人员

主　　编　刘峻蓉（云南农业职业技术学院）

副 主 编　柴正群（云南农业大学热带作物学院）

许邦丽（云南农业职业技术学院）

祁永琼（云南农业职业技术学院）

盛　鹏（云南农业职业技术学院）

第 2 版前言

党的二十大报告明确提出了“深化教育领域综合改革，加强教材建设和管理”，体现了对教材建设的高度重视。职业教育教材是落实教育教学任务的知识载体，对于培养具备实践能力的高技能人才起着重要的支撑作用。本教材是根据《职业院校教材管理办法》《国家职业教育改革实施方案》等文件精神和要求，在中国农业大学出版社的精心策划和组织下编写的。

教材在第 1 版的基础上，增加了课程思政元素，注重新知识、新技术、新成果的融入，配套了课件、习题和视频、动画等教学资源，充分体现了高等职业教育人才培养目标；从我国，尤其是南方的蔬菜生产实际出发，结合南方地区的气候特点，根据培养目标，以工作过程为导向来组织与编排教材内容，确定典型工作任务，合理地设置与安排教学实训；精简理论方面的内容，构建以培养学生职业能力为主线的课程内容体系，以切实、典型的工作任务为载体；力求把新的教学理念、新的教学实践融入到教材之中，及时准确地反映蔬菜产业行业新的技术方法和发展成果，做到深浅适度，实用、够用，重点突出，综合性强，突出科学性、实践性和针对性，尽可能满足学生需要。

教材内容包括蔬菜生产的基本原理、主要设施、基本技术、栽培制度与生产计划的制订，瓜类蔬菜、茄果类蔬菜、白菜类蔬菜、根菜类蔬菜、葱蒜类蔬菜、绿叶菜类蔬菜、豆类蔬菜、薯芋类蔬菜、水生蔬菜、多年生蔬菜和其他蔬菜生产共 14 个模块，每个任务下设任务目标、任务材料、任务考核等环节，介绍了南方蔬菜生产适宜的生产设施、种植时间、品种安排和生产技术，与露地生产互补，合理安排栽培茬口。但南方各地仍有地形、气候、消费习惯等差异，因此诚恳希望使用本教材的各位老师，能紧密结合当地的实际情况开展教学，以取得最佳的教学效果。

本教材由云南农业职业技术学院刘峻蓉、广东农工商职业技术学院林春华、襄阳职业技术学院赵劲松任主编，福建农业职业技术学院冯冬林、云南农业职业技术学院祁永琼和盛鹏任副主编，云南农业职业技术学院张江丽和杨普秋、广东科贸职业学院王永竹、江西生物工程职业学院周欣和福建农业职业技术学院刘美琴参加编写。教材编写的具体分工：刘峻蓉编写“模块一蔬菜生产的基本原理”；刘美琴编写“模块二蔬菜生产的主要设施”；周欣编写“模块三蔬菜生产的基本技术”；冯冬林编写“模块四蔬菜栽培制度与生产计划的制订”“模块六茄果类蔬菜生产技术”；林春华编写“模块五瓜类蔬菜生产”；盛鹏编写“模块七白菜类蔬菜生产”；杨普秋编写“模块八根菜类蔬菜生产”；赵劲松编写“模块九葱蒜类蔬菜生产”“模块十三水生蔬菜生产”；王永竹编写“模块十绿叶菜类蔬菜生产”；祁永琼编写“模块十一豆类蔬菜生产”；张江丽编写“模块十二薯芋类蔬菜生产”；王国伟编写“模块十四多年生蔬菜和其他蔬菜生产”。

由于编者水平所限，书中难免有不足之处，恳请广大读者批评指正，以便我们在今后教材修订时进一步完善。

编　者
2024 年 3 月

第 1 版前言

目　录

模块一

蔬菜生产的基本原理

岗位要求

针对学生就业岗位的需求调研发现，无论是从事蔬菜生产设施设备检修或运行管理，还是从事蔬菜育苗或蔬菜生产管理、蔬菜采后处理或营销，都需要学习掌握蔬菜生产的基本原理。

知识目标

通过学习，掌握蔬菜的概念和特点，了解蔬菜的营养价值、起源以及我国蔬菜发展现状及蔬菜行业发展前景，学习蔬菜的三种分类方法，掌握三种分类方法的异同。

能力目标

认识学习本课程的方法，能通过现代信息技术及实物熟练地识别当地的各类蔬菜，并能将蔬菜按照不同分类方法进行分类。

素质与课程思政目标

通过教学，让学生了解我国农业悠久的历史和取得的丰硕成果，增强民族自豪感和民族自信心；培养学生大国“三农”情怀；引导学生“懂农业、爱农村、爱农民”，服务家乡，增强助力乡村全面振兴的责任感和使命感，培养学生的观察能力、分析能力，提升学生严谨的科学态度。

项目一　蔬菜生产概况

一、蔬菜的定义与特点

1. 蔬菜的含义

广义的蔬菜是指一切可供佐餐的植物总称，包括一、二年生及多年生草本植物，少数木本植物，食用菌类，藻类，蕨类和某些调味品等；狭义的蔬菜是指具有多汁的食用器官，可以用来作为副食品的一、二年生及多年生草本植物。

2. 蔬菜的特点

(1)种类繁多　包括草本植物、一些木本植物、菌类和藻类植物。据不完全统计，世界上的蔬菜种类有 200 多个种(亚种、变种不计其数)，普遍栽培的只有 60 种左右，大部分还属于半栽培种或野生种，可供开发利用的资源比较丰富，开发潜力很大。

(2)食用器官多样化　包括蔬菜的根、茎、叶、花、果等。

(3)营养丰富　蔬菜含有人体必需的多种维生素、矿物质、碳水化合物、微量元素以及有机酸等营养物质，有的蔬菜还含有具有医疗保健作用的蛋白质、氨基酸、酶等成分，能够治疗和预防某些疾病。

(4)产品不耐贮藏　蔬菜含水量高，易萎蔫和腐烂变质，贮藏运输受到一定限制。

二、蔬菜生产及其特点

1. 蔬菜生产的概念

蔬菜生产是根据蔬菜作物的生长发育规律和对环境条件的要求，确定合理的生产制度和采取各种管理措施，创造适宜蔬菜作物生长发育的环境，以获得高产、优质、品种多样的蔬菜产品并能均衡供应市场的过程。

2. 蔬菜生产的特点

(1)农业生产的重要组成部分　在我国，蔬菜是仅次于粮食作物的重要农作物。

(2)季节性强　蔬菜生产，特别是露地蔬菜生产，产量和质量易受各种不良环境条件的影响，容易形成淡旺季现象，利用多种保护地设施进行各种蔬菜的反季节生产，可以有效地解决供需之间的矛盾，达到周年均衡供应。

(3)生产周期短，效益高　蔬菜是一种高产的经济作物，从栽植到收获生产周期短，见效快，生产效益好。蔬菜产品除了以鲜菜供应市场外，还可进行保鲜贮藏、加工，鲜菜结合贮藏加工，不仅外运远销增加蔬菜产值，而且可以延长蔬菜供应期，解决供需矛盾，扩大流通领域。

(4)技术性较强，需精耕细作　由于蔬菜生长快、产量高，又要求产品鲜嫩，这就要求有肥沃、疏松透气、保水保肥性能好的菜园土壤，还需要精耕细作和较高的栽培管理技术水平。

(5)方式多种多样　蔬菜的栽培方式可分为露地栽培和保护地栽培两大类。露地栽培是选择适宜的生长季节进行露地直播或育苗移栽，成本较低；保护地栽培是在不适宜蔬菜生长的季节，利用设施进行蔬菜栽培的方式，主要解决淡季蔬菜供应。保护地蔬菜栽培又有促成栽培、早熟栽培、延后栽培、越夏栽培、软化栽培和无土栽培等形式。各种栽培方式的结合可以解决蔬菜的周年均衡供应问题。

(6)集约化程度比较高　除个别蔬菜外，绝大多数蔬菜需要育苗，集中育苗是蔬菜集约化生产的特点之一；另外，蔬菜可以实行复种，复种是蔬菜集约化生产的又一个特点，能显著提高土地和光能利用率，是实现高产、种类多样、周年均衡供应的有效途径。

三、我国蔬菜发展现状及蔬菜行业发展前景

(一)蔬菜生产的发展现状

蔬菜作为我国居民日常生活中必不可少的食品，随着种植结构的调整以及人们对食品安全关注度的不断提高，蔬菜行业迅速发展，产量也随之不断增加。

(1)生产持续发展　我国是世界上最大的蔬菜生产国、消费国和出口国。

你知道吗?

自 2012 年开始，我国蔬菜总产值超过粮食总产值，成为我国第一大农产品。2022 年，我国蔬菜播种面积 2 237.5 万 hm^2，产量 78 705.2 万 t，占世界总量的 48%，人均占有量 552 kg，总产值达 2.2 万亿元，居全国农业产业之首。常年生产的蔬菜达 14 大类 150 多个品种，逐步满足了人们多样化的消费需求。

(2)科技水平不断提高　我国农业科技创新整体水平已进入世界第二方阵，农业科技创新体系从中央到地方层级架构完整，机构数量、人员规模、产业和学科覆盖面均为全球之最。在设施农业上，从“靠天吃饭”的传统生产，到依靠设施农业生产，实现了新鲜蔬菜和水果的周年供应，打破了水、温、光等自然条件对农业生产的限制，从塑料大棚、拱棚到现代日光温室和连栋温室，形成持续发展、总面积达到其他国家总和 5 倍以上的设施农业规模。同时，我国蔬菜品种、生产技术不断创新与转化，显著提高了产业科技含量和生产技术水平。

(3)蔬菜产业集中度进一步提高　全国蔬菜生产快速发展，产量大幅增长，目前已形成华南与西南热区冬春蔬菜、长江流域冬春蔬菜、黄土高原夏秋蔬菜、云贵高原夏秋蔬菜、北部高纬度地区夏秋蔬菜、黄淮海与环渤海地区设施蔬菜六大优势区域，各区域优势品种不同、上市档期交替，形成了具有中国特色、不同纬度依次推进的梯次消费，即按茬口衔接上市的蔬菜供应链体系，大大提高了全国蔬菜均衡供应能力和防范自然风险、市场风险的能力。

(4)市场流通体系不断完善　我国蔬菜产业基本确立了以集贸市场为基础，农产品批发市场为中心，农民经纪人、批发经销商、个体菜贩、中介组织、加工企业为主体，农超对接、产销直供为方向的农产品流通体系和格局。逐步完善以蔬菜(农产品)批发市场(4 300 个)建设为核心的蔬菜流通设施体系，形成立足蔬菜主产区和主销区，覆盖城乡、布局合理、流转顺畅、竞争有序、高效率、低成本、低损耗的现代蔬菜流通体系。同时，完善的公路网络体系和开放的公路运输市场，构建了我国蔬菜物流体系，并承担了 95%以上的蔬菜运输任务。近年来，高速公路农产品绿色通道的开启，也大大降低了蔬菜流通费用，提高了物流效率。

(5)加工业快速发展　我国蔬菜加工业发展迅速，特色优势明显，促进了出口贸易的发展。蔬菜加工产品主要包括腌制/腌渍蔬菜、干制蔬菜、速冻蔬菜、蔬菜汁、糖制蔬菜、鲜切蔬菜以及提取物等。

(二)我国蔬菜生产中存在的问题

蔬菜具有鲜活易腐、不耐贮运，生产季节性强、消费弹性系数小，高投入、自然风险与市场

风险高等特点。当前，在新的形势下，还存在以下一些突出问题。

(1)蔬菜价格波动较大　生产端供给数量忽多忽少，生产的不稳定性与消费的均衡性矛盾导致市场价格暴涨暴跌时有发生。蔬菜作为生活必需品，虽然消费者单次购买的数量一般比较少，但购买次数相对频繁，而产品可替代性又低，这在一定时期内会保持需求的相对稳定性。但由于农民扩大或缩小种植面积大多会根据前期产品收益的高低来作为参考，生产盲目性较大，再加上产量受天气等自然条件因素影响大，从而造成蔬菜供给数量不稳定，忽多忽少，导致市场价格忽高忽低。

(2)设施结构不合理、限制机具使用　目前我国南方设施栽培生产多采用一些简易型塑料拱棚，设施简陋、空间小、作业不便、产出率低，受雪、风、低温、高温、弱光等自然灾害影响大；缺乏有效抵御冬春季低温、高湿、寡照和积雪，夏秋季高温等不利气候的措施。另外，塑料大棚跨度、脊高及两端结构多种多样，没有充分考虑机械作业的通过性；与此同时，南方地区还存在大量的中小拱棚，整体较矮，且常有支柱，难以机械化作业。

(3)产地市场体系薄弱，采后处理不足　当前我国农产品产地市场区域还存在着不均衡的现象，部分地区产地市场发展缓慢。特别是缺少预冷库、保鲜库、冷藏车等基础设施，分级、分选、包装多由人工完成，没有形成区域化、规模化、专业化的市场服务体系。采后商品化处理程度低，不仅影响商品质量，也因为卖相问题，影响销售价格，导致蔬菜从田间地头到消费者餐桌这“最初1公里”的坎坷。

(4)部分地区蔬菜种植规模小、品种多、管理不统一　目前，我国蔬菜产业仍以个体农户分散经营为主，蔬菜生产经营户众多，专业化程度低。在水、肥、药及栽培管理等方面，农户种植完全凭经验进行，主观差异大，操作随意性大，行株距等作业指标经常凭经验判断，种植管理不统一，不利于起垄机、移栽机等农机装备的配套。

(5)机械化水平还不高　目前蔬菜种植和采运的机械化水平还不高，现阶段还是以人工作业为主。采运机械主要包括采摘或运输两个过程，机械采摘设备相对较少；运输以省力轨道车等室内运输设备为主，应用比例不高。灌溉施肥和环境调控机械化水平有待进一步提升。节水灌溉包括滴灌、微灌等方式；施肥多采用水肥一体化设备进行作业。环境调控机械以机械卷帘、机械卷膜作业为主。

(6)农机设备成本高、种类少、智能化水平低　播种、移栽等设备，国内产品种类少，国外进口设备价格高，使用和维修费用也高；设施农机补贴机具种类少，主要以卷帘机、微耕机和保鲜库为主。在水肥灌溉、环境控制等环节，人为操作多，只凭经验感觉把握，不仅造成水肥等资源的浪费，还很难营造出最适宜作物生长的条件，影响作物的产量和品质。

(7)农业现代新技术推广应用普及率还不高　一是农机技术人员缺乏，懂蔬菜农艺和机械操作与维护的人员不多，基层农技人员对新机具新技术的知识更新速度跟不上现代农业机械化发展需求，难以向种植户推荐适宜机具；二是种植户和蔬菜生产人员知识和技能不能满足机械化生产要求；三是特色蔬菜机械化生产技术规范还未形成，缺乏设施农业机械技术标准、作业质量标准和规范，难以进行技术推广和规范化生产指导。

(三)蔬菜行业发展前景

1. 政策利好行业发展

近年来，在中央“三农”政策和各级政府的大力推动下，农产品生产和销售的流通环节不断优化，建立健全从乡村到城市的农产品产销配送体系，从田间到餐桌的供销渠道越来越便捷通畅。同时，在国家乡村振兴战略、国家数字化农业战略等多种因素的推动下，不断发展现代设施蔬菜产业集群，带动了传统蔬菜产业振兴，蔬菜行业前景广阔。

2. 冷链物流促进行业发展

冷链物流可以使生鲜蔬菜、食品等商品在生产、运输、贮藏等过程中保持低温，以保证生鲜品质，减少损耗。随着生鲜蔬菜产量和品质的不断发展，我国居民消费结构不断升级，冷链物流与农产品融合发展，将扩大蔬菜等农产品的交付范围，推动蔬菜市场快速发展。

3. 智慧农业带动行业发展

目前，智慧农业在我国展现出较好的发展潜力。创新技术的不断涌现，从根本上改变了传统农业的发展模式，通过应用物联网技术、人工智能技术、GIS 技术以及大数据技术等使中国农业从原来看天吃饭的传统农业模式转变为高产、高效、低耗、优质、生态和安全的智慧农业模式。随着物联网技术的不断发展，数据存储、全面感知、数据上云等方式使得智慧农业的传输网络进一步扩大，互联网＋智慧农业模式不断涌现。未来，智慧农业将深入农业各个环节，进一步推动农产品行业发展。

4. 先进栽培技术不断升级，推动行业发展

随着更先进的栽培技术的发展，蔬菜生产有望对温度、湿度、光照、病虫害防治以及细化处理等进行更严格管理，以满足质量要求，推动蔬菜行业不断发展。

随着蔬菜消费市场的多元化发展，适应不同消费群体、不同季节、不同熟性的蔬菜新品种将不断涌现。质优味美型蔬菜、营养保健型蔬菜、天然野味型蔬菜、奇形异彩型蔬菜、绿色安全型蔬菜将会越来越多地进入千家万户。

项目二　蔬菜的分类

蔬菜的种类很多，随着近年来不断引进蔬菜新类型和对野生种的驯化，蔬菜的种类在不断增加，在同一种类中又出现了许多变种，每一变种中还有许多品种。为了便于学习和研究，需要对蔬菜进行整理和分类。蔬菜的分类方法通常有三种：植物学分类法、食用器官分类法和农业生物学分类法。

一、植物学分类法

植物学分类法是在明确形态、生理、遗传的亲缘关系基础上，按照其不同，区分出各分类单位。如按照门、纲、目、科、属、种、亚种、变种来分类，每个种、亚种、变种都有自己的拉丁学名，如大白菜属于十字花科、芸薹属、芸薹种、大白菜亚种、结球白菜变种。这种分类方法有利于区分蔬菜植物之间的亲缘关系，对于指导育种工作和防病治病有重要意义。缺点是有些虽属同科的蔬菜，由于食用器官的不同常在生物学特性和栽培方法上也不相同。按照这种分类方法，蔬菜植物可分为 32 个科，210 多个种，常见的约 60 个种，亚种、变种、品种不计其数。

我国经常栽培的蔬菜植物总共有 20 多个科，其中绝大部分属于种子植物。以双子叶植物的十字花科、豆科、茄科、葫芦科、伞形科、菊科，单子叶植物的百合科、禾本科为主。常见蔬菜的植物学分类见表 1-1。

表 1-1 常见蔬菜的植物学分类

真菌门 担子菌纲			
木耳科	黑木耳	口蘑科	香菇
			平菇
	银耳		金针菇
伞菌科	蘑菇	光柄菇科	草菇
	双孢菇	鬼伞科	鸡腿菇
被子植物亚门 双子叶植物纲			
藜科	叶用甜菜(莙达菜)	十字花科	辣根
	根用甜菜(红菜头)		豆瓣菜
	菠菜		荠菜
蓼科	食用大黄		乌塌菜
番杏科	番杏		菜薹
落葵科	红花落葵(空心菜)	锦葵科	黄秋葵
	白花落葵		冬寒菜
苋科	苋菜	豆科	菜豆
十字花科	萝卜		豇豆
	芜菁		大豆(毛豆)
	芜菁甘蓝		蚕豆
	甘蓝类 羽衣甘蓝 结球甘蓝(莲花白) 抱子甘蓝 花椰菜 青花菜(西蓝花) 球茎甘蓝		豌豆
			扁豆
			苜蓿(金花菜)
			葛
			豆薯(凉薯)
			蔓生刀豆
	大白菜		四棱豆
	小白菜	菱科	菱角
	芥蓝	茄科	马铃薯
	叶芥菜 籽芥菜 根芥菜 榨菜		茄子
			番茄
			辣椒
			枸杞
			酸浆

续表 1-1

被子植物亚门 双子叶植物纲			
楝科	香椿	伞形科	胡萝卜
唇形科	草石蚕		芹菜 根芹
	薄荷		水芹菜
	紫苏		芫荽
睡莲科	莲藕		小茴香
	莼菜		大茴香
旋花科	蕹菜		美洲防风
	甘薯		香芹菜
葫芦科	黄瓜	菊科	莴苣类 　莴笋 　长叶莴苣 　皱叶莴苣 　结球莴苣 　散叶莴苣
	甜瓜 香瓜 网纹甜瓜 越瓜		茼蒿
	南瓜		菊芋
	西葫芦(美洲南瓜) 飞碟瓜		苦苣
	笋瓜(印度南瓜)		菊花脑
	黑籽南瓜		朝鲜蓟
	西瓜		婆罗门参
	冬瓜		紫背天葵
	节瓜		牛蒡
	佛手瓜		
	瓠瓜		
	丝瓜		
	苦瓜		
	蛇瓜		

被子植物亚门 单子叶植物纲			
天南星科	芋	香蒲科	蒲菜
	魔芋	泽泻科	慈姑
禾本科	毛竹笋	莎草科	荸荠(马蹄)
	甜玉米	百合科	韭菜
	茭白(茭笋、菰)		大葱

续表 1-1

被子植物亚门 单子叶植物纲			
百合科	洋葱(圆葱)	百合科	龙芽百合
	大蒜		金针菜(黄花菜)
	胡葱		薤(藠头)
	细香葱(分葱)	姜科	姜
	韭葱		蘘荷
	兰州百合	薯蓣科	山药
	卷丹百合		甜薯
	石刁柏(芦笋)		

二、食用器官分类法

此分类法适用范围只限于种子植物的蔬菜种类,一些特殊的蔬菜种类如食用菌类除外。根据蔬菜食用器官的不同进行分类,如根、茎、叶、花、果、种子及其变态类型。

(一)根菜类

以肥大的肉质根部为产品的蔬菜,可分为:

(1)直根类　以肥大主根为产品,如萝卜、芜菁、胡萝卜、牛蒡、根用甜菜等。

(2)块根类　以肥大的直根或营养芽发生的根为产品,如甘薯、豆薯、葛等。

(二)茎菜类

以肥大的茎部为产品的蔬菜,可分为:

(1)肉质茎类　以肥大的地上茎为产品,如莴苣、茭白、茎用芥菜、球茎甘蓝等。

(2)嫩茎类　以萌发的嫩芽为产品,如石刁柏、竹笋等。

(3)块茎类　以肥大的地下块茎为产品,如马铃薯、菊芋、草石蚕等。

(4)根茎类　以地下的肥大根茎为产品,如姜、莲藕等。

(5)球茎类　以地下的球茎为产品,如慈姑、芋等。

(6)鳞茎类　以肥大的鳞茎为产品,如大蒜、洋葱、百合等。

(三)叶菜类

以叶片及叶柄为产品的蔬菜,可分为:

(1)普通叶菜类　如小白菜(不结球白菜)、叶用芥菜、菠菜、茼蒿、苋菜、莴苣、叶用甜菜、落葵等。

(2)结球叶菜类　形成叶球的蔬菜,如大白菜、结球甘蓝、结球莴苣、抱子甘蓝等。

(3)香辛叶菜类　叶有香辛味的蔬菜,如葱、韭菜、芫荽、茴香、薄荷等。

(四)花菜类

以花器或肥嫩的花枝为产品的蔬菜,可分为:

(1)花器类　如金针菜、朝鲜蓟等。

(2)花枝类　如花椰菜、菜薹等。

(五)果菜类

以果实和种子为产品的蔬菜,可分为:

(1)瓠果类　如南瓜、黄瓜、冬瓜、丝瓜、苦瓜、瓠瓜等。

(2)浆果类　如茄子、番茄、辣椒等。

(3)荚果类　如菜豆、豇豆、刀豆、蚕豆、豌豆、毛豆等。

(4)杂果类　如甜玉米、黄秋葵、菱角等。

按照食用器官的分类,可以了解蔬菜在形态及生理上的关系。凡食用器官相同的,其生物学特性及栽培方法也大体相同,如肉质根类。当然也有例外,有些蔬菜同属一种食用器官分类,栽培方法却相差甚远,如一些瓜类和豆类蔬菜。而有的蔬菜尽管分属不同食用器官分类,但栽培方法却非常相似,如甘蓝的几个变种等。

三、农业生物学分类法

这种分类方法以蔬菜的农业生物学特性为依据,同时综合了植物学分类法和食用器官分类法的优点,比较适合生产要求。按照农业生物学分类,可分为13类。

(1)白菜类　包括白菜、甘蓝、花椰菜、青花菜、球茎甘蓝、芥蓝、雪里蕻、芥菜等,以柔嫩的叶片、叶球、花球、花薹、肉质茎等为食用器官。这类蔬菜的变种、品种很多。植株生长迅速,根系较浅,要求栽培土壤的保水保肥力要好,对氮肥要求较高。大多为二年生植物,第一年形成产品器官,第二年抽薹开花。生长期喜冷凉湿润的气候条件,能耐寒而不耐热。均用种子繁殖。

(2)根菜类　包括萝卜、胡萝卜、根用芥菜、根用甜菜等,以其肥大的直根为食用部分,均为二年生植物,种子繁殖,不宜移栽。生长期喜冷凉气候,要求土层疏松深厚,以利于形成良好的肉质根。

(3)绿叶菜类　这类蔬菜均是以幼嫩的绿叶或嫩茎为产品的蔬菜。包括莴苣、芹菜、菠菜、茼蒿、蕹菜、苋菜、茴香、落葵等。这类蔬菜生长迅速,植株矮小,适于间套作。用种子繁殖。要求肥水充足,尤以速效性氮肥为主。对温度条件的要求差异很大,可分为两类:苋菜、蕹菜、落葵等耐热类,其他大部分好冷凉。

(4)葱蒜类　包括大蒜、洋葱、大葱、韭菜等,都属于百合科。根系不发达,要求土壤湿润肥沃。生长期间要求温和气候,但耐寒性和抗热力都很强,对干燥空气的忍耐力强。鳞茎形成需长日照条件,其中大蒜、洋葱在炎夏时进入休眠。用种子繁殖或无性繁殖。

(5)茄果类　包括茄子、辣椒、番茄等,喜温不耐寒,只能在无霜期生长,根群发达,要求有深厚的土层。对日照长短的要求不严格。

(6)瓜类　包括黄瓜、冬瓜、南瓜、丝瓜、瓠瓜、苦瓜等所有葫芦科植物。茎为蔓生。雌雄同株异花。要求温暖的气候而不耐寒,生育期要求较高的温度和充足的阳光。

(7)豆类　包括菜豆、蚕豆、豌豆、扁豆、毛豆等豆科植物。其中蚕豆和豌豆耐寒,豇豆和扁豆等耐夏季高温,其余都要求温暖的气候条件。有发达的根群,能充分利用土壤中的水分和养料,因有根瘤菌固氮,故需氮肥较少。种子直播,根系不耐移植。

(8)薯芋类　包括马铃薯、菊芋、生姜、山药等,一般为含淀粉丰富的块茎、块根类蔬菜。除马铃薯不耐炎热外,其余的都喜温耐热。要求湿润肥沃的疏松土壤。生产上多用营养器官繁殖。

(9)水生蔬菜　这类蔬菜都生长在沼泽地区，包括莲藕、慈姑、茭白、荸荠、水芹、豆瓣菜等。大部分用营养器官繁殖。除了水芹和豆瓣菜要求凉爽气候外，其余水生蔬菜都要求温暖的气候及肥沃的土壤。

(10)多年生蔬菜　包括金针菜、竹笋、石刁柏、香椿等。该类蔬菜一次播种后，可连续栽培多年。

(11)食用菌类　包括蘑菇、香菇、平菇、木耳等。以子实体为食用器官，国内报道的已有720余种，人工栽培的近50种，其余为野生采集。

(12)芽苗菜类　是一种新开发的蔬菜，它是用植物种子或其他营养贮藏器官，在黑暗、弱光(或不遮光)的条件下直接生长出可供食用的芽苗、芽球、嫩芽、幼茎或幼梢的一类蔬菜。芽苗类蔬菜根据其所利用的营养来源，又可分为籽(种)芽菜或体芽菜两类。

(13)野生蔬菜类　我国地域辽阔，野生蔬菜资源丰富。据报道，我国栽培蔬菜仅160余种，而可食用野生蔬菜达600余种。野生蔬菜以野生采集为主，但现在有不少种类品种进行了人工驯化栽培并取得成功，如马齿苋、菊花脑、马兰、紫背天葵、荠菜、蒲公英等。

工作任务　蔬菜的识别与分类

任务目标：通过实训，识别蔬菜，进一步巩固蔬菜的分类知识。

任务材料：各种实物蔬菜、蔬菜标本以及课件图片等。

技能要求：通过理实一体化教学，通过观察蔬菜的外部形态、观察蔬菜的内部结构，学会蔬菜的分类。

一、实施步骤

(一)蔬菜的外部形态观察

1. 到当地大型菜市场、生产田和蔬菜标本圃等地，详细观察各种蔬菜的生长状态及形态特征，确定所属科属及类型。
2. 观察各种蔬菜的食用部分，了解其食用器官的形状、颜色、大小等。
3. 利用课件、标本等在室内识别本地没有种植的各种蔬菜。

(二)蔬菜的内部结构观察

1. 对观察的蔬菜进行切分，仔细观察其内部结构。
2. 绘制部分蔬菜的内部结构图。

二、任务考核

完成当地常见蔬菜调查表：

蔬菜名称 (俗名、品种名)	植物学分类	食用器官分类	农业生物学分类	蔬菜产地

项目三　蔬菜生长的环境条件及其调控

蔬菜的生长发育及产品器官的形成，很大程度上受环境条件的制约，各种蔬菜及不同生育期对外界条件的要求不同。因此，只有正确掌握蔬菜与环境条件的关系，创造合适的环境条件，才能促进蔬菜的生长发育，达到高产优质的目的。

一、温度

温度是影响蔬菜生长发育最敏感的环境因子。各种蔬菜作物对温度都有一定的要求，最高温度、最适温度和最低温度被称为温度的“三基点”。温度超出了最高或最低的范围，蔬菜作物的生理活性停止，甚至会全株死亡。了解每种蔬菜对温度适应的范围及其生长发育的关系，是合理安排生产季节的基础。

1. 蔬菜作物对温度的要求

根据蔬菜对温度的不同要求，可以分为 5 类，见表 1-2。

表 1-2　根据蔬菜对温度的不同要求分类

类别	主要蔬菜	温度要求及生长特性
耐寒的多年生宿根蔬菜	金针菜、芦笋、韭菜、茭白等	生长最适温度 12～24 ℃。地上部能够耐高温，冬季地上部枯死，以地下的宿根越冬，能耐－15～－10 ℃的低温
耐寒性蔬菜	菠菜、葱、蒜、白菜中的部分耐寒品种和甘蓝类	生长最适温度 15～20 ℃。能耐－2～－1 ℃，短期能耐－10～－5 ℃的低温
半耐寒性蔬菜	根菜类、芹菜、豌豆、蚕豆、莴苣、白菜类	生长最适温度 17～20 ℃，不能耐受长期－2～－1 ℃的低温
喜温性蔬菜	番茄、茄子、辣椒、菜豆、黄瓜等	生长最适温度 20～30 ℃，超过 40 ℃几乎停止生长。低于 10～15 ℃则由于授粉不良而落花。不耐 0 ℃以下的低温
耐热蔬菜	冬瓜、南瓜、丝瓜、西瓜、豇豆、芋或苋菜等	生长最适温度为 30 ℃左右，其中西瓜、甜瓜及豇豆等，在 40 ℃的高温下仍能生长

2. 不同生长发育时期对温度的要求

同一种蔬菜的不同生长发育时期对温度的要求不同：

（1）发芽期　种子出土前要求较高温度，以快速出土；出土后，应适当降温，温度过高时，胚轴易徒长而形成高脚苗。

（2）幼苗期　生长最适温度较发芽期低。但幼苗对温度的适应范围比产品形成期广，生产上可把幼苗期安排在温度较高或较低的月份。

（3）营养生长期　生长最适温度比幼苗期稍高。二年生蔬菜如白菜、甘蓝，在营养生长的后期，即贮藏器官开始形成的时期，温度又要低些。以营养器官为产品的蔬菜，此期为产量形成期，对温度适应范围较窄，生产中尽可能安排在温度适宜的月份。

（4）生殖生长期　开花结果期各种蔬菜都要求较高的温度。种子成熟时，则需要更高的温度。

(5)休眠期　要求低温,尽量降低贮藏器官的呼吸强度,减少养分消耗,可延长保存时间。

此外,土壤温度对蔬菜根系的生长也有直接的影响。通常土温比气温变化小,所以土温对根系生长的影响不像气温对地上部生长影响那么明显。如越冬的多年生蔬菜,地上部已受冻,而根系仍能正常生长。

3. 高温和低温对蔬菜的危害

(1)高温危害　当蔬菜作物所处的环境温度超过其正常发育所需温度的上限时,引起蒸腾作用加强,水分平衡失调,发生萎蔫或永久萎蔫。同时,蔬菜作物光合作用下降而呼吸作用增强,同化物积累减少,生长速度反而降低。气温过高常导致冬瓜、南瓜、西瓜、番茄、甜椒等果实发生"日伤"现象,也会使番茄等果实着色不良,果肉松绵,成熟提前,贮藏性能降低;土壤高温首先影响根系生长,进而影响整株的正常生长发育。一般土壤高温造成根系木栓化速度加快,根系有效吸收面积大幅度降低,根系正常代谢活动减缓,甚至停止。此外,由于高温妨碍了花粉的发芽与花粉管的伸长,常导致落花、落果。如在高温下菜豆、茄果类易落花、落果;萝卜肉质根瘦小、纤维增多;甘蓝结球不紧、叶片粗硬,严重影响产量和品质。高温也给病害的蔓延提供了有利条件。

(2)低温危害　与高温危害不同,低温对蔬菜作物的影响有冷害与冻害之分。冷害是指作物在 0 ℃以上的低温下受到的伤害。起源于热带的喜温蔬菜作物,如黄瓜、番茄等在 10 ℃以下温度时,就会受到冷害。近年来,各地相继发展日光温室,在北方,冬春连续阴雨或阴雪天气的夜间,最低温度常为 6～8 ℃,导致黄瓜、番茄等喜温蔬菜作物大幅度减产,甚至绝收,这成为设施栽培中亟待解决的问题。而冻害则是温度下降到 0 ℃以下,作物体内水分结冰产生的伤害。症状为立即枯萎,或根部停止生长,或受精不良而落花、落果,或形成僵果,或品质粗糙,有苦味,或停止生理活性,甚至死亡。

不同蔬菜作物,甚至同种蔬菜作物在不同的生长季节及栽培条件下,对低温的适应性不同,因而抗寒性也不同。一般处于休眠期的作物抗寒性增强。如石刁柏、金针菜等宿根越冬植物,地下根可忍受－10 ℃的低温;但若正常生长季节遇到 0～5 ℃低温,就会发生低温伤害。此外,利用自然低温或人工方法进行抗寒锻炼,可有效地提高植物的抗寒性。如生产上将喜温蔬菜作物刚萌动露白的种子置于稍高于 0 ℃的低温下处理,可大大提高其抗寒性。在番茄、黄瓜、甜椒等育苗定植前,逐渐降低苗床的温度,使其适应定植后的环境,即育苗期间加强抗寒锻炼,提高幼苗抗寒性,促进定植后缓苗,这是生产上常用的方法,也是最经济有效的技术措施。

4. 调节温度的措施

(1)合理安排生产季节　把产品形成及产品旺盛生长期安排在温度最适宜的月份。如大白菜、萝卜等蔬菜于早秋温度较高时播种,当叶球及肉质根形成时,则正好处于冷凉季节;对于春季果菜栽培提早于冬季育苗,结果期处于初夏的温暖季节。

(2)利用农业措施调节温度　大面积蔬菜区栽植防护林,小面积菜园建立风障,采取翻土晒土、田间铺沙、地面覆盖等措施可提高土壤温度;熏烟可防止早霜或晚霜的危害;夏菜利用地膜覆盖、人工遮阴及密植、丛栽、间套作等,可降低土温;调节灌水时间和方法,如上午浇水,可减轻中午高温的影响,下午浇水,可减少夜间温度的骤降,喷灌则可降低气温和作物的体温。

(3)利用保护设施,改善温度条件　利用阳畦、温床、温室、塑料棚等设施增温保温。夏季利用遮阳网降温,要创造适宜的温度条件,进行育苗和栽培。

二、水分及调控

水是蔬菜作物进行光合作用的原料，也是养分进入作物时的外部介质或载体，同时也是维持植株体内物质分配、代谢和运输的重要因素。其中，蔬菜作物吸收的大部分水分用于蒸腾，通过蒸腾引力促使根系吸收水分和养分，并有效地调节体温，排出有害物质。

1. *蔬菜的需水特点*

不同种类蔬菜对水分的亏缺反应不同，即对干旱的忍耐能力或适应性有差异。蔬菜作物的需水特点主要受遗传性决定，由吸收水分的能力和对水分消耗的多少两方面来支配。根据蔬菜对土壤水分的需求可分为5类：

(1)水生蔬菜　生长在水中，消耗水分很多，吸收水分能力很弱，如茭白、慈姑、藕、菱等，这些蔬菜根系很不发达，根毛退化，茎叶柔嫩，高温下蒸腾旺盛。须在池沼、水田中和多雨湿润气候下栽培。

(2)湿润性蔬菜　该类作物耐旱性弱，要求较高的土壤湿度和空气湿度，才能正常生长发育，如白菜、芥菜、甘蓝、绿叶菜类、黄瓜等。它们的根群小，入土浅，而叶面积较大，消耗水分很多。栽培上宜选择保水力强的土壤，经常灌水。在干旱时生长不良，以致产量低，品质差。

(3)半湿润性蔬菜　要求土壤湿度较高，消耗水分少，并能忍受较低的空气湿度，如葱蒜类，根系不发达，吸收力弱，叶面有蜡质，蒸腾量小。栽培上宜经常保持土壤湿润，但灌水量不宜过大。

(4)半耐旱性蔬菜　要求土壤湿度适中，消耗水分较多，如菜豆、番茄、辣椒、南瓜、马铃薯等。它们的根系强大，吸收能力强，同时叶片较大，消耗水分较多。栽培上适当灌溉，以满足其对水分的需求。

(5)耐旱蔬菜　要求较低的土壤湿度，水分消耗也很少，如西瓜、甜瓜、苦瓜、胡萝卜等。它们根系强大，吸收水分能力强，叶片碎裂，蒸腾量小，故抗旱力强。

2. *蔬菜作物不同生育期对水分要求的变化*

同种蔬菜作物在不同生育期对水分的需求量也不同。种子萌发时，需要充足的水分，以利于胚根伸出；幼苗期因根系弱小，在土壤中分布较浅，抗旱力较弱，须经常保持土壤湿润。但水分过多，幼苗长势过旺，易形成徒长苗。生产上蔬菜作物育苗常适当蹲苗，以控制土壤水分，促进根系下扎，增强幼苗的抗逆能力。但若蹲苗过度，控水过严，易形成“小老苗”，即使定植后其他条件正常，也很难恢复正常生长；大多数蔬菜作物旺盛生长期均需要充足的水分。此时，若水分不足，叶片及叶柄皱缩下垂，植株呈萎蔫现象。暂时的萎蔫可通过栽培措施补救；相反，水分过多，由于根系生理代谢活动受阻，吸水能力降低，会导致叶片发黄、植株徒长等类似的干旱症状。通常在开花结果期，要求较低的空气湿度和较高的土壤含水量，一方面满足开花与传粉所需的空气湿度；另一方面充足的水分又有利于果实发育。各种蔬菜作物在生育期中对水分的需要分别有关键时期和非关键时期，非关键时期是节水栽培或旱作的适宜时期。

三、光照条件及利用

光照是蔬菜作物生长发育的重要环境条件。光强、光质和日照时间的长短，影响光合作用及光合产物，从而制约着作物的生长发育、产量和品质。

1. 光照度

光照强度常依地理位置、地势高低、云量及雨量等的不同而呈规律性的变化，即随纬度的增加而减弱，随海拔的升高而增强。栽植密度、行向、株型调控和间套作等会影响光照强度。1年之中以夏季光照最强，冬季光照最弱；一天之中以中午光照最强，早晚光照最弱。不同蔬菜作物对光照强度反应不一，据此可将其分为以下几类：

(1)强光性蔬菜　该类蔬菜在较强的光照下生长良好，包括瓜类、茄果类和某些耐热的薯芋类。

(2)中光性蔬菜　该类蔬菜要求中等光照，通常喜欢日光充足，但在微荫下也能正常生长，包括白菜类、根菜类和葱蒜类等。

(3)耐阴性蔬菜　此类蔬菜不能忍受强烈的直射光线，要求较弱光照，须在适度荫蔽下才能生长良好。主要包括绿叶菜类和薯芋类中的姜。生产上栽培此类作物，常常采用合理密植或适当间套作，以提高大部分产量，改善品质。

2. 光周期

光周期是指日照长度的周期性变化对植物生长发育的影响。日照长度首先影响植物花芽分化、开花、结实；其次还影响到分枝习性、叶片发育，甚至地下贮藏器官如块茎、块根、球茎、鳞茎等的形成，以及花青素等的合成。日照时数长，光合产物多，有利于提升蔬菜的产量和品质。

按照对日照长短反应的不同，可将蔬菜作物分为3类：

(1)长光性蔬菜(长日照蔬菜)　在较长的光照条件(一般为12～14 h以上)下才能开花，而在较短的日照下，不开花或延迟开花，如白菜、芥菜、萝卜、胡萝卜、芹菜、菠菜、莴苣、大葱、大蒜等一年生或二年生蔬菜作物，其在露地自然栽培条件下多在春季长日照下抽薹开花。

(2)短光性蔬菜(短日照蔬菜)　在较短的光照条件(一般为12～14 h以下)下才能开花结实；而在较长的日照下，不开花或延迟开花。如秋豇豆、扁豆、茼蒿、苋菜、蕹菜、草莓等，它们大多在秋季短日照下开花结实。

(3)中光性蔬菜　一些蔬菜作物对每天日照时数要求不严，在长短不同的日照环境中均能正常孕蕾开花。如番茄、甜椒、黄瓜、菜豆等只要温度适宜，一年四季均可开花结实。在寒冷地区，秋季利用高效节能温室，按照其对日照长短要求不同的特性，给予增温、保温，成功地栽培了果菜类，实现了周年生产、均衡供应的目的。

光周期不仅影响蔬菜的开花，也会影响到蔬菜的发育及贮藏器官的形成。一般而言，马铃薯、芋、菊芋及许多水生蔬菜，都要求在较短的日光下形成贮藏器官，而洋葱、大蒜等鳞茎类蔬菜则要求较长的日照时数和一定的温度条件才能形成鳞茎。不同品种对光周期的反应差异很大。一般早熟品种对日照时数要求不严，南方品种要求较短的日照，而北方品种则要求较长的日照。

3. 光照条件的充分利用

光照条件与蔬菜的产量、品质关系密切，栽培上必须尽量改善光照，充分利用光能。

首先，要使叶面积尽快达到最高值，并维持较长时间。

其次，创造能发挥最大光合能力的环境条件。根据水、肥和光照条件实行合理密植。做到及时间苗，株型调控，设立支架，预防早衰，保证产品器官的正常形成，最终达到提高产量之目的。

四、土壤营养条件

1. 蔬菜对土壤的要求

土壤是蔬菜生长发育的基础，也是蔬菜高产、优质栽培的根本性条件。多数蔬菜对土壤的要求是："厚"，即熟土层深厚；"肥"，即养分充足、完全；"松"，即土壤松软透气；"温"，即温度稳定，冬暖夏凉；"润"，即保水性好，不旱不涝。要满足以上条件，必须在逐年深耕的基础上，结合施用大量有机肥，改善排灌条件。在前作收后要立即翻耕，休闲，经霜冻或晒白风化，以提高肥力，改善土壤透气性，消灭病虫害，再种植后一茬。

按质地，土壤可分为沙土、壤土、黏土等。沙土常作为扦插用土，可用于西瓜、甜瓜等种植，是实现早熟、丰产、优质栽培的理想用土；壤土因质地均匀，松黏适中，通透性好，保水保肥力强，几乎适用于所有蔬菜作物的生产。通常将土壤中有机质及矿质营养元素的高低作为表示土壤肥力的主要内容。因此，大力推广有机生态农业，提高土壤中有机质含量，改善矿质营养水平，是实现蔬菜产品高效、优质、丰产的重要措施。土壤酸碱度会影响作物养分的有效性及植株的生理代谢水平。大多蔬菜作物的土壤 pH 适宜范围为中性偏微酸性。

2. 蔬菜对土壤元素的要求

蔬菜作物与其他植物一样，最重要的营养元素为氮、磷、钾，其次为钙、镁。微量元素虽需要量较小，但也为作物所必需。蔬菜作物种类繁多，对营养元素的需求也存在一定的差异。而且即使同一种类、同一品种，也因生育期不同，对营养条件的要求也各异。因此，了解各种蔬菜作物的生理特性，采取相应的措施是栽培成功与否的关键。

不同种类的蔬菜、不同的生育时期对营养元素的需要各有区别。叶菜类中的小型叶菜，如小白菜生长全期需氮最多；大型叶菜需氮也多，但在生长盛期则须增施钾肥和磷肥，若氮素不足，则植株矮小，组织粗硬，后期磷、钾不足，则不易结球。根、茎菜类幼苗期需较多氮、适量磷和少量钾，而根、茎肥大时则需多量钾、适量磷和少量氮，若后期氮素过多，钾供给不足，则生长受阻，发育迟缓。蔬菜类幼苗期需氮相对较多，结果期要求氮、磷、钾充足，增施磷肥有利于花芽分化。

3. 施肥

蔬菜生长快，产量高，复种次数多，除需要土壤肥沃外，还须经常施肥，以满足生长发育的需要。施肥除了根据种类、生育期外，还须考虑气候条件，如低温季节施肥量宜大，可减少施肥次数，高温季节则以薄肥勤施为宜；雨水较多时，土地过湿，化肥可开穴干施，天旱土干则水肥并举。此外，还须按土施肥，沙土保肥能力差，速效肥宜轻施、勤施；黏性土可用无害化的沙性河泥、堆厩肥，改善土壤的物理性和透气性，以利于蔬菜根系生长。

施肥采用基肥和追肥相结合的方法。基肥，在播种前或定植前撒施翻入土中，也可在定植前条施或穴施，以有机肥为主，除供一茬或二茬作物生长对养分的需要外，还具有改良土壤、提高土壤肥力的作用。追肥作为基肥的补充，要根据蔬菜不同生长期的需肥特点，用速效的无害化的腐熟人畜粪肥或化肥，适时、适量分期追施。如苗期施腐熟稀粪肥，保证幼苗的正常吸收和营养；发棵期要看苗适当追肥，以使早发稳长；盛果期或结球期则可施较浓较多的重肥；生长后期少施或停施。追肥方法有撒施、条施、环施、穴施、沟施等。在地温较低，根部吸收力较弱及作物需磷较多时，可用尿素、磷酸二氢钾等水溶液，于傍晚或阴天喷洒叶面作根外追肥。

五、气体条件

1. 有益气体

(1)二氧化碳　二氧化碳是光合作用的原料之一。一般光合作用最适宜的二氧化碳浓度为0.1%，而大气中的平均浓度仅0.03%。因此，在温度、光照、水分条件适宜及矿质营养充足时，适当补充二氧化碳，增施二氧化碳气肥是保护地提高产量的一个有效措施。大田中微风可促进二氧化碳流动，提高蔬菜群体内的二氧化碳浓度。根系中过多的二氧化碳，对蔬菜的生长发育反而会产生毒害作用。在土壤板结的情况下，二氧化碳浓度若长期高达1%～2%，会使蔬菜受害。

(2)氧气　蔬菜叶面呼吸作用所需氧气来自空气，但土壤中氧气往往得不到满足。如土壤水分过多或土壤板结而缺氧，根系呼吸窒息，新根生长受阻，地上部萎蔫，使生长停止。因此，栽培上要及时中耕、松土，改善土壤中氧气状况。

2. 有害气体

在工矿区附近，常有二氧化硫、三氧化硫、氮氧化物、氰化氢、乙烯、氯气等气体存在。在保护地中化肥施用不当有氨气挥发，明火加温也会放出CO、SO_2等有害气体。有害气体主要通过气孔，也可通过根部进入作物体中，其危害程度取决于其浓度的大小，作物本身表面的保护组织及气孔开闭的程度，细胞有无中和气体的能力和原生质的抵抗力等因素。一般在白天光照强、温度高、湿度大时较严重。可以通过环境保护，减少有毒气体的产生；采用正确的施肥方法；施用生长抑制剂提高蔬菜抗性等措施来减轻或避免有害气体的危害。

知识拓展：
新型蔬菜种类

思考题

1. 比较三种蔬菜分类法的优缺点。

2. 将各地常见的蔬菜按照三种分类法来分类，进一步熟悉各种蔬菜所属的科属、食用器官及生产的特性。

3. 蔬菜生产有哪些特点？

思政小课堂

蔬菜的起源

模块二

蔬菜生产的主要设施

岗位要求

本项目面向的职业岗位是蔬菜设施建造、检修岗及蔬菜生产管理岗，工作任务是掌握蔬菜设施的建造、检修及棚室环境条件调控，能进行设施建造、设施环境消毒及光照、温度、水肥营养等调控，分析解决生产中的技术问题。

知识目标

了解地膜的种类、塑料小拱棚、塑料中棚、塑料大棚和温室的主要类型和建造特点；掌握地膜覆盖技术、塑料小拱棚、塑料中棚、塑料大棚和温室的主要性能。掌握影响设施光照、温度、空气湿度和土壤湿度以及土壤理化性状的主要因素。掌握二氧化碳气肥的施用方法及设施内有害气体的危害识别和防治措施。

能力目标

能对塑料小拱棚、塑料大棚和温室进行合理布局与设计建造；能结合蔬菜生产实际，合理选用地膜和蔬菜栽培设施。掌握设施内增加光照、遮光、增温、保温、降温、增加湿度、降低湿度的技术措施。掌握设施内二氧化碳气体施肥方法和化学施肥技术要领以及设施内有害气体的预防措施。

素质和课程思政目标

培养创新意识、创新能力；增强服务农业农村现代化的责任心和使命感。

项目一　地膜覆盖

一、地膜的种类与性能

1. 地膜的概念

地膜是指厚度在 0.007～0.02 mm，专门用来覆盖地面的一类薄型农用塑料薄膜的总称。目前所用地膜主要为聚乙烯吹塑膜。

2. 地膜的种类、性能

按地膜的功能和用途可分为普通地膜和特殊地膜两大类。普通地膜包括广谱地膜和微薄地膜；特殊地膜包括黑色地膜、银黑色两面地膜、绿色地膜、微孔地膜、切口地膜、银灰色地膜、除草地膜、生物降解地膜、浮膜等。

常见地膜的种类与性能参见表 2-1。

表 2-1　地膜种类与性能

地膜种类	性能
广谱地膜	聚乙烯材料，无色透明，增温、保墒性能好，但不能抑制杂草。适用于各类地区、各种覆盖方式、各种栽培蔬菜、各种茬口
微薄地膜	透明或半透明，保温、保墒效果接近广谱地膜，但由于比较薄，强度较低，透明性不及广谱地膜，只宜做地面覆盖，不宜做近地面覆盖
黑色地膜	聚乙烯中加入一定比例的炭黑吹制而成，能阻隔阳光，使地下杂草难以进行光合作用，无法生长，具有限草功能。宜在草害重、对增温效应要求不高的地区和季节用于地面覆盖或软化栽培
银黑色两面地膜	使用时银灰面朝上，黑面朝下。这种地膜不仅可以反射可见光，而且可以反射红外线和紫外线，降温、保墒功能强，还有很强的驱避蚜虫、预防病毒功能，对花青素和维生素的合成也有一定的促进作用。适用于夏秋季节地面覆盖栽培
绿色地膜	这种地膜能阻止绿色植物所必需的可见光通过，具有除草和抑制地温增加的功能，适用于夏秋季节覆盖栽培
微孔地膜	每平方米地膜上有 2 500 个以上微孔。夜间地膜表面的凝结水封闭这些微孔，阻止土壤与大气的气体交换，具有保温性能；白天吸收太阳辐射而增温，膜表凝结的水汽蒸发，微孔打开进行气体交换，避免了由于覆盖地膜而使根际二氧化碳郁积，抑制根呼吸，影响产量。这种地膜增温、保湿性能不及普通地膜，适用于温暖湿润地区应用
切口地膜	把地膜按一定规格切成带状切口。这种地膜的优点是，幼苗出土后可从地膜的切口处自然长出膜外，不会发生烤苗现象，也不会造成作物根际二氧化碳郁积。但是增温、保墒性能不及普通地膜。可用于撒播、条播蔬菜的覆盖栽培
银灰色地膜	该膜反射光能力比较强，透光率仅为 25.5%，故土壤增温不明显，但防草和增加近地面光照的效果却比较好。另外，该膜对紫外光的反射能力极强，能够驱避蚜虫、黄条跳甲、黄守瓜等

续表 2-1

地膜种类	性能
除草地膜	在聚乙烯中加入一定量的除草剂后制成，能提高地温 3～5 ℃，杀草率高达 92%以上，主要用于杂草较多或不便于人工除草地块的防草覆盖栽培
生物降解地膜	此类地膜覆盖后经一段时间可自行降解，防止残留污染土壤
浮膜	膜上分布有大量小孔，以利于膜内外水、热、气交换，实现膜内温度、湿度和气体的自然调控，直接覆盖在蔬菜作物群体上。既能防御低温、霜冻，促进作物生长，又能防止高温烧苗，还能避免因湿度过大造成病害蔓延
诱蚜膜	聚乙烯原料中加入黄色助剂，多用来吊挂诱杀蚜虫用
多功能复合地膜	集成了多种功能的地膜，不仅可以提高土壤温度、保持土壤湿度、防止杂草生长，还具有防虫、抗病、增产等多种功能

二、地膜覆盖的效应

(一)改善蔬菜的栽培环境

(1)提高地温　可使 5 cm 深土层增温 3～6℃，从而促进作物根系生长。

(2)保持稳定的土壤湿度　蔬菜田的土壤水分，除来源于灌溉外，主要来源于降雨。盖膜后，一方面因地膜的阻隔使土壤水分蒸发减少，散失缓慢；并在膜内形成水珠后再落入土表，减少了土壤水分的损失，起到保蓄土壤水分的作用。另一方面，地膜还可在雨量过大时，防止雨水大量进入垄体，可起防涝的作用。

(3)保持良好的土壤结构　地膜覆盖可以避免因雨水冲刷造成的土壤板结现象。

(4)提高土壤中速效养分的含量　地膜覆盖可提高地温，加速有机质分解，使土壤中的速效养分含量增加。

(5)增加地面光照　据测定，不论是露地还是设施内，地膜覆盖均可使距地面 1.5 m 以下空间内的光照得到改善，而以 0～40 cm 范围内的增光幅度最为明显。

(6)可降低设施的湿度　覆盖地膜，可减少地表水分的蒸发，从而降低设施内的湿度。

(7)减少杂草和蚜虫的危害　地膜覆盖可以抑制杂草生长。地膜具有反光作用，可以驱避蚜虫，抑制蚜虫的滋生繁殖，减轻蚜虫危害及病害传播。

(二)促进蔬菜的生长发育及早熟高产

应用地膜覆盖，土壤的温度和湿度增高，为蔬菜种子的萌发提供了温暖湿润以及疏松的土壤环境，种子萌发快，出苗早；茎叶生长加快，茎粗、叶面积以及株幅等增加比较明显；产品器官形成期提前，提早收获。

三、地膜的回收与利用

随着地膜覆盖面积的增加，残膜污染问题日趋严重。因此，地膜的合理回收与利用显得尤为重要。

(一)地膜的回收

地膜的回收方法主要有人工回收和机械回收两种，目前废旧农膜的回收主要是以人工回收为主。废旧农膜回收机械不能产生直接的经济效益，机具价格高，制约了废旧农膜回收机械化的进程。人工回收农膜作业效率低，作业效果差，劳动强度大，且人工只能捡拾去土壤表层的废旧农膜，造成大量的地膜使用后没有得到有效清理，年复一年，不断累积，并随着每年的耕翻作业，分层到了整个菜田的耕层里，严重影响了菜田的土壤质量和蔬菜的生长。

(二)地膜利用

地膜利用在各地已进行了很多有益的探索并取得了很好的经验，目前有两种方式：第一种是将回收来的残膜通过晾晒、粉碎、漂洗、甩干、挤出、切粒，加工成其他塑料制品的原料，因依旧保持着塑料原料的化学特性和良好的综合材料性能，可满足吹膜、拉丝、拉管、注塑、挤出型材等技术要求，用于加工各种膜、管等制品。第二种是将回收来的残膜通过晾晒、漂洗后通过高温催化裂解等技术处理，从中获取汽油、柴油等可用燃料。

工作任务　地膜覆盖技术

任务目标：了解地膜覆盖的几种方式，掌握地膜覆盖的技能。

任务材料：不同厚度、性能的地膜。

技能要求：通过实际操作，学会地膜覆盖的操作要点及实施步骤。

一、设计地膜覆盖方案

根据老师所给定的条件，设计出具体的地膜覆盖计划和实施方案，应包括地膜种类的选择、地膜覆盖方式的确定、整地做畦、覆膜技术及其注意事项等重要环节。方案要在查阅相关资料、经过充分讨论、修改的基础上，最后确定。

二、实施要求

一般要分组进行，组内分工要明确、合理；组间可以交流、讨论、合作，但不能代替。有些任务需要利用课余时间来完成。

三、地膜覆盖的步骤

1. 地膜种类的选择

根据栽培的蔬菜种类和地膜的性能等选择合适的地膜。

2. 覆膜时期的确定

低温期，应于蔬菜种植前7～10 d将地膜覆盖好，以促进地温回升。高温期，要在种植蔬菜后再进行覆膜。

3. 地面处理

地面要整平整细，不留垃圾、杂草、残枝、落叶等，以利于地膜紧贴地面，并避免刺、挂破地膜。

4. 确定地膜覆盖方式

地膜覆盖方式比较多，主要有高畦覆盖、高垄覆盖、支拱覆盖、沟畦覆盖和临时覆盖。应根据栽培的类型、栽培品种、栽培的蔬菜种类选择适宜的地膜覆盖方式。

5. 放膜

露地放膜应选择无风天或微风天放膜，有风天应选择上风头放膜。设施内的放膜技术与露地基本相同，只是设施内的风较小，对地膜的压膜要求没有露地的严格。

四、任务考核

对选择的地膜材料质量、覆盖技术操作、覆盖效果进行评估考核。

项目二　塑料棚

一、棚膜的种类与性能

（一）棚膜的分类

棚膜又叫农用塑料薄膜。棚膜的分类方法比较多，常用的有以下 3 种（表 2-2）：

表 2-2　棚膜的分类

分类依据	主要类型
按棚膜的树脂原料	聚氯乙烯（PVC）棚膜、聚乙烯（PE）棚膜、乙烯-醋酸乙烯（EVA）棚膜、聚氟乙烯棚膜、PO 膜（聚烯烃材料）
按棚膜的性能	普通棚膜、长寿棚膜（耐老化棚膜）、无滴棚膜、漫反射棚膜、调光棚膜、复合多功能棚膜
按原料中是否添加着色剂	无色棚膜和有色棚膜

（二）主要棚膜的种类与性能（表 2-3）

表 2-3　主要棚膜种类与性能

棚膜种类	性能
普通（PVC）棚膜	保温性能好，耐高温、耐强光、耐老化，可塑性强，雾滴较轻，破碎后容易粘补，但容易吸尘、耐低温能力差
PVC 无滴膜	在 PVC 原料中加入一定比例的防雾剂后加工而成。除了具有普通 PVC 棚膜的优点外，还具有无滴膜的优点
PVC 多功能长寿棚膜	在 PVC 棚膜原料中加入多种辅助剂加工而成。具有无滴、耐老化、拒尘和保温性能好等多项优点，是目前冬季温室栽培的主要覆盖用膜
普通 PE 棚膜	透光性好，吸尘轻，透光率下降缓慢，耐酸碱，但可塑性差，棚膜表面易结水滴，耐低温能力差，寿命短，连续使用时间仅 4～6 个月
PE 长寿棚膜	在普通 PE 树脂里加入一定量的紫外线吸收剂、抗氧化剂等防老化剂后吹塑而成。使用寿命比普通 PE 棚膜长，可连续使用 1～2 年
PE 长寿无滴棚膜	在 PE 长寿棚膜的配方中加入防雾剂后吹塑而成。除了具有 PE 长寿棚膜的优点外，还具有膜面不结露的优点，透光性能好
PE 多功能棚膜	在普通 PE 棚膜的原料中加入多种特殊的辅助剂后，使棚膜具有多种特殊的功能。该膜具有长寿、保温性能好和无滴的优点
PE 反光棚膜	在普通 PE 棚膜的表面合上一层铝箔，或在聚乙烯树脂中混入一定比例的铝粉吹制而成。具有反射阳光的作用，主要用于棚室内补光

续表 2-3

棚膜种类	性能
有色棚膜	可选择性地透过光线，有利于作物生长和提高品质，有利于降低空气湿度、减轻病害
PO 膜	采用高级烯烃的原材料及其他辅助剂，外喷涂烘干工艺而产出的一种新型农膜。透明度和光亮度高，抗拉强度大，耐冲击性强，抗低温性能好，不易老化

目前蔬菜生产上所用的有色棚膜主要有深蓝色棚膜、紫色棚膜和红色棚膜等几种，以深蓝色棚膜和紫色棚膜应用最为广泛，两种棚膜的主要性能和适用的蔬菜范围见表 2-4。

表 2-4　深蓝色膜与紫色膜的性能与适用范围蔬菜

棚膜类型	较无色棚膜温度增加值/℃		较无色棚膜降低湿度值/%	适用的蔬菜范围
	晴天日均温	阴天日均温		
深蓝色棚膜	2.4	3.1	3.0	除辣椒外的大部分果菜
紫色棚膜	3.0	2.9	1.0	茄子、韭黄、多种绿叶菜等

棚膜种类较多，在蔬菜生产中，应根据栽培季节、设施类型、蔬菜种类和病虫害发生情况选择合适的棚膜种类。

二、塑料棚的类型和结构（小棚、中棚、大棚）

塑料棚主要是指拱圆形或半拱圆形的塑料薄膜覆盖棚，简称塑料棚。按棚的高度和跨度不同，可分为塑料小棚、塑料中棚和塑料大棚三种类型。

（一）塑料小棚的类型与结构

塑料小棚是指棚高低于 1.5 m、跨度在 3 m 以下，棚内有立柱或无立柱的塑料拱棚。

根据棚形的不同，一般将塑料小棚分为拱圆棚、半拱圆棚和斜面棚 3 种类型（图 2-1）。其中以拱圆棚应用最为普遍，而双斜面棚应用相对比较少。

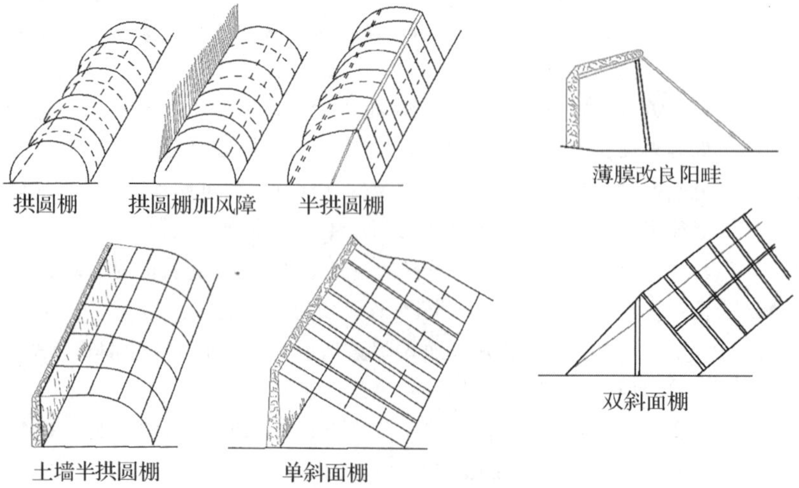

图 2-1　塑料小棚的主要类型

(二)塑料小棚的结构

塑料小棚以拱圆棚最为常见。拱圆棚棚型为半圆形，棚向东西延长，一般长 10～30 m，主要采用毛竹片、竹竿、荆条或直径 6～8 mm 的钢筋等材料，弯成宽 1～3 m、高 1～1.5 m 的弓形骨架，骨架用竹竿和铅丝连成整体，上覆盖 0.05～0.1 mm 厚聚乙烯或聚乙烯薄膜，外用压杆或压膜线等固定薄膜而成。小拱棚的长度不限，多为 10～30 m，一般以 10 m 为宜，便于通风管理。

(三)塑料中棚的类型与结构

塑料中棚是棚顶高度 1.5～1.8 m，跨度 3～8 m 的中型塑料棚的总称。塑料中棚长 15～40 m，面积 40～200 m^2。

1. 塑料中棚的类型

根据其结构形式，可分为拱圆中棚、半拱圆中棚和活动式拱圆中棚。

(1)拱圆中棚　跨度一般 3～4 m，中间设立单排柱或双排柱。纵向设 1～2 道拉杆，以固定棚架。

(2)半拱圆中棚　其方位为东西延长，在背面筑高 1 m 的土墙，沿墙头向南插竹竿，间距 50 m 左右，形成半拱圆形支架，覆盖薄膜即成半拱圆中棚。

(3)活动式拱圆中棚　用钢筋或薄皮铁管焊接成活动式中棚架。

2. 塑料中棚的结构

塑料中棚常见的为拱圆形中棚，一般跨度为 3～6 m。在跨度 6 m 时，以高度 2～3 m、肩宽 1.1～1.5 m 为宜。在跨度 4.5 m 时，以高度 1.7～1.8 m、肩宽 1 m 为宜；在跨度 3 m 时，以高度 1.5 m、肩宽 0.8 m 为宜。长度可以根据需要及地块长度确定。

(四)塑料大棚的类型与结构

塑料大棚是顶高 1.8 m 以上，跨度大于 8 m 的大型塑料棚的总称。

1. 塑料大棚的类型

目前在我国设施蔬菜生产上，塑料大棚的分类方法有许多种。按棚顶形状可以分为拱圆形和屋脊形，我国大多使用拱圆形塑料大棚；按骨架材料可以分为竹木结构、钢架混凝土柱结构、钢架结构、钢竹混合结构等类型；按连接方式可分为单栋塑料大棚、双连栋塑料大棚和多连栋塑料大棚，如图 2-2 所示。

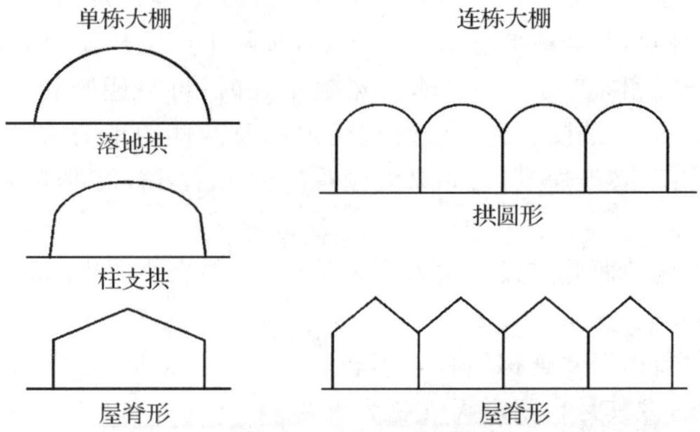

图 2-2　塑料大棚的类型

2. 塑料大棚的构造

塑料大棚的构造主要分为骨架和棚膜，骨架由立柱、拱杆、拉杆、压杆等部件组成，俗称“三杆一柱”；此外，在塑料大棚的一端或两端设立棚门，便于出入（图 2-3）。

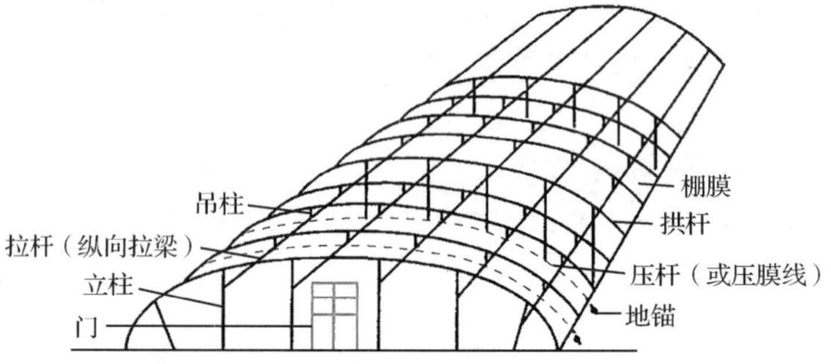

图 2-3　塑料大棚结构示意图

（1）立柱　塑料大棚的重要支柱，负担着承重的作用，如棚架、棚膜的重量以及雨雪负荷和风压。纵横成直线排列。可以采用竹竿、木柱、钢筋水泥混凝土柱等做立柱。立柱基部设柱脚石，防止大棚下沉或被大风掀起，埋置深度应在 50 cm 左右。立柱以中间最高，向两侧逐渐降低，形成自然拱形。

（2）拱杆　也叫拱架，用来支撑棚膜，决定大棚的形状和空间构成，是塑料大棚的骨架。拱杆横向固定在立柱上，两端插入地下，呈自然拱形，拱杆间的距离为 1～1.2 m。由竹或钢材等材料连接而成。

（3）拉杆　也叫纵梁，将拱杆和立柱进行连接、固定压杆，使大棚骨架形成一个整体。用较粗的竹竿、木杆或钢材作为拉杆，距立柱顶端 30～40 cm，紧密固定在立柱上，拉杆长度与棚体长度一致。

（4）压杆　也叫压膜线，位于棚膜上两拱架之间，起压平、压实和绷紧棚膜的作用。杆的两端用铁丝与地锚相连，固定后埋入大棚两侧土壤中。压杆可以用细竹竿，也可以使用铅丝或尼龙绳，目前市场上有专用的塑料压膜线代替压杆。压膜线为扁平状厚塑料带，约 1 cm 宽，带边内镶有细金属丝或尼龙丝，柔韧坚固，使用寿命长，不易损坏棚膜，易于压平绷紧。

（5）棚膜　是指覆盖在棚架上的塑料薄膜。可以采用 0.1～0.12 mm 厚的聚氯乙烯（PVC）或聚乙烯（PE）薄膜以及 0.08～0.1 mm 厚的乙烯-醋酸乙烯（EVA）薄膜。这些薄膜均是专用于覆盖大棚的棚膜，与非棚膜具有一定区别，实际生产上还使用无滴膜、长寿膜、耐低温防老化膜等多功能膜作为覆盖材料。当薄膜宽幅不足时，可将棚膜相互搭接在一起，便于放风，搭接处宽度大于 30 cm，搭接位置一般设在棚顶部及两侧距地面 1～1.2 m 处。如果大棚跨度小于 10 m，顶部可不必设通风口；如果大棚跨度大于 10 m，很难依靠侧风口对流通风，则需在棚顶设通风口。

（6）门　在塑料大棚的两侧应设置供人出入的门，门的大小要适当，应考虑实际需要，还应考虑不影响保温效果。

（7）天沟　天沟主要用于双连栋塑料大棚和多连栋塑料大棚，在大棚连接处用水泥或薄膜制成落水槽，用于排水，尤其是在雨雪天气更为重要。

3. 塑料大棚的结构形式

(1)竹木结构大棚　竹木结构大棚是用横倒截面(8～12)cm×(8～12)cm 的水泥柱作立柱,用径粗 5 cm 以上的竹竿作为拱架,建造成本比较低,是目前南方农村中应用最普遍的一类大棚。

(2)钢架结构塑料大棚　钢架结构塑料大棚主要使用 8～16 mm 以及 1.27 cm 或 2.54 cm 的钢管等加工成弦形平面桁架(图 2-4)。目前,钢架结构塑料大棚的应用越来越广泛。

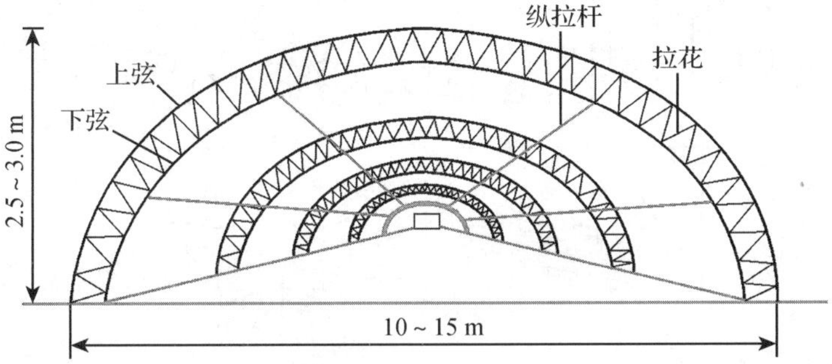

图 2-4　钢筋桁架无柱塑料薄膜大棚示意图

(3)钢竹混合型结构塑料大棚　这种大棚每隔 3 m 设置一个平面钢筋拱架,用钢筋或钢管作为纵向拉杆,每个拉杆的间隔为 2 m 左右,将平面钢筋拱架连接在一起。在纵向拉杆上每隔 1～1.2 m 焊接一短立柱,在短立柱顶上架设竹制拱杆,与钢拱架相间排列。

这类大棚的用钢量较少,棚内无柱,具有造价低、作业空间大、采光好等特点,是一种性价比较高的塑料大棚。

(4)钢管装配式塑料大棚　这类塑料大棚多是采用热浸镀锌的薄壁钢管为骨架建造成的。具有重量轻、强度好、耐锈蚀、易于安装拆卸、中间无柱、采光好、作业方便等特点。这类大棚造价较高,在经济条件允许的地区可以推广使用。

这类大棚的跨度一般为 6～8 m,高 2.5～3 m,长 30～50 m。用管径 25 mm,管壁厚 1.2～1.5 mm 的薄壁钢管制作成拱杆、拉杆和立杆。用卡具、套管连接棚杆组装成棚体,覆盖棚膜用卡膜槽固定。这类大棚属于国家统一定型产品,规格统一,安装盖膜方便,见图 2-5。

三、塑料棚的性能

(一)塑料小拱棚的性能与应用

1. 温度特点

塑料小拱棚由于空间小,蓄热量少,晴天增温比较快,一般增温能力可达到 15～20 ℃,13:00—14:00 棚内温度达到最高,有时可高达到 40 ℃以上,容易造成高温危害,午后降温快。晴天昼夜温差大,阴天昼夜温差小。保温能力比较差。

2. 光照特点

塑料小拱棚由于棚体低矮,跨度小,棚内光照分布相对均匀,透光率为 50%～76.1%。

3. 湿度特点

在密闭条件下,由于土壤水分的蒸发和蔬菜蒸腾,造成棚内高湿。小拱棚内的空气湿度日

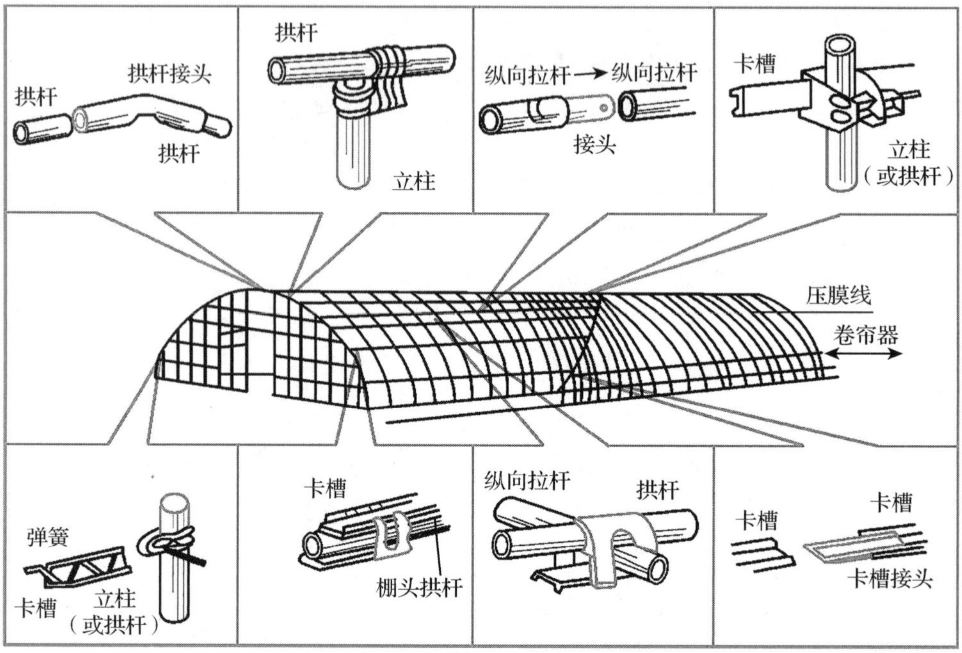

图 2-5 钢管装配式塑料大棚

变化幅度比较大，一般白天的相对湿度为 40%～60%，夜间可达到 90%以上。棚内湿度的变化，随着气温的升高而降低，晴天湿度高，阴天湿度低。

4. 塑料小拱棚的应用

小拱棚在蔬菜作物的生产上应用比较广泛，可以进行耐寒叶菜的春提早、秋延后栽培，冬季可以进行耐寒蔬菜的越冬栽培；还可以利用小拱棚进行春季提早育苗和定植，主要用于栽培果菜类蔬菜。

（二）塑料中棚的性能与应用

塑料中棚性能比小棚好，但不如大棚，小气候变化规律与小棚相似（可参照塑料小棚）。塑料中棚可以用于果菜类蔬菜的春季提前和秋季延后的生产，延长果菜类蔬菜上市时间，增加经济效益。

（三）塑料大棚的性能与应用

1. 温度

①气温日变化规律。塑料大棚中，温度条件是影响蔬菜生长发育的重要条件之一，特别是对早春早熟栽培和晚秋的秋延后栽培影响较大。塑料大棚由于空间比较大，蓄热能力强，但由于一天中只是一侧能接受太阳直射光照射，因此，增温能力不强。一般低温期的最大增温能力只有 15 ℃，一般天气下为 10 ℃，高温期达 20 ℃。

塑料大棚内的温度日变化幅度比较大。通常日出前后的气温降低到一天中的最低值，日出后棚温迅速升高。晴天在大棚密闭不通风的情况下，一般到 10:00 前，平均每小时上升 5～8 ℃，13:00—14:00 棚温升到最高，之后开始下降，平均每小时下降 5 ℃左右，夜间温度下降速度变缓。

②地温变化规律。与气温相似，但稳定，滞后于气温，一般 10 cm 土层的日最低温度较最

低气温晚出现约 2 h。

2. 光照

塑料大棚内的光照状况与大棚高度、薄膜的透光率、太阳高度、天气状况、大棚的方位及大棚结构等有关。

①垂直光照分布。由上而下，光照逐渐减弱，近地面处最弱。大棚越高，上、下照度的差值也越大。

②水平光照分布。一般南部照度大于北部，四周高于中央，东西两侧差异较小。东西延长的大棚光照条件较好，南北延长的大棚光照条件较弱。

③双层覆盖。由于多覆盖了一层薄膜，受光量减少一半，采用活动的二层幕覆盖最好，白天打开，夜间覆盖，既保温又不影响光照状况。

④采光能力与大棚类型及棚架种类有关，采光率一般从 50%～72%不等(表 2-5)。

表 2-5　各塑料大棚的采光性能比较

大棚类型	透光量/klx	与对照的差值	透光率/%	与对照的差值
单栋竹拱结构塑料大棚	66.5	−3.99	62.5	−37.5
单栋钢拱结构塑料大棚	76.7	−2.97	72.0	−28.0
单栋硬质塑料结构大棚	76.5	−2.99	71.9	−28.1
连栋钢架结构大棚	59.9	−4.65	56.3	−43.7
对照(露地)	106.4		100.0	

⑤透光率与薄膜的种类有关。如覆盖有滴膜，由于地面蒸发、蔬菜蒸腾，薄膜凝聚大量的水滴，一般水滴可使透光率减少 20%～30%。

⑥透光率与薄膜的老化程度有关。由于受到太阳紫外线照射及高低温变化，而使薄膜老化，老化的薄膜可使透光率减少 20%～40%。

此外，薄膜沾染灰尘也会严重降低大棚的透光率。

3. 湿度

由于大棚透气性差，造成大棚内空气湿度较高，如在密闭不通风条件下，棚内夜间空气相对湿度可达 80%～100%。大棚内相对湿度的一般变化规律是：相对湿度随着棚内温度的升高而降低，随着棚内温度的降低而升高。晴天、大风天相对湿度降低；阴天、雨雪天气相对湿度升高。大棚内适宜的空气相对湿度白天为 50%～60%，夜间为 80%～90%。如果夜间湿度过高，有利于某些病害，如霜霉病等的发生，因此，大棚管理中应注意温度、湿度的综合调控。

4. 塑料大棚的应用

塑料大棚的应用非常广泛，我国很多园艺作物都是在塑料大棚中进行生产栽培的。

(1)蔬菜育苗　早春时节，可用于果菜类蔬菜育苗，在塑料大棚内设多层覆盖以起到保温的作用，如保温幕、小拱棚、加温床等。

(2)蔬菜栽培　主要有蔬菜春季早熟栽培、秋季延后栽培和春到秋长季节栽培。春季早熟栽培利用塑料大棚进行果菜的提早定植，可比露地提前上市 20～40 天；秋季延后栽培也可以利用塑料大棚降温慢的特点，使果菜采收期延后 20～30 天，延长上市时间；春到秋长季节栽培利用大棚春季升温早，秋季降温晚的特点，延长果菜类蔬菜(主要为茄果类蔬菜)的栽培期，采收期可延长至 9 月末。

工作任务 1　小棚的建造技术

任务目标:了解塑料小棚的基本设计,结构类型,建造原理;掌握塑料小棚的建造技术要点。

任务材料:经纬仪、竹竿、竹片、铁丝等。

技能要求:通过实习与实际操作,学会小棚的搭建技术,为作物生长提供适宜的小环境,满足农业生产实践需求。

一、设计观测方案

根据老师所给定的小棚的建造技术条件,设计出具体的建造计划和实施方案,应包括建造地点的选择、塑料小棚的规格和方向的确定、小棚的建造技术等各重要环节。方案在查阅相关资料、经过充分讨论、修改的基础上,最后确定。

二、实施要求

一般要分组进行,组内分工要明确、合理;组间可以交流、讨论、合作,但不能代替。有些任务需要利用课余时间来完成。

三、操作步骤

1. 选择小棚建造地点

小棚建造地点应选择地势平坦、土壤肥沃、地下水位较低、排水良好、避风向阳,在东西南三面没有高大的建筑物或树木遮挡,光照充足的地点。产地环境应符合 NY/T 5010—2016 的规定,土壤的卫生标准应符合 NY/T 5010—2016 的规定,水质应符合 GB 5084—2021 规定的标准。

2. 确定塑料小棚的规格和方向

要根据土地面积,确定小棚的大小,最好做成东西走向的,可以接受更多的阳光。

3. 塑料小棚的建造技术

(1)架体要牢固　竹竿、竹片等架杆粗的一端插在迎风一侧。根据风力和架杆的抗风能力大小不同,适宜的架杆间距为 0.5～1 m。多风地应采用交叉方式插杆,用普通的平行方式插杆时,要用纵向连杆加固棚体。架杆插入地下深度不少于 20 cm。

(2)棚膜要压紧　露地用塑料小拱棚要用压杆(细竹竿或荆条)压住棚膜,多风地区的压杆数量应适当多一些。

(3)棚膜的覆盖方式要适宜　小棚主要有扣盖式和合盖式两种覆膜方式。扣盖式覆膜严实,保温效果好,也便于覆盖,但需要从两侧揭膜放风,通风降温和排湿的效果较差,并且泥土容易污染棚膜,也容易因“扫地风”而伤害蔬菜。

合盖式覆盖膜的通风管理比较方便,通风口大小易于控制,通风效果较好,不污染棚膜,也不危害蔬菜,应用范围比较广。其主要不足是当棚膜合盖压膜不严实时,保温效果较差。依通风口的位置不同,合盖式覆膜又分为顶合式和侧合式。

顶合式适于风小地区,侧合式的覆膜通风口开于背风的一侧,主要用于多风、风大地区。

四、任务考核

1. 考核的内容与标准

考核内容	考核标准	分值	实际得分
方案设计	1. 内容完整	10	
	2. 措施详细	5	
	3. 有创新	5	
方案实施	1. 工作态度积极、操作认真、注意安全	10	
	2. 有协作、有交流、有结果、有记录	5	
	3. 能充分利用现有条件，完成的效果好	5	
	4. 对小棚建造过程中出现的问题有反思、有总结	5	
	5. 根据季节或天气预报等，对将要发生的问题有预见	5	
完成效果	小棚建造场地选择：合理	20	
	塑料小棚的规格和方向选择：正确	10	
	小棚建造技术：操作规范、符合要求	20	

2. 考核方式

学生互相考核与教师考核相结合。

工作任务 2　大棚、中棚的结构观察

任务目标：通过对大棚、中棚的实地调查、测量、分析、绘图，了解当地大棚或中棚的规格、结构特点及在本地区的应用。加深对蔬菜大棚或中棚结构部件的理解，掌握结构测量方法并能应用。

任务材料：经纬仪、钢卷尺等。

技能要求：学会观察大棚或中棚的方位、形状、结构、场地选择和整体布局情况，能清晰记录与整理观察数据，为大棚或中棚的搭建、维护及优化提供依据。

一、设计大棚或中棚的结构观察与维修技术方案

根据老师所给定大棚或中棚的结构观察与维修技术条件，设计出具体的观察与维修计划和实施方案，应包括观察地点的选择、观察指标的选取、观察数据的记录和分析等各重要环节。方案在查阅相关资料、经过充分讨论、修改的基础上，最后确定。

二、实施要求

一般要分组进行，组内分工要明确、合理；组间可以交流、讨论、合作，但不能代替。有些任务需要利用课余时间来完成。

三、操作步骤

1. 选择观察地点

选择学校实训基地或附近生产单位的大棚或中棚，进行实地调查、访问、测量，将测量结果

和调查资料整理成报告。

2. 观察记录

观察大棚或中棚的方位、形状、结构、场地选择和整体布局情况。分析大棚或中棚的结构、性能的优缺点。

3. 测量记录

测量记录大棚的方位、规格、用材种类与型号等。

四、任务考核

1. 考核的内容与标准

考核内容	考核标准	分值	实际得分
方案设计	1. 内容完整	10	
	2. 措施详细	5	
	3. 有创新	5	
方案实施	1. 工作态度积极、操作认真、注意安全	10	
	2. 有协作、有交流、有结果、有记录	5	
	3. 能充分利用现有条件,完成的效果好	5	
	4. 对大棚的结构观察过程中出现的问题有反思、有总结	5	
	5. 根据季节或天气预报等,对将要发生的问题有预见	5	
完成效果	场地选择:合理	20	
	观察指标选取:合理、正确	10	
	数据记录:规范	20	

2. 考核方式

学生互相考核与教师考核相结合。

工作任务3 棚膜的选择与扣棚技术

任务目标:掌握各类棚膜的适宜使用地区、生产季节以及蔬菜种类。掌握棚膜的选择原则和扣棚技术。

任务材料:棚膜、压膜线等。

技能要求:能依据不同作物、环境条件选择适宜的棚膜,在老师的指导带领下完成扣棚,掌握扣棚技术。

一、设计大棚的结构观察与维修技术方案

根据老师所给定的棚膜与扣棚的技术条件,设计出具体的棚膜选择与扣棚的计划和实施方案,应包括棚膜选择原则、扣棚技术等各重要环节。方案在查阅相关资料、经过充分讨论、修改的基础上,最后确定。

二、实施要求

一般要分组进行,组内分工要明确、合理;组间可以交流、讨论、合作,但不能代替。有些任

务需要利用课余时间来完成。

三、操作步骤

1. 棚膜的选择原则

(1)根据栽培季节选择棚膜

①秋冬季或冬春季。南方地区冬季不太寒冷,不覆盖草苫或覆盖时间较短,为降低生产成本,可选择EVA多功能复合膜和PE多功能复合膜。

②春季和秋季。春季和秋季大棚,不需要覆盖草苫,也很少到棚面进行操作,对棚膜的人为损伤较少,为降低生产成本,适宜选择薄型EVA多功能复合膜和PE多功能复合膜。

(2)根据设施类型选择薄膜　大棚栽培期比较长,应选择耐老化的加厚型长寿膜。中、小拱棚栽培期短,可选择普通的PE膜或薄型PE无滴膜,以降低成本。

(3)根据蔬菜种类选择棚膜　栽培西瓜、甜瓜等喜光的蔬菜应选择无滴棚膜,栽培叶菜类蔬菜,宜选择一般的普通棚膜或薄型PE无滴膜。

(4)根据病害发生情况选择棚膜　栽培期长的塑料棚内的蔬菜病害一般比较严重,应选择无色无滴膜,能降低空气湿度。新建塑料棚内的病菌少,发病轻,可根据所栽培蔬菜的发病情况以及生产条件等灵活选择棚膜。

2. 扣棚技术

选择无风或微风天气扣膜。

四、任务考核

1. 考核的内容与标准

考核内容	考核标准	分值	实际得分
方案设计	1. 内容完整	10	
	2. 措施详细	5	
	3. 有创新	5	
方案实施	1. 工作态度积极、操作认真、注意安全	10	
	2. 有协作、有交流、有结果、有记录	5	
	3. 能充分利用现有条件,完成的效果好	5	
	4. 对棚膜选择和扣棚过程中出现的问题有反思、有总结	5	
	5. 根据季节或天气预报等,对将要发生的问题有预见	5	
完成效果	棚膜种类选择:合理、正确	20	
	扣棚时间:正确	10	
	扣棚技术:操作规范	20	

2. 考核方式

学生互相考核与教师考核相结合。

项目三　温　室

一、常见传统温室的类型与结构

(一)竹木结构日光温室

竹木结构日光温室用横截面(10～15)cm×(10～15)cm的水泥柱子作为立柱,用径粗8 cm以上的粗竹竿作为拱架(图2-6),建造成本比较低,容易施工建造。

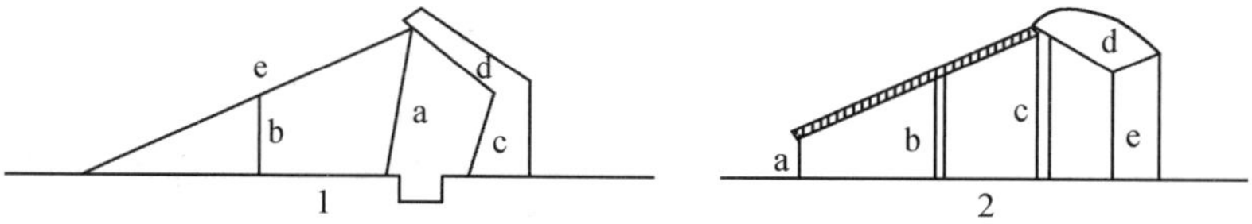

图2-6　竹木结构日光温室

1. a. 中柱　b. 前柱　c. 后墙　d. 后坡　e. 玻璃斜面

2. a. 立面　b. 前立柱　c. 中柱　d. 后坡　e. 后墙

竹木结构日光温室可分为:微拱式日光温室、半拱式日光温室、木梁悬梁吊柱日光温室和三折面木架日光温室。

(二)钢结构日光温室

钢架结构日光温室,大棚内无立柱支撑,主桁架采用双弦梁焊接,棚面采用热镀锌管横向焊接固定,主桁架间距一般在0.8～1.2 m左右,墙体采用砖墙或土墙结构。

二、节能日光温室的结构与特点

(一)结构

节能型日光温室由墙体、后屋面、前屋面、立柱和覆盖材料等组成。图2-7所示为SD-Ⅱ节能型日光温室结构图。

节能型日光温室的前层面角度>20°,脊高>20 m,后屋面厚度>30 cm,后屋面斜度>40°,最大宽高比<2.8,墙体厚度>1 m,覆盖棚膜为高温膜。

(二)特点

节能日光温室又称冬暖型日光温室。温室前屋面的采光角度大,白天增温较快。温室的墙体较厚,所用覆盖材料的增温、保温性能好,并且温室内空间较大、容热量大,故自身的保温能力强,一般可达15～20 ℃,在冬季－15 ℃以上或－20 ℃左右的地区,可用于冬季不加温条件下,生产出喜温的蔬菜。

三、连栋温室的结构与特点

连栋温室又称智能温室或现代温室,是设施农业中的一种先进的温室类型。它具有集成的环境控制系统,可以将计算机控制技术、信息管理技术、机电一体化技术等在设施内进行综合运用,自动调控室内的温度、湿度、光照、气、肥等诸多因素,实现蔬菜和花卉的高产,保持良

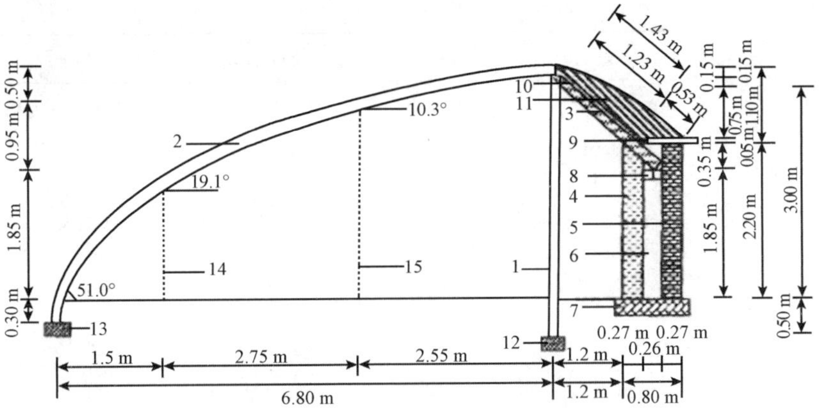

图 2-7　SD-Ⅱ节能型日光温室结构图

1. 后柱　2. 拱架　3. 斜梁　4. 后墙南墙　5. 后墙北墙　6. 夹心层　7. 墙基　8. 后墙每间砖垛　9. 檐板　10. 玉米秸秆层　11. 草泥及培土层　12. 柱层　13. 拱梁基础　14. 前柱　15. 后柱

好的经济效益。连栋温室由经过热镀锌处理的型钢构件组成，具备抵抗风、雪、暴雨等气候条件的功能，屋顶及四周采用卡槽、卡簧、铝合金型材等专用材料进行固定。具有遮阳系统、降温、保温、加温、湿窗帘和风扇降温系统、照明系统、喷滴灌浇水、施肥、喷药系统、移动苗床等自动化设施等组成。

（一）连栋温室的类型

按照温室屋面的特点可以分为屋脊型连接屋面温室和拱圆型连接屋面温室两种类型（表 2-6、表 2-7）。屋脊型连接屋面温室主要以玻璃作为透明覆盖材料，以荷兰的文洛型温室为主要代表，这种温室大多分布在欧洲，荷兰分布面积最大，居世界首位。拱圆型连接屋面温室主要以塑料薄膜作为透明覆盖材料，在日本、法国、以色列、韩国等国家应用广泛。我国通过引进国外连栋温室，近年来也逐渐研制出一系列屋脊型连接屋面温室。

表 2-6　屋脊型连接屋面温室的基本规格

温室类型	单栋跨度	脊高/m	肩高/m	骨架间距/m	覆盖材料
LBW63	6 m	3.92	2.38	3.03	玻璃
LB64S4S	3.2 m×2 m	4.7	4.0	4.0	玻璃
LB96Ss4S	3.2 m×3 m	4.7	4.0	4.0	玻璃
LPC80S4	4 m×2 m	5.0	4.0	4.0	玻璃
LB120Ss4	4 m×3 m	5.0	4.0	4.0	玻璃
LBB96Ss4	3.2 m×3 m	4.9	4.0	4.0	双层玻璃
LPC64S4	3.2 m×2 m	4.8	4.0	4.0	PC 板
LPC96Ss4	3.2 m×3 m	4.8	4.0	4.0	PC 板
LPC80S4	4 m×2 m	5.1	4.0	4.0	PC 板
LPC120Ss4	4 m×3 m	5.1	4.0	4.0	PC 板

续表 2-6

温室类型	单栋跨度	脊高/m	肩高/m	骨架间距/m	覆盖材料
LPC108Ss4	3.6 m×3 m	5.0	4.0	4.0	PC 板
LPC108Ss5	3.6 m×3 m	5.0	4.0	5.0	PC 板
LPC80D4	8 m	6.07	4.0	4.0	PC 板
LPC96D4	9.6 m	6.47	4.0	4.0	PC 板
LPC100D4	10 m	6.97	4.0	4.0	PC 板
LM80D4	8 m	6.08	4.0	4.0	PC 板
LM96D4	9.6 m	6.48	4.0	4.0	PC 板
荷兰文洛 A 型	3.2 m	3.05～4.95	2.5～4.3	3.0～4.5	玻璃
荷兰文洛 B 型	3.2 m×2 m	3.05～4.95	2.5～4.3	3.0～4.5	玻璃
荷兰文洛 C 型	3.2 m×2 m	4.20～4.95	2.5～4.3	3.0～4.5	玻璃

表 2-7 拱圆型连接屋面温室的基本规格

温室类型	单栋跨度/m	高度/m	肩高/m	骨架间距/m	覆盖材料
GLZW-7.5	7.5	4.9～5.2	3.2～3.5	3.0	薄膜
GLW-6	6.0	4.0～4.5	2.5～3.0	3.0	薄膜
LPC80R4	8.0	5.5	3.5	4.0	PC 板
LPC96R4	9.6	5.8	3.5	4.0	PC 板
LM60R4	6.0	3.5	2.1	4.0	薄膜
LM80R4	8.0	5.0	3.0	4.0	薄膜
LM96R4	9.6	5.0	3.0	4.0	薄膜
GLP732	7.0	5.0	3.0	3.0	薄膜
华北型	8.0	4.5	2.8	3.0	薄膜
WSP-50	6.0	—	2.2	3.0	薄膜
SRP-100	6.0～9.0	—	2.2	3.0	薄膜
SP	6.0～8.0	—	2.1	2.5	薄膜
以色列温室	7.5	5.5	3.75	4.0	薄膜
以色列温室	9.0	6.0	4.0	4.0	薄膜
INVERCAC 型	8.0	5.21	—	2.5	薄膜
法国温室	8.0	5.4	4.2	5.0	薄膜
韩国温室	7.0	4.3	2.5	2.0	薄膜

(二)连栋温室的结构

1. 屋脊型连接屋面温室的结构

荷兰文洛型玻璃温室是屋脊形连接屋面温室的典型代表,温室骨架采用钢架和铝合金构成,透明覆盖材料为 4 mm 厚平板玻璃。温室屋顶形状和类型主要有多脊连栋型和单脊连栋型两种,如图 2-8 所示。

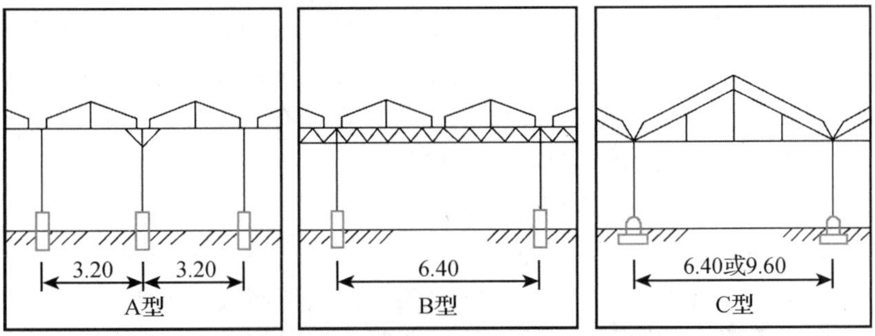

图 2-8　单脊连栋型和多脊连栋型温室的屋顶示意图(单位:mm)

多脊连栋型温室的标准脊跨为 3.2 m 或 4.0 m,单间温室跨度为 6.4 m、8.0 m 和 9.6 m。当前采用 4.0～4.5 m 的跨度较多,这种温室的传统屋顶通风窗宽 0.73 m、长 1.65 m;目前玻璃宽度为 1.0 m 左右,最常用的是 1.25 m。以 4.0 m 脊跨为例,通风窗玻璃长度为 2.08～2.14 m。同样,排水槽高度也在逐渐调整。单脊连栋型温室的标准跨度为 6.4 m、8.0 m、9.6 m、12.8 m。在室内高度和跨度相同的情况下,单脊连栋型温室较多脊连栋型温室的开窗通风率高。

现以荷兰屋脊型连栋温室为例,介绍连栋温室的结构。

(1)骨架结构。

①基础。基础是连接地基和结构的基本结构件,将其上的风荷载、雪载、作物吊重和构建自重等传递给地基。基础的安全稳固与否,直接影响温室的稳固程度。基础由预埋件和混凝土浇筑而成,塑料薄膜温室基础较简单,玻璃温室较复杂,且必须浇注边墙和端墙的地固梁。

②骨架。一类温室其柱、梁或拱架都用矩形钢管、槽钢等制成,经过防锈蚀处理,具有较好的防锈能力;另一类温室的门窗、屋顶等为铝合金型材,经过抗氧化处理,轻便美观、不生锈、密封性能好,而且推拉开启省力,这种类型的连栋温室在荷兰生产较多。

③排水槽。又叫“天沟”,用来将单栋温室连接成连栋温室,同时起到收集和排水的作用。排水槽自温室中部向两端倾斜延伸,坡降多为 0.5%。连栋温室的排水槽在地面形成阴影,约占覆盖地面总面积的 5%。因此,要求在保证结构强度和排水顺畅的前提下,排水槽结构形状对光照的影响尽量减小。排水槽下面还装有半圆形的铝合金冷凝水回收槽,以防止覆盖物内表面形成冷凝水滴,滴在蔬菜作物上或增加室内湿度,收集的冷凝水排放到地面或利用回收管直接排放到室外或蓄水池中。

(2)覆盖材料。应选用透光性和保温性好、坚固耐用、质地轻、便于安装、价格便宜等特点的覆盖材料。屋脊连栋温室的覆盖材料主要为平板玻璃、塑料板材(FRA 和 PC 板)和塑料薄膜,其中平板玻璃在西欧、北欧和东欧地区常用,塑料板材在美国和加拿大地区常用,塑料薄膜在亚洲、以色列和西班牙地区常用。寒冷和光照条件差的地区,玻璃仍是较常用的覆盖材料,保温透光好，但是其造价高（是塑料薄膜的5倍），且易损坏，维修不方便。此外玻璃重量大，相应的温室框架材料强度要求也高，这也增加了投资成本。

塑料薄膜价格较低，且易于安装，质地轻，但不适用于屋脊型屋面，且易污染老化，透光率较差。PC板兼具玻璃和塑料薄膜的优点，且坚固耐用不易污染，是理想的覆盖材料，但是其造价较高。

2. 拱圆型连接屋面温室的结构

我国使用拱圆型连接屋面温室较多，其覆盖材料采用塑料薄膜。塑料薄膜具有质量轻的特点，在降雨雪量较少的地区，可以减少温室结构安装量，增大薄膜安装件间距，例如内部柱间距为4 m或5 m时，拱杆间距分别为2 m或5 m。跨度也有6.4 m、7.5 m、8 m和9 m等多种规格。从侧边起0.5 m处的自由空间高度可以达到1.7 m以上，进一步方便了栽培作业。由于框架结构比玻璃温室简单，用材量少，建造成本低。

塑料薄膜的保温性能比玻璃保温性能要差一些，在建造温室时，采用双层充气薄膜以增加温室的保温效果。跟单层薄膜相比，双层充气薄膜的内层薄膜内外温差较小，在冬季寒冷天气可以减少薄膜内表面冷凝水的数量。同时，外层薄膜不与结构件直接接触，而内层薄膜由于受到外层薄膜的保护，可以不受外界风雨雪的侵蚀，从而提高内外双层薄膜的使用寿命。为了保持双层薄膜之间的适当间隔，常用充气机进行充气（图2-9）。

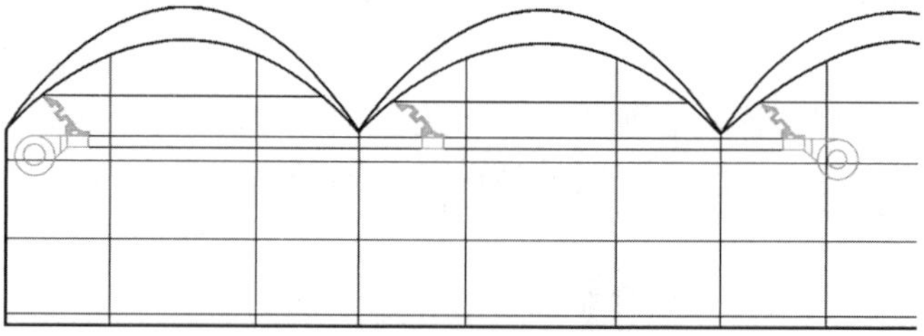

图2-9 双层薄膜充气系统示意图

由于双层充气薄膜透光率较低，因此在光照强度弱的地区或生产喜温蔬菜时不宜使用。

四、连栋温室的生产系统

（一）屋脊形连栋温室的生产系统

1. 自然通风系统

连栋温室的自然通风系统分为三类，第一类是侧窗通风，第二类是顶窗通风，还有一类是两者兼具。连栋温室的通风效果取决于风速和通风窗面积，面积越大通风效果越好，因此第三类的通风系统最好。但是在大风地区，通风面积要进行合理规划，要选择结构强度大的材料。

2. 加温系统

连栋温室的顶面面积较大，因此一般不采取外部覆盖保温，而是主要采用温室内加温以维持保温效果。加温系统采用集中供暖，分区控制，有热水管道加温和热风加温两种方法。

①热水管道加温系统。热水管道加温主要是利用热水锅炉，通过加热管道对温室加温。温室内的散热管要保证温室内加温均匀，水平方向上温差不超过1 ℃；热量供应能随蔬菜作物不同生长发育时期而调节；热水要在管道内保持通畅。

根据温室内蔬菜作物生长的变化，温室内散热管的排列按管道的移动性可以分为升降式和固定式管道，按管道的位置则可分为垂直排列和水平排列管道。热水管道加热的特点是温室内温度上升速度慢，室内温度均匀，在停止加热后温室内温度下降的速度也慢，这样才有利于蔬菜作物的生长，否则温度骤升骤降不利于作物的生长发育。

热水管道加温需要的设备较多，需要一定空间进行摆放，因此当温室面积大时才使用这种加温系统。此外，该系统的造价也较高。

②热风加温系统。该系统主要利用热风炉，通过风机将热风送入温室进行加温。热风加温具有温室内温度上升快的特点，但停止加热后其降温速度也快，对作物的发育有一定影响，加温效果不及热水管道。热风加温系统设备占地面积小，适用于面积较小的连栋温室。

（二）帘幕系统

帘幕系统具有遮阳和保温的双重功能。在夏季炎热天气，通过遮阴可以降低温室内温度7 ℃左右，冬季寒冷天气，起到保温效果，可以提高室温6～7 ℃。

帘幕材料主要采用塑料线编制而成，按照保温和遮阳的不同要求，在其内部嵌入不同比例的铝箔。帘幕可以分为节能型、节能/遮光型、遮光型和全遮光型等。市场上种类较多，生产上可以根据不同需要进行选择。

帘幕开闭驱动系统可分为两种形式：一是齿轮齿条驱动机构，由发动机带动驱动轴转动，实现帘幕的展开和收拢。二是钢丝绳牵引式驱动机构，转动钢丝绳，牵引帘幕，通过电机的正反转实现帘幕的展开和收拢。

（三）计算机环境测量和控制系统

通过控制连栋温室的环境指标，使室内蔬菜作物在一个动态有效的环境下生长。这也是连栋温室较为重要的一个技术指标。调节和控制的环境目标参数包括温度、湿度、二氧化碳浓度和光照等。针对不同的环境目标参数，采用不同的控制设备，具体见表2-8和表2-9。

表2-8　温室气候的目标参数及其控制设备

目标参数	控制设备
温度	加热系统、通风系统、帘幕系统、喷淋/喷雾系统
湿度	加热系统、通风系统、帘幕系统、喷淋/喷雾系统
二氧化碳含量	通风系统、二氧化碳施用系统
光照	帘幕系统、人工照明

表2-9　控制设备及控制原理

控制设备	控制原理
喷淋/喷雾系统	开关控制
降湿系统	开关控制
二氧化碳施用系统	开关控制
帘幕系统	开关控制
人工补光系统	开关控制

续表 2-9

控制设备	控制原理
强制通风系统	开关控制
自然通风系统	比例控制或比例积分控制
加热系统	比例控制或比例积分控制

(四)灌溉和施肥系统

较好的灌溉和施肥系统包括水源、储水及供给设备、水处理设施、灌溉和施肥设施、田间网络和灌水器(即滴头)等。在土壤栽培时,作物根区土层下需铺设暗管,以利于排水。在基质栽培时,可采用肥水回收装置,将多余的肥水收集起来,重复利用或排放到温室外面。

灌溉和施肥系统设有电子调节器及电磁阀,通过时间继电器,调整成时间程序,可以定时定量地进行自动灌水。如果是无土栽培,则可以定量供液,并能自动调节营养液中各元素的含量。在寒冷季节,可以根据水温控制混合阀门调节器,把冷水与锅炉的热水混合在一起,以提高水的温度。喷灌系统也可以进行液肥喷灌和喷施农药,并可以在控制盘上测出液肥、农药配比的含量和需要稀释的加水量。

图 2-10　增压器在箭式滴头系统中的应用

温室盆栽作物可采用针式滴头施肥灌溉,可在滴灌管线上每隔一定距离安置增压器,每个增压器最多可以带动 50 个滴头,能有效改善滴灌效果(图 2-10)。

(五)二氧化碳气肥系统

连栋温室与单栋温室一样,属于封闭环境,为了增强作物的光合作用,同样需要增施二氧化碳。一般大型温室多采用二氧化碳发生器,将煤油或天然气等碳氢化合物通过充分燃烧产生二氧化碳,通常 1 L 煤油燃烧可以产生 1.27 m^3 的二氧化碳气体;也可将二氧化碳的储气罐或储液罐放置在温室内,直接进行二氧化碳输送。二氧化碳一般通过电磁阀、鼓风机和管道,输送到温室各个部位。温室内需要安置二氧化碳气体分析仪等设备,以测定温室二氧化碳气体含量,过低或过高均对作物有不良影响。

(六)常用作业机具

(1)土壤和机械消毒。温室内蔬菜作物连作现象较多,有害物质在土壤中大量聚集,严重影响作物的正常生长发育。这就需要对土壤进行专业消毒,清除有害物质。当前的消毒方法主要有物理法和化学法两种。

①物理法。物理法中高温蒸汽消毒法较为普遍,效果也较好。在进行消毒之前,需要将消毒深度的土壤进行疏松,然后用帆布或耐高温的塑料薄膜覆盖在待消毒的土壤表面上,要密封完好,将高温蒸汽输送管放置到覆盖物之下,每平方米土壤每小时需要 50 kg 的高温蒸汽,才能达到较好的消毒效果。

②化学法。将液体消毒药剂直接注入土壤到一定深度,使其汽化和扩散,以达到消毒效果。

(2)喷雾机械。在大型连栋温室内，单靠人工进行喷雾费时费力，因此可采用喷雾机械防治病虫害。喷雾机可定时或全自动控制，不需要人工操作，安全省力。为了使药剂喷洒均匀，可以在每千平方米区域内安放一台空气循环风扇。

(七)拱圆型连栋温室的生产系统

(1)加温系统　加温系统采取集中供暖方式。冬季通过暖气加温、太阳能地中热交换、保温幕、顶部和侧墙采用双层充气保温覆盖等措施提高室内温度。夏季利用开窗自然通风、遮光和湿帘风机降温等措施调控室内温度。其中地中热交换系统在冬季可使室内气温提高 3～7 ℃，地温提高 4～8 ℃。

(2)其他　温室帘幕系统同时具有保温和遮光作用，可自动化开闭。天窗开启机构采用齿轮加蜗杆机构，结构紧凑，噪声较低，可自动开合。湿帘-风机降温系统可使夏季室内气温比室外降低 4～6 ℃。

通过加温、保温和降温措施，温室内冬季夜间温度不低于 8 ℃，白天可达 20～30 ℃。

连栋温室的管理设备和电控系统多集中在一个室内，或集中在一个控制台上，成为温室的管理中心。各个系统可设立电子程序控制设备，电动及手动控制设备，以便在发生机械故障或停电时可以手动操作。各控制系统应有单独的控制开关，并装有指示灯和故障报警器。

五、连栋温室的性能

1. 温度

连栋温室在一年四季中都具有较恒定的温度范围，以保证室内作物的正常生长发育。冬季，连栋温室具有热效率高的加温系统，无论室外天气好坏，12 月至第二年 1 月份，室内温度均保证在 15 ℃以上；夏季，采用外遮阳系统和湿帘风机降温系统，保证作物所需的正常温度范围。

温室内采用热水管道加温或热风加温，加热管道可按作物的生长区域进行合理配置，不但有固定的管道，还有可移动升降的加温管道，这种加温方法使室内加温均匀，作物生长整齐性好。这种加温方式安全清洁，无有害气体和粉尘，对管理人员身体无害。因此，连栋温室可以脱离外界环境对其的影响，使温室内作物一年均可进行栽培生产，大大提高了经济效益。但正是因为这样，温室加温能耗很大，燃料费用花销较大，在一定程度上增加了成本。

此外，双层充气薄膜温室夜间的保温能力也较好，导热系数小，保温性能高，但成本也较高(表 2-10)。

表 2-10　不同温室覆盖材料性能比较

材料性能	覆盖材料					
	普通农膜(0.08 mm)厚	多功能膜(0.15 mm)厚	多功能膜(双层)	玻璃(4 mm 厚)	中空玻璃[3+6(空气层)+3]mm	聚碳酸酯板(中空)
导热率/[kJ/(m^2·℃·h)]	29 307.6～33 494.4	16 747.2～18 840.6	14 653.8～16 747.2	23 027.4～25120.8	12 562.4～25 120.8	10 467.0～12 562.4
透光率(%)	85～90	85～90	75～80	90～95	80～85	85～90

2. 光照

温室内的光照一直是有待提高的，从温室透明覆盖物的发展上看，透光率高始终是最重要的一个技术指标，因为光照是否充足直接影响作物的生长发育。通常用于温室的透明覆盖物有塑料薄膜、玻璃和透明塑料板材三种。大型连栋温室具有采光好，透明覆盖物透光率高的特点，即使在日照时间最短的冬季，也能培育出优质的园艺作物，并获得很高的产量，一般情况下产量是单屋面温室的几倍。

双层充气薄膜温室由于采用双层充气薄膜，透光率较低，北方地区冬季地区光照弱，不利于喜光作物生长，可在温室内进行人工补光，保证园艺作物的正常生长，一些发达国家已经配备补光设备。

3. 湿度

连栋温室的封闭性较强，而双层充气薄膜温室的封闭性更强，因此这种连栋温室的空气湿度和土壤湿度都要比其他连栋温室高。连栋温室整体空间比较大，室内环境优良，适宜作物生长，因此作物的长势均较好。作物的水分蒸发旺盛，会释放出大量水汽在温室内，所以室内湿度常常是饱和状态，温室内的加温系统可有效降低空气湿度，避免过高的空气湿度给作物带来不良影响。

当处于炎热高温天气时，可以用湿帘风机降温系统来降低温室内温度，同时也能保证适宜的空气湿度，为作物的生长发育提供一个较好的生长环境。

4. 气体

温室作物栽培的室内空间二氧化碳气体含量均要比室外低，连栋温室也不例外，低含量的二氧化碳气体不能满足作物光合作用的需要，常常发生二氧化碳缺乏现象，这就需要在温室内进行有效及时的二氧化碳气体补充，进行气体施肥，保证温室内二氧化碳气体的含量，满足作物生长，提高作物产量。

5. 土壤

当今，为了解决连栋温室土壤的连作障碍、土壤酸化和土传病害等一系列问题，无土栽培越来越被人们推崇，栽培范围逐渐加大，尤其是花卉栽培已占大多数。果菜类蔬菜和鲜切花生产多用基质栽培，水培主要生产叶菜，其中以生菜面积最大。无土栽培能够克服土壤栽培的连作障碍、土壤酸化和土传病害等弊端，同时可以通过计算机系统自动控制，准确地提供作物在生长发育过程中所需要的各种营养元素的含量和水分数值，同时也为作物的根系提供良好的生长环境。

连栋温室是最先进、最完善、最高级的园艺设施，机械化、自动化程度很高，劳动生产率也很高。它是用工业化的生产方式进行园艺作物的生产，因此也被称之为工厂化农业。

工作任务　温室的结构观察与测量

任务目标：通过对温室的实地观察、测量、分析、绘图，了解当地温室的规格、结构特点及在本地区的应用情况。加深对温室结构部件的理解，掌握结构测量方法并能应用。

任务材料：皮尺、钢卷尺、测角仪等工具

技能要求：能运用专业测量工具准确测量温室各部位结构尺寸，细致观察温室骨架材质、连接方式、覆盖材料特性及附属设施配置，学习绘制温室结构图纸，加深对温室结构部件的理解。

一、设计观察和测量方案

根据老师所给定的温室的结构观察和测量条件，设计出具体的观察、测量计划和实施方案，应包括观察和测量仪器的准备、观测地点的选取、观测内容的确定、观测数据的记录、处理、分析。方案在查阅相关资料、经过充分讨论、修改的基础上，最后确定。

二、实施要求

一般要分组进行，组内分工要明确、合理；组间可以交流、讨论、合作，但不能代替。有些任务需要利用课余时间来完成。

三、观察与测量步骤

1. 选择观察地点

选择学校实训基地或附近生产单位的温室，进行实地调查、访问、测量，将测量结果和调查资料整理成报告。

2. 观察记录

①观察当地温室的方位、形状、结构、场地选择和整体布局情况。分析温室的结构、性能的优缺点。

②测量记录日光温室和现代温室的方位、规格（长度、跨度、脊高的尺寸）、透明屋面及后屋面的角度、长度；墙体厚度和高度；门的位置和高度；建筑材料和覆盖材料的种类和规格；配套设备类型和配置方式等。

四、任务考核

1. 考核的内容与标准

考核内容	考核标准	分值	实际得分
方案设计	1. 内容完整 2. 措施具体、详细 3. 有创新	10 5 5	
方案实施	1. 工作态度积极、操作认真、注意安全 2. 有协作、有交流、有结果、有记录 3. 能充分利用现有条件，完成的效果好 4. 对温室的结构观察和测量过程中出现的问题有反思、有总结 5. 根据季节或天气预报等，对将要发生的问题有预见	10 5 5 5 5	
完成效果	选取的观察和测量内容：全面 观察和测量：正确、操作规范 数据记录和分析：规范、合理	20 10 20	

2. 考核方式

学生互相考核与教师考核相结合。

项目四　设施建造场地选择与布局

一、设施场地选择的要求

设施场地的好坏对设施的结构性能、环境调控、经营管理等影响很大，因此，在建造设施前要慎重选择场地。设施建造场地选择的一般原则是：有利于控制设施内的环境，有利于蔬菜的生长与发育，有利于控制病虫害，有利于蔬菜产品与农用物资的运输。

对设施建造场地的选择，应考虑以下几个方面。

(1)避风向阳、地势平坦　要求场地的北面及西北面有适当高度的挡风物，以利于低温期设施的保温；南面要开阔，最好是平坦的矩形地块。

(2)光照充足　要求场地的东西南三面无高大的建筑物或树木遮挡。

(3)地下水位低　地下水位高，土壤容易发生盐渍化，不宜选择。

(4)水源充足　设施内主要是利用人工灌水，因此，应选择靠近水源、水源丰富、水质好的地方。

(5)病菌、虫卵含量较少　一般老菜园、果园、花圃地中的病菌和虫卵数量比较多，不适合建造温室、大棚等。应选土质肥沃的良田。

(6)土壤的理化性有利于生产　要求土壤的保肥保水能力强、透性好、酸碱度中性。

(7)地势干燥　要求所选地的排水良好，雨季不积水。

(8)方便运输　一是便于运输建造材料；二是便于蔬菜能及时运出。

此外，建造场地的土壤、空气、水等条件应符合无公害蔬菜生产标准要求。

二、设施布局的一般要求

设施数量较多时，应集中建造，进行规模生产。设施类型间要合理搭配，特别是栽培设施与育苗设施间要配套设置。

(一)设施搭配

设施要合理搭配，一是能够充分利用各类设施的栽培特点，进行多种蔬菜生产，丰富市场，并降低生产成本。二是确保蔬菜的种苗供应，不误农时。

几种设施搭配时，一般温室放在最北面，向南依次为塑料大棚、塑料中棚和塑料小棚。育苗设施应尽量靠近栽培设施或栽培田。

(二)排列方式

设施的排列方式主要有“对称式”和“交错式”两种(图 2-11)。

1. 对称式

排列设施群内通风性较好，高温期有利于通风降温，但低温期的保温效果差，需要围障、腰障等。

2. 交错式

排列的设施群内无风的通道，挡风、保温性能好，低温期有利于保温和早熟，但高温期的通风降温效果不好。

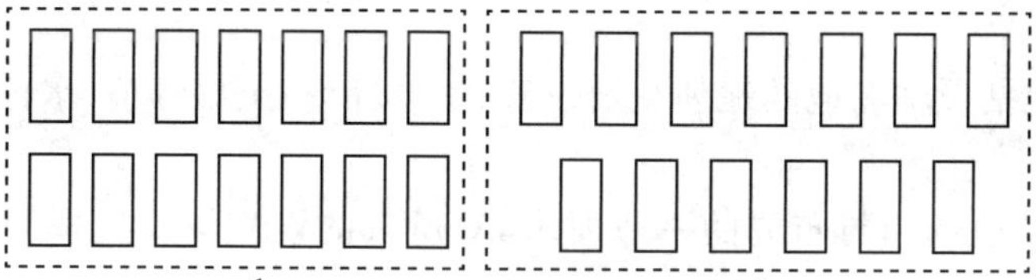

图 2-11　设施排列方式

1. 对称式　2. 交错式

（三）设施间距

温室、塑料大棚等高大设施的南北间距应不少于设施最大高度的 2 倍，以 2.5～3 倍为宜。小拱棚高度低，遮光少，一般不对间距进行严格要求，以方便管理为准。

（四）运输与灌溉

设施群内应设有交通运输通道以及排灌渠道。

交通运输通道分为主道和干道，主道与公路相连，宽 5 m 以上，两边挖有排水沟。干道与主道相连，宽 2～3 m。

灌溉渠道也分为主道和支道。主渠道和水源相连接，支道通往设施内。排水管道一般单设，排水能力设计应以当地常年最大降雨强度为依据，要求能及时将雨水排走，确保设施内部不发生积水。

工作任务　当地设施场地选择与布局的调查与评价

任务目标：通过对当地设施场地的选择与布局进行调查，掌握设施场地选择与布局时应考虑的因素，了解设施场地的基本情况，并能给予科学合理的评价。

任务材料：皮尺、钢卷尺、测角仪等工具。

技能要求：通过测量评价，了解设施场地的基本情况。

一、设计观测方案

根据老师所给定的当地设施场地选择与布局的调查与评价条件，设计出具体的调查与评价计划和实施方案，应包括地理交通位置、气候环境、土壤环境、水体环境、灌溉条件等各重要环节。方案在查阅相关资料、经过充分讨论、修改的基础上，最后确定。

二、实施要求

一般要分组进行，组内分工要明确、合理；组间可以交流、讨论、合作，但不能代替。有些任务需要利用课余时间来完成。

三、操作步骤

1. 调查方法的确定

选择当地的某一设施场地作为调查对象，采取实地调查和查阅文献资料相结合的方式进行调查。

2. 调查内容

调查内容主要包括设施场地的地理交通位置、气候环境、土壤环境、水体环境、灌溉条件等。

3. 评价

参照设施建造场地选择与布局的一般要求，对所选的设施场地选择与布局进行评价，以确定其选择与布局是否合理。

四、任务考核

1. 考核的内容与标准

考核内容	考核标准	分值	实际得分
方案设计	1. 内容完整 2. 措施具体、详细 3. 有创新	10 5 5	
方案实施	1. 工作态度积极、操作认真、注意安全 2. 有协作、有交流、有结果、有记录 3. 能充分利用现有条件，完成的效果好 4. 对所选的设施场地选择与布局进行评价中出现的问题有反思、有总结 5. 根据季节或天气预报等，对将要发生的问题有预见	10 5 5 5 5	
完成效果	选取的观察和测量内容：全面 观察和测量：正确、操作规范 数据记录和分析：规范、合理	20 10 20	

2. 考核方式

学生互相考核与教师考核相结合。

项目五　设施内环境条件控制

一、设施内光照条件的调控措施

设施内光照条件的调节与控制应注意两个方面：一是设施内蔬菜对光照条件的需求；二是调节与控制措施的科学性和可行性。具体的调控措施如下。

1. 合理的设计和布局

选择四周无遮挡的场地建造设施，并设计好屋顶倾斜角度、设施方位与前后间隔距离等，同时选用合理的骨架材料、透光率高的且透光性能稳定的专用棚膜等，确保设施自身良好的透光性能。

2. 保持透明覆盖物良好的透光性

（1）覆盖透光率比较高的新棚膜　一般新棚膜的透光率可达90%以上，一年后视棚膜的种类不同，透光率一般为50%～60%。

（2）及时清除棚膜表面内的水珠　棚膜内表面上的水珠能够反射阳光，减少透光量，同时水珠本身也能够吸收一部分光波，进一步减弱设施内的透光量，故要选用膜表面水珠较小的无滴膜。

(3)保持覆盖物表面清洁　应定期清除覆盖物表面上的灰尘、积雪等,减少遮光物。

(4)保持膜表面平紧　棚膜变松、起皱时,反光量增大,透光率降低,应及时拉平、拉紧。

3. 物理措施

一是在地面上铺盖反光地膜;二是在设施的内墙面或风障南面等张挂反光薄膜,可使北部光照增加 50%左右;三是将温室的内墙面及立柱表面涂成白色。

4. 改进栽培管理措施

对高架蔬菜实行宽窄行种植,并适当稀植;及时整枝抹杈,摘除老叶、黄叶,并用透明绳架吊拉蔬菜茎蔓等;白天设施内的保温幕和小拱棚等保温覆盖物要及时撤掉;选用耐弱光品种;覆盖地膜等。

5. 人工补光

人工补光的目的:一是人工补充光照,用以满足蔬菜光周期的需要。当黑夜过长而影响蔬菜生育时,为了抑制或促进花芽分化,调节开花期,需要进行人工补光。二是满足光合作用对能源的需要。

人工补光常用白炽灯、日光灯、碘钨灯、高压气体放电灯(包括钠灯、水银灯、金属卤化物灯、生物效应灯)等。为了避免烤伤蔬菜,灯泡应离开蔬菜及棚膜各 50 cm 左右。

6. 遮光处理

夏季高温季节设施内光照过强,温度过高,可通过覆盖遮阳网、湿帘或棚膜表面涂白灰水等措施进行遮光。收获根、茎或叶的蔬菜(如葱、蒜、胡萝卜、菠菜等),进行遮光处理,可推迟开花结实,增加产量。

二、温度条件及其调节

(一)加温技术措施

1. 增加透光量

具体做法见光照调控部分。

2. 人工加温

(1) 火炉加温　用炉筒或烟道散热,将烟排出设施外。该法多见于简易温室及小型加温温室。

(2) 暖水加温　用散热片散发热量,加温均匀性好,但费用较高,主要用于玻璃温室、连栋温室和连栋塑料大棚。

(3) 热风炉加温　用带孔的送风管道将热风送入设施内,对设施内的空气进行加热。该法加温快,也比较均匀,主要用于连栋温室和连栋塑料大棚中。

(4) 明火加温　在设施内直接点燃干木材、树枝等易燃且生烟少的燃料,对设施进行加温。该法加温成本低,升温也比较快,但容易发生烟害。

(5)电加温　电加温主要使用电炉、电暖器以及电热线等,利用电能对设施进行加温。该法具有加温快、无污染且温度易于控制等优点,存在着加温成本高、受电源限制等一系列问题,主要用于小型设施的临时性加温。

(二)降温技术措施

1. 通风降温

开启通风口及门等,散放出热空气,同时让外部的冷空气进入设施内,使温度下降。具体要求有以下两点：

第一，要严格掌握好通风口的开放顺序。

第二，要根据设施内的温度变化来调节通风口的大小。

2. 遮光降温

具体做法见光照调控部分的遮光处理。

此外还有屋面流水降温和蒸发冷却降温。

(三)保温技术措施

1. 增强设施的保温能力

(1)设施的保温结构要合理。场地安排、方位与布局等也要符合保温的要求。

(2)用保温性能优良的材料覆盖保温。如覆盖保温性能好的塑料薄膜，覆盖草把细密、干燥，并且厚度适中的草苫。

(3)减少缝隙散热。通风门和关闭门要关严实，门的内外两侧应张挂保温帘。

(4)多层覆盖。多层覆盖材料主要有塑料棚膜、草苫等。

2. 保持较高地温

(1)合理浇水：低温期应于晴天上午浇水，不在阴雨雪天及下午浇水；低温期要尽量浇预热的温水或温度较高的地下水、井水等，不浇凉水；要浇小水、暗水，不浇大水和明水；低温期要浇暗水，减少地面水蒸发引起的热量散失。

(2)挖防寒沟：在设施四周挖深 50 cm 左右、宽 30 cm 左右的沟，内填干草、泡沫塑料等，上用塑料薄膜封盖，减少设施内的土壤热量外散，可以使设施内四周 5 cm 地温提高 4 ℃左右。

三、水分条件及其调节

(一)降低空气湿度的技术措施

1. 通风降湿

通过通风可调节设施内的湿度。阴雨(雪)天，浇水后 2～3 d 内及叶面施肥和喷药后的 1～2 d 里，设施内的空气湿度容易偏高，应加强通风。

一天中，以中午前后的空气绝对含水量最高，也是排湿的关键时期，清晨的空气相对湿度达一天中的最高值，此时的通风降湿效果最明显。

2. 减少设施内的水分蒸发量

(1)覆盖地膜　覆盖地膜是抑制土面蒸发，减少设施内水分蒸发量的主要措施。

(2)合理使用农药和叶面肥　低温期，设施内使用农药应尽量采用烟雾法或粉尘法，不用或少用叶面喷雾法。叶面追肥以及喷洒农药应选在晴天 10:00 后至 13:00 前进行，以保证在日落前有一定时间进行通风排湿。

3. 减少棚膜表面的聚水量

(1)选用无滴膜　若选用的是普通棚膜，应定期进行消雾处理。

(2)保持棚膜表面排水流畅　棚膜松弛或起皱时应及时拉紧、拉平。

(二)降低土壤湿度的技术措施

1. 控制浇水量

(1)采用高畦或高垄栽培　高畦或高垄栽培易于控制浇水量，通常浇水量较多时，可采取逐沟浇水法。需水不多时，可采取隔沟浇水法或半沟浇水法，有利于控制地面湿度。另外，高畦或高垄栽培的地面表面积大，有利于增加地面水分的蒸发量，降湿效果较好。

(2)适量浇水　低温期应采取隔沟(畦)浇法进行浇水，或用微灌溉系统进行浇水，也即要浇小水，不要大水漫灌。

2. 适时浇水

低温阴雨(雪)天温度低，地面水分蒸发慢，浇水后，地面长时间呈高湿状态，不宜浇水。

四、设施内气体条件及其调节

蔬菜设施内的气体通常分为有益气体和有害气体两种。

(一)有益气体

有益气体主要是二氧化碳。二氧化碳是绿色植物制造碳水化合物的重要原料之一。据测定，蔬菜生长发育所需要的二氧化碳气体最低浓度为 80～100 mL/m³，最高浓度为 1 600～2 000 mL/m³，适宜浓度为 800～1 200 mL/m³。在适宜的浓度范围内，浓度越高和高浓度持续的时间越长，越有利于蔬菜的生长和发育。

1. 二氧化碳气体的施肥时期

选择适宜的二氧化碳气体施肥时期，是节约气肥、减少投资、增加产量的关键因素，施肥时间依蔬菜种类、栽培方式和土壤肥力等而定。苗期和产品器官形成期是二氧化碳气体施肥的关键时期。苗期施肥能明显促进幼苗发育，使果菜类蔬菜花芽分化的时间提前，花芽分化质量提高，结果期提早，增产效果明显。试验证明，黄瓜苗定植前施用二氧化碳气体，能增产 10%～30%；番茄苗期施用二氧化碳气体，能增加结果数 20%以上。苗期施用二氧化碳气体应从真叶展开后开始，以花芽开始分化前施用的效果最好。

蔬菜定植后到坐果前的一段时间里，蔬菜生长比较快，此期施肥容易引起徒长。产品器官形成期是蔬菜对碳水化合物需求量最大的时期，也是二氧化碳气体施肥的关键时期。蔬菜生长后期，一般不再进行施肥，以降低成本。

2. 二氧化碳气体的施肥时间

关于一天中二氧化碳气体施肥时间的问题，原则上是必须在一定的光强和温度下进行。晴天设施内以日出 0.5 h 后开始施肥为宜，阴天以及温度低时以日出 1 h 后施肥为宜。下午施肥容易引起蔬菜徒长，除了蔬菜生长过弱，需要促进生长外，一般不在下午施肥。

每日施用二氧化碳气体的时间应尽量长一些，一般每次施用时间不少于 2 h。

3. 二氧化碳气体的施肥方法

(1)钢瓶法　把气体二氧化碳经加压后转变为液态二氧化碳，保存在钢瓶内，使用时打开阀门，用一条带有出气孔的长塑料软管把二氧化碳气体均匀释放进温室或大棚内。一般钢瓶的出气孔压力保持在 98～116 kPa，每天释放 6～12 min 即可。

(2)化学反应法　这种方法主要是利用碳酸盐与硫酸、盐酸、硝酸等，在特制容器内反应，产生 CO_2，通过排气管释放到设施中，供给蔬菜生长。其中较常用的是碳酸氢铵与硫酸反应。

反应化学方程式如下

$$2NH_4HCO_3 + H_2SO_4 = (NH_4)_2SO_4 + 2H_2O + 2CO_2 \uparrow$$

该方法是通过碳酸氢铵的用量来控制二氧化碳的释放量。栽培面积为 667 m^2 的温室或大棚内,冬季每次用碳酸氢铵 2 500 g 左右,春季 3 500 g 左右。碳酸氢铵与硫酸的用量比例为 1∶0.62。

(3)生物法　利用生物肥料的生理生化作用,生产二氧化碳气体。一般将肥施入 1～2 cm 深的土层中,在土壤温度和湿度适宜时,可连续释放二氧化碳气体。

(4)二氧化碳发生炉法　通过燃烧碳氢燃料(如煤油、石油、天然气等)产生二氧化碳气体,再由鼓风机把二氧化碳气体吹入设施内。

4. 增施二氧化碳气体的注意事项

(1)二氧化碳施肥后蔬菜生长会加快,要保证肥水供应。

(2)施肥后要适当降低夜间温度,以防止蔬菜徒长。

(3)要防止设施内二氧化碳气体浓度长时间偏高,造成蔬菜二氧化碳气体中毒。

(4)要保持二氧化碳施肥的连续性,应坚持每天施肥,不能每天施肥时,前后两次施肥的间隔时间也应短一些,一般不要超过一周,最长不要超过 10 d。

(5)从调控设施的气体环境考虑,要进行通风换气,以排出有害气体和换入新鲜气体。

(二)有害气体

1. 主要有害气体及危害特征

蔬菜设施生产中,若管理不当,常产生多种有害气体,主要有害气体及危害症状见表 2-11。

表 2-11　主要有害气体及危害特征

有害气体	主要来源	产生危害的浓度	易受害的蔬菜种类	危害症状
氨气	施肥	5 mL/m^3	所有蔬菜	危害轻时,仅叶缘干枯。危害重时,由下向上,叶片先呈水渍状,后失绿变褐干枯
二氧化氮	施肥	2 mL/m^3	番茄、黄瓜、莴苣	以叶部叶片受害最重。先是叶面气孔部分变白,后除叶脉外,整个叶片被漂白、干枯
二氧化硫	燃料	3 mL/m^3	白菜、萝卜、番茄、辣椒、南瓜、菠菜等	以中部叶片受害最重。轻时叶片背面气孔部分失绿变白,严重时叶片正反面均变白、干枯
乙烯	燃料	1 mL/m^3	番茄、黄瓜、豌豆等	植株矮化,茎节粗短,叶片下垂、皱缩,失绿转黄脱落;落花落果、果实畸形等
氯气	塑料制品	1 mL/m^3	白菜、菜花、油菜、芥蓝等十字花科蔬菜	叶子褪绿、变黄、变白,严重时枯死

2. 有害气体的防除措施

(1)合理施肥　蔬菜生产中,有机肥要充分腐熟后施用,并且要深施。化肥要随水冲施或埋施,且避免使用挥发性强的氮素化肥,以防氨气和二氧化氮等有害气体危害。用化肥追肥,追肥后应立即浇水和通风。

(2)覆盖地膜　用地膜覆盖垄沟或施肥沟,以防止土壤中的有害气体挥发。

(3)正确选用和保管塑料制品　应选用无毒的蔬菜专用塑料棚膜和塑料制品,陈旧的塑料棚膜和塑料制品不堆放在设施内。

(4)正确保管农药、化肥等　农药、化肥等不堆放在设施内,以防高温时挥发有害气体。

(5)正确选择燃料,防止烟害　冬季加温时,应选用含硫低的燃料,并且密封炉灶和烟道,严禁漏烟。

(6)勤通风　生产中一旦发现蔬菜生长异常,要及时加大通风,找有关技术人员诊断,以便采取有效措施,不要滥施农药化肥,以防加大危害。

五、土壤营养条件与调节

(一)土壤酸化及其调控技术措施

1. 土壤酸化症状

土壤酸化是指土壤的 pH 明显低于 7,土壤呈酸性反应的现象。

土壤酸化的主要原因是大量施用氮肥导致土壤中的硝酸盐积累过多。此外,过多施用硫酸铵、氯化铵、氯化钾等生理酸性肥也会导致土壤酸化。

2. 主要调控措施

(1)合理施肥　氮素化肥和高含氮有机肥的一次施肥量要适中,要采用“少量多次”的施用原则。

(2)施肥后要连续浇水　一般施肥后要连浇 2 次水,降低酸的浓度。

(3)加强土壤管理　如进行中耕除草、培土等,促进蔬菜根系生长,提高根的吸收能力。

(4)改良土壤　对已发生酸化的土壤,应采取淹水洗酸法或撒施生石灰中和的方法,提高土壤的 pH,并且不得再施用生理酸性肥料。

(二)土壤盐渍化及其调控技术措施

(1)平衡施肥,减少土壤中的盐分积累是防止设施内土壤次生盐渍化的有效途径。

(2)合理灌溉,降低土壤水分蒸发量,有利于防止土壤表层盐分积聚。

(3)增施有机肥、施用秸秆,降低土壤盐分。

(4)换土、轮作和无土栽培。因为劳动强度太大,只适合小面积的设施栽培应用。

(5)土壤消毒。土壤中有病原菌、害虫等有害生物,也有微生物、硝酸细菌、固氮菌等有益生物。

工作任务　设施内小气候的观测

任务目标：通过对设施内的温度、湿度、光照等进行观测，掌握设施内小气候变化的一般规律；掌握设施内小气候观测仪器的使用方法和观测方法。

任务材料：通风干湿球温度计或普通温度计、照度计、最高最低温度计、套管地温表等观测仪器等。

技能要求：学会运用专业仪器对设施内温度、湿度、光照、二氧化碳浓度等小气候要素进行精准观测、数据记录与整理分析，从而为设施农业生产环境调控提供科学依据。

一、设计观测方案

根据老师所给定的观测条件，设计出具体的观测计划和实施方案，应包括观测仪器的准备、观测设施的选取、观测内容的确定、观测数据的记录、处理、分析和绘制相关分布图和日变化曲线图等各重要环节。方案在查阅相关资料、经过充分讨论、修改的基础上，最后确定。

二、实施要求

一般要分组进行，组内分工要明确、合理；组间可以交流、讨论、合作，但不能代替。有些任务需要利用课余时间来完成。

三、观测步骤

1. 温湿度分布

在温室或大棚中部选一横剖面，从南向北竖立数根标杆，第一杆距南侧(温室或大棚内东西两侧标杆距棚边)0.5 m，其他各杆相距 1 m。每杆垂直方向上每 0.5 m 设一测点。

在温室或大棚内距地面 1 m 高处，选一纵断面，按东、中、西和南、中、北设 9 个点。

每一剖面，每次观测时读两遍数据，求平均值。每日观测时间：8:00，13:00。

2. 光照分布

观测点、观测顺序和观测时间同温、湿度。

3. 温、湿度变化规律

观测(温室或大棚)内中部与露地对照区 1 m 高处的温、湿度变化规律，记录 2:00、6:00、10:00、14:00、18:00、22:00 的温、湿度。

4. 地温分布与日变化规律

在温室或大棚内水平面上，于东西和南北向中线，从外向里，每 0.5～1 m 设一观测点，测定 10 cm 地温分布情况。并在中部一点和对照区观测 0 cm、10 cm、20 cm 地温的日变化。观测时间同温度日变化规律。

四、任务考核

1. 根据观测数据，绘出设施内的等温线图、光照分布图，并简要分析所观测设施的温度、光照分布特点及形成原因。

2. 绘制出所观测设施内温度和湿度的日变化曲线图。

思考题

1. 简述设施塑料薄膜选择的原则。
2. 地膜覆盖有哪些效应？
3. 简述温室、大棚的主要增温措施。
4. 简述设施二氧化碳气体施用的技术要领。
5. 简述设施有害气体的种类及预防措施。
6. 为什么温室、大棚内的空气湿度容易偏高？如何降低空气湿度？

思政小课堂

新质生产力赋能：
延安设施蔬菜火了

模块三

蔬菜生产的基本技术

岗位要求

承担蔬菜生产企业管理岗位或技术人员岗位工作，掌握生产的基本技术，能与农户有效沟通；适应企业组织管理环境，能以企业员工身份进行团队工作，保证蔬菜产品的质量安全，生产的蔬菜达到合格蔬菜品质要求。

知识目标

了解蔬菜种子的类型及特点；掌握蔬菜种子播前处理及播种的基本方法；学会蔬菜的营养土育苗、穴盘育苗及嫁接育苗的技术；掌握蔬菜基本的田间管理技术；掌握蔬菜的季节选择原则及茬口安排制度。了解绿色食品蔬菜的分类与标志、绿色食品蔬菜的产品标准与绿色食品蔬菜的主要生产环节。

能力目标

能正确识别常见蔬菜种子，并能按不同方法进行种子播前处理和完成播种，完成常见蔬菜的设施育苗和嫁接育苗；掌握蔬菜生产的田间管理操作技能，初步学会解决生产过程中遇到的一些问题。通过绿色蔬菜生产技术，提升蔬菜品质，保障农产品安全。

素质和课程思政目标

通过本模块的学习，提升学生的诚信意识、严谨的科学态度、安全生产意识以及吃苦耐劳精神，通过实操提升技术，达到技术兴农的目标。

项目一 蔬菜种子及播种技术

蔬菜生产上所采用的种子含义比较广，泛指所有的播种材料。概括起来有四类：第一类是植物学上真正的种子，如葫芦科、豆科、茄科、十字花科等蔬菜种子。第二类种子属于植物学上的果实，如菊科、伞形科、藜科中的部分蔬菜。果实的类型有瘦果，如莴苣；坚果，如菱果；双悬果，如胡萝卜、芹菜、芫荽等；聚合果，如根甜菜、叶甜菜。第三类种子属于营养器官，有薯芋类蔬菜、水生蔬菜等，多用鳞茎（大蒜、胡葱），球茎（芋头），根状茎（韭菜、生姜、莲藕），块茎（马铃薯、山药、菊芋）等营养体繁殖。第四类种子则为食用菌类的菌丝组织，如蘑菇、草菇、木耳等。

工作任务1 蔬菜种子的识别

任务目标：了解蔬菜种子的分类，掌握各类蔬菜种子的结构及特征特性，为种子处理、播种、育苗和贮藏奠定基础。在教师的指导下分组完成各类蔬菜种子的形态识别和结构识别，并能鉴别新陈种子。

任务材料：各类蔬菜种子、不同品种的种子、各类种子标本、放大镜、天平、培养皿、滤纸、硫酸铜和高锰酸钾等药液、恒温箱等。

技能要求：能进行不同蔬菜种子的识别；能进行蔬菜新陈种子的识别。

一、蔬菜种子形态与结构的观察

1. 种子的形态观察

包括种子外形、大小、色泽、表面的光洁度、沟、棱、毛刺、网纹、蜡质、突起物等。常见蔬菜种子形态见图3-1。蔬菜种子按大小可以分为三类：大粒种子，千粒重100～1 000 g，如瓜类、豆类等；中粒种子，千粒重为10～16 g，如菠菜、萝卜等；或者千粒重为3～6 g，如白菜类、茄果类和葱韭等；小粒种子，千粒重1～2 g，有的甚至不到1 g，如芹菜、莴苣等。种子的形态是鉴别蔬菜种类，判断种子质量的重要依据。如茄果类番茄种皮形成银色毛刺；白菜类的甘蓝和白菜，种子的大小色泽相近，同为黄褐色球形，但甘蓝种子球面有双沟，就可以与单沟的白菜种子区分开来。

2. 种子结构的观察

取浸泡过的蔬菜种子，用刀片纵切，用放大镜等观察各部分结构。绘图说明各部位名称。

蔬菜种子的结构包括种皮和胚，有些种子还含有胚乳。种皮是把种子内部组织与外界隔离开来的保护结构。真正种子的种皮是由珠被形成；属于果实的蔬菜种子，所谓的“种皮”主要是由子房形成的果皮，而真正的种皮或为薄膜，如菠菜、芹菜种子；或被挤压破碎，粘贴于果皮的内壁而混成一体，如莴苣种子。种皮的细胞组成和结构，是鉴别蔬菜的种与变种的重要特征之一。种皮上有与胎座相连接的珠柄的断痕，称为“种脐”。种脐的一端有一个小孔，称为“珠孔”，种子发芽时胚根是从珠孔伸出，所以也叫“发芽孔”。豆类蔬菜种子的种脐部分的形态特征，常用来区别种和变种。

二、新陈种子的鉴别

蔬菜新种子，生活力较强，播后发芽快，幼苗生长旺盛，易获高产；种子越陈，生活力越弱，

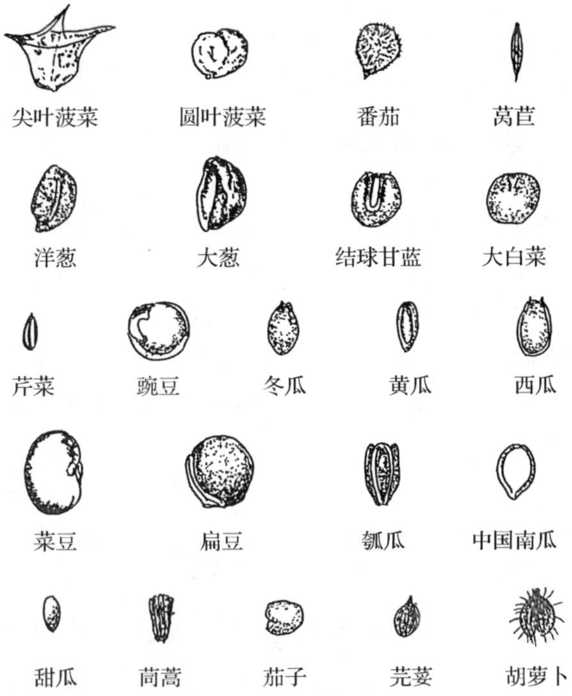

图 3-1　常见蔬菜种子形态

使用价值越低。

区别新陈种子多根据感官鉴定的经验，主要采用看、闻、搓、浸四种方法来检查。

(1)看　根据种子和胚外表特征，或解剖种子和胚进行观察。

①果皮或种皮色泽新鲜，有光泽者为有生活力，反之无生活力。

②胚部色泽浅、充实饱满、富有弹性者为有生活力，胚部色泽深、干枯、皱缩、无弹性者为无生活力。

③在种子上呵一口气，无水汽黏附，不表现出特殊光泽者为有生命力，反之为无生命力。

④豆科、十字花科、葫芦科、伞形花科等蔬菜种子含油量较高，剥开其种子，发现两片子叶色泽深黄、无光泽、出现黄斑，菜农称为“走油”。这种种子生活力很弱或已经丧失生活力。

(2)闻　闻种子的气味，一般新种子气味清香，陈种子有不同程度的霉味。

(3)搓　将种子用手搓一搓，新种子不易破碎，陈种子容易脱皮和开裂。

(4)浸　用水浸泡种子，新种子的浸种水色浅、较清，陈种子的浸种水色深、浑浊。

常见蔬菜新陈种子的感官检查比较见表 3-1：

表 3-1　蔬菜新陈种子的感官检验比较

蔬菜名称	新种子	陈种子
十字花科	表皮光滑，有清香味，种皮不易脱落，用指甲压后呈饼状，油脂较多，子叶浅黄色或黄绿色	表皮发暗无光泽，常有一些“盐霜”，用指甲压易碎而种皮易脱落，油脂少，子叶深黄色，如多压碎一些，可闻出哈喇味
葫芦科	表皮有光泽，滑腻，富含油分，口咬有涩味，种仁黄绿色或白色，油脂多，有香味	表皮晦暗无光，种仁深黄色，油脂少，有哈喇味

续表 3-1

蔬菜名称	新种子	陈种子
黄瓜	表皮有光泽，为乳白色或白色，种仁含油分，有香味，尖端毛较尖，将手插入种子袋内，拿出时，手上往往挂有种子	表皮无光泽，黄色或有黄斑，顶端刚毛钝而脆，用手插入种子袋内再拿出来，往往不挂在手上，口嚼有油哈味
茄子	表皮为乳黄色，有光泽，如用门齿咬种子易碎	表皮为土黄色或黄色，发红，无光泽，如用门齿咬种子易咬住
辣椒	辣味大，有光泽	辣味小，无光泽
芹菜	表皮土黄色稍带绿色，辛香气味较浓	表皮为深土黄色，辛香气味较淡或无味
芫荽	种子表皮呈黑色或黄色的是陈种子，绿黄色的为新种子，无虫口	种子表皮呈绿黄色，易有虫口
胡萝卜	种仁白色，有香味	种仁黄色或深黄色，无香味
菠菜	种皮黄绿色，清香，种子内部淀粉为白色	种皮土黄色或灰黄，有霉味，种子内部淀粉为浅灰色到灰色
豆科	种皮色泽光亮，脐白色，子叶黄白色，子叶与种皮紧密相连，从高处落地声音实	种皮色泽发暗，色变绿，不光滑，子叶深黄色或土黄色，子叶与种皮脱离，从高处落地声音发空
百合科	种皮色泽亮黑，胚乳白色；用唾液润湿后仔细观察，粒面上有很小白芯的为新种子	种皮乌黑无光，胚乳发黄；用唾液润湿后仔细观察，粒面上无白芯的为旧种子

三、任务考核

完成下面的种子观察的记录表。

蔬菜种子名称	种子形态	种子结构	新(陈)种子判断	判断依据

工作任务 2　蔬菜种子的质量鉴定

任务目标：通过实验，掌握蔬菜种子质量鉴定的指标及计算方法。

任务材料：蔬菜种子、天平、培养皿、滤纸、恒温箱等。

技能要求：能完成测定种子的纯度、净度、饱满度、发芽势和发芽率的鉴定；能根据种子检验规程发芽试验(GB/T 3543.4—1995)对蔬菜种子进行发芽率测试。

优质的种子是培育壮苗、取得高产的基础。蔬菜种子质量的优劣，首先表现在播种后的出苗速度、整齐度、秧苗纯度和健壮程度方面。为了保证播种质量，应在播种前进行种子的质量鉴定及检验。

一、实验步骤

从生产计划方案中找出需要种植的蔬菜种子，测定种子的纯度、净度、饱满度、发芽势和发芽率。

(1)种子纯度　是指供试样本中属于本品种的种子占供试样本种子重量的百分数。

$$种子的纯度=\frac{供试样本重-杂种子重}{供试样本重}\times 100\%$$

(2)种子净度　是指样本中属于本品种的种子的质量分数,其他品种或种类的种子、泥沙、花器残体等均属杂质。在本品种种子中还应除去废种子,即破损种子和秕种。

$$种子净度=\frac{供试样本重-杂质重量}{供试样本重}\times 100\%$$

(3)种子的饱满度　一般用千粒重来表示,可用千粒重来计算播种量。大粒种子如豆类、瓜类等每份取 500 粒,小粒种子每份 1 000 粒,用 1/100 g 天平称重。

(4)发芽率和发芽势　发芽率是指样本种子中发芽种子的百分数。由发芽率才能确定种子是否可以使用及确定播种量。发芽势是指在规定天数内能发芽的种子的百分数。它标志着种子的发芽速度,发芽整齐度和种子生活力的强弱。

$$种子发芽率=\frac{发芽实验终期全部正常发芽种子数}{供试样粒数}\times 100\%$$

$$种子发芽势=\frac{规定天数内全部正常发芽种子数}{供试样粒数}\times 100\%$$

二、任务考核

完成蔬菜种子质量鉴定的试验报告单。

工作任务 3　播种量的计算

任务目标:根据蔬菜生产面积,计算播种量。

任务材料:计算器、上一个工作任务的试验结果。

技能要求:能根据蔬菜种类和种植方式,确定蔬菜的播种量,起到节约种子的目的。

一、实验步骤

结合上一工作任务,将需要种植的蔬菜种子,在确定种植地点和种植密度后,先计算出单位面积的播种量,然后换算出实际生产面积的播种量。

蔬菜种类、种植方式、栽培目的、种子大小、生活力强弱、营养面积的差异很大,如豆科蔬菜种子大,营养面积小,播种量大;瓜类种子大,营养面积也大,播种量也较小;菠菜种子虽小,但密度大,播种量大。生活力弱的种子用量要多;育苗栽植比直播的用量少,条播比撒播用种少,而点播的用种量更少。计算播种量可按下列公式计算:

$$播种量(g/667\ m^2)=\frac{种植密度(穴数)\times 每穴种子粒数}{每克粒数\times 种子使用价值}\times 安全系数(0.5\sim 4)$$

$$种子使用价值=种子净度(\%)\times 种子纯度(\%)\times 种子发芽率$$

在实际播种时，为了保证苗全、苗壮，便于去杂去劣，应在理论播种量的基础上，考虑播种的具体情况，用安全系数调节来增加一定数量的种子。

二、任务考核

完成蔬菜种子播种量计算的试验报告单。

工作任务4 播种前的种子处理

任务目标：通过理实一体化教学方式，根据各类蔬菜种子的特征特性，选用适合不同蔬菜种子的处理方法。

任务材料：代表性蔬菜的种子、滤纸、培养皿、烧杯、化学药剂、毛巾、托盘、恒温箱等。

根据不同蔬菜种子发芽所需的环境条件，选择适合的种子处理办法。

技能要求：能调节环境条件，提高种子发芽率，保障农业生产顺利进行；能选择合适的方式进行种子处理，减少病虫害发生概率，提升种子质量及发芽率。

一、蔬菜种子发芽所需的主要环境条件

（1）温度　各种蔬菜种子的发芽，对温度都有一定的要求。喜温蔬菜，如茄果类、瓜类、豆类，最适发芽温度为25～30 ℃；较耐寒蔬菜，如白菜类、根菜最适宜的发芽温度为15～25 ℃。

（2）水分　蔬菜种子在一定温度条件下吸收足量的水分才能发芽。种子吸水量的多少，与种子的化学组成有很大的关系。一般而言，蛋白质含量高的种子，水分吸收量较多，而吸收速度也较快；以油脂和淀粉为主要成分的种子，水分吸收量较少，吸收速度也较慢。至于以淀粉为主要成分的种子，吸水量又更少些，吸水速度也更慢。如菜豆的吸水量为种子重量的105%，番茄为75%，黄瓜为52%。但是，种子吸水并非越多越好，种子发芽的吸水量也有一定限度，即有吸水的“适量”。当温度不适宜时种子虽也能吸水膨胀，但却不能发芽而导致烂种。

（3）气体　一般来说，在供氧条件充足时，种子的呼吸作用旺盛，生理进程迅速，发芽较快，二氧化碳浓度高时则抑制发芽。但促进或抑制的程度因蔬菜种类而异。据试验，萝卜和芹菜对氧的需要量最大，黄瓜、葱、菜豆等对氧的需要量最小。二氧化碳的抑制作用，葱、白菜表现敏感，胡萝卜、萝卜、南瓜则较迟钝。莴苣、甘蓝的种子在二氧化碳浓度大幅度提高时反而促进发芽。

（4）光照　种子发芽中有的需要光，有的嫌光，有的对光线无反应。十字花科芸薹属中的蔬菜，菊科的莴苣、牛蒡、茼蒿，伞形科的胡萝卜、芹菜等的种子发芽都是需光的，而萝卜、茄果类、葫芦科蔬菜、叶用甜菜等对有光或无光无反应。另外，在发芽温度适宜时光线的抑制或促进作用不明显，而发芽温度不适宜时，对光线要求严格。

为了使播种后出苗整齐、迅速、减少病害感染，增强种子的幼胚及新生幼苗的抗逆性，在早春、炎夏，特别是育苗前大多都进行播前种子处理。播种前的种子处理方式包括浸种、种子的物理处理、种子的化学处理和催芽等四种方式。

二、浸种

浸种是在适宜的水温和充足的水量条件下，促使种子在短时间内吸足发芽所需水量的主

要措施。浸种时要注意掌握水温、时间和水量。一般用水量略大于种子量的4～5倍。浸泡时间以种子充分膨胀为度。

1. 浸种方式

水温需根据种子的特性和技术要求来选择，具体分为以下三种浸种方法：

(1)一般浸种　把种子放在洁净无油的盆内，倒入清水。搓洗种皮上的果肉、黏液等，不断换水，除去浮在表面的瘪籽(辣椒除外)，直至洗净。用20～30 ℃的清水浸泡种子。每5～8 h换一次水。种子浸至不见干心为止。此方法比较简单，容易操作，但无杀菌作用和促进种子吸水作用，适用于种皮薄、吸水快、发芽易、不易受病虫污染的种子，如白菜、甘蓝等的种子。

(2)温汤浸种　把种子放在洁净无油的盆内，缓缓倒入52～55 ℃的温水，边倒边搅拌，并陆续添加温水以使水温维持52～55 ℃ 10～15 min，杀死大多数病菌。随后使水温自然下降至30 ℃左右，按要求继续浸泡。此方法有一定的消毒作用，茄果类、瓜类、甘蓝类种子都可以应用。

(3)热水烫种　为了更好地杀菌，并使一些不易发芽的种子易于吸水。先用凉水浸湿种子，再倒入80～90 ℃热水，来回倾倒，直到温度下降到55 ℃左右时，用温汤浸种法处理。此法使用必须慎重，特别是对种皮薄的蔬菜种子，掌握不好很易烫伤或烫死种子，适用于种皮厚，透水困难的种子，如茄子、冬瓜、西瓜等。

2. 浸种时间

蔬菜因种子大小、种皮厚度、种子结构等的不同，浸泡需要的时间也不相同。有的种子如茄果类种子附着的黏质多，有碍透气，影响吸水和发芽，可用0.2%～0.5%碱液先清洗一下，然后在浸种过程中不断搓洗、换水，一直到种皮洁净无黏感。浸种时间若超过8 h时，应每隔5～8 h换水一次。豆类蔬菜浸种时间不宜过长，见种皮由皱缩变鼓胀时应及时捞出，防止种子内养分渗出太多而影响发芽势与出苗。

三、种子的物理处理

(1)干热处理　对于喜温类蔬菜种子和没有完全成熟的种子，采用干热处理。一般用于番茄和瓜类蔬菜，以干燥种子在60～70 ℃温度中经4～5 h的处理，可消毒防病，能促进发芽，提早成熟，增加产量。

(2)变温处理　把萌动的种子，先放到－5～－1 ℃处理12～18 h(喜温的蔬菜温度应取高限)，再放到18～22 ℃处理6～12 h；或者在28～30 ℃放置12～18 h，16～18 ℃放置6～12 h，直至出芽。经过变温处理后的胚根的原生质黏性增强，糖分增高，对低温适应性增强。

(3)低温处理　耐寒或半耐寒蔬菜在炎热的夏季播种时，往往会出现出芽不齐的现象，为了解决这个问题，可于播前进行低温处理。具体做法是把开始萌动(咧嘴)的种子，放在0～2 ℃的低温条件下处理1周，每天要清洗种子，防止芽干。

(4)γ射线处理　黄瓜和西葫芦的种子经γ射线照射后，其发芽势及出苗率均有所提高，采果期延长1～2周，增产15%左右。

(5)激光处理　可增加种子内细胞的生物能，促进种子发芽，增强抗性，缩短成熟期。

(6)静电处理　用种子静电处理机处理种子后，种子在静电场中可被极化，电荷水平提高，从而提高种子内部脱氢酶、淀粉酶、酸性磷酸酶、过氧化氢酶等多种酶的活性。

(7)磁化处理　将种子倒入种子磁化机内，在一定磁场强度中以自由落体速度通过磁场而被磁化，可促进种子酶活性，从而提高发芽势、秧苗吸水吸肥能力与光合能力。

(8)切块处理　播种前对营养繁殖体按照一定体积大小和保留芽数进行切块，如马铃薯、生姜等。

(9)机械打磨或剥皮处理　种皮坚硬而厚的，如西瓜、苦瓜、丝瓜等，或种子本身就是果实的，如芹菜、芫荽等，种子吸水比较难，可在浸种前进行机械处理，以助于吸水。大粒的瓜类种子可将胚端的种壳打破，小粒种子可用硬物搓擦使果皮擦破。

对一些种皮包裹的种子需要进行剥皮处理。如大蒜播种前剥去蒜皮，有利于种蒜吸水发芽，也利于剔除病蒜。

四、种子的化学处理

(1)微量元素浸种　用硼酸、硫酸锰、硫酸锌、钼酸铵等，用单一元素或将几种元素混合进行浸种，浓度一般为 0.01%～0.2%。瓜类浸种 12～18 h，茄果类浸种 24 h，可促进幼苗的根系生长，加快生长发育。

(2)激素、渗透剂等浸种　150～200 mg/kg 的赤霉素溶液浸种 12～24 h 可促进发芽，100 mg/kg 激动素溶液或 500 mg/kg 乙烯利溶液浸泡莴苣种子，可促进种子在高温季节发芽，用 100 mg/kg 吲哚乙酸(IAA)浸种大白菜，能够提高夏季大白菜的出苗率和成苗率；用 20 mg/kg 烯效唑浸种黄瓜、番茄 5 h，可以使黄瓜、番茄幼苗高度分别降低 29.9%和 44.2%。

在夏季要求冷凉条件催芽的种子，如芹菜、菠菜、莴苣等，可用硫脲 0.1%溶液处理代替冷凉条件，按浸种所需时间浸泡种子，捞出后，直接播种或催芽后再播种。

20%～30%聚乙二醇(PEG)6 000 倍液浸种，温度 10～15 ℃，可促进种子萌发、齐苗以及增强幼苗生长势。

(3)药液浸种或药剂拌种　药液用量一般是种子量的 2 倍，常用浸种药液有 800 倍 50%多菌灵溶液、800 倍甲基托布津溶液、100 倍福尔马林溶液、10%磷酸三钠溶液、1%硫酸铜溶液、0.1%高锰酸钾溶液等。番茄、辣椒等蔬菜种子用 10%的磷酸三钠浸种 20 min，或用 1%的高锰酸钾溶液浸种 20～25 min，可以钝化种子病毒；用 1%的硫酸铜溶液将辣椒种子浸泡 5 min，可以防治辣椒炭疽病及细菌性斑点病。将黄瓜种子用福尔马林 100 倍液浸种 20～30 min，或用 2%～4%的漂白粉溶液浸种 30～60 min，或用 0.1%的多菌灵浸种 20～30 min，可以有效防治苗期枯萎病。将茄子用福尔马林 100 倍液浸种 15 min，可以杀死黄萎病。

拌种常用药剂有克菌丹、敌克松、福美双等，拌种的药粉、种子都必须是干燥的，否则会引起药害和影响种子蘸药均匀度，用药量一般为种子重量的 0.2%～0.5%，药粉需精确称量。拌种通常先把种子放入一定容器如罐或瓶内，加入药粉加盖后摇动 5 min，使药粉充分且均匀地粘在种子表面。用 70%的敌克松原粉拌种，可有效防治茄子、黄瓜、辣椒等蔬菜的立枯病。用 50%的福美双拌种，可有效防治芸豆叶斑病。

绿色食品蔬菜生产一般不采用化学处理方式。

五、催芽

是将吸水膨胀的种子，放在适宜的温度、湿度、氧气条件下促使迅速发芽。催芽前把种子从水中捞出，用湿布包好，放在无油污的容器内(如瓦盆)，置于温暖处催芽。每天须检查 1～2 次，并翻动包内或容器内黏的种子，以利于空气流动，并使种子受热均匀。必要时用清水淘洗种子，以补充水分，并清除黏液。洗后控干水分，保证种子呼吸无阻。无论是种子催芽前或催芽期间淘洗后均应将种子稍稍晾干，除去种子表面水膜，以利于通气。在催芽期间要调整温度，使其在适温范围内，先低后高，萌芽后又降低。当大部分种子露白时，停止催芽，准备播种。一般情况下，有 50%～80%种子出芽即可终止催芽进行播种；如因某种原因不能及时播种，应将催完芽的种子放在冷凉处抑制芽的生长。不同的蔬菜种子浸种时间及催芽温度见表 3-2。

表 3-2　不同的蔬菜种子浸种时间及催芽温度

蔬菜种类	浸泡时间/h	催芽温度/℃	催芽天数	蔬菜种类	浸种时间/h	催芽温度/℃	催芽天数
黄瓜	8～12	25～30	1.5～2	白菜、油菜	2～4	20	1.5
冬瓜	24	28～30	6～8	甘蓝	2～4	18～20	1.5
南瓜	8～12	25～30	2～3	花椰菜	3～4	18～20	1.5
西葫芦	8～12	25～30	2～3	苤蓝	3～4	18～20	1.5
丝瓜、瓠瓜	24	25～30	4～5	大葱	12	—	—
苦瓜、蛇瓜	24	30 左右	6～8	茼蒿	8～12	20～25	2～3
番茄	8～10	25～28	2～4	芹菜	24～36	20～22	5～7
辣椒、甜椒	12～24	25～30	5～6	菠菜	10～12	15～20	2～3
茄子	24～36	25～30	6～7	菜豆	2～4	20～25	2～3

六、任务考核

完成蔬菜种子播前处理的试验报告单。

工作任务 5　蔬菜播种技术

任务目标：了解播种期的确定原则，根据栽培季节、种子特性等确定各类蔬菜的播种方法，掌握播种技术要点。通过实地播种的方式，掌握蔬菜播种技术。

任务材料：各类蔬菜的种子、纸、笔、农膜、生产用具等。

技能要求：能根据不同种子特点选用合适的播种方法；能采用合适的播种技术，保障种子的出芽率。

在了解蔬菜播种期安排的原则下，安排播种前的土地准备工作、明确播种方式、选择播种方法、进行播种并覆土。

一、播种期的确定

播种期要根据生产计划、当地气候条件、苗床设施、育苗技术、栽培种类等具体情况确定。一般由定植期减去秧苗的苗龄，推算出的日子即是适宜的播种期，即如果苗龄为 60 d，定植期在 4 月 28 日，则播种期宜定在 2 月 28 日左右。

二、播种前的土地准备

1. 菜田耕作

菜田耕作是指在蔬菜生产整个过程中，通过农具的物理机械作用，根据菜田土壤的特性和作物的要求，改善土壤耕层结构和表层状况。调节土壤中水、肥、气、热等因素，为蔬菜作物播种、出苗或定植、生长发育，创造适宜的土壤环境条件。土壤耕作主要包括翻耕、耙地、耢地、镇压、起垄、做畦、中耕等。

2. 整地做畦

菜地经过耕翻、耙、耢之后，还要整地做畦。其目的主要是便于灌溉、排水、密植及管理。此外对土壤温度、湿度和空气条件也有一定的调节作用。做畦的形式，视当地气候条件（雨量）、土壤条件、地下水位的高低及蔬菜种类而异。常见的有平畦、高畦和垄。

(1)平畦　平畦的畦面与地面基本相平，畦埂高于畦面 10～15 cm，以便蓄水和灌溉。其规格一般为宽 1.3～1.7 m，长为 6～10 m。畦面要求平整。目前苗床播种有普通地面苗床、电热温床和育苗容器播种等，生产中以普通地面苗床居多。其做法是：在温室内做平畦，畦宽 1～1.5 m，先撒一层药土（防治地下害虫危害），然后装入营养土 10～15 cm，翻松、耧平、镇压后待用。

(2)高畦　在降雨多，地下水位高或排水不良，或早春地温较低的地方，多采用高畦栽培，其畦面凸起高于地面，畦梗变为畦沟。这样便于排水，减少土壤中水分的含量，能提高地温，减轻病虫害的发生。适宜栽培瓜类、茄果类和豆类等喜温作物。规格为：高度为 15～20 cm，畦面宽 0.9～1.5 m，长 6～10 m；栽植 2 行或 3～5 行，可根据蔬菜种类而定，不是固定不变的。

(3)垄　从实质上讲，垄就是窄高畦。其形式是底宽上窄，为我国常用的一种畦型。高垄栽培能增厚耕层，土温上升快，便于排水和灌溉，有利于根系发育。通常垄高 12～16 cm，垄距 50～66 cm。生产中也有采用大垄双行栽培的。

由于畦的方向不同，关系到作物的行向，行向不仅与作物受光状态有关，而且也与通风、热量和湿度有关。这种情况对于高秆和搭架的蔓性蔬菜影响较大；对于矮生蔬菜影响较小。行向与风向平行，有利于行间通风。在倾斜地上做畦时，畦长应与坡度等高，以减少水土流失。

此外，做畦的方向与栽培季节有关。冬季日光入射角小，东西向畦能接受较多的阳光，这样背风向阳，有利于保护地和越冬菜的生长。夏季高温时则应用南北向的畦，因受光状态及通风均为良好，特别能改善棚架田间的小气候，有利于蔬菜开花、结实，从而能提高产量。行向的选择还受地形等因素的限制。

三、播种方式

蔬菜的播种方式分为撒播、条播和穴播三种。

1. 撒播

在平整好的畦面上均匀地撒上种子，然后覆土镇压。一般用于生长周期短的、营养面积小的速生菜类，以及用于育苗。撒播多适用于绿叶菜类、香辛菜类。其优点是植株密度大，单产高。缺点是种子用量多，管理费工。

2. 条播

在平整好的土地上按一定行距开沟播种，然后覆土镇压。其形式常见有垄作单行条播，畦内多行条播和宽幅条播等，条播便于机械化的耕作管理。一般用于生长周期长和营养面积大的菜类，以及需要中耕培土的蔬菜，如菠菜、芹菜、胡萝卜、洋葱等。速生菜通过缩小株距和宽幅多行也可以进行条播。这种方式便于机械化的耕作管理，灌溉用水量经济，土壤透气性较好。

3. 穴播

又叫点播，按一定株行距开穴点种，然后覆土镇压。多应用于生长期较长的大型蔬菜种类以及大粒种子，如瓜、豆、白菜、薯芋类等。其优点是植株营养面积均衡，节省种子，出苗率高，管理方便。如在干旱炎热时，可以按穴浇水后点播，再加厚覆土保墒防热，待要出苗时再扒去部分覆土，以保证出苗。穴播用种量最省，也便于机械化的耕作管理。

根据株行距大小的不同，点播法又有宽行点播（宽行距，窄株距）、正方形点播（等株行距播种）、交叉点播（邻近行的播种位置相互错开）等几种形式。

四、选择播种方法

播种可用干种子、浸泡过的种子，或用催出芽的种子，因此，它们播种方法也有所不同，分湿播和干播两种。

干播法为播前不灌水，播种后覆土镇压。一般用于湿润地区或干旱地区的湿润季节，趁雨后墒情合适，能满足发芽需要时播种。干播后应适当镇压。干播法操作简单，速度快，但如果土壤墒情不足，或播后天气炎热干旱，则在播后需要连续浇水，始终保持地面湿润状态直到出苗。

湿播法为播种前先灌水，待水渗下后播种，覆盖干土。此法用于干旱季节，催出芽的种子也要用湿播法。播种前在育苗床内先浇水，浇水量以渗透营养土为度。浇足底水后，在床面上撒一层药土防止土传病害发生。湿播质量好，出苗率高，土面疏松而不易板结，但操作复杂，工效低。

不论用何种种子进行播种，播种之前都要整平土地或做好菜畦，或做好小垄等。条播时，根据种子的大小、土壤质地、天气等，用划行器或锄头先开 1～3 cm 深的浅沟；撒播者可以用钉齿耙拉播沟；穴播者用小铲或锄开穴，然后播种。种子发芽需要光照的蔬菜，如芹菜、芫荽、莴苣等宜浅播。一般小粒种子播深 1～1.5 cm、中粒种子播种 1.5～2.5 cm 深、大粒种子播种 3 cm 左右深。播后耙平沟土盖住种子，并进行适当土面镇压，让土壤和种子紧紧贴合以助种子吸水。如果土壤墒情不足，或播后天气炎热干旱，则需要在播种后连续浇水，始终保持土面为湿润状态，直到出苗。但浇水过多会引起土面板结，导致出苗时间延长和不整齐。为防止土面浇水后板结，可于畦面铺碎草进行喷灌；或利用高秆作物的宽阔行间做畦播种。

五、播种覆土

播种均匀。根据种粒大小，选择撒播、点播或条播。大、中粒种子多点播，小粒种子多采用撒播，无论采用哪种方式播种，均匀是共同的要求。撒播时通常向种子中掺些细沙或细土，使种子松散。

覆土适当。目的是保护种子幼芽，使其周围有充足的水分、空气、适宜的温度，并有助于脱壳出苗。覆土厚度为种子厚度的 2～3 倍，即 1～1.5 cm 不等，覆盖用土不能太湿，一般要求土壤相对含水量 60%最好（用手攥土能成团，感觉湿润但手指缝不能有水渗出），否则容易形成硬盖，阻碍发芽。

覆盖薄膜保温增湿。覆土后应当立即用地膜覆盖床面，以提高苗床温度，保持一定的湿度，促进幼芽出土，直至种子拱土时撤掉薄膜，在夏季7—9月份播种时还要注意给苗床遮阳。

六、任务考核

完成蔬菜播种前的土地准备、播种方式、播种方法、播种并覆土的播种技术试验报告单。

项目二　蔬菜育苗技术

依据育苗场所及育苗条件，蔬菜的育苗方式可分为设施育苗和露地育苗。设施育苗依据育苗场所还可细分为温室育苗、大中棚育苗、小拱棚育苗等。设施育苗整个苗期都在设施内进行，受气候影响小，育苗灵活，早熟作用明显，是现代育苗的重要方式。

依据温度、光照条件和管理特点又可分为增温育苗及遮阳降温育苗。

依据育苗所用的基质，可分为床土育苗、无土育苗和混合育苗；无土育苗又可分为基质培育苗、水培育苗、气培育苗等；基质培育无土育苗又依基质的性质分为无机基质（炉渣、蛭石、砂、珍珠岩等）育苗和有机基质（碳化稻壳、锯末、树皮等）育苗。

依据育苗用的繁殖材料，可分为播种育苗、扦插育苗、嫁接育苗、组培育苗等。嫁接育苗是将一种蔬菜植株的枝或芽接到另一植物体的适当部位，使两者结合成一个新植物体的育苗技术。用来嫁接的枝或芽叫接穗，承受接穗的植株叫砧木。蔬菜嫁接育苗主要应用于瓜类和茄果类蔬菜，嫁接可以利用砧木的特性，增强嫁接苗的抗逆性和适应性，保持接穗的优良性状。蔬菜嫁接方法多样，有靠接法、插接法、劈接法、贴接法、中间砧法、靠劈接法、套管法等，其中以靠接法、插接法、劈接法和贴接法应用较为广泛。

依据护根措施，可分为容器护根育苗、营养土块育苗等；容器护根育苗依据容器的结构分为普通（单）容器育苗和穴盘育苗。

实际生产中的育苗方法，常是几种方式的综合。

无论采用什么育苗方式，都离不开营养土的配制与消毒、营养液的配制、选择合适的育苗方法以及苗期管理等。

工作任务1　育苗营养土的配制与消毒

任务目标：了解育苗营养土的各配料类型，正确选择各种材料，掌握配制消毒技术。

任务材料：园土、河砂、有机肥、化肥、农膜、消毒农药、铁锹等生产用具。

技能要求：能掌握育苗基质消毒的常用方法；能根据蔬菜育苗要求进行营养土的配制并选择正确的消毒处理方法；能通过实践操作完成基质消毒处理。

一、设施消毒

营养土育苗是普遍采用的传统育苗方法。优点是就地取土比较方便；土壤的缓冲性较强，不易发生盐类浓度障碍或离子毒害；营养较全，不易出现明显的缺素障碍等。缺点是需要用大量的有机质或腐熟有机肥配制床土；苗坨重量大，增加秧苗搬运负担，很难长途运输；床土消毒难度较大。因此，适合于小规模和就地育苗，目前在我国温室大棚小面积生产中使用普遍，但难以实现种苗生产产业化。

温室的前茬作物收获后应及时清除残枝落叶，每 667 m^2 施入腐熟有机肥 4～5 t，并深翻土地。温室在播前 15～20 d 维修火道，加温烤地，翻晒床土做畦，要求做到土壤细碎、平整。播前 1 周可用百菌清烟雾剂熏烟，或每 100 m^2 用硫黄粉 150 g 加 500 g 锯末加 500 g 敌百虫，用炭火分堆熏；棚内墙壁、架柜及工具可用 1：(50～100)福尔马林溶液喷洒消毒。温室等设施熏烟密闭一周后再使用。

二、营养土的调配混合

营养土是经过人工按一定比例调制混合好的适于幼苗生长的肥沃土壤。营养土是供给幼苗所需要的水分、营养和空气的基础，秧苗生长发育需要良好的土壤条件。

优良的营养土应具备以下条件：疏松、肥沃，通透性好，保水保肥，总孔隙度 60%左右，微酸性至中性，pH 6.5～7.0，不含有害物质和盐碱，有机质不少于 30%；营养完全，含速效氮 100～200 mg/kg，速效磷 150～200 mg/kg，速效钾 100～150 mg/kg，并含有钙、镁和多种微量元素；无病菌虫卵和杂草种子。

营养土的主要成分为园土、有机肥、细沙或细炉渣、速效化肥等。园土一般用大田土，葱蒜类、豆类茬口，最好是充分熟化的旱田土。适合育苗用的有机肥主要是马粪、羊粪、猪粪、鸡粪等质地较为疏松的粪肥，有机肥必须充分腐熟并捣碎后才能用于育苗。细沙和炉渣的主要作用是调节育苗土的疏松度。速效化肥主要使用优质复合肥、磷肥和钾肥，速效化肥的用量应小，一般播种床土总施肥量 1～2 kg/m^3。

营养土分播种床土和分苗床土。一般播种床土配方比例：园土 5～6 份，腐熟有机肥 4～5 份，土质偏黏时，应掺入适量的细沙或炉渣；分苗床土配方：园土 6～7 份，腐熟有机肥 3～4 份，分苗床土应具有一定的黏结性，以免起苗或定植时散坨伤根。园土和有机肥过筛后，掺入速效肥料，并充分拌和均匀，铺在育苗床内。播种床铺土厚 8～10 cm，分苗床铺土厚 12～20 cm。

三、营养土消毒

基质消毒是培育健壮苗的一项重要措施之一，常用的基质消毒方法有以下几种：

1. 化学消毒

为防止苗期病害，营养土使用前应进行消毒处理。药剂消毒可用甲醛、50%多菌灵、井冈霉素、恶霉灵、50%的福美双、敌克松、五代合剂、辛硫磷、敌百虫等。

甲醛消毒：营养土用 40%甲醛 200～300 mL/m^3，适量加水，喷洒到土中，拌匀后堆起来，盖塑料薄膜密闭 2～3 d。然后去掉覆盖物，1～2 周后待土中药味完全散去时再填床使用，可防治猝倒病和菌核病。

用井冈霉素溶液(5%井冈霉素 12 mL，加水 50 kg)消毒，在播前浇底水后喷在床面上，对苗期病害有一定防效。

混拌农药：在营养土中混拌杀菌剂或杀虫剂药粉，每立方米营养土用药 150～200 g，混拌均匀后堆放，并用薄膜封堆，杀灭病菌、虫卵，7～10 d 后再用于育苗。

2. 高压蒸汽消毒

物理消毒方法有蒸汽消毒、太阳能消毒、微波消毒等。欧美国家常用蒸汽进行床土消毒，对防治猝倒病、立枯病、枯萎病、菌核病等都有良好的效果。

利用蒸汽锅炉产生 110～121 ℃的蒸汽将育苗基质蒸 30～40 min，可彻底地将基质中的虫卵、有害微生物彻底杀灭，是基质消毒的最好方法之一。具体方法是：

将基质装入容积 1～2 m^3 的柜（箱）内，通入蒸汽进行密闭消毒。一般在 70～90 ℃条件下，消毒 15～30 min，就能杀死病菌。如消毒的基质量大时，可将基质堆成 20 cm 高，长度依地形而定，全部用防水耐高温的布盖住，通入蒸汽，在 70～90 ℃下灭菌 1 h，灭菌效果较好。注意每次消毒的基质不可过多，否则处于内部的基质中的病菌或虫卵不能完全杀灭；消毒时基质的含水量应控制在 35%～45%，过湿或过干都可能降低消毒效果。育苗用基质通常采用基质消毒机或将蒸汽通入基质消毒池进行消毒。

四、任务考核

按规定完成营养土调配与消毒整个操作程序。

工作任务 2　穴盘无土育苗

任务目标：了解基质的各种类型，正确选择穴盘和各种材料，掌握无土育苗技术。

任务材料：珍珠岩、蛭石、草炭、河砂、有机肥、化肥；穴盘、农膜、铁锨、消毒农药等生产用具。

技能要求：会计算育苗基质的用量，根据育苗规格和蔬菜种类确定穴盘数量；能进行营养液配制。

穴盘育苗是以草炭、蛭石等基质材料作为育苗基质，采用精量播种、一次成苗的育苗方法。穴盘育苗可与温室设施、机械自动化技术、信息管理技术等配套，实施工厂化无土育苗。穴盘无土育苗可机械化或人工半机械化操作，在人工控制的适宜环境条件下，按照一定的工艺流程和标准化技术来进行优质种苗的规模化生产，育苗过程实现机械化和自动化，节省能源与资源，能提高秧苗的质量和秧苗的生产效率。

进行营养液配置、育苗基质的配制，选择合适的育苗钵和育苗盘，做好无土育苗的苗期管理。

一、营养液配方

营养液的配方有简单配方和精细配方两种。

1. 简单配方

主要是为蔬菜苗提供必需的大量元素和铁，微量元素则依靠浇水和育苗基质来提供，参考配方见表 3-3。

表 3-3　无土育苗营养液简单配方　　mg/L

营养元素	用量	营养元素	用量
四水硝酸钙	472.5	磷酸氢二铵	76.5
硝酸钾	404.5	螯合铁	10
七水硫酸镁	241.5		

2. 精细配方

精细配方见表 3-4。

表 3-4　无土育苗营养液精细配方　mg/L

营养元素	用量	营养元素	用量
硼酸	1.43	五水硫酸铜	0.04
四水硫酸锰	1.07	四水钼酸铵	0.01
七水硫酸锌	0.11		

除上述的两种配方外，目前生产上还有应用更简单的营养液配方。该配方是用氮磷钾复合肥（N：P：K 配比为 15：15：15）为原料，子叶期用 0.1%浓度的溶液浇灌，真叶期用 0.2%～0.3%浓度的溶液浇灌，该配方主要用于营养液含量较高的草炭、蛭石混合基质育苗。

二、育苗基质的配制

选用通气良好、保水能力强、质地紧密不易散坨、护根效果较好的草炭、蛭石、珍珠岩、炉渣等。草炭也称泥炭土，育苗效果好。

(1)基质配方　冬春育苗基质配方为草炭：蛭石＝2：1；夏季育苗基质配方为草炭：蛭石：珍珠岩＝1：1：1，或者草炭：蛭石：珍珠岩＝2：1：1。

(2)基质消毒　基质消毒主要有蒸汽消毒、药剂消毒、日光消毒三种方法。

蒸汽消毒：将基质放入消毒箱内或培成堆，上用塑料薄膜覆盖，将蒸汽用塑料管送入基质箱或基质堆内，保持堆内温度 70～90 ℃，1 h。

药剂消毒：每方基质用 200～250 g 甲醛原液，配成 100 倍液，结合翻堆，将药液均匀混拌入基质内。之后，用塑料薄膜捂盖严实，闷 2～3 d 后翻堆，甲醛充分散发后播种。

日光消毒：夏季高温季节，在大棚温室内把基质平摊 10 cm 厚，关闭所有通风口，中午棚室内的温度可达 60 ℃，维持 7～10 d。

三、选择合适的育苗钵和育苗盘

无土育苗主要适用育苗盘，有聚苯乙烯和聚苯泡沫两种，蔬菜育苗宜选用聚苯泡沫盘。夏秋季育苗用白色的聚苯泡沫盘，冬春季以黑色育苗盘为宜。育苗穴盘孔穴有方形和圆形两种，方形孔穴所含基质一般要比圆形孔穴多 30%左右，水分分布较均匀，小苗根系发育充分。

育苗钵侧面和底部均带孔眼，内装基质，放入深 1～2 cm 营养液盘中进行育苗（图 3-2）。

穴盘的基质用量，72 孔，4.1 L；128 孔，3.2 L；288 孔，2.4 L；392 孔，1.6 L。实际应用中应加上 10%的富余量。

图 3-2　无土栽培育苗用育苗钵

四、无土栽培育苗的苗期管理

(1)营养液管理　有喷灌法和浸液法两种。喷灌法以喷水方式，定期将营养液喷到育苗床内。育苗盘育苗多采取喷液法。一般夏季每 2 d 喷一次，冬季每 2～3 d 喷一次。采用育苗钵的多用浸液法，也叫底部供液法，将育苗床底及四周用不漏水的塑料薄膜作为衬底，把营养液积蓄在育苗床内，将育苗钵排于育苗床上，营养液由育苗钵的底部渗入，育苗期间经常保持液面高 2 cm 左右。

(2)浇水　分喷水和浸水两种方法,具体做法与营养液基本一致。一般夏季每天喷水2～3次,冬季每2～3 d喷水一次。浸水法适用于浸液法育苗,通过交替供应营养液和水来保证水分供应。

(3)温度管理　由于育苗床湿度大,蔬菜苗易徒长,应加强温度管理,通过控制温度来达到控制徒长的目的。白天进行适温管理,夜间降低温度,保持较大的昼夜温差,一般夜间温度不超过20 ℃。

(4)光照管理　无土育苗的蔬菜苗生长速度快,光照不足易形成弱苗和高脚苗,应保持充足的光照。一般白天大部分时间内的光照强度应保持在40 klx以上。

五、任务考核

按规定完成穴盘无土育苗整个操作流程。

工作任务3　嫁接育苗

任务目标:蔬菜多年连作造成土壤盐渍化以及青枯病、根结线虫病等土传病害日益严重,目前尚无对多种土传病害均有较高抗性的品种,嫁接能显著提高瓜类、茄果类蔬菜的抗逆性和抗土传病害能力,提高果实产量、改善品质,已成为防治连作和土传病虫害的有效方法。以瓜类蔬菜为代表,掌握插接、劈接、靠接技术,并能完成嫁接苗的管理。

任务材料:黄瓜或西瓜种子、黑籽南瓜种子、营养袋、穴盘、农膜、消毒农药、嫁接针、嫁接夹等用具。

技能要求:能进行黄瓜、西瓜、黑籽南瓜育苗;能合理控制砧木和接穗的播种时间;能熟练操作瓜类蔬菜插接、劈接、靠接技术,并能完成嫁接后管理,保障嫁接苗成活率。

一、砧木苗、接穗苗的培养

嫁接育苗是将一种蔬菜植株的枝或芽接到另一植物体的适当部位,使两者结合成一个新植物体的育苗技术。用来嫁接的枝或芽叫接穗,承受接穗的植株叫砧木。蔬菜嫁接育苗主要应用于瓜类和茄果类蔬菜,嫁接可以利用砧木的特性,增强嫁接苗的抗逆性和适应性,保持接穗的优良性状。蔬菜嫁接方法多样,有靠接法、插接法、劈接法、贴接法、中间砧法、靠劈接法、套管法等,其中以靠接法、插接法、劈接法和贴接法应用较为广泛。

蔬菜嫁接换根可有效地防止多种土传病害,克服设施连作障碍,并能利用砧木强大的根系吸收更多的水分和养分,同时增强植株的抗逆性,起到促进生长、提高产量的作用。

一般瓜类蔬菜砧木苗和接穗苗根据采用的嫁接方法不同,错期播种。砧木播在营养钵、营养袋或大一些的穴盘内,接穗集中播种在苗床上,或锯末盘,或平底穴盘里。茄果类蔬菜砧木和接穗育苗多播在营养钵、营养袋或大一些的穴盘内。

二、嫁接方法

(一)靠接法

靠接法主要应用于土壤病害不甚严重的黄瓜、丝瓜、西葫芦、番茄等蔬菜的冬春设施嫁接栽培,其主要目的是提高蔬菜的抗寒能力,增强低温期生长势。

1. *瓜类蔬菜靠接*

要求砧木苗与接穗苗茎粗细相似，砧木苗茎高 4 cm 以上，接穗苗茎高 5 cm 以上，砧木苗两片子叶展开后、真叶展开前开始嫁接。一般黄瓜较黑籽南瓜早播种 5～7 d，黄瓜一叶一心期，砧木真叶展开前进行嫁接；西葫芦与黑籽南瓜同时播种或黑籽南瓜播种 2～3 d 后再播种西葫芦，接穗于砧木苗的真叶展开前嫁接。接穗与砧木苗均用密集播种法培养小苗。

将砧木和接穗幼苗小心地挖出，少伤根，去掉南瓜的生长点和真叶，在子叶的下胚轴上部距生长点约 0.5 cm 处下刀，切口斜面长 0.8～1.0 cm。再将黄瓜幼苗的下胚轴距子叶 1.0 cm 处由下向上切一个 30°～40°的切口，深度达茎粗 1/2～2/3，再将砧木和接穗两个相反方向的切口对齐嵌合在一起，使黄瓜的子叶在上，南瓜子叶在下，用嫁接夹将接口夹好，立即栽到营养土方(钵)上。栽时注意把两株苗根部分开，以便以后黄瓜断根，嫁接口距地应有 1～2 cm 的距离，并及时用喷壶洒水。具体如图 3-3 所示。

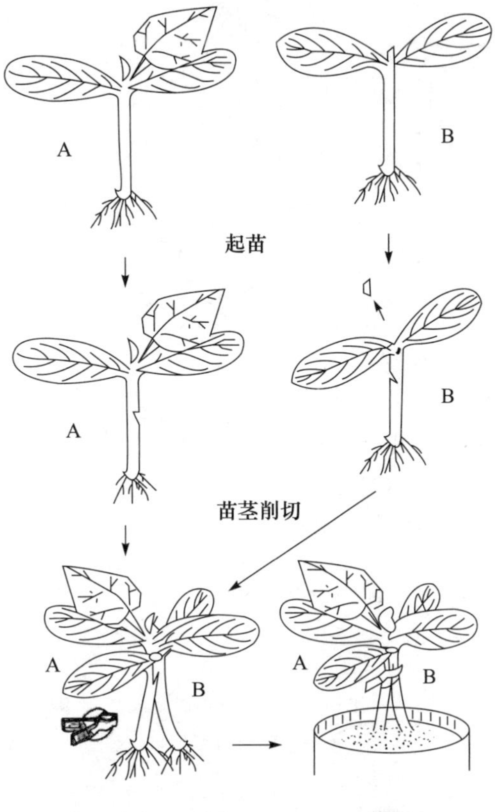

图 3-3　黄瓜靠接过程

A. 黄瓜苗　B. 砧木苗

2. *茄果类蔬菜靠接*

要求砧木苗与接穗苗茎粗细相近，砧木苗茎高 12～15 cm 以上，4～5 片真叶展开；接穗苗茎高 12 cm 以上，2～3 片以上真叶展开。砧木一般较接穗提前 5～6 d 播种。砧木苗直接播种于育苗容器内或 2 叶期移植于育苗容器内，接穗苗密集播种培育小苗。

嫁接时取砧木苗用刀片在苗茎的第 2～3 片叶间横切，去掉新叶和生长点，在第二片真叶下、苗茎无叶片的一侧，用刀片向下呈 40°角斜切一深为苗茎粗度 1/2～2/3 的斜向切口，切口斜面长 1 cm 左右，在接穗苗第一片真叶下，无叶片一侧，紧靠子叶，沿 40°夹角，向上斜切一刀，刀口长同砧木切口，刀口深达苗茎粗的 2/3 以上；再将砧木和接穗两个相反方向的切口对齐嵌合在一起，用嫁接夹从接穗一侧入夹，将结合部位固定住；接穗苗的根系与砧木苗根部分开栽入育苗钵内。

靠接法比较费工，防病效果不理想，但容易成活，特别是在不加温条件下育苗，遇到灾害性天气，因接穗早期未断根，适应能力强，易成活。

(二)插接法

插接法是用竹签或金属签在砧木苗茎的顶端或上部插孔，把削好的蔬菜接穗苗茎插入插孔内而组成一株嫁接苗。要求接穗苗茎较砧木苗茎细一些。可分为上部插接和顶部插接两种形式，以顶部插接应用较普遍。插接法主要应用于西瓜、厚皮甜瓜、黄瓜、番茄和茄子等以防病为主的蔬菜育苗。此法使用的育苗面积较小，操作方便。但对嫁接操作熟练程度、嫁接苗龄、

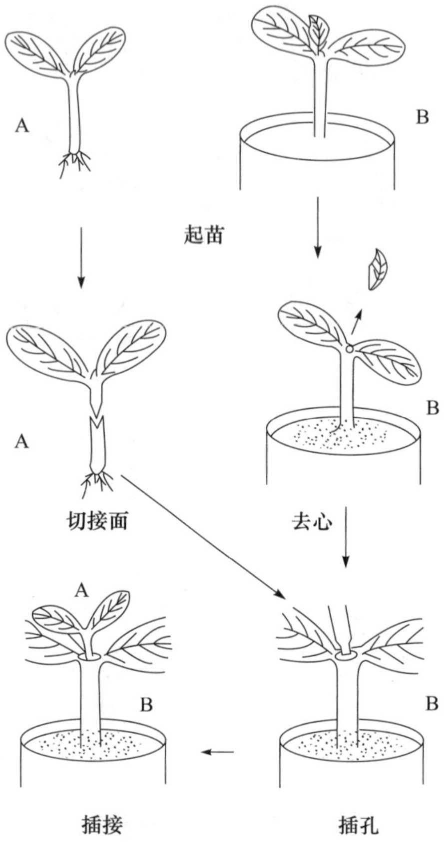

图 3-4　西瓜插接过程

A. 西瓜苗　B. 砧木苗

成活期管理水平要求严格，技术不熟练时嫁接成活率低，后期生长不良。

瓜类蔬菜嫁接适期为砧木第一片真叶初展或展至硬币大小，接穗子叶新叶未出或刚露尖。砧木比接穗早播 3～7 d，砧木苗直接播种于育苗容器内，接穗苗密集播种。砧木第一片真叶有硬币大小，接穗两片子叶刚刚展开时嫁接。先把砧木生长点及真叶去掉，再用同接穗茎粗相同的竹签子或金属签，从一侧子叶基部向对侧朝下斜插，插孔长 0.5～1.0 cm，但竹签尖端不要插破茎的表皮，也不要插入髓部。接穗在子叶下 0.8～1.0 cm 处下刀斜切，根据竹签或铁签的单斜面或双斜面，切出单斜面或双斜面，切口长 0.6～1 cm，切削好接穗后，立即拔出竹签，将接穗苗的切面对准砧木苗茎的插孔插入（图 3-4）。

插接操作简便，愈合后维管束全部接通，效果好，嫁接苗成活率高低受环境条件和管理水平影响很大，对环境条件特别是对温度、水分要求严格，尽量要满足对温度的要求，则成活较容易。

（三）劈接法

劈接法也叫切接法，是将砧木苗茎去掉心叶和生长点后，用刀片由顶端将苗茎纵劈一切口，把削好的蔬菜苗穗插入并固定牢固后形成一株嫁接苗。根据砧木苗茎的劈口宽度不同，劈接法又分为半劈接和全劈接两种方式。劈接法主要用于苗茎实心的蔬菜嫁接，以茄子和番茄等茄科蔬菜应用较多；瓜类苗茎空心，多用半劈接法。

茄果类嫁接苗要求砧木苗高 12～15 cm，具 3～4 片真叶，接穗苗茎高 12 cm，具 2～3 片真叶。茄子嫁接砧木提前 7～15 d 播种，番茄砧木提早 5～7 d 播种，砧木直接播种于育苗容器内，或先培育小苗，2 叶期移栽于育苗容器内。嫁接时，保留砧木基部第 1～2 片真叶（茄子保留 2 片真叶，番茄保留 1 片真叶）切除上部茎，用刀片将茎从中间劈开，劈口长 1.0～1.5 cm；接穗于第 2～3 片真叶处横切断，并将基部削成楔形，切口长度与砧木切缝深度相同，最后将削好的接穗插入砧木的切口中对齐形成层，使两者密接，并用嫁接夹加以固定。具体如图 3-5 所示。

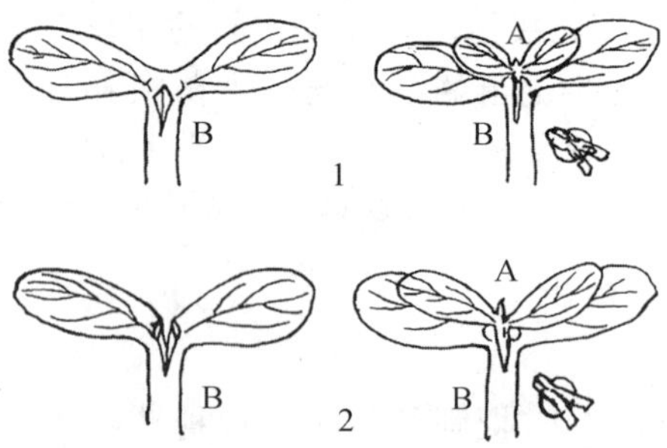

图 3-5　半劈接与全劈接示意图

A. 接穗　B. 砧木　1. 半劈接　2. 全劈接

三、嫁接后管理

嫁接后的苗应立即移到育苗钵中，边接边移栽边浇水，浇水后摆入小拱棚内苗床上，为避免高温高湿引发的病害，嫁接前一天或当天早晨向砧木和接穗植株及棚膜上喷800倍的多菌灵消毒，待植株干后嫁接。

嫁接后能否成活，除与嫁接技术有关外，嫁接后的管理尤为重要。主要做好以下工作：

1. 创造适宜的环境条件

(1)温度　嫁接后8～10 d为嫁接苗的成活期，对温度要求比较严格。此期的适宜温度是白天25～30 ℃，夜间20 ℃左右。嫁接苗成活后，对温度的要求不甚严格，按一般育苗法进行温度管理即可。

(2)湿度　嫁接结束后，要马上把嫁接苗放入苗床内，并用小拱棚覆盖保湿，使苗床内的空气湿度保持在90%以上，不足时要向畦内地面洒水，但不要向苗上洒水或喷水，避免污水流入接口内，引起接口染病腐烂。3 d后适量放风，降低空气湿度，并逐渐延长苗床的通风时间，加大通风量。嫁接苗成活后，撤掉小拱棚。

(3)光照　嫁接当天以及嫁接后3 d内，要用草苫或遮阳网为嫁接场所和苗床遮阴。从第4 d开始，要求每天的早晚让苗床接受短时间的太阳直射光照，并随着嫁接苗的成活生长，逐天延长光照的时间。嫁接苗完全成活后，撤掉遮阴物。

2. 其他管理

(1)分床管理　嫁接后第7～10 d，把嫁接质量较好、接穗恢复生长较快的苗集中到一起管理。嫁接质量较差、接穗恢复生长也差的苗集中到一起，继续在原来的条件下进行管理，促其生长，待生长转旺后再转入常规管理。发现枯萎或染病致死的苗要及时从苗床中剔除。

(2)断根靠接法　当嫁接苗完成愈合、生长正常后，用刀片从嫁接部位下把接穗苗茎紧靠嫁接部位切断，使接穗与砧木相互依赖进行共生。断根后的3～4 d，接穗容易发生萎蔫，要进行遮阴，同时在断根的前一天或当天上午还要将苗床浇一次透水。

(3)抹杈和抹根　砧木苗嫁接去心叶后，其苗茎的腋芽萌发长出侧枝，应随时抹掉侧枝。此外，接穗苗上产生的不定根也要随发生随抹掉。

3. 注意事项

由于嫁接苗需要7～10 d的愈合生长时间，育苗期延长，所以嫁接苗要适当提早播种时间；嫁接苗要浅定植，接口距离地面不小于3 cm，并且要用垄畦、覆盖地膜栽培；灌溉时不可淹没接口，要适当减少底肥施用量，增加钙镁肥的用量；生长期要及时抹掉砧木上的侧枝和接穗上的不定根。

四、任务考核

完成嫁接育苗整个操作程序及试验报告单。

工作任务4　苗期管理技术

任务目标：了解不同蔬菜苗期的特性，掌握不同蔬菜的苗期管理技术。

任务材料：蔬菜不同品种的种子、农膜、农药、化肥、生产用具等。

技能要求：能满足蔬菜生产环境要求；能通过合理的管理技术减少苗期常见问题的发生。

一、苗期环境调控

苗期管理是培育壮苗的重要环节，在管理上要调节好温度、湿度、光照和营养条件，以满足幼苗生长发育的需要。

1. 温度管理

苗期温度管理的重点是掌握“三高三低”，即“白天高、夜间低；晴天高、阴天低；出苗前、移苗后高，出苗后、移苗前和定植前低”。各阶段的具体管理要点如下：

(1)播种至第一片真叶显露　播种后、出苗前温度宜高，适当加盖覆盖物保温，喜温性的植物保持 25～30 ℃，耐寒性的植物保持 20 ℃左右。当 70%以上的幼苗出土后，撤除薄膜，适当降温，把白天和夜间的温度分别降低 3～5 ℃，防止幼苗的下胚轴旺长，形成高脚苗。

(2)第一片真叶显露至分苗　第一片真叶显露后，白天应保持适温，夜间则适当降低温度，使昼夜温差达到 10 ℃以上，以提高花芽的分化质量，增强抗寒性和抗病性。分苗前一周降低温度，对幼苗进行短时间的低温锻炼。

(3)分苗至定植　分苗后几天里应提高苗床温度，促早缓苗，适宜温度是白天 25～30 ℃，夜间 20 ℃左右，缓苗后降低温度，喜温性的白天 25～28 ℃，夜间 15～18 ℃；耐寒性的白天 20～22 ℃，夜间 12～15 ℃；为适应定植后的温度环境，定植前 7～10 d，应逐渐加大苗床通风量，降低温度，提高秧苗的适应性，进行低温炼苗。喜温性的白天 15～20 ℃，夜间 5～10 ℃；耐寒性的白天 10～15 ℃，夜间 1～5 ℃。在秧苗不受寒害的限度内，应尽量降低夜间温度。

2. 湿度管理

育苗期间的水分管理，可按以下几个阶段进行。

(1)播种至分苗　播种前浇足底水后，到分苗前一般不再浇水。但用育苗盘、育苗钵育苗易干旱，应酌情喷水。

(2)分苗　分苗前 1 d 浇水，以利于起苗。栽苗时要注意浇足稳苗水，缓苗后再浇一次透水，促进新根生长。

(3)分苗至定植　此期适宜的土壤湿度以地面见干见湿为宜。对于秧苗生长迅速、根系比较发达、吸水能力强的植物，应严格控制浇水。对秧苗生长比较缓慢、育苗期间需要保持较高温度和湿度的植物，水分控制不宜过严。床面湿度过大时，可采取以下措施降低湿度：一是加强通风，促进地面水分蒸发；二是向畦面撒盖干土，用干土吸收地面多余的水分；三是勤松土。

3. 光照管理

低温期改善光照条件可采用以下措施：

(1)经常保持采光面清洁　保持采光面清洁，可保持较高的透光率。

(2)做好草苫的揭盖工作在满足保温需要的前提下，尽可能地早揭、晚盖草苫，延长苗床内的光照时间。

(3)间苗和分苗　秧苗密集时，互相遮阴，会造成秧苗徒长，应及时进行间苗或分苗，以增加营养面积，改善光照条件。

二、分苗

分苗是蔬菜育苗管理的重要技术之一，主要目的在于扩大营养面积，增加根群，培育壮苗(图 3-6)。

(1)控制分苗次数　一般分苗 1～2 次。如果分苗 2 次，应在真叶破心前后分完第一次，三、四片叶时分完第二次。若分苗 1 次，应在二、三片叶两真叶期分完，适期分苗标准以子叶相互遮挡看不见营养土为宜。

(2)分苗的株行距　如果一次分苗，以 8～10 cm 见方为宜；如果分二次苗，第一次分苗的营养面积 2～3 cm 见方，第二次分苗的营养面积 8～10 cm 见方，也可直接分在 8～10 cm 的营养钵内。

(3)分苗方法　分苗前 1 d，把分苗的苗床浇透水，这样起苗容易，伤根少。早春气温低时，应采用暗水法分苗，即在分苗畦内按所定行距开沟，再按一定株距将苗贴在沟边，待水渗后覆土将苗栽好。注意边分苗边随之将塑料薄膜覆盖严密，以保持苗床内温度及湿度，并加盖草苫遮阴，防止日晒使幼苗萎蔫。高温期应采用明水法分苗，即先栽苗，全床栽完后浇水。

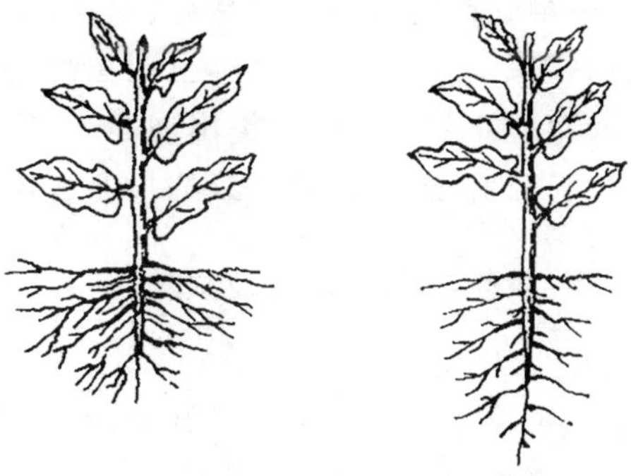

图 3-6　分苗对幼苗根系影响示意图

1. 分苗后的蔬菜苗　2. 未分苗的蔬菜苗

(4)分苗后的管理　分苗后一周内，一般不需通风，苗床内以保温、保湿为主，目的在于恢复根系，促进缓苗。苗床温度、地温不能低于 18～20 ℃，白天气温 25～28 ℃，夜间不低于 15 ℃，待秧苗中心的幼叶开始生长时，表明秧苗已经发生新根，此时应开始通风降温，以防止秧苗徒长。分苗后因秧苗根系损失较大，吸水量减少，应适当浇水，防止萎蔫，并提高温度，促发新根。光照强时，应适当遮阴。

三、倒苗囤苗

囤苗指采取人工措施挪动幼苗，使根系受到一定损伤，以控制茎叶生长。用营养钵或其他容器育苗，定植前搬动几次，即可达到囤苗目的。温室内苗一般育苗期内把后方和前方的苗倒 1～2 次，中间部分的苗，提起来再原地放下即可，以保持整个苗床幼苗长势一致。

在幼苗封行以前，苗距大，光照好，幼苗不易徒长，可适当少通风，一般仅在白天通风，并注意通风由小到大、由南及北逐渐增加的原则。通风过猛，因幼苗不能适应空气湿度和温度的剧烈变化，易出现叶片萎蔫，2～3 d 后叶面出现白斑，叶缘干枯，甚至叶片干裂的现象，菜农称之为“闪苗”。封行后，幼苗基部光照逐渐减弱，空气湿度较大，极易徒长，应加强通风，夜间也可适当通风。同时，应经常清洁透明覆盖物，尽量增加设施内光照强度。育苗容器较小的，应随着幼苗生长，当封行后及时加大苗钵距离，扩大幼苗生长空间。

四、炼苗

为使秧苗定植到大田后能适应栽培场所的环境条件，加速缓苗生长，增强抗逆性，应从定植前 7～10 d 开始锻炼秧苗，降温控水，加强通风和光照。逐渐加大育苗设施的通风量，降温排湿，停止浇水，降低夜温，加大昼夜温差。如果是为露地栽培培育的秧苗，最后应昼夜都撤去覆盖物，达到完全适应露地环境的程度，但必须注意防止夜间霜害；为保护地生产培育的秧苗应以能适应定植场所的气候条件为锻炼标准。在锻炼期间，喜温果菜类最低可达 7～8 ℃，个别蔬菜如番茄、黄瓜可达 5～6 ℃；喜凉蔬菜可降到 1～2 ℃，甚至有短时间的 0 ℃低温。

经过较低夜温锻炼，可有效提高秧苗的耐寒性，但定植前锻炼也不能过度，否则易导致番茄“老化苗”和黄瓜“花打顶苗”。对定植在温暖条件下(如温室)的秧苗，可轻度锻炼或不锻炼。

适龄壮苗的形态特征是：茎粗壮，节间较短，叶片较大而厚，叶色正常，根系发育良好，须根发达，植株生长整齐；果菜类出现花蕾（番茄、茄子 6～8 片叶，辣椒 10～12 片叶，黄瓜 4～5 片叶，叶菜类 6～8 片叶，豆类出现 2～3 片复叶），但不开花。这种苗定植以后，抗逆性较强，缓苗快，生长旺盛，能为获得蔬菜的早熟和丰产打下良好的基础。

五、育苗中问题处理及预防

1. 烂种或出苗不齐

烂种一方面与种子质量有关，种子未成熟，贮藏过程中霉变，浸种时烫伤均可造成烂种；另一方面播种后低温高湿，施用未腐熟的有机肥，种子出土时间长，长期处于缺氧条件下也易发生烂种。出苗不齐是由于种子质量差，底水不均，覆土薄厚不均，床温不均，有机肥未腐熟，化肥施用过量等原因造成的。图 3-7 所示为瓜类出苗不整齐。

2. “戴帽”出土

土温过低、覆土太薄或太干，使种皮受压不够或种皮干燥发硬不易脱落。另外，瓜类种子直插播种，也易“戴帽”出土（图 3-8）。为防止“戴帽”出土，播种时应均匀覆土，保证播种后有适宜的土温。幼苗刚出土时，如床土过干，可喷少量水保持床土湿润，发现有覆土太薄的地方，可补撒一层湿润细土。发现“戴帽”出土者，可先喷水使种皮变软，再人工脱去种皮。

图 3-7　瓜类出苗不整齐

图 3-8　种子“戴帽”出土

图 3-9　苦瓜沤根

3. 沤根

幼苗不发新根，根呈锈色，病苗极易从土中拔出（图 3-9）。沤根主要是由于苗床土温长期低于 12 ℃，加之浇水过量或遇连阴天，光照不足，致使幼苗根系在低温、过湿、缺氧状态下，发育不良，造成沤根。应提高土壤温度（土温尽量保持在 16 ℃ 以上），播种时一次打足底水，出苗过程中适当控水，严防床面过湿。

4. 徒长苗

徒长苗茎细长，叶薄色淡，子叶甚至基部的叶片黄化或脱落，须根少而细弱，抗逆性较差，定植后缓苗慢，易引起果菜类落花，不易获得早熟高产（图 3-10）。幼苗徒长是光照不足、夜温过高、水分和氮肥过多等原因造成的，可采取增加光照、保持适当的昼夜温差、适度给水、适量播种、及时分苗等管理措施来防止。

5. 老化苗

又称"僵苗""小老苗"。老化苗茎细弱、发硬，叶小发黑，根少色暗（图 3-11）。老化苗定植后发棵缓慢，开花结果迟，结果期短，易早衰。老化苗是苗床长期水分不足或温度过低或激素处理不当等原因造成的，育苗时应注意防止长时间温度过低、过度缺水和不按要求使用激素。

图 3-10　黄瓜徒长苗

图 3-11　老化苗

六、任务考核

做好苗期管理的记录工作。

项目三　蔬菜田间管理技术

包括菜田土壤的翻耕、耙、松、镇压、施基肥、混匀、整地、做畦、地膜覆盖、定植、查苗、补苗、中耕、培土、灌溉、追肥、病虫害识别与诊断及综合防治、采收等一系列精细的田间管理措施。通过田间管理，有效收集蔬菜生产的相关信息，做好蔬菜生产茬口的安排。

工作任务 1　菜田整地定植

任务目标：定植前进行菜田土壤备耕，了解蔬菜定植前的选茬选地、施基肥、整地做畦、定植前菜田的选地规划原则，掌握定植前的确定原则、定植方法和密度等技术。

任务材料：有机肥、化肥、农膜、农药、铁锨、小型旋耕机、蔬菜成品苗、运苗车等运输工具、手铲、打洞器等生产用具。

技能要求：能根据蔬菜的不同特点，选择合适的土壤及环境条件进行定植；能掌握不同蔬菜的定植密度及方法。

对需要栽种的菜田进行选择与规划、施基肥、整地、做畦，针对不同的蔬菜种类，选择适宜的定植方法和定植密度。

一、菜田选择及规划

选交通便利、水源充足、远离污染区的地块，菜田规划有道路与排灌系统等，以便于机械耕作，进行系统轮作，统一安排田间的灌溉与排水，并合理布局田间道路与防护林带。在田区里为了方便作业和有利于产品运输，可设置临时性的田间土道。排灌系统设置应节水、能灌能排且不造成地面径流，输水线路呈网络状分布，而且应考虑到地形特点。

菜地土壤需要人工培育，无论是新老菜田，都需要不断改进土壤结构、培肥地力，以适应生产要求。壤土、沙壤土与黏壤土均适宜于蔬菜的栽培。大多数的蔬菜以在中性和微酸性的土壤中生长较为适宜。土壤耕层最好能达到 1 m，至少应在 25 cm。

二、菜田施基肥

按施肥时期分为基肥和追肥两种，按施肥方式又分为环施、穴施、条施和撒施等方法，按施肥部位分为土壤施肥和根外施肥（或称叶面追肥）。

基肥是蔬菜播种或定植前结合整地施入的肥料。基肥一般以有机肥为主，根据需要配合一定量的化肥，化肥应该迟效肥和速效肥兼用。有机肥一定经过充分腐熟才能施入。基肥的施用方法主要有撒施、沟施和穴施。采用后两种方法时，应在肥料上覆一层土，防止种子或幼苗根系与肥料直接接触而烧种或烧根。

化肥中的磷、钙、镁以及微量元素肥料应全部作基肥施入为宜。氮易在土壤中随水流失，尤其硝态氮流失更为严重，因此露地栽培，基肥中氮占总施用量的 30%～50%，如果施用肥效较慢的有机肥和迟效性肥料，氮肥施用量可再增加 20%。为了防止果菜类蔬菜生长前期徒长，可适当控制氮施用量。钾肥一次施用量过多会影响其他元素（如镁）的吸收，钾易随降雨而流失，作基肥的用量只占总施用量的 50%～60%。大部分蔬菜中后期需钾量高。

大棚等保护地栽培，因无降雨流失，盐类多集积于土壤中，栽种次数越多含盐量越高。因此，在施基肥前必须测定土壤溶液浓度，如土壤溶液浓度偏高，就少施基肥甚至不施基肥。一般栽种蔬菜的土壤含盐量不得超过 0.2%～0.3%。施用氯化铵和氯化钾肥料必须控制用量。氯化钾只能施用于耐盐性强的作物，对耐盐性弱的莴苣等蔬菜应施用硫酸钾。

三、菜田整地

土壤耕作可改善耕层，改变耕层中三相比例，调节土壤中水、肥、气、热等因素；保持土壤的团粒结构；正确地翻压绿肥、有机肥，促进其转化，减少肥效损失，增强肥效；清除田间根茬、杂草，消灭杂草的再生能力；掩埋带菌体及害虫，并加以处理，清除传播物，保持田间清洁；为作物播种、种子发芽或秧苗定植创造上松下实的优良条件。

在生产上用各种农具对耕层和地面进行翻、松、碎、混、压、平等作业，深度应根据土壤特性、作物种类灵活掌握。土层厚可深些，土质黏重的宜深些；根菜类、茄果类、瓜类、豆类可深些，白菜及绿叶菜类可稍浅些。一般深耕可 1～2 年进行一次，注意不要将生土翻上来。

机械整地可先用旋耕机深翻 2～3 次，每次深度不低于 20 cm 左右，旋耕后耙平，耙后的土地无大土块，土地平坦。

四、菜田做畦

土壤翻耕之后，还要整地做畦。栽培畦的形式一般常见的有平畦、高畦、低畦及垄等。

（1）平畦　畦面与通路相平，地面整平后，不特别筑成畦沟和畦面。适宜于排水良好、雨量均匀不需要经常灌溉的地区。雨水多、地下水位高的地区，一般不用平畦。

（2）低畦　畦面低于地面，畦间走道比畦面高，以便蓄水和灌溉，雨量较少的地区，种植春菜及需要经常灌溉的蔬菜，大都采用这种方式做畦。

（3）高畦　在降水多、地下水位高或排水不良地方，为了容易排水、减少土壤中的水分，须采用凸起的畦，称为“高畦”。这是在长江以南地区的主要做畦方式。畦面较宽者常在畦的中间开一浅沟，便于操作和排水。

(4)垄　垄是一种较窄的高畦，其形式为垄底宽上面窄，因垄具有保温及增加耕层土壤厚度的效果，南方也用垄作方式来栽培大白菜、甘蓝、萝卜、瓜类、豆类等蔬菜。

畦或行的方向与风向平行，有利于行间通风及减少台风的吹袭。在倾斜地，依畦的方向可控制土壤的冲刷作用和对水分的保持。

五、定植期的确定

育苗移栽的蔬菜幼苗长到一定大小后，必须移栽到大田里去，其栽植过程即为“定植”。

一般叶菜类 4～6 片真叶，团棵期时为定植的适期；豆类蔬菜在 2～3 片复叶时定植；瓜类幼苗在 4～5 片真叶定植；茄果类蔬菜带花蕾定植。

蔬菜定植时期主要根据当地的气候与环境条件而定。华南热带和亚热带地区终年温暖，定植期可以根据具体条件而定。耐寒性蔬菜 10 cm 土层温度达到 5～10 ℃时进行定植；茄果类、瓜类等喜温性蔬菜定植要求 10 cm 深的土层温度不低于 10～15 ℃，而且必须在终霜过后进行。因此，喜温蔬菜的春季栽植日期，应以各地的终霜期为主要依据；而秋季以初霜期为界，根据蔬菜栽培期长短确定定植期，喜温性蔬菜应从初霜期往前推 3 个月左右定植。设施蔬菜除了考虑温度外，还要考虑蔬菜产品的上市时间，使上市高峰期处于露地蔬菜的供应淡季。

六、选择定植方法

定植时要注意勿使根系弯曲在局部土壤中，根要伸展开，定植时必须浇透水，才能使幼苗尽快恢复生长。高温季节定植多采用明水定植，即先开穴(或沟)栽苗后再浇定植水。该法浇水量大，土壤降温明显。低温期定植多使用暗水定植法，浇水量少，降温不明显，有利于蔬菜缓苗。暗水定植又分为水稳苗法和坐水法两种。水稳苗法栽苗后先少量覆土并适当压紧、浇水，待水全部渗下后再覆土到要求厚度。该法既能保证土壤湿度要求，又能保持较高地温，有利于根系生长，适合于冬春季定植，尤其适合各种容器苗的定植。坐水法是开穴或开沟后先引水灌溉，并按预定的距离将幼苗土坨或根部置于水中，水渗后覆土。该法有防止土壤板结、保持土壤良好的透气性、保墒，促进幼苗发根和缓苗等作用。

定植的深度一般以在子叶下为宜。春季气温低，土温也低，选无风的晴天上午有利于缓苗，夏秋季下午或傍晚栽植比上午好。同时注意定植时应浅栽，低洼潮湿的土壤要浅栽，否则容易烂根。营养土块栽得低于地平面为好，否则灌水后营养土块就会露出地面，容易变干，影响秧苗定植后的正常生长。

七、确定定植密度

合理的定植密度是指单位面积上有一个合理的群体结构，使个体发育良好，同时能充分发挥群体的增产作用，达到充分利用光能、地力和空间，从而获得高产。

定植密度因蔬菜的株型、开展度以及栽培管理水平和气候条件等不同而异。在高温多雨地区应较低温少雨地区密度小些；没有灌溉条件、土壤肥力低的地区，栽植密度宜小，土壤肥力高又有灌溉条件的地区密度宜大。丛生的叶菜和根菜类如芹菜、茼蒿、韭菜、蒜苗等密植可以软化产品，提高品质；叶菜类株距过大，则植株纤维发达，组织粗硬，降低产品质量；对于多次采收的果菜类，早熟品种或栽培条件不良时，密度宜大，晚熟品种或适宜条件下栽培时定植密度宜小。田间管理精细，则可增加栽植密度。例如果菜类栽培用整枝搭架的，比不整枝搭架者密些，单干整枝比双干整枝者密些。机械化管理的，应适当扩大行距，便于进行机械操作，也有利于通风透光。

八、任务考核

做好菜地整地定植的记录工作。

工作任务2 蔬菜施肥与灌水技术

任务目标：了解各类蔬菜的需水需肥特性，掌握蔬菜的灌溉和施肥技术。

任务材料：有机肥、化肥、配套灌溉设施、肥料运输推车、铁锨、手铲等生产用具。

技能要求：能根据蔬菜的种类选择基肥、追肥，确定施用的时期和方法；同时根据蔬菜的种类确定合适的灌溉时期和灌溉方式。

一、蔬菜施肥技术

1. 根据蔬菜种类选择合适的肥料

肥料分为有机肥料和无机肥料两大类。栽培蔬菜以施用充分腐熟的有机肥为主。大多数有机肥是迟效性完全肥，不仅供给蔬菜所需要的氮、磷、钾、钙等元素，还含有微量元素及有机质。无机肥料也称化学肥料，属速效性肥料，包括尿素、硫酸铵、碳酸氢铵、硝酸铵和过磷酸钙以及氯化钾、硫酸钾等。

蔬菜按施肥时期分为基肥和追肥两种；施肥按方式又分为环施、穴施、条施和撒施等方法；按施肥部位分为土壤施肥和根外施肥（或称叶面追肥）。

2. 蔬菜基肥的施用

基肥是蔬菜播种或定植前结合整地施入的肥料，供整个生长期的需要。基肥一般以有机肥为主，根据需要配合一定量的化肥，化肥应该迟效肥和速效肥兼用。有机肥一定要经过充分腐熟才能施入。基肥的施用方法主要有撒施、沟施和穴施，采用后两种方法时，应在肥料上覆一层土，防止种子或幼苗根系与肥料直接接触而烧种或烧根。

3. 蔬菜追肥的施用

追肥是蔬菜生长期间根据不同类型进行分期分次施入，以补充蔬菜不同生长时期的需要。追肥的时期，以萝卜等为代表的二年生蔬菜，重点追肥期应当在叶片充分长大和产品器官膨大前；一年生茄果类、瓜类等蔬菜由于生长和发育并进，定植后对养分的吸收不断增加，应多次分期追肥。

追肥的肥料种类多为速效化肥和充分腐熟的有机肥（如饼肥、人粪尿等），追肥用量应根据基肥的多少、蔬菜种类及土壤肥力的高低等进行确定，每次用量不宜过多。一般果菜类蔬菜果实膨大期追肥，不能过早过多，以防植株徒长，引起落花落果。果菜类蔬菜追施氮、钾肥占总施肥量的50%～60%，磷肥只占20%。一般在生长旺盛的前、中期分3～4次追施。叶菜类蔬菜，特别是结球菜类蔬菜，从生长初期到结球期都不能缺乏养分，尤其是开始结球时要吸收较多的钾，氮、钾肥应同时追施。对于绿叶菜不宜叶面喷施氮素化肥。根菜类蔬菜在根部膨大期吸收养分量增加，但不同的种类和品种其根部膨大期也不同，萝卜根部膨大期在播种后30 d，胡萝卜根在发芽后70～80 d，马铃薯块茎在种植后30～80 d开始膨大。根菜类根部膨大期必须补施氮肥，追肥不宜过迟，否则易感染病害。

(1)地下埋施　在蔬菜周围开沟或开穴，将肥料施入后覆土，并浇水。肥料吸收快，利用率也较高，但开沟或挖穴施肥容易伤害蔬菜根系。适用于蔬菜封垄前或结果盛期前，施肥点要与主根保持一定距离，每点的施肥量也不要过大，避免发生肥害。

(2)地面撒施　将肥料撒施于蔬菜行间并进行浇水，主要使用一些速溶性化肥，如尿素、磷酸二氢钾等，适用于成株期。施肥方便，省工，但对肥料的种类要求严格，肥料要求水溶性强且不易挥发；对撒施肥的技术要求也比较严格，如施肥不当，将肥料撒于菜心或叶片上，容易引起“烧心”或“烧叶”，并且施肥后要求随即浇水，否则肥料挥发较多，浪费严重。

(3)叶面追肥　也称根外追肥，将配制好的肥料溶液直接喷洒在蔬菜茎叶上的一种施肥方法。可以迅速提供养分，具有用量少、收效快的优点，避免土壤对养分的固定和土壤微生物对养分的吸收，适合在植株密度较大或生长后期及土壤干燥不适于土壤追肥时应用。根外追肥作业方便，可结合喷灌进行。叶面喷肥虽较经济，用量只相当于土壤施用量的1/10～1/5，但是当作物生长旺盛期需要大量养分时只用叶面喷肥是不够的。因此，叶面喷肥只能作为辅助性措施，它不能代替土壤追肥，只能作为土壤施肥的一种补充。

影响根外追肥效果的主要因素有喷液浓度、时间和部位。叶片对不同种类肥料有效成分的吸收速率不同，对钾肥吸收速率由快至慢依次为：硝酸钾、磷酸二氢钾；吸收氮肥速率由快至慢依次为：尿素、硝酸盐、铵盐；无机盐类比有机盐类(尿素除外)的吸收速率快。在喷施生理活性物质和微量元素时，最好加入一定量尿素，可提高吸收速率和防止叶片出现暂时的黄化。营养物质进入叶片的速度和数量在一定的浓度范围内随浓度增加而提高，超过适宜浓度范围，会降低追施效果。

一般喷于叶背面比叶表面吸收得快。喷施时间最好选在傍晚或早晨露水刚干时为宜，防止在强光高温下叶片很快变干。设施内叶面追肥应在上午进行，并且追施后要打开通风口进行适量的通风，排除潮湿的空气。

(4)随水冲施　将肥料先溶解于水，随灌溉施入根区。该法的施肥质量和效果受浇水量的影响较大，浇水不足时，肥液浓度过高，容易发生肥害，也容易引起地表盐分浓度过高，浇水量过大时，肥料中养分流失较多，浪费严重。该法适用于蔬菜各生长时期，其中以成株期应用效果最好。保护地蔬菜冲施肥要采取地膜下冲施肥形式，防止氨气挥发到空气中。

施用时速效化肥可于浇水时直接化入水中即可；复合肥要求施肥前2～3 d事先将肥泡入水中，让肥料中的有效成分充分溶入水中，施肥时取上清液随水浇入地里；有机肥要事先10～15 d充分沤泡，浇水时取上清液随水冲入地里。

二、蔬菜灌溉技术

(一)确定合适的灌溉时期

我国蔬菜栽培的历史悠久，灌溉经验也极为丰富，概括起来就是“三看一结合”。

1. 看天浇水

低温期尽量少浇水，灌水应于晴天的中午前后进行小水灌，或进行“暗灌”，尽量减少对地温的不良影响。蔬菜定植(播种)浇水后及时覆盖或中耕，以充分保墒，直至地温升高之前，一般不再灌水。高温期浇水要勤，也多“明水大灌”，既满足蔬菜对水分的大量需要，又降低了地温，并于早晨或傍晚浇水。

2. 看地浇水

根据土壤的颜色及土壤性质确定灌水多少。沙土地保水性差，则勤浇少浇，黏土地则浇水量和次数要少；低洼地要小水勤浇，防止积水；对盐碱地则勤浇水，浇大水，通过漫灌压盐洗盐。

3. 看苗浇水

(1)蔬菜的种类或品种不同，对水分的要求也不一样，需水量大的蔬菜应该多浇水，耐旱性蔬菜浇水要少。我国栽培的蔬菜可根据耗水吸水特性的不同，分为五类。

第一类耗水量很多，吸水能力也很强的种类有西瓜、甜瓜、南瓜等。这类作物有很强的抗旱能力，栽培时可少灌或不灌。

第二类耗水量大，而吸水能力弱的种类有黄瓜、甘蓝类、白菜类、芥菜类及大部分绿叶菜类。栽培这些蔬菜要选择保水性能好的土壤，同时还要勤浇多浇。

第三类耗水量及吸水力都中等的种类有茄果类、根菜类及豆类等。这些蔬菜要求中等程度的灌溉。

第四类耗水量少、吸水能力也弱的蔬菜是葱蒜类、石刁柏等。这些蔬菜的根系浅或根毛少，栽培时要求较高的土壤湿度，所以需进行比较多的灌溉。

第五类耗水量多，吸水能力很弱的种类有藕、菱、茭白、荸荠等水生蔬菜。这些蔬菜根系不发达，并且不形成根毛。而体内有发达的通气结构，所以要在水田栽培。

(2)在蔬菜不同的生育阶段，也采取不同的灌水技术。一般在发芽期，供水较充足，以利于种子吸水萌发，幼苗期使土壤水分适中以促进根系的发展；在产品器官形成前多进行适当“蹲苗”，以提高经济系数；到产品器官形成盛期，则大水多浇，以提高产量和增进品质；到收获终期一般又少浇或不浇，以提高产品的耐贮运性。

(3)根据蔬菜长相确定，即依据叶片姿态的变化、色泽的深浅、茎节长短、蜡粉厚薄等确定是否浇水。如早晨看叶片尖端滴露之有无与多少，看叶片或果实颜色的浓淡，中午观察叶片的萎蔫程度，其他时间可摸叶片的厚薄或调查茎节间的长短及叶片展开的速度等。

(4)结合栽培措施灌溉

如对深耕肥多密植的高产菜田浇水就多；分苗或定植后多采取“大水饱浇”，以利于缓苗；间苗定苗后，要浇水弥缝、稳根；追肥后浇水有利于肥料的分解和吸收利用；秋菜播种后，地温高，要求多浇井水，除满足作物需要外，还有利于降低地温。

(二)确定菜田灌溉方式

1. 地面灌溉

即明水灌溉，是目前蔬菜主要的灌溉方式。包括沟灌、畦灌和漫灌等形式，适用于水源充足，土地平整的菜地，或倾斜角度小的地块。地面灌溉投资小，耗能少，对水质的要求不很严格，易实施，但土壤及灌溉水的利用率均低，费工费水，土壤易板结。

2. 喷灌

采用低压管道将水流雾化喷洒到蔬菜或土壤表面。喷灌易于按作物需要控制灌水量，灌水均匀度高，水的利用率高，省水，能保持土壤结构不板结，减轻或避免土壤盐碱化，同时可节约沟渠占地，不平整的地块也可灌溉，所以土地利用率较高；在高温期间有降温增湿的作用，适用于育苗或叶菜类生产。喷灌受风的影响较大；在特别干旱的地区因水分蒸发损耗太多也不宜应用。另外，易使植株产生微伤口，在高温高湿下易导致病害发生，如莴苣、番茄等在喷灌条件下病害发生较多。

3. 滴灌

滴灌是把灌溉水通过输水系统，定时定量地滴到蔬菜根际的灌溉方式。滴灌在对土壤的影响、作物生育的效果及劳动效率诸方面比喷灌更为优越，不破坏土壤结构，同时能将化肥溶于水中一同滴入，省工省水，能适应复杂地形，尤其适用于干旱缺水地区。目前在设施内所采用的膜下滴灌技术，有效地解决了土壤湿度与空气湿度之间的矛盾，应用面积较大。

4. 渗灌及泼浇

渗灌是通过地下渗水管道系统将水引入田间浸润土壤的灌溉方式。泼浇，即人工挑水到菜畦旁，逐棵泼浇，由于劳动强度大，对土壤及蔬菜生长发育也害多利少，适宜在缺水或低温期定植避免地温降低时使用。

(三)菜田排水

许多蔬菜作物对土壤湿害或涝灾相当敏感，所以菜田排水与灌溉具有同等重要性。菜田排水的方式，目前主要是明沟排水。对不耐涝的蔬菜，如番茄、西瓜、黄瓜、菜豆等应在雨前疏通好排水系统，做到随降随排。

三、任务考核

做好不同蔬菜施肥与灌水的记录工作。

工作任务 3　蔬菜的中耕、除草与培土技术

任务目标：了解蔬菜定植后的田间土壤管理规律，及时进行间苗定苗、中耕松土、除草、培土等，满足蔬菜生长期的需要。

任务材料：各类蔬菜田，铁锨、手铲、中耕机等农机具。

技能要求：能在蔬菜生长的合适时期进行中耕松土、除草、培土。

露地蔬菜多数大面积直播，尤其是未进行地膜覆盖栽培的，要在春夏和夏秋高温多雨季节，以及生长中后期及早清除菜田杂草，防止杂草与蔬菜争夺养分；同时，还要根据天气状况，适时做好菜田的土壤管理，追肥、浇水、提苗发棵，促其优质高产。

一、间苗与定苗

大田直播蔬菜，例如全国各地的大白菜和秋冬萝卜多数露地直播，苗期感染病虫害较严重，易缺苗断垄，因此，间苗要分 2～3 次进行，且间苗应尽早进行为好。如十字花科的萝卜和白菜，在子叶出齐后就应进行第一次间苗，使幼苗不致因植株间互相遮阳而造成徒长现象，每穴留 3～5 株。第二次间苗在 2～3 片真叶时进行，每穴留 2～3 株。最后一次间苗，萝卜在 4～5 叶时进行，白菜在 7～8 片叶时进行，每穴只留 1 株，称为“定苗”。萝卜、根用芥菜等直根蔬菜，其子叶的方向与两侧吸收根的方向相同，在密植的情况下，间苗时尽可能注意到子叶的方向与行向垂直，以利于根系对土壤营养的吸收。

二、中耕

播种出苗后、雨后或灌溉后中耕可以破除表土板结，增强土壤通透性，减少病虫害的发生，

定植蔬菜田中耕时要求不动土坨。冬季及早春中耕有利于提高土温,促进作物根系发育,同时因切断了表土的毛管,使底层土壤水分难以继续上升散失,起到了保墒作用。

中耕由于作物的种类不同,根系的再生与恢复能力有差异,中耕的深度不同,株行距小者中耕宜浅些。番茄根的再生能力强,切断老根后容易发生新根,可以深中耕。黄瓜、葱蒜类根系较浅,根受伤后再生能力较差,宜浅耕。苗期中耕宜深,促进根系扩展,成株期根系布满表土,宜浅耕。一般中耕深度为 3～6 cm 或 9 cm 左右。密植田因根系的横向发展范围缩小而向下发展,必须与深耕、施肥、灌溉等相结合,以增加植株吸肥能力和抗倒伏能力。

中耕的次数依作物种类、生长期长短及土壤性质而定。生长期长的作物中耕次数较多,反之就较少,适宜次数为 3～4 次,封垄后停止中耕,并常与除草相结合。

三、除草

除草的方法主要有人工除草、机械除草及化学除草三种。人工除草费劳力,质量好,效率低。机械除草效率高,但只能解决行间的除草,株间的杂草需要辅以人工除草。化学除草是利用化学药剂来防除杂草,方法简便、效率高。必须不断发展低毒、高效而有选择性的除草剂。目前蔬菜化学除草主要是播种后出苗前或在苗期使用除草剂,用以杀死杂草幼苗或幼芽。对多年生的宿根性杂草,应在整地时把杂草根茎清除。

四、培土

蔬菜的培土是根据蔬菜的生长进程将株行间的土壤分次培于植株的基部。培土通常与中耕除草结合进行,促进生根,保墒。但要注意不能埋没心叶和功能叶。

培土对不同的蔬菜有不同的作用。大葱、韭菜、芹菜、石刁柏等蔬菜的培土,可以增强植株抗倒伏能力,加厚土层保护根系,防止根部和地下产品器官露出地面,促进植株软化,增进产品质量;对于马铃薯等的培土,可以促进地下茎的形成;容易发生不定根的番茄、南瓜等,培土后能促进不定根的发生,加强根系吸收土壤养分和水分的能力。此外,越冬或低温期培土具有防寒和提早定植作用,夏秋培土具有防热等作用,但需注意临时性培土要及时扒开。多次培土后行间形成一条沟畦或垄沟,有利于灌溉和排水,也为根系的发育创造了良好的条件。

五、任务考核

做好不同蔬菜间苗、中耕、除草与培土等记录工作。

工作任务 4　蔬菜的植株调整技术

任务目标:根据各类蔬菜植株的生长特性,确定合适的植株调整类型,通过植株调整及时控制各类蔬菜的生长,促进增产增收。

任务材料:菜田各类蔬菜,手套、竹竿、铁丝等架材,吊绳、剪子、梯架等生产用具。

技能要求:能根据蔬菜的特点采用合适的植株调整技术;能根据蔬菜的栽培形式采用合适的搭架、引蔓技术。

植株调整就是通过整枝、摘心、疏花、疏果、摘叶、压蔓、绑蔓、落蔓、搭架等操作,来控制蔬菜的营养生长与生殖生长,协调其相互关系的技术。蔬菜植株的茎蔓调整宜在晴天的午后进行,动作要轻,阴天和上午茎蔓中含水量高,质地脆,易折断,不易操作。

一、搭架、绑蔓、落蔓

(一)搭架

搭架的作用主要是使植株充分利用空间，改善田间的通风、透光条件。常见架形有绳架、单柱架、"人"字架、圆锥架、篱笆架、横篱架、棚架等(图 3-12)。

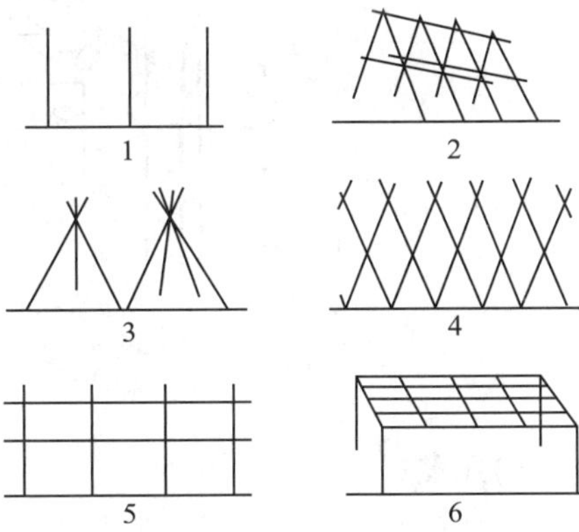

图 3-12　常见架形

1. 单柱架　2. 人字架　3. 圆锥架　4. 篱笆架　5. 横篱架　6. 棚架

(1)绳架　绳架是设施生产中常用的方式，用料少，成本低，易于操作和管理，但抗风能力差。在植株上方纵拉一道铁丝，在植株的正上方吊一道或几道绳，绳的上端系到铁丝上，下端打活口系到植株的茎蔓基部或分枝基部。通常用尼龙绳、布绳或专用塑料绳。尼龙绳和布绳不易老化，使用期长，多用于果型大、采摘次数多、生长期长的蔬菜或西瓜、甜瓜等。塑料绳容易老化断裂，使用期短，常用于栽培期短或小果型的蔬菜。

(2)单柱架　在每一植株旁插一架杆，架杆间不连接，架形简单，适用于分枝性弱、植株较小的豆类蔬菜以及单干整枝的矮生番茄等。

(3)人字架　在相对应的两行植株旁边相向各斜插一架杆，上端分组绑紧再横向连贯固定，呈"人"字形。"人"字形架形牢固，承受重量大，较抗风吹，但架内的背光面较大，前架对后架的挡风、挡光比较严重，架间的通风透光性比较差。适用于菜豆、豇豆、黄瓜、番茄等植株较大的蔬菜。

(4)圆锥架　用 3～4 根架杆分别斜插在各植株旁，上端捆紧使架呈三脚或四脚的锥形。圆锥架牢固可靠，抗风能力强，架间的通风透光性能好，但架杆上部拥挤，影响通风透光。常用于单干整枝的早熟番茄、黄瓜以及豆类。

(5)篱笆架　沿栽培行斜插架杆，编成上下交叉的篱笆。篱笆架支架牢固，便于操作，但费用较高，搭架也费工。适用于分枝性强的豇豆、黄瓜等。

(6)横篱架　沿畦长或在畦四周每隔 1～2 m 插一架杆，横向用 1～2 杆连接而成，茎蔓呈直线或 S 形引蔓上架，并按同一方向牵引，多用于单干整枝的瓜类蔬菜。

(7)棚架　有高棚架、低棚架两种，在植株旁或畦两侧对称插架杆，并在架杆上扎横杆，再用绳、杆编成网格状。适用于生长期长、枝叶繁茂的瓜类、茄果类等，如冬瓜、丝瓜、苦瓜等。

搭架必须及时，易在倒蔓前或初花期进行，浇定植水、缓苗水及中耕管理等应在搭架前完成。架竿固定要牢固，插竿要远离主根 10 cm 以上，避免插伤根系。

(二)绑蔓、引蔓

绑蔓指黄瓜、番茄等攀缘性较差的蔬菜，利用麻绳、稻草、塑料绳等材料将其茎蔓固定在架杆上。随着植株生长，随时将茎蔓缠绕在绳或架杆上，使其保持直立生长。多用"8"字形绑蔓(图 3-13)，可防止茎蔓与架杆发生摩擦。绑蔓时松紧要适度，既要防止茎蔓在架上随风摆动，又不能使茎蔓受伤或出现缢痕。

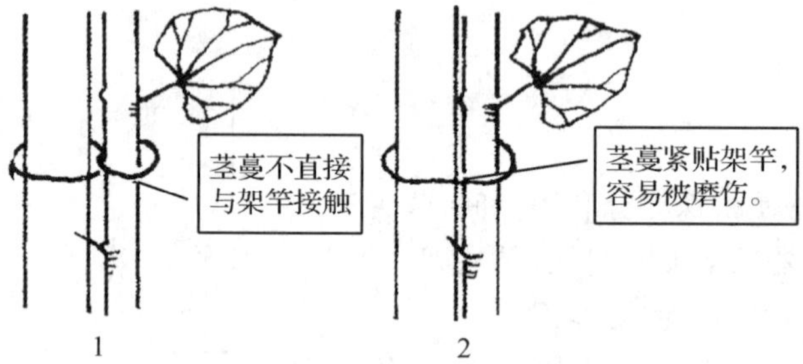

图 3-13　蔬菜“8”字形绑蔓

(三)压蔓

压蔓是将西瓜、南瓜等爬地生长的蔓性蔬菜的部分茎节压入土中。在压蔓部位可以长出不定根,有助于吸收营养和防风固定作用。经压蔓后可使植株排列整齐,受光良好,管理方便,促进果实发育,增进品质。

(四)吊蔓、落蔓

设施内为减少架竿遮阴,多采用吊蔓栽培,即将尼龙绳一端固定在种植行上方的棚架或铁丝上,另一端固定在植株基部或用小棍固定于下部地面,并随时将茎蔓缠绕于绳上。当植株茎蔓生长到架顶,采摘和管理不便时,可根据果实采收的需要,定期将茎蔓从支架上解开,将下部茎蔓上老叶、病叶等打去,下落盘绕于畦面上,或朝一个方向顺延后绑蔓固定,保持植株生长点始终在合适的高度。

蔬菜植株的茎蔓调整宜在晴天的午后进行,动作要轻,阴天和上午茎蔓中含水量高,质地脆,易折断,不易操作。

二、整枝打杈

对于茎蔓生长旺盛的果菜类蔬菜,为控制其营养生长,通过一定的措施人为地创造一定的株型,以促进果实发育的方法,称为整枝。整枝的具体措施包括打杈、摘心等。在温带、寒带等地区栽培的果菜类生长受到霜期的限制,需要进行摘心和打杈来控制枝叶的徒长。为了获得较多的早期产量,常采用摘心和打杈方法,控制营养生长,促进生殖生长。

常见整枝方式有单干整枝(单蔓整枝)、双干整枝(双蔓整枝)等。摘除植株的顶芽叫摘心,又称“打顶”或“闷尖”。摘除侧枝或腋芽叫打杈。番茄全部摘除侧芽,只留顶芽向上生长,这种方式称为单干整枝;除顶芽外第一果穗下又留一侧枝与顶芽同时向上生长者,称为双干整枝。以主蔓结果为主的蔬菜(如早熟黄瓜、西葫芦等)应保留主蔓,摘除侧蔓;以侧蔓结果为主的蔬菜(如甜瓜、瓠瓜等)则应及早摘心,促发侧蔓,提早结果和增加结果数量;主侧蔓均能正常结果的蔬菜(如冬瓜、西瓜、丝瓜、南瓜等),大果型品种应留主蔓去侧蔓,小果型品种则留主蔓并适当选留强壮侧蔓结果。

三、摘卷须、摘叶、束叶

摘卷须、摘叶、束叶等,是调整蔬菜的叶面积和空间分布,保证蔬菜植株的生长,减少不必要的养分消耗,使养分向产品器官输送,提高产量和品质。

摘卷须是为了节省攀缘类蔬菜的养分消耗,防止自身攀缘缠绕,方便人工绑蔓有利于植株合理的空间分布。摘除下部黄化、干枯的老叶有利于通风透光，提高光合作用，并能减少病虫害的发生。

摘叶指摘除植株上的病叶、黄叶、超出功能期的老叶以及过于密集的叶，主要在中后期进行。摘去基部的老叶等，有利于空气的流通，减少病虫害，并促进果实的成熟。上部同化作用旺盛的叶片、嫩叶、绿叶、稀疏处的叶和朝阳面的叶是不应当摘除的。摘叶应该在晴天的上午进行，摘下的叶要集中带出田外，集中处理。

束叶就是用绳子等将蔬菜的叶片拢起后捆绑起来。束叶主要适用于十字花科的大白菜和花椰菜等蔬菜，先摘除外部的病叶、黄叶，用双手将整株叶片轻轻拢起后，再用绳捆住。束叶后为植株内部创造了弱光环境，促进心叶或内部叶片、叶球与花球软化，同时也可以防寒，并使植株间的通风、透光良好，提高地温，加大空气流通，预防病害，方便管理人员进田作业。多在生长的后期进行，选晴天下午，叶片含水量少，组织变软时进行。

四、任务考核

完成不同蔬菜植株调整工作。

工作任务 5 蔬菜的保花保果技术

任务目标：了解蔬菜的生长特性及开花坐果特点，重点掌握果菜类蔬菜的疏花疏果、保花保果技术。

任务材料：瓜类、茄果类菜田，手套、小喷壶、毛笔、坐果灵、鲜花素或硼肥等。

技能要求：能根据蔬菜特点对其进行合理的疏花疏果；对易落花落果的蔬菜能进行保花保果操作。

一、疏花疏果

不同蔬菜种类特性不同、栽培目的也不同，对花器及果实的调整也不同。以营养器官为产品的如大蒜、马铃薯、莲藕、百合、豆薯等蔬菜，尽早摘除花蕾有利于地下产品器官的肥大。以较大型果实为产品器官的蔬菜，如番茄、西瓜等蔬菜作物，去掉部分畸形、有病的果实，可以集中营养，促进保留下来的果实发育，提高质量，改善品质。马铃薯在块茎形成时，用比久 3 000 mg/kg 喷洒叶面能抑制地上部生长，使大部分花蕾与花脱落，可增加产量。

二、保花保果

蔬菜生产中易落花落果的蔬菜，如番茄、辣椒、茄子、菜豆等，宜采取保花保果措施，以提高坐果率。为减少果菜类落花落果，番茄、茄子、甜椒等在早春低温（低于 13～15 ℃）或高温期（高于 33～35 ℃）不坐果，一般用 10～20 mg/kg 的 2,4-D 蘸花；茄子要用 20～30 mg/kg（低温期用较高的浓度，高温期浓度较低）可以防止落花。也可用小喷壶喷雾，喷花则易沾在茎叶上，产生药害。番茄上最好使用对氯苯氧乙酸（PCPA，番茄灵）25～30 mg/kg 喷花，当番茄每花序上有 2～3 朵花刚开放时，喷洒花序，可避免药害。PCPA 也可用于茄子或青椒。

在菜豆开花期喷施硼肥可减少落花落果，或者盛花期和结实期用比久（B9）喷洒，可以提高豆荚品质，减少纤维含量。

黄瓜、丝瓜等生产中根据天气情况以及植株长势，应用鲜花素、花蕾保或者坐果灵等蘸花，同时配施扑海因等药剂防治灰霉病。蘸花时变通进行，前期温度低生长慢时和结果后期长势弱时，蘸干花，并降低激素使用浓度，瓜条生长慢，减少了瓜条对养分的争夺，协调了营养生长与生殖生长，可提高黄瓜持续结瓜能力，防止出现早衰现象。高温生长快时蘸鲜花。

三、任务考核

做好不同蔬菜的保花保果记录工作。

思考题

1. 如何鉴定蔬菜种子的质量？
2. 种子净度与品种纯度有何区别？
3. 种子发芽率与发芽势有何区别？
4. 壮苗、徒长苗、老化苗如何识别？
5. 与常规育苗相比，在苗期管理上，无土育苗应注意哪些方面？
6. 某种苗有限公司于 3 月 20 日完成了 1 万株黄瓜嫁接苗的嫁接，为保证嫁接苗成活率，嫁接后应采取哪些管理措施？
7. 某种苗公司夏季培育的番茄穴盘苗即将进入齐苗期，请根据番茄苗水肥需求特点，制订科学的水肥管理方案，以培育优质壮苗。

思政小课堂

中国现代化离不开农业现代化，农业现代化关键在科技、在人才

模块四

蔬菜栽培制度与生产计划的制订

岗位要求

承担蔬菜生产企业管理岗位或技术人员岗位工作，按照绿色食品蔬菜生产等国家标准和行业标准操作，制订生产计划和安排生产任务。

知识目标

掌握蔬菜的栽培季节、茬口安排原则、茬口安排制度，合理运用轮作、间作、套作原理制订生产计划。

能力目标

能根据生产实际，制订全年设施蔬菜和露地蔬菜生产茬口，根据蔬菜种类和复种茬口，完成周年生产方案的制订，并落实到地块。

素质和课程思政目标

1. 能够了解作为传统农业生产指南针的“二十四节气歌”所凝聚的中华民族数千年的智慧结晶；2. 能够了解并掌握世代相传的农业谚语，传承悠久的农耕文化，弘扬民族精神。如：瓜茬再种瓜，种了也白瞎。豆茬连种豆，咋种它也瘦；种菜不能乱搭配，茬口不适要吃亏；种菜方法千万条，不误农时最重要；玉米带大豆，十年九不漏；轮作倒茬不用问，强如年年铺底粪；种地不倒茬，十年九抓瞎；种地要巧，三年一倒。

蔬菜的栽培制度是指在一定时间内，在一定土地面积上对各种蔬菜安排布局的制度。它包括因地制宜地扩大复种面积，采用轮、间、套、混作等技术，来安排蔬菜栽培的次序，并配合以合理的施肥与灌溉制度、土壤耕作与休闲制度，即俗称的“茬口安排”。它充分体现了我国农业精耕细作的优良传统。

科学地安排蔬菜茬口，是使蔬菜生产更好地面向市场的可靠保证，不但要求产量高，更要求全年均衡供应多样化的新鲜产品。要把种类繁多的蔬菜品种组织到栽培制度中去，除露地栽培，还有保护地栽培。通过早春促成露地栽培，秋冬延迟栽培，冬季保护地栽培，达到排开播种，周年生产。

一、轮作和连作

（一）轮作与连作的概念

在同一块菜地上，按一定的年限，轮换栽种几种性质不同的蔬菜称“轮作”，通称“换茬”或“倒茬”。一年单主作地区就是不同年份内把不同种类的蔬菜轮换种植；一年多次作地区，则是以不同的多次作方式（或复种方式），在不同年份内轮流种植。

连作是指在同一块土地上不同茬次或者不同年份内连年栽培同一种蔬菜的耕作方式。主茬隔小茬也为连作，如第一年春、夏季种番茄，收获后秋季在同一块土地上种大白菜或萝卜，到第二年春、夏季再种番茄，仍称“连作”。

轮作可有效地避免连作的危害，是合理利用土壤肥力、减轻病虫害的有效措施。由于蔬菜的种类很多，不可能将田块分为许多区，每年只栽培一种作物。因此，要将各类蔬菜按类分年轮流栽培。同类的蔬菜，例如茄果类的番茄、茄子、辣椒对于营养的要求和病虫害大致相同，在轮作中可作为一种作物处理，但是不同类而同科的蔬菜不宜互相轮作。绿叶菜类的生长期短，应配合在其他作物的轮作区中栽培，不独自占一轮作区。多年生蔬菜连续占地若干年。除露地栽培外，还有保护地栽培，其轮作制度需分别制订。

（二）轮作的原则

（1）吸收土壤营养不同，根系深浅不同的蔬菜互相轮作　消耗氮肥较多的叶菜类，应与消耗钾肥较多的根茎菜类或消耗磷肥较多的果菜轮流栽培；深根性的根菜类、茄果类、豆类、瓜类（除黄瓜外），应与浅根性的叶菜类、葱蒜类等轮作。

（2）互不传染病虫害的蔬菜进行轮作　同科蔬菜常感染相同的病虫害。制订轮作计划时，原则上应尽量避免将同科蔬菜连作，而是每年调换种植特性不同的蔬菜，从而使病虫失去寄主或改变生活条件，达到减轻或消灭病虫害的目的。粮菜轮作、水旱轮作对于控制土壤传染性病害（如大白菜软腐病、瓜类蔓割病等）效果较好。

（3）将能改善土壤结构的蔬菜进行轮作　在轮作中，适当配合豆科、禾本科、薯芋类蔬菜，可以增加有机质，改良土壤团粒结构，提高肥力。根系发达的瓜类和宿根性韭菜较根菜类遗留给土壤的有机质较多，并有利于土壤团粒结构。

（4）注意不同蔬菜对土壤酸碱度的要求　如甘蓝、马铃薯等种植后，能提高土壤酸度；而玉米、南瓜、菜苜蓿等种植后，能降低土壤酸度，故对土壤酸度敏感的洋葱等作为玉米、南瓜的后作可获得较高产量，作为甘蓝的后作就减产。豆类的根瘤菌给土壤遗留较多的有机酸，连作常导致减产。

(5)考虑前作物对杂草的抑制作用　前、后茬作物配置时，要注意到前茬作物对杂草的抑制作用，是否为后茬作物创造了有利的生产条件。一般胡萝卜、芹菜、葱蒜类、根菜类等易遭杂草危害，抑制杂草的作用很小，南瓜、冬瓜、甘蓝、马铃薯、芜菁等抑制杂草的作用较大。

(三)蔬菜轮作的年限

各种蔬菜轮作的年限依蔬菜种类、病虫害种类及其危害程度、环境条件等不同而异。禾本科常耐连作，十字花科、百合科、伞形花科也较耐连作，如白菜、芹菜、甘蓝、花椰菜、葱蒜类、慈姑等在没有严重发病地块上可以连作几茬，但需增施底肥。茄科、葫芦科(南瓜例外)、豆科、菊科等蔬菜不耐连作。需隔2～3年种植的有马铃薯、黄瓜、辣椒等；需隔3～4年种植的有番茄、大白菜、茄子、甜瓜、豌豆等；而西瓜则宜隔6～7年以上。另外，蔬菜与大田作物和经济作物轮作也较普遍。

二、间作、混作和套作

(一)间作、混作与套作的概念

两种或两种以上的蔬菜隔畦、隔行或隔株有规律地同时栽培在同一块土地上的耕作方式称“间作”；在同一块土地上不规则地混合种植称“混作”；前作蔬菜生育早期或后期在其畦间(行间或株间)种植后作蔬菜称“套作”。

蔬菜的间作套种把两种或两种以上的蔬菜，根据其不同的生态特征，发挥其种间互利的因素，组成一个复合群体，增加复种指数，通过合理的群体结构，使单位面积内植株总数增加，形成“相互有利”的环境，减轻病虫杂草危害，提高蔬菜单产和年产量，可以实行排开播种，增加蔬菜花色品种，保障淡季供应，是蔬菜栽培制度的一个显著特点。

(二)间作、套作、混作的原则

1. 合理搭配蔬菜的种类品种

高秆与矮生、直立与塌地的蔬菜种类搭配；叶片直立型与水平型的种类结合；深根性与浅根性搭配；生长期长的与短的，生长快的与慢的，早熟的与晚熟的间套作；喜强光蔬菜和耐弱光蔬菜的搭配，还要考虑根系分泌物的影响和病虫杂草的抑制等，充分发挥不同蔬菜种间互助的一面，保证互不抑制。

2. 安排合理的田间群体结构

在保证主作物密度与产量的条件下，适当提高副作物的密度与产量；加宽行距，缩小株距，改善通风透光条件；前后茬利用时互不影响生长，尽量缩短两者的共生期。

3. 采取相应的栽培技术措施

间套作要求较高的劳力、肥料和技术条件，若肥料、劳力、技术条件跟不上，间套作物不能及时采收，反而会降低主作蔬菜的产量，同时要从种到收，随时采取相应的农业技术措施，促进其向互利的方向发展。

(三)蔬菜间套作的类型

蔬菜间套作的类型可分为菜菜间套作、粮菜间套作和果(桑)菜间套作等。粮菜间套作，常见的有麦地间作耐寒或半耐寒的小白菜、菠菜；麦田套作西瓜、甜瓜、芋等；马铃薯或矮菜豆、毛豆、南瓜间作玉米；玉米与豇豆隔株间作。果(桑)菜间套作如果园、幼林行间利用冬季落叶期间间作耐寒的白菜、乌塌菜、甘蓝、芜菁、萝卜等，可以增加淡季蔬菜上市量。

三、多次作和重复作

在同一块土地上，一年内连续栽培多种蔬菜，可收获多次的称“多次作”；重复作是一年的整个生长季节内连续多次栽培同一种作物，多应用于绿叶菜或其他生长期短的作物，如小白菜、小萝卜等。

多次作与重复作主要指土地的茬口，属于复种制度的范畴。如在人多地少的市区近郊，如昆明市郊一年可以种植4～5茬。

工作任务　蔬菜栽培季节的确定与茬口安排

任务目标：了解蔬菜生产的季节安排及不同茬口，掌握周年生产中的茬口安排技术。

任务材料：各类蔬菜生产相关的书籍、生产用具、纸、笔记本等。

技能要求：能根据不同蔬菜的生长习性与环境需求，合理布局茬口，以实现蔬菜周年高效生产。

一、蔬菜栽培季节的确定

蔬菜的栽培季节指蔬菜从田间直播或幼苗定植开始，到产品收获完毕所经历的时间。育苗期一般不计入栽培季节。

1. 露地蔬菜栽培季节的确定

露地蔬菜生产应将所种植蔬菜的整个栽培期安排在其能适应的温度季节里，而将产品器官形成期安排在温度条件最为适宜的月份里。

根据不同的蔬菜对环境条件的要求来安排生产季节，尤其是生产管理水平不高、生产条件差的地区，以主要栽培季节的蔬菜生产为主。喜温性蔬菜和耐热蔬菜以春夏季栽培效果好。半耐寒性和耐寒蔬菜适宜在夏秋季栽培。

2. 设施蔬菜栽培季节的确定

设施蔬菜生产多是反季节生产，成本高，栽培难度大，因此，应以高收益为主要目的来安排栽培季节。将所种植蔬菜的整个栽培期安排在其能适应的温度季节里，而将产品器官形成期安排在该种蔬菜的露地生产淡季或产品供应淡季里。

二、茬口安排

蔬菜茬口分为季节茬口和土地茬口两种。季节茬口是根据蔬菜的栽培季节安排的蔬菜生产茬次。土地茬口是指在同一地块上，在一年或连续几年内连续安排蔬菜生产的茬次，如一年一熟、两年五熟、一年多熟等。蔬菜的季节茬口和土地茬口共同组成了蔬菜的栽培制度。

蔬菜茬口安排要有利于提高土地利用率和栽培效益，以当地蔬菜生产的主要栽培茬口为主，将全年的生产任务分配到不同的栽培季节里，做到周年生产，均衡供应。

（一）季节茬口

1. 露地栽培主要茬次

(1)越冬茬或冬早茬(12月至翌年2月上市)　一般秋季露地播种，或秋季育苗，冬前定植，翌年早春收获。主要栽培一些耐寒或半耐寒蔬菜，如白菜、莴笋、萝卜、甘蓝、结球甘蓝、花椰菜、豌豆等。在一些南方低海拔河谷热区以喜温蔬菜为主，如番茄、茄子、辣椒、黄瓜、菜豆以及耐寒的洋葱和大蒜。

(2)春茬(3—5 月上市)　一般于春季播种,或冬季育苗,春季定植,春末或初夏收获。主要栽培耐寒性较强、生长期短的绿叶菜,如小白菜、小萝卜、茼蒿、菠菜、芹菜、春白菜、甘蓝、花椰菜、青花菜等。

(3)夏茬(6—8 月上市)　一般于春末至夏初播种或定植,主要栽培一些喜温耐热的蔬菜,如蕹菜、茄果类、瓜类和豆类蔬菜。南方部分地区一些喜凉蔬菜仍能生长上市,如大白菜、结球甘蓝、西蓝花、生菜等。

(4)秋茬(9—11 月上市)　一般夏末秋初播种或定植,中秋后开始收获,秋末冬初收获完毕。主要栽培不耐热的蔬菜,如大白菜、甘蓝类、根菜类、绿叶菜类及部分喜温果菜类,是全年中栽培面积最大的栽培茬口,也是南方各地蔬菜生产的最佳季节。

2. 设施栽培主要茬次

(1)一年一大茬(11 月至翌年 5 月上市)　一般于 8—9 月播种或定植,利用日光温室或塑料大棚栽培结果期比较长、产量较高的喜温性果菜类(番茄、辣椒、黄瓜等),主要供应期为 11 月至翌年 4 月,选用非自封顶的品种。

(2)春早熟栽培(3—6 月上市)　一般于 12 月至翌年 1 月播种,2—3 月定植,利用日光温室或塑料大棚栽培喜温性果菜类(丝瓜、西瓜、辣椒、番茄等)以及生姜等,产品始收期比露地提早 30～60 d。

(3)越夏栽培(7—8 月上市)　一般春末夏初播种或定植,利用遮阳棚栽培耐高温的果菜类蔬菜或喜冷凉的叶菜类蔬菜,如西瓜、苦瓜、小白菜、空心菜等。

(4)秋延后栽培(9—12 月上市)　一般于 7—8 月播种或定植,利用塑料大棚生产番茄、黄瓜、菜豆等喜温蔬菜以及部分叶菜类蔬菜。

(5)秋冬茬(10 月至翌年 2 月上市)　一般于 8 月播种或育苗,9 月定植,10 月开始采收一直到翌年 2 月。利用日光温室或塑料大棚栽培喜温性果菜类蔬菜(茄果类、瓜类、豆类等),前期高温强光,植株易旺长,后期低温寡照,植株易早衰,栽培难度大。

(二)蔬菜茬口安排的一般原则

(1)有利于蔬菜生产　以当地的主要栽培茬口为主,充分利用有利的自然环境,创造高产和优质,同时降低生产成本。

(2)均衡供应蔬菜　同一种蔬菜或同一类蔬菜应通过排开播种,将全年的种植任务分配到的不同的栽培季节里进行周年生产,保证蔬菜的全年均衡供应,要避免栽培茬口过于单调,生产和供应过于集中。

(3)提高栽培效益　蔬菜生产投资大,成本高,在茬口安排上,应根据当地蔬菜市场供应情况,适当增加一些高效蔬菜茬口以及淡季供应茬口,提高栽培效益。有条件的地区应逐渐加大蔬菜设施栽培的比例,减少露地蔬菜的生产量,使设施蔬菜与露地蔬菜保持比较合理的生产比例。

(4)提高土地利用率　蔬菜的前后茬口间,应通过合理的间作、套作,以及育苗、移栽等措施,尽量缩短空闲时间。

(5)减少和控制蔬菜病虫害　同种蔬菜长期连作,容易诱发并加重病虫害。因此,在安排茬口时,应根据当地蔬菜的发病情况,对蔬菜进行一定年限的轮作。

三、蔬菜生产计划的制订

(一)掌握生产计划的种类

1. 根据计划来源分类

有国家下达计划、地方生产计划、基层单位生产计划三类。国家和地方生产计划一般属于指导性生产计划,通常合称为上级下达的生产计划。基层单位生产计划属于实施性生产计划,也称为执行计划。

2. 根据计划的时间长短分类

(1)年度计划　一般从春播开始到冬播结束为止。江南地区为便于安排茬口和年终经济核算,也有从头年冬播到当年秋播为止的。

(2)季节计划　主要是季节性蔬菜的生产计划。

(二)生产计划的主要内容

1. 上级下达的生产计划

一般分为两大部分:

(1)正文　简述本地上年度计划生产的实绩和存在的问题;本年度计划制订的指导思想和具体任务,包括种植面积、上市指标、品种茬口布局的重大调整以及实现本年度计划将采取的重大措施等。

(2)生产计划总任务表

①蔬菜分月上市计划。根据消费要求,参考历年分月上市资料,提出本地分月上市计划任务,一般把常年菜田和季节菜田的上市计划任务分别列出。

②常年菜田生产计划。这是计划的核心内容,包括栽培模式、菜田的面积、复种指数、茬口、品种、面积、上市量、上市时期与质量的要求。突出重点,如大田蔬菜可分为地膜覆盖早春蔬菜、复种蔬菜、果菜立体间作、秋冬露地蔬菜等,指明不同茬口和栽培模式下主栽蔬菜种类,列出引进推广新品种、新技术等。计划工作人员根据各品种的一般水平,分别统计其总产量与上市期。多次采收的蔬菜,要根据其分月、分期上市的数量规律,逐月累加试算、调整、平衡,使与分月上市计划任务相符。

③季节性菜田生产计划。要分品种分别落实种植面积,上市任务。

④保护地蔬菜生产计划。包括温室、塑料大棚和中小拱棚等主要设施的蔬菜品质、茬口、面积、上市期和上市量。

⑤蔬菜贮存计划任务。

⑥蔬菜小品种生产任务。包括一定数量的花色品种和香辛调味品种的生产面积、上市任务,以满足人们的传统习惯、节日需要以及特需。

⑦其他生产计划。主要有种子生产计划等。

2. 基层单位生产计划

基层单位生产计划主要是根据上级下达的生产计划,围绕着落实各项生产指标而制订的执行计划,一般包括:

(1)蔬菜生产计划总表

a. 蔬菜种植面积和产量计划。根据上级分配的蔬菜品种、面积及产量指标,结合本单位的气候、土壤、生产条件、历年产量水平，估算出下年度的蔬菜品种、面积、产量和预定产值，并与上年度进行增减对比。

根据该表能够分析出本单位的土地利用、品种、面积和产量增减情况，是确定其他各项生产指标及核算的基础。

b. 蔬菜品种种植计划及产品逐月上市计划。根据蔬菜种植面积和产量计划，结合茬口安排，确定出品种、播种面积、计划产量及分月上市量等。

c. 茬口安排。根据本单位蔬菜田的分布、面积、土质、地势、前后茬及蔬菜品种特性、种植模式等情况，将计划种植的蔬菜，按地块安排茬口，保证计划种植品种面积的落实。

(2)技术作业计划

技术作业计划能使生产人员了解各种蔬菜在整个生长时期的农业技术活动和各项技术指标，便于组织劳力完成作业项目和为生产提供生产资料，还有利于提出合理化建议。

a. 单项蔬菜逐月技术作业及效率定额。

b. 育苗计划。按照单项蔬菜逐月技术作业及效率定额，根据育苗需要逐项按质按量、不违农时地提供生产需要的各项秧苗。

(3)生产成本核算及财务收支计划

a. 生产成本核算。生产成本是单位生产一定种类和数量产品时所需的原料、固定资产折旧和工资等货币的支出。

生产成本核算费用项目一般规定为直接费用和间接费用(经营管理费)。直接费用是直接为生产所发生的各项费用的支出，即作业成本；间接费用属于非生产的费用支出。为便于归集生产费用和计划成本必须将各项生产费用支出，按其用途分别核算出单位面积生产成本。

b. 财会收支计划。财会收支计划是反映生产单位各项蔬菜生产的产品生产计划和经济活动的总情况。表内产品及销售的收入根据种植面积、产量、产值计划记入。产品产值减去单位成本，得出盈亏。

(4)其他计划

如蔬菜栽培技术措施、蔬菜单位面积分项作业用工计划、蔬菜种子计划、蔬菜生产用物料购置计划、蔬菜产品供应计划等，根据具体需要而定。

3. 生产计划制订的原则与方法

制订生产计划应遵循“以需定产，产稍大于销”的原则，根据当地的蔬菜需求量、消费习惯、生产水平等制订生产计划。考虑到生产以及销售过程中一些不可测因素的影响，在制订计划时还要有安全系数。一些蔬菜产区，还要考虑军工、特需、外贸出口、支援外地等任务，并列入计划中。另外，现阶段随着我国蔬菜生产市场化程度的提高，一些大中城市的蔬菜生产和供应在一定程度上也受到了外来蔬菜的影响，制订计划时，应考虑到这种影响。

(1)蔬菜供应人口数量　指本地区购买商品蔬菜的常住非农业人口和流动人口。现阶段，大多数城市是按照人均每天消费 0.6 kg 的标准(包括安全系数)来计划蔬菜年上市量，并以此作为建立常年蔬菜生产基地面积的依据。

(2)消费情况　主要依据各地的消费习惯和消费水平。生产蔬菜的种类和品种要符合当地的消费习惯，以免出现“蔬菜难卖现象”。生产方式要与当地的蔬菜消费水平相适应，既要避免蔬菜的生产成本过高，出现“优质不优价”现象，也要避免蔬菜的档次偏低，卖不出高价现象。

(3)生产水平　生产水平指各地单位面积菜田商品蔬菜平均年单产和各种蔬菜的单季平

均水平。我国各地的自然经济条件和技术水平悬殊，因而生产水平也不相同，在制订计划指标时应有所区别。

(4)安全系数　按照上述条件制订的生产(产量)计划，还要加上一定的安全系数，以防因不可抗拒的自然灾害所造成的减产。适宜的安全系数为20%～30%，具体因地区和季节而异，例如蔬菜生产淡季较旺季的高。

(5)外贸出口　我国蔬菜的外贸出口量近年来增加较快，一些地方已经形成了外贸出口蔬菜生产基地，制订计划时，应当根据外贸出口合同要求，将出口部分的蔬菜生产列入计划内。

(6)外来蔬菜　目前，我国大中城市的蔬菜供应中，外来蔬菜所占比重呈逐渐加大趋势，制订计划时，应根据最近几年主要外来蔬菜的供应情况，对本地蔬菜的生产计划进行适当调整。

(7)其他　包括特需蔬菜、支援外地蔬菜等，应列入生产计划内。

表4-1为某村××年蔬菜种植计划表。

表4-1　某村××年蔬菜种植计划表

田块序号	栽培模式	茬口安排	品种名称	全年茬次	耕地面积/hm^2	播种面积/hm^2	产量指标	预定产值	
								单价/(元/t)	总计/元
1									
2									

四、任务考核

根据不同的季节茬口，安排两年内蔬菜的生产茬次。

思考题

1. 什么叫轮作？为什么蔬菜栽培要轮作？
2. 分组调查，了解本地蔬菜生产现状，分析有无连作引起的障碍，如何解决？

思政小课堂

[乡村振兴]“葡萄+蔬菜”套种好“钱”景

模块五

瓜类蔬菜生产

岗位要求

本模块内容是蔬菜生产管理岗位专业能力之一，工作任务是熟练掌握瓜类蔬菜的生产管理技术，包括制订瓜类蔬菜生产管理工作计划，确定生产茬口，选择合适的品种，培育壮苗，做到整地、做畦、地膜覆盖等，及时定植；瓜类蔬菜生长期间加强植株调整、灌溉、追肥等；掌握瓜类蔬菜常见的病虫害，及时进行综合防治，保证瓜类蔬菜产品的质量安全。

知识目标

了解瓜类蔬菜的主要种类、生育共性及栽培共性；掌握黄瓜、西葫芦、西瓜、甜瓜等主要瓜类蔬菜的生物学特性、类型品种、栽培季节及茬口安排等；掌握黄瓜、西葫芦、西瓜、甜瓜等的栽培管理技术及栽培过程中的常见问题及解决措施。

能力目标

能掌握大棚春茬黄瓜生产技术关键；能掌握棚室冬春茬西葫芦生产技术要领；能掌握地膜西瓜生产技术关键；能熟悉掌握大棚厚皮甜瓜、小拱棚薄皮甜瓜的植株调整技术；能正确分析黄瓜、西葫芦、西瓜、甜瓜生产过程中常见问题的发生原因，并采取有效措施加以应对。

素质和课程思政目标

培养学生科学生产、高效生产的能力；培养学生吃苦耐劳的精神；培养学生降低农业“三减”，牢固树立“绿水青山就是金山银山”的绿色发展理念，树立食品安全意识及标准化生产意识。

瓜类属葫芦科一年生或多年生攀缘草本，包括甜瓜属、冬瓜属、南瓜属、西瓜属、丝瓜属、苦瓜属、葫芦属、佛手瓜属、栝楼属共 9 个属。

瓜类蔬菜营养丰富。瓜类果实中，甜瓜、西瓜和南瓜的碳水化合物含量高，新疆哈密瓜不仅碳水化合物含量高，还含有较多的硫胺素、蛋白质和维生素 C 等；苦瓜、丝瓜和蛇瓜的蛋白质含量高，碳水化合物含量较高，苦瓜和蛇瓜还含有较多粗纤维，苦瓜的维生素 C 含量最高。冬瓜、丝瓜、瓠瓜、苦瓜、西瓜、越瓜和南瓜等都有药用功效，是保健蔬菜。

瓜类蔬菜生长期较长，根的再生能力较强，分枝能力强(图 5-1)。直播或育苗移植均可。茎蔓分主蔓和侧蔓。侧蔓包括子蔓、孙蔓等多级侧蔓。主蔓叶节抽出的侧蔓称为子蔓，子蔓叶节抽出的侧蔓称为孙蔓，依此类推。主蔓和侧蔓的生长因种类、品种与栽培条件等有很大差别。蔓生的瓜类，必须根据茎蔓生长、雌雄花着生规律和结果习性进行植株调整。由于瓜类蔬菜根系较强大，茎叶多，果实需水需肥多，应选择耕作层较深厚，有机质丰富，保水排水力强的土壤。

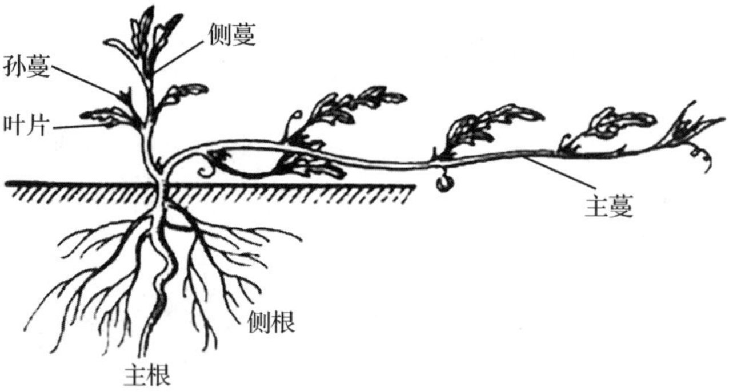

图 5-1　瓜类蔬菜的茎蔓、根

瓜类蔬菜花芽分化早。瓜类苗期花芽分化以后，就开始生殖生长，以后生殖生长和营养生长同时进行，营养生长是生殖生长的基础，两者互相影响，互相制约，栽培上应处理好两者的关系。

瓜类的结果习性多样。按瓜类蔬菜结果习性的不同一般可分成三类：第一类是以主蔓结果为主，如矮生西葫芦、早熟黄瓜和冬瓜；第二类是以侧蔓结果为主，如甜瓜、越瓜、菜瓜和瓠瓜等；第三类是主蔓和侧蔓都能结果，如冬瓜、节瓜、南瓜、西瓜、丝瓜、苦瓜等。

瓜类蔬菜喜温耐热，怕寒冷。生长适温 20～30 ℃，15 ℃以下生长不良，10 ℃以下生长停止，5 ℃以下开始受害。稍低温度有诱导雌性作用。瓜类中以甜瓜、越瓜、西瓜和南瓜最耐热，且适宜高温干燥气候；冬瓜、节瓜、丝瓜、苦瓜、瓠瓜、笋瓜和黄瓜等，比较适于炎热湿润的气候；西葫芦和佛手瓜既不耐热也不耐寒。瓜类属短日照植物，对日照长短的反应因种类与品种而异。在苗期有短日照，特别是低温短日照，可提早花芽分化及雌性发育。

瓜类蔬菜以果实为食用器官。有以嫩果供食的，如黄瓜、丝瓜、苦瓜、西葫芦、瓠瓜、节瓜、越瓜、佛手瓜等；有以成熟果实供食的，如西瓜、甜瓜、冬瓜、南瓜等。不过，冬瓜和南瓜的嫩果也可食用，而节瓜、越瓜和佛手瓜的成熟果实也可食用。根据瓜类的茎蔓生长习性和雌花发生规律，都有多次坐果的可能。但采收成熟果实的一般不宜或难以多次坐果；采收嫩果的，则争取多次坐果，提高产量。

瓜类蔬菜具有相同的病虫害。主要病害有疫病、枯萎病、霜霉病、炭疽病、白粉病、病毒病、果实绵腐病等；主要虫害有蚜虫、黄守瓜、瓜实蝇、红蜘蛛等。因此，瓜类蔬菜忌连作，须做好预防工作。

项目一　黄瓜生产技术

任务目标：了解黄瓜的生物学特性及其与栽培的关系，掌握黄瓜生产的技术要点。

任务材料：黄瓜苗、肥料、农具等。

技能要求：能根据黄瓜生物学特性及环境条件进行黄瓜生产；能针对早熟品种、中熟品种和晚熟品种的特点，进行合适的茬口安排。

一、生物学特性与生产的关系

（一）形态特征

根　黄瓜根系不发达，主要根群分布在20～30 cm的土层内。育苗移植的根群浅。茎基部容易发生不定根。根易老化，不耐移植。

茎　茎蔓性，4棱或5棱，绿色，被刺毛，分枝能力因品种而异。

叶　单叶，互生，掌状浅裂，绿色，叶柄长，被茸毛。

花　栽培品种多为雌雄异花同株，花腋生，花冠黄色，雄花簇生，雌花单生，子房下位。一般先发生雄花，后发生雌花，以后雌雄花交替发生，虫媒花。

果　果实为假果，由子房和花托共同发育而成。果实棍棒形或圆筒形，一般长18～25 cm或更长，横径4～6 cm，果皮深绿色、绿色或墨绿色，表面平滑或有瘤状凸起，瘤的顶端着生黑刺或白刺。黑刺品种的成熟果实呈黄色或褐色，大多具网纹；白刺品种的成熟果实呈黄白色，无网纹。

种子　种子披针形，扁平，黄白色。每果含种子150～400粒，千粒重22～42 g。从授粉到采收种瓜30～40 d，无生理休眠期。种瓜采摘后需要后熟5～7 d再剖瓜，隔夜发酵后再清洗种子。种子寿命长，放在干燥容器内贮存发芽力可保持10年，一般室内贮存3年以后，发芽率逐渐降低。生产上多用隔年的种子。

（二）生长发育周期

（1）种子发芽期　从种子萌动至子叶充分展开时，需5～7 d。

（2）幼苗期　从子叶展开至第四片真叶充分展开（团棵）时，需20～40 d。此期间主根不断伸长的同时，侧根陆续发生。幼苗期茎间短，可直立生长，叶片生长加快，茎端不断分化叶原基，叶腋开始分化花芽，多数品种在1～2真叶时就开始花芽分化。花芽分化开始时具两性，以后分化发育成单性（雄性或雌性）。花芽分化的早晚与雌、雄花的比例决定于品种的遗传性，与环境条件也有密切关系。幼苗期的生长量很小。

（3）抽蔓期　从第四真叶片展开至第1瓜坐住时，需15～25 d。通常将雌花子房膨大，幼瓜长到10 cm以上长时，作为坐瓜的判别标准。此期根系和茎叶加速生长，生长量加大。抽蔓期茎间伸长，抽出卷须，变为攀缘生长，侧蔓也开始发生，花芽不断分化发育和性别分化。

（4）结果期　第一瓜坐住开始至拉秧结束，一般露地栽培历时30～60 d，保护地栽培可长达120～180 d。这期间根系、茎叶和开花结果都迅速生长发育，达到生长最高峰，后逐渐转为缓慢生长至衰老，生长量占总生长量的大部分。

根据植株的结瓜能力和结瓜量的多少，通常将结瓜期分为结瓜前期、中期和后期三个阶段。结瓜前期一般从第一瓜坐住，到第三条瓜收获结束；中期从第三条瓜采收到瓜秧上大部分瓜采收结束，瓜秧的结瓜能力开始明显下降时结束；中期后至拉秧为结瓜后期。

(三)对环境条件的要求

(1)温度　黄瓜喜温怕寒，耐热能力不强。植株生长的适温为 20～30 ℃，低于 10 ℃或高于 40 ℃则停止生长。种子发芽适温为 27～29 ℃，幼苗期为了促进雌性分化，昼温应保持 22～28 ℃，夜温 17～18 ℃或在 13～14 ℃以上。开花结果期昼温 25～30 ℃，夜温 15～20 ℃。采收盛期以后温度应稍低，以防植株衰老，维持较长的采收期。根系生长适宜地温 20～25 ℃，必须在 15 ℃以上，10～12 ℃停止生长。

(2)光照　黄瓜喜光耐阴，故适于温室和大棚设施栽培。幼苗期，在低温和 8～10 h 短日照条件下，有利于雌性花的分化形成，促进提早开花结果，但不同品种对短日照反应不同。开花结果期，若阴雨天过多，光照不足，植株生长弱，叶黄、色浅，茎干细弱，则易落花、“化瓜”，并形成畸形瓜。

(3)水分　黄瓜喜湿怕涝，不耐干旱。适宜的空气湿度为白天 80%、夜间 90%左右。黄瓜结果前对土壤湿度要求不严格，保持半干半湿即可；结果期要求长时间保持土壤湿润，适宜的土壤湿度为 80%左右。

(4)土壤与营养　黄瓜喜肥，耐盐能力比较弱。适合于富含有机质、保水保肥能力强的肥沃壤土栽培。适宜的 pH 为 5.5～7.2。据测定，每生产 100 kg 的瓜，需要氮 280 g、磷 90 g、钾 990 g。

(四)病虫害防治

1. 主要病虫害

(1)苗期主要病虫害　猝倒病、立枯病、瓜蚜等。

(2)田间主要病虫害　霜霉病、细菌性角斑病、炭疽病、黄瓜白粉病、疫病、枯萎病、蔓枯病、菌核病、病毒病、根结线虫病、瓜蚜、棕榈蓟马、烟粉虱、茶黄螨、朱砂叶螨、潜叶蝇、瓜绢螟等。

2. 防治原则

按照“预防为主，综合防治”的植保方针，坚持“农业防治、物理防治、生物防治为主，化学防治为辅”的原则。化学防治遵循无害化治理原则。

二、类型与品种

黄瓜栽培的品种数量较多，分类的方法也多种多样。

根据黄瓜品种的分布区域及生态学性状，分为六个类型(表 5-1)。

表 5-1　依据黄瓜品种的分布区域及生态学性状分类一览表

类型	分布	特征	品种
南亚型黄瓜	南亚各地	茎、叶粗大，易分枝，果实大，果单重 1～5 kg。果实短圆筒形或长圆筒形，皮色浅，瘤稀，刺黑或白色，皮厚，味淡，喜湿热，对短日照要求严格	锡金黄瓜、中国版纳黄瓜及昭通大黄瓜等

续表5-1

类型	分布	特征	品种
华南型黄瓜	中国长江以南及日本各地	茎、叶较繁茂，耐湿热，为短日照性植物。果实较小，瘤稀，多黑刺。嫩果绿、绿白、黄白色，味淡；熟果黄褐色，有网纹	上海杨行、沪5号、江苏早抗、武汉青鱼胆、湘2号、四川白丝条、广东早青2号、夏青4号、台湾万吉等
华北型黄瓜	中国黄河流域以北及朝鲜、日本等地	植株生长势中等，喜土壤湿润、天气晴朗的自然条件，对日照长短的反应不敏感。嫩果棍棒状，绿色，瘤密，多白刺；熟果黄白色，无网纹	中农4号、长春密刺、春香黄瓜、律研7号、新泰密刺、宁阳大刺、北京大刺等
欧美型露地黄瓜	欧洲及北美洲各地	茎、叶繁茂，果实圆筒形，中等大小，瘤稀，白刺，味清淡。熟果浅黄或黄褐色	东欧、北欧、北美等品种群
北欧型温室黄瓜	英国、荷兰	茎、叶繁茂，耐低温弱光，果面光滑，浅绿色，果长达50 cm以上	英国和荷兰的温室黄瓜
小型黄瓜	亚洲及欧美各地	植株较矮小，分枝性强，多花多果	扬州乳黄瓜

生产上，按雌花的出现节位高低以及结瓜能力不同，又将黄瓜分为早熟品种、中熟品种和晚熟品种（表5-2）。

表5-2　依据黄瓜雌花的出现节位高低以及结瓜能力不同分类一览表

	第一雌花出现在主蔓的节位	雌花密度	开始收获的时间	抗逆性等	适栽方式	优良品种
早熟品种	3～4节	大	55～60 d	耐低温、耐弱光、单性结实能力均比较强	露地早熟栽培 设施栽培	中农5号、津春3号、津早3号等
中熟品种	5～6节	中	60 d左右	耐热、耐寒能力中等	露地栽培 设施栽培	津研4号、津优4号、中农8号等
晚熟品种	7～8节	小，每3～4节出现一雌花	65 d左右	较耐高温、产量高	露地栽培 大棚越夏高产栽培	津研2号、津研7号等

三、生产季节与茬口安排

我国长江流域及其以南地区无霜期长，一年四季均可栽培黄瓜（表5-3、表5-4）。栽培季节大体上分为春季早熟栽培、夏季栽培、秋季栽培和冬季栽培。其中以春季早熟栽培的栽培面积最大，是主要的栽培季节。

表5-3　长江流域及华南地区栽培季节与茬口安排

季节茬口	地区	播种期	采收期	备注
春季早熟栽培	长江流域	2月	5—6月	育苗移栽
	华南、西南地区	12月至翌年1月	3—4月	催芽直播或育苗移植

续表5-3

季节茬口	地区	播种期	采收期	备注
夏季栽培	长江流域及华南地区	4—5月	6—7月	露地直播
秋季栽培	长江流域	6—8月	7—9月	露地直播
	华南、西南地区	8—9月	9—11月	露地直播
冬春栽培	长江流域	1月中旬至2月中旬	3—5月	塑料大、中棚栽培
	华南、西南地区	10—11月	12月至翌年2月	塑料大、中棚栽培

表5-4 黄瓜设施栽培季节与茬口安排

季节茬口		播种期(月/旬)	定植期(月/旬)	供应期(月)	品种选择
春茬	温室	12/下至翌年1/下	2/上至3/上	3—6	选耐低温、抗病、早熟、产量高的品种
	塑料大棚	2/上至3/上	3/上至4/上	4—7	
夏秋茬(温室)		4/下至5/上	直播	7—10	选耐热抗病的品种
秋茬(塑料大棚)		6—7	直播	8—10	选耐热抗病的品种
秋冬茬(温室)		7/上至8/上	直播	10—1	选耐低温和弱光、抗病的品种
冬春茬(温室)		9/下至10/上	10/中至11/中	12—4	选耐低温和弱光、抗病的品种

四、栽培技术

(一)棚室秋季延后黄瓜生产技术要点

(1)品种选择　秋季延后栽培,其气候特点是前期高温多雨,后期低温寒冷。应选对温度适应性强、较耐湿、抗病、丰产、长势强的品种,如津研2号、津研4号、津研6号和津杂2号、津优一号、中农1101等。

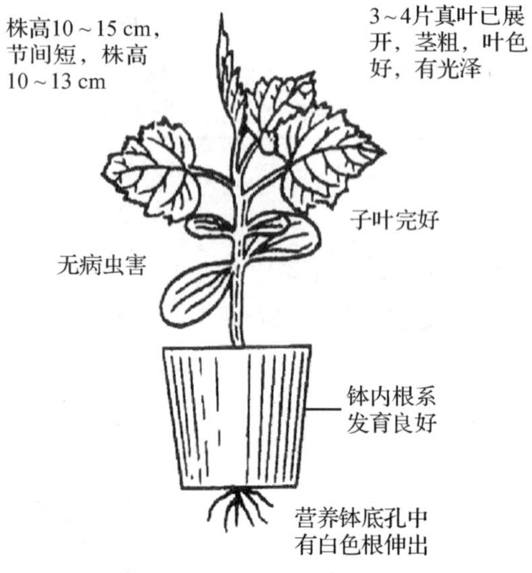

图5-2　黄瓜壮苗标准

(2)培育壮苗　具体播种期大约在霜前80~85 d。采用营养钵、纸袋等育苗。苗床应选在排水良好的地势高处,并有一定的遮光避雨条件。适宜苗龄20 d左右。为了促进雌花形成,在两片真叶展开后喷200 mg/L乙烯利,一周后再喷一次。黄瓜壮苗标准见图5-2。

(3)温度管理　9月中旬前,气温高,注意棚室的通风,白天保持25~30 ℃,夜温17~18 ℃,温差10 ℃左右为宜。9月中旬以后,外界最低温达13 ℃以下时,夜间不通风。一般上午温度达25~28 ℃时,开始放风,下午温度降至25~28 ℃时闭风,以维持夜温在15~18 ℃。10月以后,白天棚室温达30 ℃以上时才通风,注意防寒。

(二)温室冬春茬黄瓜生产技术要点

(1)品种选择　选耐低温、耐弱光能力强，雌花密度大，连续结瓜能力强，结瓜期长，瓜形端正，瓜条匀称，抗病的品种，如津春3号、农大14号、早丰、中农5号、新泰密刺等早熟品种。

(2)培育适龄苗　宜采用嫁接育苗，可增强冬季植株的耐寒能力，增强生长势。生产上多采用靠接法嫁接育苗，在黄瓜枯萎病发生严重的地块最好用嫁接部位较高、防病效果较好的插接法嫁接育苗。夏秋季育苗日照时间长，不利于形成雌花，应在嫁接苗成活后喷洒一次浓度为200 mg/L的乙烯利，5 d后再喷一次。定植苗龄以嫁接苗充分成活、第三片真叶完全展开即可定植。

(3)施肥　冬春茬温室黄瓜栽培期较长，需肥较多，而冬季温度低，浇水少，不便大量施肥。故应施足、施好底肥。进行二氧化碳施肥，施肥期为嫁接苗成活后至定植前一段时间与结瓜中期，在晴天上午日出或温室卷起草苫30 min后开始施肥，每次施肥2 h左右，施肥期间保持设施内二氧化碳浓度800～1 000 mL/m^3。

(4)光照管理　冬季光照不足，易出现化瓜，应采取多种措施增加温室的光照量和光照时间。

(5)植物生长调节剂应用　冬季黄瓜的坐瓜能力比较弱，可用20 mg/L浓度的2,4-D涂花柄，提高坐瓜率；雌花开放初期，用20 mg/L浓度的GA浸花，能够延长花冠的保鲜时间，提高瓜的商品性状，同时也能够促进瓜的生长，提早收获；冬季若出现花打顶或受药害，停止生长时，可用20 mg/L浓度的GA涂抹枝头，能够恢复生长。

五、采收及分级标准

(一)黄瓜采收

露地春黄瓜一般在定植后25～30 d开始采瓜，采收期40～60 d。采瓜要适时，当瓜条顶端由尖变圆时采收。此时瓜条已充分长大，又不老，是采收适期。采收过早，产量低，虽嫩，但汁液少，风味差；采收过晚，皮厚硬，质量差，不好销售，且坠秧，妨碍其他瓜的生长。采收时，既要看瓜的生长情况，又要看整个植株生长和坐瓜情况。采根瓜时，因瓜秧还小，根系还在生长，根瓜着生节位低，若不及时采摘，会影响植株生长，所以要适当早采，不仅可提早上市，还能防止坠秧和化瓜。

采收合适时间一般是上午或者傍晚。

(二)黄瓜分级标准

1. 基本要求

——同一品种或相似品种；

——瓜条已充分膨大，但种皮柔软；

——瓜条完整；

——无苦味；

——清洁、无杂物、无异常外来水分；

——外观新鲜、有光泽、无萎蔫；

——无任何异常气味或味道；

——无冷害、冻害。

2. 等级划分

在符合基本要求的前提下，共分为特级、一级和二级，见表 5-5。

表 5-5　黄瓜等级划分

等级	要求
特级	具有该品种特有的颜色，光泽好； 瓜条直，每 10 cm 长的瓜条弓形高度≤0.5 cm； 距瓜把端和瓜顶端 3 cm 处的瓜身横径与中部相近，横径差≤0.5 cm； 瓜把长占瓜总长的比例≤1/8； 瓜皮无因运输或包装而造成的机械损伤。
一级	具有该品种特有的颜色，有光泽； 瓜条较直，每 10 cm 长的瓜条弓形高度>0.5 cm 且≤1 cm； 距瓜把端和瓜顶端 3 cm 处的瓜身横径与中部的横径差≤1 cm； 瓜把长占瓜总长的比例≤1/7； 允许瓜皮有因运输或包装而造成的轻微损伤。
二级	具有该品种特有的颜色，有光泽； 瓜条较直，每 10 cm 长的瓜条弓形高度>1 cm 且≤2 cm； 距瓜把端和瓜顶端 3 cm 处的瓜身横径与中部的横径差≤2 cm； 瓜把长占瓜总长的比例≤1/6； 允许瓜皮有少量因运输或包装而造成的损伤，但不影响果实耐贮性。

工作任务　大棚春茬黄瓜生产

任务目标：了解大棚春茬黄瓜的生物学特性及其与栽培的关系，掌握大棚春茬黄瓜生产的技术要点。

任务材料：大棚、黄瓜苗、肥料、农具等。

技能要求：能进行大棚春茬黄瓜生产及指导。

一、育苗

1. 品种选择

应选具有耐低温、抗病、早熟、产量高等特性的品种，如中农 5 号、江苏早抗、湘 1 号、早春 2 号等品种。

2. 播种

播种前采用 55 ℃热水浸种并不断搅拌，待水温降到 30 ℃左右再浸 3～4 h，捞出种子洗净，晾去水分，用湿布包好放于 25～30 ℃处催芽，待大部分种子露出胚根后播种。为提高黄瓜幼苗的耐寒力，也可采用变温催芽。

为防止定植时伤根，黄瓜应采用营养钵育苗。黄瓜的嫁接育苗是黄瓜栽培特别是保护地栽培的增产措施之一，嫁接育苗是为了减少黄瓜的土传病害，提高生活力和产量，选择与黄瓜有亲和性、抗病力强和长势壮的植物如黑籽南瓜、南砧 1 号、新土佑南瓜等为砧木进行嫁接。

3. 苗期管理

黄瓜两片子叶展开后，生长最快的部分是根系，最易徒长的部分是下胚轴。在白天 25～30 ℃、夜间 13～15 ℃、白天光照充足、水分适宜的条件下，下胚轴的高度 3～4 cm，子叶肥厚，色浓绿。在夜温高、昼夜温差小、光照不足时表现为徒长。黄瓜从第 1 真叶展开后，白天 25～30 ℃，夜间 13～17 ℃，以促进雌花分化；夜温超过 18℃就不利于雌花分化。土壤温度控制在 15 ℃以上，以提高根系的吸收能力（表 5-6）。早春育苗常遇低温、短日照和弱光条件，低温、短日照对促进雌性是有利的，弱光则不利于生长，应注意提高光照强度，增加阳光照射，必要时人工补光。同时，保持土壤湿润，在不影响幼苗正常生长前提下宁可干些，不宜过湿，以提高秧苗的质量。

在定植前 7～10 d 通过降温、通风、增加光照等进行炼苗。白天温度保持在 15～20 ℃，夜温保持 10 ℃以上，不受霜冻为准，若叶片不萎蔫则不浇水。

表 5-6　黄瓜苗期温度管理指标

生育期	白天温度/℃	夜间温度/℃
播种后	28～32	18～20
齐苗后	20～25	13～18
子叶至 2 叶期	22～28	13～18
2 叶以后	23～30	10～15
炼苗期	15～20	10～12

二、定植

（1）定植时期　定植时应选生长健壮、节间短、叶较大、较厚、色浓绿、根系好、生长一致的幼苗。确定定植期的主要依据是棚室的地温和气温，当棚室内土壤 5 cm 处的地温稳定在 10 ℃，最低气温高于 5 ℃时即可定植。据经验，也可依本地终霜期向前推 20 d 左右，即为适宜定植期。

（2）整地施基肥　深翻 20 cm 以上，施农家肥 5 000～6 000 kg/667 m^2。先将 2/3 的基肥撒施后再深翻，另 1/3 的基肥在开沟栽苗时施入。

（3）定植方法　棚室黄瓜可采用垄或高畦栽培。温室栽培也可采用 40 cm 和 80 cm 大小垄距起垄，双行栽培，株距 20～30 cm。大棚可采用垄栽培，按 70～90 cm 起垄，株距 20～30 cm。

黄瓜根系较浅，栽植深度与育苗土平，不宜深栽，若是嫁接苗则嫁接部位高于地面 5 cm 左右为宜。定植后注意保温、保湿、防晒，以保证缓苗快、齐苗。

三、田间管理

1. 温湿度管理

栽培前期应加强保温防寒措施，若夜温低于 5 ℃时，应采取多层覆盖或人工加温等措施防寒。在缓苗期，即定植一周内要密闭保温，中午棚温不超过 28 ℃不放风，地温最低要保持 12 ℃以上，以利于发生新根。白天控制温度在 25～30 ℃，午后棚温降至 20～25 ℃时盖膜，夜间保持在 10～13 ℃。

进入结果期时加强放风、排湿、减少叶片结露时间，白天温度在25～32 ℃，夜间20 ℃。白天相对湿度控制在65%左右，夜间不超过85%。

2. 水肥管理

浇足定植水时，定植后至坐瓜前一般不浇水，此期主要是控水防徒长促根。若土壤过度干燥则浇小水，但不追肥。根瓜采收后开始浇水，当外界温度高、光照较强时，一般5～7 d浇一次水，每次浇水结合追施少量化肥，硫酸铵20 kg/667 m^2或硝酸铵15 kg/667 m^2。盛果期可进行叶面追肥，低温期应选在晴天的中午进行，高温期安排在10:00前或15:00后进行，常用浓度为0.1%磷酸二氢钾、尿素、叶面宝、爱多收等，施肥后加大通风量，排出过湿的空气。

3. 植株调整

(1)引蔓　瓜蔓长到20 cm左右长时，开始吊绳引蔓。每株瓜苗系一根细尼龙绳或粗线绳，绳的一端系到瓜苗上方的铁丝上，另一端打宽松活结系到瓜苗的基部，并将瓜蔓缠到绳上。在低温时，应于晴天上午10:00后、下午3:00前缠蔓，利用此时高温以促进缠蔓时造成的伤口及时愈合，避免染病。在高温时，应于下午瓜蔓失水变软时缠蔓，上午缠蔓易伤害茎叶。

(2)落蔓　当瓜蔓长到绳顶后开始落蔓。选晴天下午进行。落蔓前，先将瓜蔓基部的老叶和瓜采摘下来，然后将瓜蔓基部的绳松开，将瓜蔓轻轻下放，在地面上左右盘绕，不要让嫁接部位与土接触。每次下放的高度以功能叶不落地为宜。调整好瓜蔓高度后，将绳重新系到直立蔓的基部，拉住瓜蔓。以后可随瓜蔓的不断伸长，定期落蔓。

(3)整枝打杈　主蔓根瓜坐瓜前，对基部长出的侧枝，一般应摘除根瓜以下的侧蔓，适当选留根瓜以上侧蔓，侧蔓雌花节以上1～2叶摘心，主蔓具25～30片真叶以后也可摘心，以增加结果。打杈应于晴天上午进行，不可在傍晚进行，以防打杈后，伤口长时间不愈合而染病。

(4)摘叶、去卷须　植株下部的老叶、病叶及黄叶应及时摘除，卷须也应在长出的当天上午摘除。

四、采收

黄瓜必须适时采收嫩果。根瓜宜早收。采收初期2～3 d采收一次，盛果期每天早晨采收一次。

五、任务考核

描述大棚春茬黄瓜生产过程，分析生产中存在的问题及解决措施。

项目二　西葫芦生产技术

任务目标：了解西葫芦的生物学特性及其与栽培的关系，掌握西葫芦生产的技术要点。

任务材料：西葫芦苗、肥料、农具等。

技能要求：能根据西葫芦生物学特性及环境条件进行西葫芦生产；能针对早熟品种、中熟品种和晚熟品种的特点，进行合适的茬口安排。

一、生物学性状与生产的关系

（一）形态特性

根　西葫芦根系发达，入土深，直播时主根入土深度可达 2 m 以上，侧根多，吸水吸肥力强。根系生长快，易老化，断根后再生能力差。

茎　茎蔓生，长 0.5～1.0 m，中空，易劈裂和折断。

叶　叶片大，掌状深裂，绿色，互生，叶柄和叶面有刺，叶柄中空易折。

花　花为黄色单性花，雌雄同株，雌花通常无单性结实能力，须经授粉后才能坐瓜。

果　果为扁圆形或圆筒形，果面光滑，嫩果皮绿色、浅绿色或深绿色，成熟果实皮厚，呈黄色。

种子　种子扁平，呈披针形，灰白色或淡黄色，千粒重 140～200 g，有效使用期 3 年。

（二）生长发育周期

西葫芦的生长发育周期可分为发芽期、幼苗期、抽蔓期和结果期四个时期，其过程与黄瓜基本相似。

（三）对环境条件的要求

(1)温度　西葫芦喜温怕寒，不耐热，但耐低温能力较强。适应的温度范围为 15～38 ℃，发芽期的适宜温度为 25～30 ℃，茎叶生长的适宜温度为 18～25 ℃，开花结果期的适宜温度为 22～25 ℃，低于 15 ℃不能正常授粉，高于 32 ℃，花器发育不正常，易形成两性花。果实生长的适宜温度为 25～30 ℃。适应土温范围为 12～35 ℃，适宜土温为 15～25 ℃。

(2)光照　西葫芦较喜光，为短日照作物，在短日照条件下雌花多，开花结果早。适宜的光照时间为 12 h，短于 8 h 或长于 14 h 都不利于坐瓜和果实生长。

(3)湿度　西葫芦耐旱能力强，属半耐旱性蔬菜。生长前期以土壤不干燥为度，果实膨大期需水量较多，要求保持土壤湿润，空气相对湿度保持在 45%～55%。

(4)土壤和营养　对土壤的适应性比较强，适宜疏松肥沃、保水保肥力强的微酸性土壤，适宜的土壤 pH 5.5～6.8。

西葫芦较喜肥，同时又耐瘠薄，吸肥力强，需钾肥较多，施肥时宜将氮、钾、磷、钙、镁肥配合施用。一般生产 1 000 kg 西葫芦，需氮肥 3.92 kg、磷肥 2.08 kg、钾肥 8.08 kg。

（四）病虫害防治

1. 主要病虫害

(1)主要病害　猝倒病、白粉病、病毒病、褐腐病、疫病、黑星病、黑霉病。

(2)主要虫害　蚜虫、白粉虱、红蜘蛛、美洲潜叶蝇。

2. 防治原则

按照“预防为主，综合防治”的植保方针，坚持“农业防治、物理防治、生物防治为主，化学防治为辅”的原则。化学防治遵循无害化治理原则。

二、类型与品种

按瓜蔓的生长能力不同，一般将西葫芦分为以下三种类型。

1. 短蔓型

节间短，瓜蔓生长速度慢，露地栽培一般长度在 60～100 cm。早熟，主蔓第 5～7 节着生第一雌花，结瓜密，几乎节节有雌花。较耐低温和弱光，较适合设施栽培与露地早熟栽培。优良品种有早青(F_1)、阿太(F_1)、花叶西葫芦等。

2. 长蔓型

长势强，节间长，露地栽培瓜蔓长度可达 2 m 左右。晚熟，第一雌花一般出现在主蔓的第 8～10 节处，结瓜稀，空节多。耐热力强，但不耐寒，多用于露地晚熟高产栽培。因生长期长，近年来栽培少。

3. 半蔓型

节间略长，蔓长在 60～100 cm，主蔓第一雌花着生在第 8～11 节，为中熟品种。该类型品种大部分为一些地方品种。如山东临沂的花皮西葫芦、山西省农业科学院蔬菜研究所最新育成的半蔓生裸仁西葫芦等。这类型西葫芦的栽培不多见。但随着西葫芦引蔓上架栽培技术的不断改进，半蔓生西葫芦类型在温室种植的比例会增大。

三、生产季节与茬口安排

西葫芦的主要栽培季节：露地为春夏季，设施栽培为秋冬春(表 5-7)。

表 5-7　棚室西葫芦的茬口安排

季节茬口	播种育苗期（月/旬）	定植期（月/旬）	收获期	品种选择
秋冬茬	8/下	9/下	11 月至翌年 2 月	选耐热和弱光、抗病的品种
冬春茬	9/下—10/上（嫁接育苗）	10/下—11/上	12 月至翌年 4 月	选耐低温和弱光、抗病的品种

四、露地春茬西葫芦栽培技术要点

(1)品种选择　应选择抗病能力强，结瓜较集中的早熟品种，如花叶西葫芦等。

(2)培育壮苗　可采用容器育苗，育苗期 40 d 左右，4 叶期定植。也可直播。

(3)适期定植　一般在断霜后定植，667 m^2 栽 2 000 株左右。

(4)肥水管理　缓苗后，施入少量的复合肥或腐熟有机肥并浇水，促发棵。到坐瓜前不再追肥浇水。当根瓜长到 6～10 cm 长时，开始追肥浇水。整个结瓜期一般追肥浇水 2～3 次。

五、采收及分级标准

(一)西葫芦采收

西葫芦以嫩瓜为产品，宜早采，雌花开放后 10～15 d，单果质量达 250 g 时即可采收，尤其是金皮西葫芦，延迟采收会影响果实的商品性。采收最好在早晨进行，此时温度低，空气湿度大，果实中含水量高。

(二)西葫芦分级标准

1. 基本要求

西葫芦均应符合下列基本要求：

——同一品种或相似品种；
——清洁，无杂质；
——外观性状完好，无柄，基部削平；
——鲜嫩，色泽正常；
——无裂口、无腐烂、无变质、无异味；
——无病虫害导致的严重损伤；
——无冷冻导致的严重损伤。

2. 等级划分

在符合基本要求的前提下，西葫芦分为特级、一级和二级，各相应等级应符合表 5-8 规定。

表 5-8　西葫芦等级

等级	要求
特级	果实大小整齐，均匀，外观一致；瓜肉鲜嫩，种子未完全形成，瓜肉中未出现木质脉径；修整良好；光泽度强；无机械损伤、病虫损伤、冻伤及畸形瓜
一级	果实大小基本整齐，均匀，外观基本一致；瓜肉鲜嫩，种子未完全形成，瓜肉中未出现木质脉径；修整较好；有光泽；无机械损伤、病虫损伤、冻伤及畸形瓜
二级	果实大小基本整齐，均匀，外观相似；瓜肉较鲜嫩，种子完全形成，瓜肉中出现少量木质脉径；修整一般；光泽度较弱；允许有少量机械损伤、病虫损伤、冻伤及畸形瓜

工作任务　棚室冬春茬西葫芦生产

任务目标：了解并掌握棚室冬春茬西葫芦生产的技术。
任务材料：温室或大棚、西葫芦苗、肥料、农具等。
技能要求：能进行棚室冬春茬西葫芦生产及技术指导。

一、品种选择

应选择早熟品种早青一代、一窝猴、阿太一代、特早 1 号、小白皮和花叶西葫芦等。

二、嫁接育苗

用黑籽南瓜作为砧木，采用靠接法进行嫁接育苗。先播黑籽南瓜，2～3 d 后播西葫芦。

选择无杂质、籽粒饱满的种子，放在 50～55 ℃的水中，搅拌 15 min，然后放在室温水中浸泡 6～8 h，接着再搓洗干净，并用清水洗净，放到 25～30 ℃条件下保温保湿催芽，并每 6 h 用清水淘洗一次，经 2～3 d 即可发芽，发芽后播种。

可采用穴盘或营养钵育苗，也可在苗床内将床土平铺 10 cm 厚，再用温水浇透，划好 10 cm×10 cm 的营养土方，然后即可播种。播种后覆土 2 cm 左右，并覆盖地膜保温保湿。幼苗出土前，保持苗床土温在 15～18 ℃，保持气温在 28 ℃，一般经 3～5 d 即可出苗。出苗后揭掉地膜，降温降湿防徒长，控制气温在 20～25 ℃。如发现戴帽苗，再覆 1 次细土，或用人工摘帽。为防止徒长，夜温可控制在 15 ℃左右。两瓜苗的子叶充分展开、第一片真叶展开前，开始嫁接。

夏秋的日照时间长，不利于形成雌花，应在嫁接苗成活后喷一次 200 mg/L 的乙烯利。

定植苗龄为嫁接苗充分成活，第三片真叶完全展开后定植为宜。

三、施肥做畦与定植

冬春茬温室西葫芦栽培期比较长，需肥较多，应施足底肥。每 667 m^2 施腐熟有机肥 7 000 kg 以上、尿素 30 kg、磷肥 100 kg，并加适量的硼酸等。翻地前将肥料撒到地面上，深翻 2～3 遍，然后高温闷棚 10～15 d，再做畦。

一般温室采用垄畦栽培，大棚采用垄栽培。温室按 60 cm 和 90 cm 大小垄距起垄，大垄沟深 20 cm 左右，小垄沟深 15 cm 左右；大棚按 80 cm 左右起垄；按 40～50 cm 株距定植。栽苗深以平穴后嫁接部位高于地面 5 cm 左右为宜，严禁将嫁接部位埋入土中。随栽苗随浇水，大小垄沟一起浇水，浇透定植水。

四、田间管理

1. 覆盖地膜

地面变干能进入地里后进行覆膜，将垄背和垄沟全部覆盖。

2. 温度管理

定植后 1 周内要保持室内温度在 25～30 ℃，以促进缓苗，当晴天中午前后温度超过 32 ℃时需采取措施降温。缓苗后，应降温降湿，开放小风，调控气温白天在 20～25 ℃，夜间在 15 ℃左右。结瓜期要保持高温，白天温度在 28～30 ℃，夜间在 15 ℃以上。

3. 肥水管理

一般在根瓜长到 5～6 cm 时，开始浇水施肥。每 667 m^2 随水施肥 15～20 kg 的尿素或复合肥，也可施用有机肥，此后应一直保持地面湿润。一般每次采收以后，都应进行追肥浇水。冬季每 15 d 左右、春季每 10 d 左右追肥浇水一次。拉秧前 1 个月不追肥或少追肥。

在嫁接苗成活后至定植前与结瓜中期，选晴天上午日出时在设施内施用 2 h 左右浓度为 800～1 000 mL/m^3 二氧化碳肥。

结瓜盛期可叶面喷施丰产素、爱多收、叶面宝等。

4. 植株调整

（1）引蔓　温室西葫芦当瓜蔓长到 20 cm 左右时，应进行吊绳引蔓。操作同黄瓜。

（2）打杈　保留主蔓结瓜，侧枝长出后及早抹除。一般在晴暖天上午进行打杈，以利于伤口愈合。

（3）摘叶、去卷须　应及时摘除病叶、老叶及卷须，以改善光照，减少植株无效消耗。

5. 防徒长

当瓜秧发生旺长时，可用助壮素喷洒心叶和生长点 2～3 次，直到心叶颜色变深、发皱为止。

6. 保花保果

可在早晨 6:00—7:00 进行人工授粉，在露水未干时授粉坐果率高。另外，为了保花保果，在花期可用 20～40 mg/L 的 2,4-D 蘸花。在人工授粉后再用 2,4-D 涂抹花柄，坐瓜效果更好。

五、采收

早收根瓜，定植后 30 d 左右根瓜长到 15 cm 左右，即可采收。勤收腰瓜，腰瓜一般长到

20 cm 左右时采收。但也不可采收太晚，否则不但瓜皮老化，而且也易引起茎蔓早衰。

采摘方法，可以用剪刀将瓜从柄处剪割下来，也可左手把住瓜柄，用右手将瓜扭下来。采收时，要注意不可伤及茎叶和根系。一般在早上无露水时收瓜，瓜含水量大、色鲜艳，瓜较重。

六、任务考核

描述棚室冬春茬西葫芦生产过程，分析生产中存在的问题及解决措施。

项目三　西瓜生产技术

任务目标：了解西瓜的生物学特性及其与栽培的关系，掌握西瓜生产的技术要点。

任务材料：西瓜苗、肥料、农具等。

技能要求：能根据西瓜生物学特性及环境条件进行西瓜生产；能针对西瓜品种的特点，进行合适的茬口安排。

一、生物学特性与生产的关系

（一）形态特征

根　西瓜根系分布深广，根群分布在 20～30 cm 耕作层内。根系再生力弱，不耐移栽。一般宜直播或营养钵育苗移栽。

茎　茎匍匐蔓生，主蔓长可达 3 m 以上，幼苗茎直立，节间短缩，4～5 节以后节间伸长，匍匐生长。分枝性强，主蔓叶腋能抽生子蔓，子蔓叶腋抽生孙蔓，茎上有分枝的卷须，节上可产生不定根。

叶　单叶互生，呈羽状深裂，叶缘具细锯齿，具叶柄，叶面具有白色蜡质和茸毛，可减少蒸发。

花　花黄色、单生，雌雄同株异花，为虫媒花，清晨开放，午后闭合；通常主蔓第 3～5 节发生雄花，5～7 节发生雌花，其后雌、雄花间隔形成，开花盛期出现少数两性花。

果　果实为瓠果，其形状、皮色、瓤肉依品种而异。

种子　种子椭圆而扁平，大小因品种而异，每个果实有种子 300～500 粒，千粒重为 30～100 g。种子寿命一般为 5 年，生产上多用 1～2 年的种子。

（二）生长发育周期

（1）发芽期　自种子萌动至子叶充分展平和显露真叶（露心）。种子发芽适温 25～35 ℃，需 10 d 左右。15 ℃以下发芽不良。

（2）幼苗期　由“露心”至“团棵”，即第 4 真叶完全展开。此期苗端分化 20 多枚叶，花原基和侧枝开始分化。在 15～20 ℃温度下需 25～30 d。

（3）抽蔓期　自“团棵”至主蔓留果节位（第 2 雌花放开）。

（4）结果期　留果节位雌花开放至果实成熟，在 25～30 ℃温度下需 35～40 d。果实的生长可分为：①坐果期。自留果节位雌花开放至子房开始膨大“退毛”止，在 26 ℃左右温度条件下需 4～5 d。②果实生长盛期。自“退毛”至果实膨大定形，温度 22～29 ℃需 20 d 左右，果实直径的增长达 85％以上，茎叶的生长变缓。③变色期。自果实定形至成熟。温度 25～30 ℃

需 10 d 左右。这时果实膨大已趋缓慢，以果实内的物质转化和种子发育为主。

(三)对环境条件的要求

(1)温度　西瓜喜高温，耐热力强，极不耐寒，种子发芽适温 25～30 ℃，最高温为 35 ℃。植株生长最适温度为 24～35 ℃，当温度在 15 ℃时生长缓慢，10 ℃停止生长。果实生长需较高温度，并要求昼夜温差在 8～14 ℃，有利于糖分的积累，当温度在 15 ℃以下果实发生畸形。根系生长适温 25～30 ℃。

(2)光照　西瓜喜光，生长发育要求充足的光照，光照强，植株生长健壮，糖分含量高，果实品质好。光照不足，植株则生长慢，表现为叶柄长，叶形狭长，叶薄色淡，不能及时坐果，结瓜迟，品质差，易染病。

(3)水分　西瓜耐旱、不耐涝。要求空气干燥，空气相对湿度在 50%～60%最为适宜，若湿度高，则生长弱，易发病；土壤湿度以 60%～80%田间持水量为宜。

(4)土壤及营养　西瓜对土壤的适应性较广，但最适宜的是河岸冲积土和耕作层较深的沙质壤土。对土壤酸度的适应性广，在 pH 5.0～7.5 的范围内生长发育正常，以 pH 6.3 为最宜。西瓜在生长发育中对氮磷钾的吸收比例为 3.28∶1∶4.33，当植株形成营养体时吸收氮最多，而在坐果以后吸收钾最多，故增施磷、钾肥，能提高含糖量。

(四)病虫害防治

1. 主要病虫害

(1)主要病害　白粉病、炭疽病、疫病、细菌性叶枯病、蔓枯病、病毒病等。

(2)主要害虫　白粉虱、红蜘蛛、蚜虫、美洲斑潜蝇等。

2. 防治原则

按照“预防为主，综合防治”的植保方针，坚持“农业防治、物理防治、生物防治为主，化学防治为辅”的原则。必须使用药剂防治时，使用农药应符合 GB/T 8321—2018(所有部分)和《农药管理条例》规定。

二、类型与品种

(一)类型

栽培西瓜可分为果用和籽用两大类。果用西瓜是普遍栽培的类型，占栽培品种的绝大多数。果用西瓜的分类方法很多，可依大小分为特大型(10.0 kg 以上)、大型(5.0～10.0 kg)、中型(2.5～5.0 kg)、小型(2.5 kg 以下)四类；也可依果实形状、瓤色来分，而在栽培上一般以生态型来分类，根据我国现有品种分布和对气候的适应性，分为新疆生态型、华北生态型等四个生态型(表 5-9)。

表 5-9　西瓜依生态型分类表

类型	原产地	特性	代表品种
新疆生态型	新疆	适应干旱的大陆性气候，多数品种长势强，为大果型的晚熟种，种子大	阿克塔吾孜、奎克塔吾孜
华北生态型	华北	适应温暖半干旱气候，长势强或中等，中熟或晚熟，果型大或中等，肉质软或沙，种子较大	三白、花里虎、核桃纹

续表5-9

类型	原产地	特性	代表品种
东亚生态型	中国东南沿海和日本	适应湿热气候，长势较弱，早熟或中熟，果型小，种子小或中等	平湖马铃瓜、崩瓜、旭大和等
俄罗斯生态型	苏联伏尔加河中、下游和乌克兰草原地带	适应干旱少雨地区，生长旺盛，多为中、晚熟种，肉质脆、种子小	小红子、美丽
美国生态型	美国南部	适应干旱沙漠草原气候，生长较旺，分枝中等，大果型晚熟品种，结实较少，含糖量高	灰查理斯顿（澄选一号）、久比利等

（二）品种

普通西瓜分早熟品种（早佳、京欣、郑杂 5 号、抗病苏蜜、圳宝等），中晚熟品种（聚宝 1 号、浙蜜 3 号、皖杂 1 号、新红宝、金钟冠尤等），无籽西瓜品种（雪峰、广西 5 号、深新 1 号、新 1 号、黑蜜 2 号等），小型西瓜（特小凤、红铃、红小玉等），黄皮西瓜（宝冠、丰乐 8 号等），黄瓤品种（黄晶 1 号和黄晶 2 号、黄蜜 1 号等）。

三、生产季节与茬口安排

露地栽培一般春播夏收，露地断霜后播种或定植。长江中、下游地区 4 月中下旬终霜后直播或定植，7 月中下旬采收。亚热带地区 1 年可栽培 2～3 季。

设施栽培中，由于西瓜栽培期短，产量低，较少用温室栽培，主要用塑料大、中、小拱棚于春季和秋季栽培。

四、春茬西瓜地膜栽培技术要点

（1）品种选择　选用早熟或中晚熟品种，如新红宝、京欣 1 号等。

（2）培育壮苗　在棚室内采用育苗钵进行护根育苗，适宜苗龄 40 d 左右，瓜苗长出 3～4 叶后定植。

（3）做畦定植　定植前半个月深施底肥，施肥后起垄，垄宽 50 cm、高 20 cm，早熟品种垄距 3.0～3.6 m、株距 20～25 cm，中晚熟品种垄距 3.6～4.0 m、株距 25～30 cm。根据地膜的覆盖形式不同，用高垄式覆盖地膜则于露地断霜后或用支拱式覆盖地膜在断霜前 5～7 d，在瓜垄上定植瓜苗。

（4）肥水管理　缓苗后及早追肥、浇水，促生长。坐瓜期控水，坐瓜后及时追肥、浇水。

五、采收及分级标准

（一）西瓜采收

西瓜的采收，最好是在天气晴朗、温度适宜的情况下进行，这样可以避免果实过水、变质等情况的发生。采收时，采摘力度要轻，尽量不伤害果实，切勿用力过猛，以免损坏果肉。同时也要注意保持清洁，避免病菌感染。

（二）西瓜分级标准

西瓜按其商品品质分 A 级、B 级两等，各等级须符合表 5-10 的规定。

表 5-10 西瓜分级标准

<table>
<tr><th>等级</th><th>品质</th><th>大小</th><th>限度</th></tr>
<tr><td>A 级</td><td>1. 果形周正一致，发育正常，具有本品种应有的特征，不得有畸形瓜；
2. 皮色正常，条纹清晰，果皮光滑，茸毛消失，具有本品种应有的颜色；
3. 瓤色具本品种成熟时应有的颜色；
4. 果实成熟度适宜，无生瓜、过熟瓜；
5. 洁净，无伤害。</td><td rowspan="2">大果型(kg，单果重)
L：>10
M：8～10
S：6～8
中果型：
L：>4
M：3～4
S：2～3
小果形：
L：>3
M：2～3
S：1.5～2.0</td><td rowspan="2">A 级品：各项不合格数之和≤10%，腐烂率≤1%；
A 级不合格的降到 B 级；
B 级中品质要求各项不合格数之和不得超过 20%，其中的腐烂/发黄者不得超过 1%；
大小分级中不符合各级要求的不合格数不得超过 20%</td></tr>
<tr><td>B 级</td><td>1. 果形周正，发育正常，具有本品种应有的特征，允许轻度畸形瓜；
2. 皮色正常，网纹清晰，果皮光滑，茸毛消失，具有本品种应有的特征；
3. 瓤色具有本品种成熟时应有的颜色；
4. 果实成熟适宜，无生瓜、过熟瓜；
5. 洁净，无严重伤害</td></tr>
</table>

工作任务 棚室冬春茬西瓜生产

任务目标：了解并掌握棚室冬春茬西瓜生产的技术。

任务材料：棚室、西瓜苗、肥料、农具等。

技能要求：能进行棚室冬春茬西瓜生产及技术指导。

一、品种选择

应选耐低温、弱光，抗病丰产、早熟，雌花着生节位低，易坐瓜的品种，如早花、郑杂 5 号、京欣 1 号等。

二、嫁接育苗

目前西瓜嫁接用砧主要包括瓠瓜砧、南瓜砧和冬瓜砧 3 种，以瓠瓜砧应用最多。南瓜砧嫁接西瓜较耐低温，但易引起瓜秧旺长，延迟结瓜，并且瓜的外观和品质也不良。冬瓜砧的耐低温能力较差，主要用于夏秋季西瓜嫁接栽培。

西瓜嫁接栽培的主要目的是防止土传病害的侵染，故应用嫁接部位较高、防病效果较好的插接法来嫁接育苗。

先播种瓠瓜砧，5～6 d 后再播种西瓜。采用热水浸种催芽，用 55～60 ℃的热水浸种 15 min，置于 30 ℃温水中浸种 8 h，然后进行催芽。瓠瓜播于育苗钵内，播深 2 cm，西瓜可用密集播种法，按 1～2 cm 种距播种，深度为 1 cm 左右。播后覆盖地膜保湿、保温。出苗期间保持温度 25～30 ℃，出苗后降温，白天 25 ℃左右、夜间 15 ℃左右。

当西瓜苗的两片子叶展开，心叶未露出或初露，苗茎高 3～4 cm；瓠瓜苗的两片子叶充分展开，第一片真叶露尖或展开至 5 分硬币大小，苗茎稍粗于西瓜苗，茎高 4～5 cm 时，用插接法进行嫁接。嫁接成活后瓜苗长到3～4片叶，35～40 d时可定植。

三、施肥做畦与定植

选地下水位低，排水良好的土地，轮作旱地5～6年，水田3～4年。基肥以有机肥为主，并适当配以化肥。可667 m^2 施厩肥1 500～2 000 kg，过磷酸钙25 kg，饼肥40～80 kg或鸡鸭粪400～600 kg。施肥量的大小，可根据地力、栽培季节、栽培品种进行调整。缺有机肥时可施部分化肥，但避免氮肥过多。早熟栽培基肥量应增加60%～70%。高畦栽培，畦宽与棚室大小、整枝方式等有关，一般畦宽在1.5～4.5 m，当棚室内最低气温稳定在5 ℃以上，平均气温稳定在15 ℃以上开始定植。适宜定植密度见表5-11。

表5-11　西瓜定植密度参考表

栽培方式	品种	行距(大行距/小行距)	株距
爬地栽培	早熟种	2.8～3.2 m/40 cm或1.6～1.8 m等行距	40 cm
	中熟种	3.4～3.8 m/40 cm或1.8～2 m等行距	50 cm
支架或吊蔓栽培	早熟种	1.1 m/70 cm	40 cm
	中熟种	1.1 m/70 cm	50 cm

选晴天上午定植。嫁接苗要浅栽，栽苗后嫁接部位距离地面的高度应不低于3 cm。大小苗要分区栽，大苗栽到棚室内温度较低的两侧，小苗栽到棚室内温度较高的中部。

四、田间管理

1. 温度管理

缓苗期要保持高温，白天30 ℃左右，夜间15 ℃左右。温度偏低时，应及时加盖小拱棚、二道幕等进行保温。缓苗后瓜苗明显生长时，白天25～28 ℃，夜间12 ℃左右。开花结瓜期需要较高温度，夜间温度保持在15 ℃以上。坐瓜后，白天温度28～32 ℃，夜间保持20 ℃左右。

2. 肥水管理

定植前浇足底水，定植时又浇足定植水后，缓苗期间不再浇水。缓苗后瓜苗开始抽蔓时浇水，以促瓜蔓生长。之后到坐瓜前不再浇水，控制土壤湿度，防止瓜蔓旺长，推迟结瓜。结瓜后，当幼瓜长到拳头大小时开始浇水，以后勤浇水，一直保持土壤湿润。收瓜前一周左右停止浇水，促瓜成熟。头茬瓜收后，及时浇水以促二茬瓜生长。

施足底肥时，坐瓜前一般不追肥。坐瓜后结合浇水，施复合肥20 kg/667 m^2 或硝酸钾20～25 kg/667 m^2，瓜长到碗口大小时结合浇水，施入尿素13～20 kg/667 m^2。二茬瓜生长期间，根据瓜秧的长势，适当施1～2次肥。

3. 植株调整

(1)整枝　整枝方式分单蔓、双蔓、三蔓、多蔓。棚室栽培中爬地栽培一般采取双蔓整枝或三蔓整枝；吊蔓栽培多采用单蔓整枝。早熟品种多用单蔓整枝，只留主蔓；也有采用双蔓整枝，保留主蔓和基部的一条粗壮侧蔓，每株留1个瓜。中熟品种可采用双蔓整枝或三蔓整枝，三蔓整枝是保留主蔓和基部的两条粗壮侧蔓，每株留1个瓜。三蔓整枝也适合于早熟品种整枝，每株留2个瓜。对于小型西瓜，其生长势弱，果型小，则采用多蔓整枝，可于6叶期摘心，侧蔓抽生后保留3～5条生长相近的侧蔓平行生长，摘除其他的侧蔓及坐果前侧蔓上形成的孙蔓；或保留主蔓，在基部保留2～3个侧蔓，构成3～4蔓式整枝，摘除其他侧蔓及坐果前发生的孙蔓；每株结果2～3个。

(2)打杈　是当主蔓长到50 cm左右时，除保留需要的主、侧蔓外，其他的侧蔓或孙蔓应及时摘除。一般打杈应选择在晴天上午进行。打杈要及时分次进行，不要一次性去除较多的侧蔓及孙蔓。

(3)压蔓　压蔓目的是合理均匀分布瓜蔓，促进不定根发生，控制植株长势。长势强的蔓压在近生长点，压大块土，抑制其生长；反之压在远离生长点处，压小土块，以促进生长。坐果节前后2节不压，以免影响坐果。操作在午后进行，减少损伤。

(4)引蔓　引蔓是将瓜蔓按要求的方向伸长，以使瓜蔓分布均匀。嫁接西瓜采用引蔓，不采用压蔓，因茎蔓入土生根后，将使嫁接失去意义。瓜蔓长到50 cm左右时，选晴天下引蔓，主蔓和侧蔓可同向引蔓，也可反向引蔓。

4. 促进坐果

人工授粉可提高坐果率。特别是棚室内栽培必须进行人工授粉。人工授粉一般在开花结瓜期，每天上午10:00以前，摘下开放的雄花，去掉花瓣，露出花蕊，把花药对准雌花的柱头轻轻摩擦几下，使花粉均匀抹到柱头上。一般1朵雄花可给3朵雌花授粉。授粉后，在着生花的节上挂一标签，标明授粉的日期，以备收瓜时参考。为保证坐瓜率，一般每株主蔓上的第1～3朵雌花和保留侧蔓上的第一朵雌花都要进行授粉。也可用50倍高效坐瓜灵于16:00—17:00涂抹果柄，以促进坐果。

5. 瓜的管理

(1)留瓜　当瓜长到鸡蛋大小时进行留瓜。留瓜的先后顺序是：先在主蔓上第二、三个瓜中选留一个瓜，若主蔓上的瓜没坐住或质量较差，不适合留瓜时，再从侧蔓上留瓜，每株留1个瓜。

(2)垫瓜　当幼瓜褪毛后，用干净的草圈垫于瓜的下面，使瓜离开地面，保持瓜下良好的透气性，并防止地面的病菌和地下害虫为害。

(3)翻瓜　翻瓜的作用是使整个瓜面见光，以实现均匀着色。一般于瓜定个后开始。于晴暖天午后，用双手轻轻托起瓜，将瓜向一个方向慢慢转动，使下面的背光部分约半数离开地面。通常要翻瓜2～3次。

(4)竖瓜　竖瓜的作用是调整瓜的大小，使瓜的上下两端粗细均匀。瓜定个前，将两端粗细差异比较大的瓜，细端朝下粗端向上竖起，下部垫在草圈上。

(5)托瓜或落瓜　支架栽培的西瓜当瓜长到500 g左右时，用草圈从下面托住瓜，或将瓜蔓从架上解开放下，将瓜落地，瓜后的瓜蔓在地上盘绕，瓜前的瓜蔓继续上架。

6. 二氧化碳施肥

可在开花坐瓜期进行，一般在晴天上午日出半小时后施用，每次施肥2h，施肥浓度1 000～1 200 mL/m^3。

7. 植物生长调节剂的应用

当棚室内温度低时，果实膨大比较慢，为提早上市，在雌花坐瓜后，可用20～60 mg/L的GA喷洒果面，每7～10 d一次，喷2～3次。另外，坐瓜前瓜蔓发生旺长时，可用200 mg/L的助壮素喷洒心叶和生长点，每7～10 d一次，喷2～3次。

五、采收

1. 成熟瓜的标准

果实成熟度与品质有关。适度成熟果实瓤色好，多汁味甜；生瓜品质低劣，过熟肉质软绵、食味下降。判断果实是否成熟，可从以下几个方面进行。

(1)日期判断　根据雌花开放后天数，早熟品种 28～30 d，中熟品种 32～35 d，晚熟品种 35 d 以上。

(2)卷须变化　果柄茸毛脱落稀疏，留瓜节及其前后节上的卷须变黄或枯萎，为熟瓜。但因植株长势强弱有差异。

(3)果实变化　成熟瓜的果实表面纹理清晰，果皮具有光滑感，着地面底色呈深黄色，果脐向内凹陷，果洼处收缩，均为成熟形态特征。

(4)声音变化　以手托瓜，拍打发出浊音为熟瓜，发出清脆音的为未成熟瓜。

(5)比重法　把果实放于水中，下沉为生瓜，上浮为过熟瓜，略浮于水面为适熟瓜。

2. 采收时间和方法

上午收瓜，瓜的温度低，易于保存，同时瓜中含水量较高，品质好，也利于保鲜和提高产量。收瓜时，将留瓜节前后 1～2 节的瓜蔓剪断，使瓜带一段茎蔓和 1～2 片叶。

六、任务考核

描述棚室冬春茬西瓜生产的全过程，分析生产中存在的问题及解决措施。

项目四　甜瓜生产技术

任务目标：了解甜瓜的生物学特性及其与栽培的关系，掌握甜瓜生产的技术要点。

任务材料：甜瓜苗、肥料、农具等。

技能要求：能根据甜瓜生物学特性及环境条件进行甜瓜生产；能针对甜瓜品种的特点，进行合适的茬口安排。

一、生物学特性与生产的关系

(一)形态特征

根　甜瓜根系发达，主根深达 1 m 以上，侧根分布直径 2～3 m，主要根群分布在 30 cm 以内的土层内。易老化，再生力弱，不耐移植。

茎　蔓生，中空，分枝能力强。圆形，有棱，被短刺毛。

叶　单叶互生，叶片近圆形或肾形，全缘或五裂，被毛，绿色或深绿色。

花　单性花或两性花，雌雄同株。雄花单生或簇生，雌花和两性花多单生，花冠黄色，雌花子房下位，无单性结实能力。虫媒花，异花授粉。主蔓上雌花出现较晚，侧蔓一般 1～2 节处就有雌花。花期短，上午 5:00—6:00 开花，午后谢花。

果实　果实为瓠果，有圆、椭圆、纺锤、长筒等形状，成熟时果皮具不同程度的白、绿、黄或褐色，或附各色条纹和斑点。果表光滑或具网纹、裂纹、棱沟等，果肉为白、橘红、绿、黄等色，质地软或脆，具有香气。

种子 种子披针形或长扁圆形，黄、灰白或褐红等色，大小差异较大。普通甜瓜种子的千粒重为 19.5 g，而小粒种子的千粒重则为 14 g。种子寿命一般 5～6 年，在干燥、凉爽、通风条件下可达 10 年以上。

（二）生长发育周期

甜瓜生育期长短与种类和品种有关。一般薄皮甜瓜生育期短，厚皮甜瓜生育期较长。薄皮甜瓜品种间生育期长短的差异较小。厚皮甜瓜品种间生育期长短差异较大。甜瓜一般生育期为 80～120 d，可分为以下四个时期。

（1）发芽期　播种至子叶充分展开，第一片真叶露尖时结束，一般历时 7～10 d。

（2）幼苗期　第一片真叶露尖至第四真叶完全展开，需 25～30 d。此期生长缓慢，节间短，直立生长。第一真叶出现时开始花芽分化，幼苗期结束时茎端分化 20 叶节。

（3）抽蔓期　第四真叶展开至留瓜节的雌花开放，需 20～25 d。植株根、茎、叶迅速生长，花芽进一步分化发育，植株进入旺盛生长阶段。

（4）结果期　留瓜节的雌花开放至果实成熟。早熟品种 20～40 d、中熟品种 40 d 左右、晚熟品种 70～80 d。该期可分为结果初期、结果中期和结果后期。①结果初期：结实花开放至幼果迅速肥大，约 7 d。甜瓜开花前后子房细胞急剧分裂，花后 5～7 d 细胞开始膨大，果实开始迅速肥大。植株营养生长量达最大值。②结果中期：果实迅速膨大到停止增大。这时植株总生长量达到最大值，日增长量最高，以果实生长为主，营养生长减缓，该期末果实重量达全株重的 50％以上。③结果后期：果实停止膨大至成熟，营养器官生长停滞，果重可达全株重的 70％。

果实成熟过程，其硬度、比重、颜色、营养成分和生物化学特性发生显著变化：幼果时果实呼吸作用最强，随着果实膨大呼吸强度下降，进入成熟期呼吸作用再度增强，出现“呼吸高峰”；坐果后果实全糖含量缓慢增加，结果后期蔗糖含量急速增加，最后占全糖的 60％～70％；幼果期维生素 C 含量最高，果实膨大时下降，成熟时又有增加；果实在成熟过程中，叶绿素逐渐消失，叶黄素、胡萝卜素、茄红素逐渐显现而使果实具有各种颜色，同时，由于细胞壁中原果胶的水解，使硬度下降，胎座细胞间空隙加大，果实比重降低到 1 以下。

（三）对环境条件要求

（1）温度　甜瓜喜温耐热，对温度要求较高。茎叶生长适温 25～30 ℃，夜温 16～18 ℃，在 15 ℃以下 40 ℃以上生长缓慢。根系伸长最适温 34 ℃，最低 8 ℃。发芽期的适温为 25～35 ℃；幼苗生长适温为 20～25 ℃；果实生长适温 27～30 ℃，夜温 15～18 ℃，较大温差有利于糖分积累，品质好，产量高。对高温适应性较强，特别是厚皮甜瓜。在 35 ℃时高温生长仍正常，至 40 ℃仍维持较高同化效能。薄皮甜瓜耐寒性较强，适应温度范围较宽。

（2）光照　甜瓜喜光怕阴，需强光，光饱和点为 55～60 klx，如空气中二氧化碳含量增加，光的饱和点和同化作用强度进一步提高。对日照长度反应不敏感，短日照条件促进雌花形成。结瓜期要求日照时数 10～12 h 以上，短于 8 h 结瓜不良。

（3）水分　甜瓜耐干燥、耐旱、不耐湿，在长期高湿情况下，果实含糖量降低，且易发生病害。适宜的空气湿度为 50％～60％，开花坐瓜期要求 80％左右。需一定的土壤湿度，苗期、抽蔓期以 70％田间持水量为宜。

（4）土壤与营养　对土壤要求疏松、富含有机质的砂质壤土，对土壤酸碱度适应范围较广，在 pH 6.0～6.8 范围生长良好，耐轻度盐碱，盐碱地有助于改善甜瓜果实品质。对氮、磷、钾的吸收比例为 2∶1∶3.7。进入果实膨大期后，要避免施用速效氮肥，以免降低果实含糖量。较喜磷、钾肥，对钙、镁、硼的要求量也比较大。

(四)病虫害防治

(1)农业防治　与非瓜类作物轮作，5～7 年的间隔期为宜；进行土壤消毒、彻底清洁田园、摘除病叶和拔除病株，带出田外深埋处理；培育壮苗、定植前炼苗；测土平衡施肥，培育地力；合理整枝、加强通风和透光等；同时促进植株长势健壮，提高植株的抗性，减少病害发生。

(2)物理防治　在大棚的大门和通风口设置 60 目防虫网，防止外来蚜虫、潜叶蝇、烟粉虱、白粉虱等害虫飞入大棚。棚内每 667 m^2 悬挂黄板 40 张和蓝板 40 张诱杀蚜虫、白粉虱、蓟马。地爬栽培，黄板和蓝板悬挂于植株上方 15～20 cm 处；吊蔓栽培，黄板和蓝板悬挂于植株中间节位处。综合调控大棚内的温度、光照、湿度等环境因子，避免产生病虫害高发的环境条件。

(3)化学防治　农药使用应遵守相关的规定。应按药剂浓度和次数进行使用，不宜随意增加次数，增大浓度。应合理、轮换交替使用不同作用机制或具有负交互抗性的药剂。

二、类型与品种

甜瓜的栽培品种按生态系统分类可分为厚皮甜瓜、薄皮甜瓜两个生态类型。

1. 厚皮甜瓜

植株生长势强或中等，茎粗，叶大，色浅，叶面较平展。果实较大，单果重 1.5～5.0 kg。果实有或无网纹，有或无棱沟，果皮厚 0.3～0.5 cm，果肉厚 2.5～5.0 cm，质地细软或松脆多汁，芳香、醇香或无香气。含糖量为 11%～17%。种子较大，不耐高湿，需要较大的昼夜温差和充足的光照。甘肃兰州、内蒙古河套地区和新疆吐鲁番等地是厚皮甜瓜的主要栽培区。代表品种有伊丽莎白、天子、密世界、蜜露、白兰瓜、哈密瓜等。

2. 薄皮甜瓜

生长势较弱，植株较小，叶色深绿，叶面有皱褶。果实较小，单果重多在 0.5 kg 左右，果面光滑，皮薄，平均厚 0.5 mm 以内。果肉厚 1～2 cm，脆嫩多汁或面而少汁，含糖量低，品质一般。种子中等或小。不耐贮运。适应性强，较耐高湿和弱光，抗病性也较强。栽培比较普遍，主产区为东北、华北及南方等地。代表品种有黄金瓜、华南 108、丰乐 1 号、懒瓜、齐甜 1 号等。

三、生产季节与茬口安排

薄皮甜瓜以露地栽培为主，主要栽培季节为春夏两季，一般露地断霜后播种或定植，夏季收获。

厚皮甜瓜在新疆、甘肃等以外的地区，主要进行设施栽培，栽培茬口主要有大棚春茬和秋茬以及温室秋冬茬。

四、栽培技术

(一)厚皮甜瓜春茬设施生产技术

1. 品种选择

应选耐低温、耐弱光、在低温条件下生长快的早熟品种。如伊丽莎白、古拉巴、状元、维多利亚等。

2. 育苗

育苗方法同西瓜。一般采用温室或温床，用育苗钵护根育苗。在播种前，对种子进行温汤浸种催芽处理。每 667 m^2 大田约需种子 80～100 g。发芽期间保持高温，一般 3 d 左右出苗。苗期控水防徒长。苗龄 30～35 d，具 3～4 片真叶时可定植。

3. 整地、定植

在土壤翻耕后，每 667 m^2 撒施腐熟人畜粪 3 000 kg、饼肥 150 kg、三元复合肥 75 kg，并与土壤混合均匀，然后整地做畦。采用高畦或垄栽培。高畦的畦宽 90～100 cm、高 15～20 cm，双行种植；垄的宽 40～50 cm、高 15～20 cm，单行种植。

当设施内的最低温度稳定在 5 ℃以上后开始定植。定植密度因品种和整枝方式不同而异(表 5-12)。生产上一般也采用 90 cm 和 70 cm 大小行距栽培。

表 5-12　甜瓜不同品种的定植密度参考表

品种	行距/cm	株距/cm
大果型品种	80	50
中果型品种	80	45
小果型品种	80	40

4. 田间管理

(1)温度管理　缓苗期间白天温度 25～32 ℃，夜间温度 20 ℃左右，最低温度不低于 10 ℃。缓苗后要降温，白天温度 25 ℃左右，夜间温度 12～15 ℃。结瓜期白天温度在 28 ℃左右，可短时间保持在 32～35 ℃，夜间温度 15 ℃以上。增大温差，以提高含糖量。

(2)肥水管理　施足底肥时，坐瓜前不再追肥。坐瓜后，根据结瓜期长短适当追肥 2～3 次。第 1 次在开花前 4～5 d，第 2 次在果实膨大后期，氮、磷的吸收高峰在开花后 16～17 d，而钾的吸收高峰则较晚。生长后期根系吸收力衰退，可用氮 5%、磷 3%、钾 3%及硼、锰、锌 0.2%溶液喷洒。

厚皮甜瓜对水分条件要求严格，定植时浇足定植水，并覆盖地膜，坐瓜前一般不再浇水。在开花坐瓜前应控水防徒长，坐瓜后开始浇水，始终保持地面湿润，避免土壤忽干忽湿，引起裂果。果实膨大期(网纹品种出现网纹时)，则增加水量，成熟期再次控水，以提高品质和耐贮性。为了降低空气湿度，可采用地膜全畦覆盖，采用滴灌和高畦沟灌，避免漫灌，空气湿度控制在 50%～70%，克服徒长、多病。

(3)植株调整　甜瓜以子、孙蔓结果为主。通过摘心，促进分枝和雌花形成。整枝方式分为单蔓、双蔓、四蔓、六蔓、混蔓等(表 5-13)。

表 5-13　甜瓜不同品种及栽培形式的整枝方式

整枝方式	主要结瓜蔓	品种、栽培形式
单蔓整枝	主、子蔓结瓜为主	小果型品种，密集栽培
双蔓整枝	孙蔓结瓜为主	中小果型品种，密集早熟栽培

续表5-13

整枝方式	主要结瓜蔓	品种、栽培形式
四蔓、六蔓整枝	孙蔓结瓜为主	大中果型品种，早熟高产栽培
混蔓整枝	子蔓结瓜为主	大部分厚皮甜瓜品种，密集栽培

（4）授粉保果或激素保果　棚室内栽培需进行人工授粉或激素保果。当雌花开放当日10：00前，进行人工授粉，或在16：00—18：00使用50倍的高效坐瓜灵均匀涂抹雌花果柄，要连续进行几天，以保证每株有3～4个果坐住。

（5）定瓜与吊瓜　当瓜长至鸡蛋大小时进行定瓜，选果形端正、膨大迅速的瓜留下，一般大果型品种留1个，小果型品种留2个为宜。当果实长至250 g左右时，要及时进行吊瓜，以防瓜蔓折断和果实脱落。吊瓜可用软绳或塑料绳缚住瓜柄基部将侧枝吊起，使结果枝呈水平状态，然后将绳固定在棚杆或支架上。

5. 适时采收

是保证质量的重要措施，应根据品种不同成熟期确定采收期。可根据开花日期，果实表面变化，果顶变软，果梗脱落确定。

判断成熟度的标志：一是果实具有本品种的色泽和香味；二是果实表面出现小裂纹；三是果梗离层形成，果实易脱落；四是果肉组织变软，果顶轻压发软，比重减轻。

一般早熟品种开花后40～45 d，晚熟品种开花后50～60 d，果实成熟可采收。采收时留2～3 cm果柄，防止伤口感染病菌。

（二）薄皮甜瓜春季地膜覆盖生产技术要点

1. 育苗

采用棚室内进行护根育苗，育苗期40 d左右。定植前进行低温炼苗。

2. 定植

采用高畦或垄栽培，若干旱地区或春旱则可用低畦栽培。露地断霜前一周（支拱式覆盖地膜）或断霜后定植。采用爬地栽培，行距1.2～1.6 m，株距30～60 cm，也可采用大、小行距栽培，大行距2～2.5 m，小行距50 cm。定植后浇足水，并覆盖地膜。

3. 田间管理

（1）整枝　主蔓结瓜为主的小果型品种多采用单蔓整枝，以孙蔓结瓜为主的中、小果型采用双蔓整枝，高产栽培时应采用四蔓整枝或六蔓整枝。

（2）压蔓　瓜蔓伸长后，应及早用土块或枝条压住或卡住瓜蔓，使瓜蔓沿要求的方向伸长。

（3）留瓜　小果型品种每株留2～4个瓜，稀植时可留5个以上；大果型品种每株留4～6个瓜。

4. 采收

薄皮甜瓜花后25～30 d采收。

五、甜瓜分级标准

甜瓜按其商品品质分A级、B级两等，各等级须符合表5-14的规定。

表 5-14　甜瓜等级划分

<table>
<tr><th>等级</th><th>品质</th><th>大小</th><th>限度</th></tr>
<tr><td>A 级</td><td>1. 果形周正一致，发育正常，具有本品种应有的特征，不得有畸形瓜；
2. 皮色正常，条(网)纹清晰，茸毛消失，具有本品种应有的特征；
3. 瓤色具本品种成熟时应有的颜色；
4. 果实成熟度适宜，无生瓜、过熟瓜；
5. 洁净，无伤害</td><td rowspan="2">大果型(kg，单果重)
L：>2.5
M：2.0～2.5
S：1.5～2.0
中果型：
L：>1.0
M：0.75～1.0
S：0.5～0.75
小果型：
L：>0.75
M：0.5～0.75
S：0.3～0.5</td><td rowspan="2">A 级品：各项不合格数之和≤10%，腐烂率≤1%；
A 级不合格的降到 B 级；
B 级品：各项不合格数之和≤20%，腐烂/发黄者≤1%；
大小分级中不符合各级要求的不合格数≤20%</td></tr>
<tr><td>B 级</td><td>1. 果形周正，发育正常，具有本品种应有的特征，允许有轻度畸形瓜；
2. 皮色正常，网纹清晰，果皮光滑，茸毛消失，具有本品种应有的特征；
3. 瓤色具本品种成熟时应有的颜色；
4. 果实成熟适宜，无生瓜、过熟瓜；
5. 洁净，无严重伤害</td></tr>
</table>

工作任务 1　大棚厚皮甜瓜的植株调整

任务目标：了解并掌握大棚厚皮甜瓜植株调整的技术。

任务材料：定植缓苗后及开花结果期的厚皮甜瓜的植株、细绳、剪刀、铁丝、农具等。

技能要求：能独立完成大棚厚皮甜瓜的植株调整操作。

学生分成若干个小组，每小组 4～5 人，同时划分管理区域。

一、吊蔓缠蔓

设施栽培以立式栽培或吊蔓栽培为宜。当苗长到 20 cm、发生卷须时，要插立架或用尼龙绳(绵线绳)将蔓悬吊引蔓，使植株向上直立生长。同时每隔 3～4 节要进行缚蔓，缚蔓以晴天下午进行为宜。将绳一端用“8”字形固定法系在甜瓜植株基部，按顺时针方向由植株下部向上缠绕，将绳另一端固定在铁丝上。

立架栽培或吊蔓栽培的整枝方式以单蔓整枝为主，单蔓整枝是保留主蔓，主蔓上摘除 12 节以下子蔓，以 12～15 节子蔓结果，有结实花子蔓留 2 叶摘心，无结实花子蔓自基部剪除，坐果后 15 节以上发生的子蔓同样摘除，主蔓长至 25～30 叶时摘心。摘除子蔓必须在晴天进行，不能用手掰，必须用剪刀，剪除子蔓时要留一定长度侧枝作防护，整枝造成的伤口最好蘸上较浓的甲基硫菌灵溶液，以防病菌感染。

双蔓整枝 3～4 叶摘心，留 2 个子蔓平行生长，摘除子蔓 10 节以下孙蔓，选 10～15 节孙蔓结果，具结实花蔓留 2 叶摘心，无结实花蔓自基部摘除，子蔓 20 节后摘心。整枝应掌握前紧后松。单蔓结果少，但容易控制，果型大，种植密度增加 1 倍，产量增加，立架栽培单蔓、双蔓向上延伸，爬地栽培则双向延伸。

二、打杈、摘心、摘叶

根据植株生长情况，按确定的整枝方式进行整枝，及时除去多余子蔓和卷须，按要求进行摘心。生长中后期随时摘除老叶、黄叶和节间重病叶。

三、保花保果

开花后进行人工授粉、留瓜等管理工作。

四、任务考核

描述大棚厚皮甜瓜的植株调整过程，分析存在的问题及解决措施。

工作任务 2　小拱棚薄皮甜瓜的植株调整

任务目标：了解并掌握小拱棚薄皮甜瓜植株调整的技术。
任务材料：定植缓苗后及开花结果期的薄皮甜瓜的植株、农具等。
技能要求：能完成小拱棚薄皮甜瓜的植株调整操作。

学生分成若干个小组，每小组 4～5 人，同时划分管理区域。

一、整枝

1. 子蔓结瓜

子蔓结瓜生产可采用吊蔓栽培和爬地栽培两种模式。

(1)吊蔓栽培　主蔓引上吊绳，主蔓 10～15 节处选留 2～3 条子蔓为结瓜蔓，其余子蔓打掉，每条子蔓第二节的雌花授粉留瓜，瓜前留 2 片叶掐尖，主蔓 22～25 节打掉生长点，后期留一条顶端的子蔓继续生长，防止植株早衰，每株留瓜 2～3 个。

(2)爬地栽培　主蔓具有 4 片真叶时打掉生长点，留 3 条子蔓，子蔓第二节以上雌花授粉坐瓜，瓜前留 2 片叶摘心，每株留瓜 3 个。

2. 孙蔓结瓜

孙蔓栽培生产主要采用爬地栽培。主蔓具有 4 片真叶时打掉生长点，留 3 条子蔓，子蔓第 4～5 叶摘心，每条子蔓留 2～3 条孙蔓作为结瓜蔓，每条孙蔓留 1 个瓜，每株留瓜 6～9 个。前期整枝坐住瓜后，后期果实和侧蔓可以自行平衡生长。留下后期新生的功能叶片。

二、保花保果

1. 激素蘸花

采用 0.1%氯吡脲对子房进行喷雾处理促进坐瓜，氯吡脲浓度需根据授粉时期环境温度适当调整，随温度的升高，氯吡脲浓度应逐步降低。

2. 蜜蜂授粉

蜜蜂授粉，应在甜瓜开花前，用防虫网封住大棚入口和通风口。面积不超过 1 000 m^2 的塑料大棚一般放置 1 箱蜂(4～5 巢框蜂，含 1 只蜂王)。为避免蜜蜂撞棚，蜂箱应放置在大棚中部位置，一般高于地面 10 cm。棚内温度过高的情况下需要遮阳，中午需要适当通风。授粉期间不要喷洒对蜜蜂有毒害的农药。

三、总结评分

完成以上整枝打杈、摘心、压蔓、摘叶、保花保果工作，根据各组完成情况进行综合评分，给出实践技能成绩。

四、任务考核

描述小拱棚薄皮甜瓜的植株调整过程，分析存在的问题及解决措施。

思考题

1. 瓜类蔬菜有哪些特点？如何根据这些特点来制订生产措施？
2. 谈谈棚室春茬黄瓜早熟生产中的关键技术。
3. 简述棚室冬春茬西葫芦生产技术要点。
4. 简述棚室冬春茬西瓜生产技术要点。
5. 简述厚皮甜瓜春茬设施生产的关键技术。

思政小课堂

黄瓜亩效益增加三成多

知识拓展：蔬菜真菌类病害识别与防治

模块六

茄果类蔬菜生产

岗位要求

本模块内容是蔬菜生产管理岗位能力之一，工作任务是熟练掌握茄果类蔬菜的生产管理技术，包括制订茄果类蔬菜生产管理工作计划，确定生产茬口，选择合适的品种，培育壮苗，做到整地、做畦、地膜覆盖等，及时定植；茄果类蔬菜生长期间加强植株调整、灌溉、追肥等；掌握茄果类蔬菜常见的病虫害，及时进行综合防治，保证茄果类蔬菜产品的质量安全。

知识目标

了解茄果类蔬菜的生物学特性及其与栽培的关系。掌握番茄出现生理性病害的原因及防治措施。掌握番茄、茄子、辣椒的高产高效栽培技术。

能力目标

熟练掌握茄果类蔬菜的育苗、定植、土肥水管理技术，植株调整、疏花疏果和保花保果技能。

素质和课程思政目标

1. 能够了解茄果类不同蔬菜的栽培历史及现状，以及我国最早关于茄果类蔬菜栽培的记载。

2. 能够正确认识番茄的进化过程，了解番茄原始种即为小果型，正确认知“小番茄是转基因品种”的社会谣言，树立正确的认知观。

3. 培养学生科学生产、高效生产的能力；培养学生吃苦耐劳的精神；牢固树立“绿水青山就是金山银山”的绿色发展理念，树立食品安全意识及标准化生产意识。

项目一　番茄生产技术

视频学习:番茄田间种植技术

一、生物学特性与栽培的关系

(一)形态特征

1. 根

番茄的根系比较发达,分布广而深。盛果期主根入土深度可达 1.5 m 以上,根系开展幅度可达 2.5 m 左右。但在育苗条件下,由于移植时主根被切断,侧根分枝增多,大部分根分布在 30～50 cm 的土层中。番茄根系再生能力强,不仅在主根上易生侧根,在根颈或茎上,特别是茎节上很容易发生不定根,而且伸展很快。在良好的生长条件下,不定根发生后 4～5 周即可长达 1 m 左右,所以番茄移栽和扦插繁殖比较容易成活。

番茄的不定根同侧根相比入土较浅,分布范围较小,但同样具有吸收能力和支撑作用,生产上可利用该特性通过培土、压蔓或徒长苗卧栽等方法,诱发不定根发生,防止倒伏和促进根系发育。番茄根系的发育能力、伸展深度与范围,不仅与土壤结构、肥力、土温和耕作情况有关,而且也受移植、整枝摘心等栽培措施的影响,所以栽培上应采取多次中耕松土、蹲苗、地膜覆盖及植株调整等措施促进根系的良好发育。

2. 茎

番茄茎为半直立或半蔓生,个别类型为直立性。茎的分枝形式为合轴分枝,茎顶端形成花芽,侧枝代替主枝继续生长。无限生长类型的番茄植株在茎端分化第一个花穗后,其下的一个侧芽生长成旺盛的侧枝,与主茎连续而成为合轴,第二穗及以后各穗下的一个侧芽也都如此,故假轴无限生长。有限生长类型的植株则在发生 3～5 个花穗后,花穗下的侧芽变为花芽,不再长成侧枝,故假轴不再伸长。

番茄茎的分枝能力较强,每个叶腋都可发生侧枝,而以第一花序下的第一侧枝生长最快,保留这一侧枝可作为双干整枝,如进行单干整枝应及早摘除。番茄茎的生长初期为直立生长,随着植株伸长,叶片数增多,果实肥大,植株中心上移难以支撑地上部的重量而易倒伏,应于开花前后立支架。

番茄茎的丰产形态为节间较短,茎上下部粗度相似。徒长株,节间过长,往往从下至上逐渐变粗;老化株则相反,节间过短,从下至上逐渐变细。

3. 叶

番茄的叶为单叶,羽状深裂或全裂。每片叶有小裂片 5～9 对,小裂片的大小、形状、对数,因叶的着生部位不同而有很大差别,第一、二片叶裂片小,数量也少,随着叶位上升裂片数增多。番茄叶片的大小、形状、颜色等因品种和环境条件而异,是鉴别品种和判断生长发育状态的重要依据。番茄叶片及茎均生有茸毛和分泌腺,能分泌出具有特殊气味的汁液,对很多害虫具有驱避作用,所以不但番茄受虫害轻,一些与番茄间套作的蔬菜也有减轻虫害的作用。

番茄叶片的丰产形态:叶片似长手掌形,中肋及叶片较平,叶色绿,叶片较大,顶部叶正常展开。生长过旺的植株的叶片呈长三角形,中肋突出,叶色浓绿,叶大。老化株叶片小,暗绿或浓绿色,顶部叶小型化。

4. 花

番茄为完全花，总状花序或聚伞花序。花序着生于叶腋，花黄色。每个花序上着生的花朵数目因品种而有差异，一般 5～10 余朵不等，少数类型(如樱桃番茄)可达 50～60 朵。番茄的开花结果习性，按花序着生规律可分为两种类型。有限生长类型品种一般主茎生长至 6～7 叶片时，开始着生第 1 花序，以后每隔 1～2 叶形成一个花序，通常发生 2～4 个花序后，其花序下位的侧芽不再抽枝也不产生新的花序；无限生长类型品种在主茎生长至 8～10 片叶时出现第 1 花序，以后每隔 2～3 片叶着生一个花序，在条件适宜时，可不断着生花序，开花结果。

每一朵花的小花梗中部有一明显的“断带”，它是在花芽分化过程中由若干离层细胞所构成。在环境条件不利于花器官发育时，“断带”处离层细胞分离，引起落花。使用生长调节剂防止落花就是阻止离层细胞的活动。

番茄花的丰产形态：同一花序内开花整齐，花瓣黄色，花器及子房大小适中。徒长株花序内开花不整齐，往往花器及子房特大，花瓣深黄色。老化株开花延迟，花器小，花瓣淡黄色，子房小。

5. 果实及种子

番茄的果实为多汁浆果，果肉由果皮(中果皮)及胎座组织构成，栽培品种一般为多心室。大果型品种 5～8 心室，小果型品种 2～3 心室，心室数与品种和环境条件有关。成熟果实的颜色有红、粉红、黄、橙黄、绿色和白色，以粉红较多；形状有圆球形、扁圆形、卵圆形、梨形、长圆形、桃形等，它们是区别品种的重要标志。单果重因品种而不同，大型果 200 g 以上，中型果 70～200 g，小型果 70 g 以下。

番茄种子比果实成熟早，一般情况下胚的发育是在授粉后 40 d 左右完成，所以授粉后 40～50 d 的种子完全具备正常的发芽能力，种子的完全成熟是在授粉后 50～60 d。番茄种子扁平、肾形，表面有银灰色茸毛，千粒重 2.7～3.3 g，生产上使用年限为 2～3 年。

(二)生长发育周期

1. 发芽期

从种子萌动到第一片真叶出现(破心、露心)为发芽期，在适宜条件下 7～9 d。发芽能否顺利完成主要取决于温度、湿度、通气状况和覆土厚度等条件。在同样的条件下，个体之间发芽速度的差异主要与种子质量有关，所以栽培上要选用较大而均匀充实的种子，以培育较早而整齐一致的幼苗。

番茄种子的吸水过程经过两个阶段，首先是快速吸水阶段，半小时即可吸水达到种子重量的 1/3，在 2 h 内达到 2/3，此后进入吸水缓慢阶段，5～6 h 后吸水趋于饱和。因此，番茄浸种时间一般不超过 8 h。

2. 幼苗期

从第一片真叶出现至开始现大蕾为幼苗期。番茄幼苗期经历两个不同的阶段。从真叶破心至幼苗 2～3 片真叶展开(即花芽分化前)为基本营养生长阶段，在条件适宜时，需 25～30 d。从幼苗 3 片真叶开始花芽分化，进入幼苗期的第二阶段，即花芽分化及发育阶段。从花芽分化到开花约需 30 d，即条件适宜时，番茄从播种到开花需经 55～60 d。保证幼苗健壮生长及花芽的正常分化及发育是此阶段栽培管理的主要任务。

3. 开花坐果期

从第一花序出现大蕾至坐果为开花坐果期。开花坐果期是幼苗期的继续，结果期的开始，是以营养生长为主，过渡到生殖生长与营养生长并进的转折期，直接关系到产品器官的形成和产量，特别是早期产量。

此阶段营养生长与生殖生长的矛盾突出。无限生长型的中、晚熟品种容易营养生长过旺，甚至徒长，延迟开花结果或落花落果，特别是偏施氮肥、光照不足、土壤湿度过大、夜温高的情况下最容易发生；反之，有限生长型的早熟品种，在开花坐果后容易出现果实坠秧现象，特别是蹲苗不当的情况下最易发生，植株营养体小，果实发育缓慢，产量不高。促进早发根，注意保花保果是此阶段栽培管理的主要任务。

4. 结果期

从第 1 花序果实坐稳至采收结束为结果期。该时期秧果同步生长，营养生长与生殖生长的矛盾始终存在，营养生长与生殖生长高峰相继周期性出现，这种结果峰相的突出或缓和与栽培管理技术关系很大。如果在开花坐果期管理技术得当，调节好秧果关系，不至于出现果实坠秧的现象；相反，整枝、打杈及肥水管理不当，可能出现疯秧的危险，必须注意及时调控。此期保证结果与长秧的平衡是管理的重点。结果期的长短因栽培条件不同而异，在现代温室中栽培，结果期可达 9～10 个月。

(三)对环境条件的要求

番茄具有喜温、喜光、耐肥及半耐旱的生物学特性。在春秋气候温暖、光照较强而少雨的气候条件下，有利于营养生长及生殖生长，产量较高、品质好。而在多雨、高温、低温、光照不足等条件下，植物生长弱，病害严重，产量降低，品质变差。

1. 温度

番茄属喜温性蔬菜，在正常条件下，同化作用最适宜的温度为 20～25 ℃，低于 15 ℃，不能开花或授粉受精不良，导致落花落果。温度降至 10 ℃时，植株停止生长，长时间 5 ℃以下的低温常引起低温伤害，致死的最低温度为−1～−2 ℃。温度升至 26～28 ℃以上时，抑制番茄红素及其他色素的形成，影响果实着色。温度升至 30 ℃时，同化作用显著降低；温度上升至 35 ℃以上时，生殖生长表现严重不良。根系生长最适宜的温度为 20～22 ℃，降至 9～10 ℃根毛停止生长，降至 5 ℃时，根系吸收水分和养分的能力受阻。

不同的生育时期对温度的要求及反应是有差别的。种子发芽适温为 25～30 ℃；幼苗期要求白天温度 20～25 ℃，夜间 10～15 ℃。在栽培中往往利用番茄幼苗对温度适应性强的特点进行抗寒锻炼，可使幼苗忍耐较长时间的 6～7 ℃的温度，甚至短时间 0～−3 ℃的低温；开花期对温度反应比较敏感，白天适宜温度 20～30 ℃，夜间 15～20 ℃；结果期适宜温度 25～28 ℃，夜间 15～20 ℃，此期温度过高或过低都极易造成落花落果。

2. 光照

番茄是喜光作物，光饱和点为 70 klx，30～35 klx 以上的光照强度可以维持其正常的生长发育。番茄对光周期要求不严，多数品种属中日照性植物，在 11～13 h 日照条件下，植株生长健壮，开花较早。也有试验表明番茄在 16 h 光照条件下生长最好。

3. 水分

番茄由于其根系比较发达且吸水力较强，因此对水分的要求表现出半耐旱的特点。土壤湿度以维持土壤最大持水量的 60%～80%为宜；一般空气湿度以 45%～50%为宜，空气湿度过大，不仅阻碍正常授粉，而且在高温、高湿条件下病害严重。幼苗期生长较快，为避免徒长和病害发生，应适当控制灌水，过分缺水易形成老化苗或称“僵苗”。结果期需要大量水分供给，经常保持土壤湿润。如果土壤水分状况忽干忽湿，特别是土壤干旱后又遇大雨，很容易导致裂果及一些生理性病害的发生。

4. 土壤及矿质营养

番茄植株适应性强，对土壤条件要求不太严格，但为获得高产应选土层深厚、排水良好、富含有机质的肥沃壤土进行栽培。土壤 pH 以 5.5～7.0 为宜。生育前期需要较多的氮、适量的磷和少量的钾，以促进茎叶生长和花器分化。坐果以后，需要较多的磷和钾，特别是果实迅速膨大期，钾吸收量最大。番茄吸收钙的量也很大，缺钙时番茄的叶尖和叶缘萎蔫，生长点坏死，果实发生脐腐病。

二、类型与品种

根据栽培品种的生长习性分为有限生长（自封顶）和无限生长（非自封顶）两种类型。

(1)有限生长类型　当主茎上形成一定的花序后（低封顶类型 2～3 个花序，高封顶类型 4～5 个花序）自行封顶，不再向上生长。植株较矮，结果比较早和集中，具有较强的结实力及速熟性，生长期较短，适于早熟、密植栽培。

(2)无限生长类型　条件适宜时主茎无限向上生长，多年生长。植株高大，长势旺，结果期长，单株结实多，抗病耐热性能好。多为中晚熟品种，果大质优。

根据植株结果节位高低以及结果期的长短不同，将生产上推广的番茄品种又分为早熟品种、中晚熟品种。

早熟品种通常在主茎的 6～8 节处着生第 1 花序，以后每隔 2 节左右着生 1 个花序，着生 3～5 个花序后，主茎不再伸长，也不再出现花序，结果期较短。此类品种主要用于春季早熟栽培及秋季延后栽培，株型小，适于密植栽培。目前生产上主要栽培品种有东农 704、早丰、农大早红、苏粉 2 号、红玛瑙 140 等。

中晚熟品种通常在主茎 8～9 节处着生第一个花序，以后每隔 2～3 节着生 1 个花序。条件适宜主干可无限伸长，花也不断长出，直到植株死亡为止。此类品种主要用于露地夏季栽培及保护地栽培，结果期较长，株型大，适合低密度栽培。目前生产上主要栽培品种有中蔬 4 号、内番三号、中杂 4 号、天津大红、强丰、毛粉 802、北京黄、佳粉、粉都女皇、豫番茄 6 号等。

此外，可根据番茄果实颜色的不同分为红果品种、粉果品种、黄果品种等。

三、生产季节

在南方的很多地区，番茄均可常年种植，栽培季节的确定是由番茄完成整个生长期所需的积温决定的，番茄从出苗到采收结束共需 2 700～3 200 ℃的积温。一般注意 1—2 月不要种植（特别是不宜选择有限生长型高圆形果的品种），避免畸形果的大量出现。露地栽培番茄应将生长期安排在无霜期内进行，将开花坐果期安排在最适的温度季节。春番茄需在保护地内育苗，晚霜结束后定植于露地，这是番茄栽培的主要季节。秋番茄一般是在夏季 6—7 月育苗，结果期正处于 9—10 月气温比较适宜的时期。与春番茄相比，秋番茄栽培难度较大，在夏季气温较高的地区，病毒病发生严重，而在无霜期较短的东北地区往往生长期不够，很容易受到晚秋低温和早霜的危害，产量较低，必须采取相应的措施，保证产量。

保护地番茄栽培，类型较多，小拱棚主要用于春季早熟栽培，大棚主要用于春提前和秋延后栽培，温室可四季栽培。

番茄不耐连作，在发病严重的地块应与茄科以外的蔬菜进行3年以上的轮作。

工作任务1　大棚春茬番茄早熟生产技术

任务目标：了解番茄的生物学特性，掌握大棚春茬番茄的选茬选地、品种选择、育苗、定植、田间管理、采收等技术。

任务材料：塑料大棚、番茄种子、番茄苗、吊绳、地膜、农药、化肥、生产用具等。

技能要求：学会大棚春茬番茄从品种选择、播种育苗、定植管理、病虫害防治及适时采收等的全流程技术。

一、选茬选地

该茬栽培是在温室内育苗，大棚内定植，3—5月份供应市场的一种番茄高效栽培模式。主要是在温室番茄的供应后期、露地番茄大量上市前这一段时间供应市场。

二、品种选择

棚室春茬番茄应选择早熟或中早熟耐寒、耐弱光、抗病的优良品种，还要考虑市场对果实色泽的要求，长途运输销售时还应考虑品种的耐贮运性。目前常用的品种有西粉3号、苏粉2号、霞粉、洛阳92-18、农大早红、东农704等。

三、培育壮苗

1. 壮苗标准

根系发达，茎粗0.5 cm左右，叶厚、浓绿色，苗龄65～70 d，苗高20 cm左右，具有8～9片真叶，第一花序普遍现蕾。

2. 育苗设施及基质

春茬番茄由于定植时间较早，主要采用温室大棚穴盘育苗或电热温床育苗。育苗基质用肥沃大田土60%，腐熟厩肥40%，拍细过筛；每立方米营养土中加氮磷钾复合肥(15-15-15)2 kg，50%的多菌灵80 g，混匀。有条件的可采用优质商品基质育苗。

3. 播种

根据定植期、育苗设施和适宜苗龄确定播种期。春、夏栽培，温室育苗一般定植前50 d左右播种，大棚育苗一般定植前60 d左右播种，阳畦育苗一般定植前70 d左右播种。采用嫁接栽培时，育苗时间比普通栽培提前15～20 d。砧木与接穗要错期播种，错期天数因砧木品种而异。选晴天上午播种，播种前浇足底水，水渗下后播种，播后覆土0.8～1.0 cm。

为防止青枯病等土传病害，克服大棚番茄连作障碍，也可以采用嫁接育苗。生产中常用的砧木主要有托鲁巴姆、爱好、GZ-01、LS-89、兴津101等。嫁接方法可采用套管接、贴接、劈接等。托鲁巴姆做砧木要比接穗提早30～60 d播种。

4. 苗期管理

首先保证苗床适宜的温度(昼间28～30 ℃，夜间16～18 ℃)，使幼苗迅速而整齐地出苗，同时也要防止苗床气温过低造成发芽不出土的现象。出苗后至第一片真叶露心，这时幼苗极易徒长，管理上应适当降低苗床温度(昼间25～28 ℃，夜间12～15 ℃)，防止徒长，特别是适当降低夜温是控制徒长的有效措施。在幼苗期，基质不过干不浇水，如底水不足，可选晴天一次浇透水，切忌小水勤浇，定期浇灌营养液。同时注意防止苗期病害的发生，如猝倒病、立枯病等。

在定植前1周左右，应及时炼苗，主要措施是降温控水，以适应定植后的栽培环境。注意秧苗锻炼的程度要适度，否则秧苗易老化。

四、施肥整地

在定植前1个月扣棚烤地，提高地温。栽培番茄要选择土层深厚，土质肥沃，疏松透气，排灌方便，pH中性或微酸性的沙质壤土或黏质壤土较好，应与非茄科作物实行4年以上的轮作。

结合整地的同时施入基肥，采取撒施与集中施用相结合，每667 m^2 可选择充分腐熟有机肥2 000～3 000 kg、饼肥80 kg、过磷酸钙30 kg、含磷较高的复合肥40 kg及微生物菌剂2～3 kg作基肥。其中，饼肥与60%左右的有机肥于整地前撒施，余下的有机肥和过磷酸钙及复合肥充分混合后集中施入定植行中，与土壤充分混匀，微生物肥穴施。

定植前7～10 d，开始整地做畦。番茄一般采取一垄双行高垄栽培，其中垄宽90 cm，垄高25～30 cm，沟宽30 cm。做畦后立即覆盖薄膜（白色地膜），可以显著提高地温，利于缓苗。覆盖地膜前，要将垄面或畦面整碎整平，在晴朗无风的天气进行，力求紧贴土面，四周用土封严。

五、定植

当棚内10 cm土温稳定通过10 ℃时便可以安全定植，选寒尾暖头晴天上午栽苗，为方便管理，秧苗应分级分区定植。定植的前1天应对秧苗浇1次水，以便起苗时多带土、少伤根，定植的深度以与子叶处平为宜，定植过深则影响缓苗。对徒长的番茄苗可采用“卧栽法”，即将番茄苗斜放在定植穴内封土，主要优点是防止定植后的风害，促发不定根，并利用地表温度较高的特点加速缓苗，具有促使徒长苗定植后健壮生长的作用。定植水要浇足。

早熟品种留果数少，架式低矮，栽植密度宜密，适宜的行株距为(55～60)cm×(25～28)cm，每666.7 m^2 定植3 000～3 500株。中、晚熟品种的适宜行株距为(65～70)cm×(30～36)cm。每666.7 m^2 定植2 500～2 800株。

六、田间管理

1. 温度管理

定植初期保持高温高湿环境以利于缓苗，不放风，白天控温在25～30 ℃，夜间保持15～17 ℃，空气相对湿度60%～80%。缓苗后开始放风排湿降温，白天温度20～25 ℃，夜间为12～15 ℃，空气湿度不超过60%，防止徒长。进入结果期，白天控温20～25 ℃，超过25 ℃放风，夜间保持15～17 ℃。每次浇水后及时放风排湿，防止病害的发生。随着外界气温的逐渐升高，要逐渐加大通风量。当外界气温稳定在10 ℃以上时，就可以昼夜通风，当外界最低气温稳定在15 ℃以上时，就可以逐渐撤去棚膜。

2. 肥水管理

定植后4～5 d浇1次缓苗水。缓苗后，肥水管理因品种而异。早熟品种长势相对较弱，栽培上以促为主，即加强肥水，促进生长，若长势较旺，可适当蹲苗。中、晚熟品种生长势较强，缓苗后要及时中耕2～3次，及时蹲苗，促进根系发育。中耕应连续进行3～4次，中耕深度一次比一次浅，行距大的畦可适当培土，促进茎基部发生不定根，扩大根群。

直到第一果穗最大果实直径达到 3 cm 时蹲苗结束。此时，浇大水并进行第一次追肥，追肥以高氮肥为主配合施用磷、钾肥。每 667 m^2 可施尿素 25～30 kg，过磷酸钙 20～25 kg，硫酸钾 10 kg。进入盛果期，是需肥水的高峰期，要集中连续追 2～4 次肥，分别在每穗果开始迅速膨大时各追肥 1 次，施肥主要看植株表现，如果植株较弱还是以高氮肥为主，如果植株长势较强，以平衡肥为主，并追加复合微生物肥料或者矿源黄腐酸钾。除土壤追肥外，可在结果盛期用 0.2%～0.5%的磷酸二氢钾或 0.2%～0.3%的尿素或钙镁肥进行根外追肥。在追肥的同时及时浇水，浇水要均匀，忌忽干忽湿，使土壤保持湿润，防止裂果。

3. 植株调整

搭架要求架材坚实，插立牢固，严防倒伏。番茄的架型因品种和整枝方式不同而异。自封顶品种为早熟而保留较少果穗进行打顶，可采用单立架；中晚熟品种可采用“人”字架或篱架形式。由于通风透光较差，一般不提倡采用三角圆锥架或四角圆锥架。搭架后及时绑蔓，绑蔓时应呈“8”字形把番茄蔓和架材绑在一起，防止把番茄蔓和架材绑在一个结内而缢伤茎蔓。棚栽番茄密度较高，最好采取单干整枝，即只保留主干、所有侧枝全部摘除，每株留 3～4 穗果的整枝方法。另外，根据栽培的实际情况，还可采用改良式单干整枝和双干整枝。改良式单干整枝是在单干整枝基础上，保留第一花序下的侧枝，在其结 1 穗果后进行摘心。该种整枝方法，具有早熟、增强植株长势和节约用苗的优点；双干整枝是除主轴外，还保留第一花序下的第一侧枝，该侧枝由于生长势强，很快与主轴并行生长，形成双干，除去其余全部侧枝的整枝方法。该种整枝方法适用于生长势旺盛的无限生长类型的品种，在生长期较长、幼苗数量较少的情况下也可采用（图 6-1）。在整枝过程中摘除多余侧枝，叫打杈。打杈过晚，消耗养分过多，但在植株生长初期，过早打杈会影响根系的生长，尤其对生长势较弱的早熟品种，可待侧枝长到 5～6 cm 时，分期、分次地摘除。对第一穗果坐果前出现的每一侧枝，留 2～3 片叶摘心，这样处理有利于增加植株的光合面积，从而增加光合产物量；同时可以促进根系的发育，为丰产打基础。当第一穗果开始转色，将第二穗果以下的叶片全部摘除，减少呼吸消耗，改善通风透光条件，减轻病害发生；当第二穗果开始变白，叶片继续往上打一层；当采收三层果以后，根据果实大小，适当追肥，及时补充叶面肥，防止叶片老化、植株早衰。

图 6-1　番茄整枝方式示意图

1. 单干整枝　2. 改良式单干整枝　3. 双干整枝

4. 疏花疏果

为提高果实的商品性和整齐度，要进行疏花疏果。疏花疏果分两次进行，每一穗花大部分开放时，疏掉第一朵花、畸形花和开放较晚的花；果实坐住后，再把发育不整齐、形状不标准的果疏掉，大果型品种每穗选留 3～4 果；中果型品种每穗留 4～6 果，集中供应选留的果实发育，提高商品果的品质。

5. 保花保果

用 30～50 mg/L 的防落素(PCPA)或 20～30 mg/L 的 2,4-D，在花序三开两裂时蘸花防止落花，点花药浓度随着温度变化而变化，高温使用低浓度，低温使用高浓度，且处理时应在药剂中加入染料，避免重复使用，防止浓度过大造成药害；低温期，可加入扑海因等，预防灰霉病，也可以添加磷酸二氢钾，增加萼片厚度。

七、采收

番茄以成熟着色的果实为产品，从开花到果实成熟，早熟品种需 40～50 d，中、晚期品种需 50～60 d。果实成熟过程可分 4 个时期：①绿熟期，果绿色，内含大量叶绿素，种子正在发育。②转色期，果面显白，果已不再膨大，果胶质仍为绿色，此时是催熟的适宜时期。③成熟期，果实基本全部着色，但还有绿果肩，果实仍然坚硬。果实具有固有的色泽，是果实鲜食的最佳时期；④完熟期，果实全部着色，果肉变软，种子完全成熟，含糖量增加，风味最佳。在成熟过程中，果实内的化学成分也在发生着变化，表现为酸成分减少，糖量增加，叶绿素逐渐减少，茄红素、胡萝卜素及叶黄素增加，逐渐形成番茄特有的品质。

为加速番茄转色和成熟，必要时可进行人工催熟。人工催熟的方法大致可分为增温处理和化学药剂处理。增温处理是将已充分膨大的绿熟果采收，置于室内或塑料薄膜棚内，增高温度加速成熟。这种方法只适宜处理已经采收的果实，而且催熟效果比较缓慢。化学药剂催熟的效果较快，方法是将采收的处于转色期的果实用 1 000～4 000 mg/L 的乙烯利溶液浸果 1 min 置于温暖处，经 3～4 d 开始转红，这种方法催熟效果快，但色泽稍差。也可用 500～1 000 mg/L 乙烯利喷洒植株上的绿熟果，在植株上催熟的果实色泽较好。但注意不要喷到植株上部的嫩叶上，以免发生药害。

八、任务考核

记录大棚春茬番茄的整个生长过程，详尽描述生产过程中遇到的问题及解决办法。

工作任务 2 露地番茄生产技术

任务目标：了解番茄的特征特性，掌握露地番茄的选茬选地、品种选择、育苗、定植、田间管理、采收技术。

任务材料：番茄种子、番茄田、竹竿、地膜、农药、化肥、生产用具等。

技能要求：学会露地番茄选茬选地、品种选择、育苗、定植、田间管理、采收等技术。

一、选茬选地

选择地势平坦，排灌方便，土壤耕层深厚的地块。露地番茄栽培茬次分春番茄、越夏番茄和秋番茄。春番茄一般在 4 月中旬定植，6 月上旬始收。越夏番茄一般在 5 月上中旬定植，7 月上旬始收。秋番茄一般在 7 月中旬至 9 月初定植。前茬选择未使用化学除草剂及剧毒、高残留农药的豆类、瓜类、葱蒜类蔬菜；玉米、高粱、小麦、谷子等禾本科作物茬，可实行粮菜轮作、粮菜间作。忌重茬和迎茬，实行三年以上轮作。

二、品种选择

选用抗病、耐热、优质、高产、商品性好、耐贮运的品种。春番茄、秋番茄一般选用中早熟或中熟品种，越夏番茄一般选用中晚熟品种。种子质量应符合GB 16715.3—2010中2级以上要求。连作地块宜采用嫁接栽培。

三、培育壮苗

越夏番茄、秋番茄一般选用大棚育苗，通风口覆盖防虫网，顶部覆盖遮阳网，起到避雨、遮光、降温的作用。为防止夜温过高引起的幼苗徒长，可在幼苗2～3片真叶展开时，喷施1 000 mg/L的矮壮素1～2次。蚜虫、白粉虱是传染病毒病的主要媒介，要及时防治。

四、施肥整地定植

晚霜结束后，地温稳定在10 ℃以上定植。整地施基肥，一般基肥的施入量：磷肥为总施肥量的80%以上，氮肥和钾肥为总施肥量的50%～60%。每667 m^2施优质有机肥（有机质含量8%以上）3 000～4 000 kg，微生物菌剂2～3 kg，养分含量不足时用化肥补充。有机肥撒施，深翻25～30 cm做畦，微生物肥穴施。采用地膜覆盖。根据品种特性、气候条件及栽培习惯，每667 m^2定植2 800～3 500株。

五、田间管理

1. 水肥管理

定植浇缓苗水后，进行蹲苗。待第一穗果开始膨大后结束蹲苗，开始浇水、追肥。分多次随水追施。

2. 温光调节

进入5月份以后，防止外界温度过高导致病毒病发生，当白天温度超过28 ℃，需遮阴覆盖和喷雾。

3. 植株调整

用架条支架，并及时绑蔓。根据品种特性需要支架整枝的可选择单杆整枝、一杆半整枝和双杆整枝，越夏番茄栽培和秋番茄栽培可采用斜绑蔓技术，抑制植株徒长。当第3～6穗果穗开花时，留2片叶掐心，保留上部的侧枝。及时摘除下部黄叶和病叶。露地番茄的保花保果和疏花疏果方法同大棚春茬。

六、防治生理性病害

注意防治番茄果实的生理性病害。番茄果实发育的生理性病害是栽培中存在的主要问题之一。有畸形果、空洞果、顶腐病、裂果、筋腐病、日烧病等，对产品品质影响很大。

1. 畸形果

凡形状不正常的果实均属于畸形果，有尖顶果、凹顶果、顶裂果、多心果、侧裂果等。引起番茄畸形果的直接原因是子房心室过多，而造成子房心室过多原因主要有：①品种差异，有些品种的子房心室形成容易受环境条件的影响而增多；②苗期管理不善，苗期持续低温，特别是2～5片真叶展开期间白天温度低于20 ℃夜间温度低于8 ℃，畸形果增多。另外氮肥、水分过剩使养分过分集中地运送到正在分化的花芽中，花芽细胞分裂过旺，心皮数增多，开花后心皮发育不平衡而形成多心室畸形果；③水肥管理跟不上，缺硼、钙元素会加剧果实畸形病的发生；④花期使用激素浓度过高，而果实发育养分供应不足；或点花（喷花）后花朵尖端残留多余激素水滴，使果实不同部位发育不匀，引起子房畸形发育。

主要防治措施：①选用优良的品种；②加强育苗期间的管理，特别避免幼苗花芽分化期间，2～5 片真叶展开时夜温低于 8 ℃，育苗床土避免氮肥、磷肥过多等；③使用激素浓度不宜过高，不能重复使用；④加强水肥管理，特别是钾、硼等元素可以通过根外追肥补充。

2. 空洞果

俗称“八角帽”，即番茄的果肉部与果腔部之间出现空隙，严重影响果实的重量及品质。产生空洞果的主要原因有：①授粉受精不良，花粉形成时遇到高温、光照不足等条件，使花粉生活力降低，不能正常受精；②在栽培管理上，施用氮肥过多，营养生长过旺，光照不足、光合产物减少；③使用生长调节剂浓度过高，如使用 2,4-D 或番茄灵等激素蘸花防止落花时，如浓度过高或处理时花蕾过小，也都易出现空洞果。

主要防治对策：①选用优良的品种；②加强肥水管理，氮、磷、钾肥比例要合理，避免氮肥过多，科学用水，初期灌水宜少，后期应稍多；调节好根冠比，避免枝叶过于繁茂，使植株营养生长与生殖生长协调平衡发展；③用 2,4-D 或番茄灵蘸花时，药液浓度要准确，如使用 2,4-D，使用浓度 15～20 mg/L，防落素浓度 25～50 mg/L，气温低时，浓度宜大些，气温高时，浓度宜低，另外每花蘸药液不要过多，不能重复蘸花，处理时必须是花瓣已经伸长为喇叭口状；④摘心不要过早，摘心过早易使养分分配发生变化，茎叶与果实发育不协调，也易使果实的各个部分发育不均衡，而出现空洞果。

3. 顶腐病

又称蒂腐果、脐腐果、顶腐果，俗称“黑膏药”“烂脐”。在果实顶部产生黑褐色的病斑，在阴雨天，空气湿度大时则发生腐烂，主要发生在青果期到着色期，是番茄栽培上发生较普遍的病害，尤其保护地番茄发生较重，是番茄果实缺钙所引起的生理性病害。造成果实内缺钙的原因：①土壤中钙的绝对量不够，即土壤缺钙；②土壤不缺钙、土壤溶液浓度过高，特别是钾、镁、铵态氮过多，抑制植株对钙的吸收；③高温干旱条件下钙在植物体内运转速度缓慢；④土壤呈酸性，pH 低于 5，土壤中的钙容易被固定。

防治措施：①生产上要做到灌水均匀，防治土壤忽干忽湿；②多施有机肥，酸性土壤应施用石灰调节，保持适宜的土壤溶液浓度，适当控制铵态氮的用量；③根外追肥，坐果后 30 d 内，是果实吸收钙的关键时期，此期间要保证钙的供应。叶面喷施 1%过磷酸钙液，或 0.5%氯化钙液，喷新叶或新长出的花序，以补充钙的用量，能有效减轻脐腐果发生。

4. 裂果

在果实发育后期容易出现裂果。裂果现象有顶部环状开裂、放射状开裂和纵裂。造成顶部环状开裂的主要原因是：果实生长后期果皮老化、缺硼缺钙以及环境变化造成的水分不均引起开裂；造成放射状开裂的主要原因是果实生长发育前期高温强光、空气干燥以及缺素及虫害引起的开裂；造成纵裂的主要原因是在花芽分化过程中，雄蕊不能从子房上分离出来，开花时花丝靠在花柱上，开花后果实开始膨大时把雄蕊嵌在里面，在果实侧面上形成纵向的从果实基部到果顶的弥合线，不能弥合之处便形成开裂。一般在花芽分化期，低温特别是夜温偏低、氮多、钙少、营养不足引起的开裂。为防止裂果产生，除注意选择不易裂果的品种外，在栽培管理上，应注意增施有机肥，均匀供水，合理密植，避免果实受强光直射。

5. 筋腐病

是果实膨大期的生理性病害，在保护地栽培上发生日趋严重，是生产中亟待解决的问题。发病的症状可分两种类型：褐变型和白化型。前者是果实内维管束及其周围组织褐变，后者是果皮或果壁硬化发白。两种类型的发病条件相似，是多种不良条件诱发的病害，如土壤通透性不良、氮肥过多、低温、弱光或钾肥不足等。为防止筋腐病的发生，应特别注意肥料的使用，即适当增施钾肥，在氮肥施用方面应以硝态氮为主等。

6. 日灼伤

在夏季高温季节，由于强光直射，果肩部分温度上升，部分组织烫伤、枯死，产生日烧病。日烧病的危害，在品种间差异较大。叶面积较小，果实暴露或果皮薄的品种易发病。为防止日烧病，栽培上要合理密植，搭架时最好采用圆锥架或人字架，绑蔓时将果穗配置在架内叶荫处，适当增施钾肥增强其抗性。

7. 番茄生理性卷叶

各地经常发生，番茄生理性卷叶，直接影响产量，并可导致果实日烧病。症状主要表现在叶片纵向上卷，叶片呈筒状，卷叶严重时，叶片变厚，脆而硬。卷叶轻重程度差异很大，从整株看，有的植株不仅下部或中下部叶片卷叶，有的整株所有叶片都卷叶。发病原因主要有根系发育差、受损、吸水能力较弱，而使植株缺水；气温高、土壤干旱，叶片为减少水分蒸腾，叶片上气孔关闭，致使叶片收拢或卷缩；整枝（打杈）、摘心（打顶）过早，根系吸收的磷元素，经由下部叶片向上输送到上部新生叶的，因整枝过早无处输送，就积累在下部叶片中使之硬化卷曲；过量偏施氮肥时，整株叶片都会出现卷缩。特别是土壤内缺铁、锰等微量元素，会加重卷叶，并伴随叶片变黄变紫等症状。针对不同情况采取相应的防治措施。

七、采收

根据品种特性及时分批采收。采收后需长途运输 1～2 d 的，可在转色期采收，此时果实大部分呈白绿色，顶部变红，果实坚硬，耐贮运。如采收在当地销售的，可在成熟期采收，此时果实 1/3 变红，果实未软化，口感最好。

八、任务考核

记录露地番茄的整个生长过程，详尽描述生产过程中遇到的问题及解决办法。

项目二　茄子生产技术

视频学习：茄子生产关键技术

茄子，别名落苏、茄瓜、酪酥、昆仑紫瓜等，属茄科茄属植物，起源于亚洲东南热带地区，古印度为最早驯化地，至今印度、缅甸以及中国海南岛、云南、广东、广西仍有许多茄子的野生种和近缘种。野生种果实小、味苦，经长期栽培驯化，风味改善，果实大型化。中国栽培茄子历史悠久，类型和品种繁多，一般认为中国是茄子的第二起源地。茄子含有丰富的蛋白质、维生素、钙盐等营养成分，还含有少量特殊的苦味物质茄碱（$C_{31}H_{51}NO_{12}$）。茄子食用其幼嫩浆果，可炒、煮、煎食，干制和盐渍，经常食用，有降低胆固醇、防止动脉硬化和心血管疾病的作用，还能增强肝脏生理功能，预防肝脏多种疾病，是一种良好的保健蔬菜。茄子适应性强、生长期长、产量高，目前在我国各地普遍栽培，面积也较大。

一、生物学特性与栽培的关系

（一）形态特征

根　茄子根系发达，直播茄子的成株根系可深达 1.3～1.7 m，横向伸展直径超过 1 m，主要根群分布在 33 cm 以内的土层中。茄子根系木质化较早，发生不定根的能力较弱，因此移栽或育苗时应注意保护根系。茄子的根系具有深根性，栽培期间应采取培土措施，以促进根系生长和植株发棵，为丰产奠定基础。

茎　茄子茎直立、粗壮，分枝习性为假二叉分枝，即主茎生长到一定节数时顶芽变为花芽，由花芽下的两个侧芽生成两个第一次分枝，各分枝生长 2～3 叶后，顶端又形成花芽，下位两个侧芽又以同样方式形成两个侧枝。依此方式，继续形成以后各级分枝。按果实出现的先后顺序，习惯上称之为门茄、对茄、四母斗、八面风、满天星，见图 6-2。茄子分枝结果习性说明，茄子结果的潜力很大，越到上层果实越多，但必须采取合理措施培育粗壮枝条为结果打好基础。门茄以下节位的侧芽萌发力强，生产上应及早摘除。茎的外皮甚厚，皮色因品种而不同，常见的有紫色、绿色、绿紫色、暗灰色等。

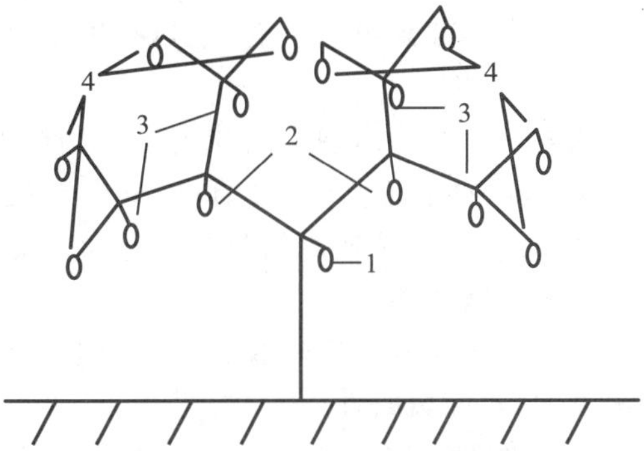

图 6-2　茄子分枝结果习性示意图

1. 门茄　2. 对茄　3. 四母斗　4. 八面风

叶　单叶、互生，有长柄。叶卵圆形或长椭圆形，叶片形状的变化与品种有关，株型紧凑，生长高大的品种一般叶片狭窄；而株型开张，生长较矮的一般叶片较宽。叶片边缘有波浪状的钝缺刻，叶面粗糙而有茸毛，有些品种的叶脉和叶柄有刺毛。茎、叶的颜色与果实的颜色相关，紫茄品种的嫩枝及叶柄带紫色，白茄和青茄品种呈绿色。

花　为两性花，多为单生，但也有 2～4 朵簇生，筒状，花色有白色和紫色 2 种。根据花柱长短，可分长柱花、中柱花及短柱花（图 6-3）。长柱花的花柱高出花药，花大色深，为健全花，能正常授粉，有结果能力；短柱花的花柱低于花药，花柱退化，花小，花梗细，为不健全花，一般不能正常结果；中柱花授粉率低于长柱花。

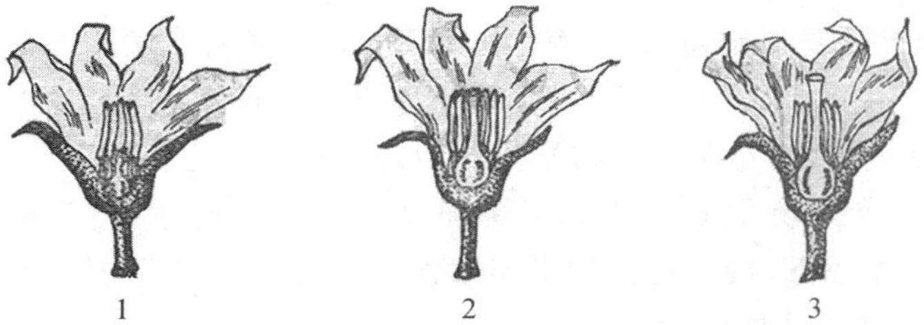

图 6-3　茄子花器结构及不同花型纵切面示意图

1. 短花柱花　2. 中花柱花　3. 长花柱花

果实 茄子果实为浆果，以嫩果为产品食用。果实形状有圆球形、扁圆形、长棒状、细长形等。果肉颜色有白、绿、黄白之分。果皮颜色有紫色、紫红色、青绿色、白色等。果实成熟时果皮变为黄色或黄褐色。茄子果实幼嫩时果肉带有涩味(生物碱)，煮熟后可以消除，所以茄子一般不适宜生食。茄子不能单性结实，需要授粉受精或激素蘸花处理才能结实。

种子 茄子种子发育较晚，一般在果实接近成熟时才迅速发育和成熟，所以采种必须待果实变黄时采收。老熟种子一般为金黄色，陈种子呈褐色或灰褐色，形状扁圆形，种皮光滑而坚硬，种子千粒重 4～5 g，每个果实内含种子 500～1 000 粒，种子占果实重量的 1%左右。种子发芽年限可达 6～7 年，收获后 1～3 年发芽率最高。

(二)生长发育周期

1. 发芽期

从种子发芽到第一片真叶出现(破心)，30 ℃条件下 6～8 d 即可发芽。

2. 幼苗期

从第一片真叶出现到门茄现蕾为幼苗期。在幼苗期同时进行营养器官和生殖器官的分化和生长，茄子生长至 3～4 片真叶、幼茎粗度达 2 mm 左右时，花芽开始分化。分苗应在 4 片真叶展平前进行，以减轻对幼苗花芽分化的影响。

3. 开花结果期

从第 1 花序现蕾到收获完毕，此期按生长过程分为门茄现蕾期、门茄瞪眼期、对茄与四门斗结果期、八面风时期。

(1)门茄现蕾期 门茄现蕾标志着幼苗期结束，进入开花结果期，但在门茄“瞪眼”以前，植株还是处在以营养生长占优势的阶段，这时应对营养生长适当控制，促进坐果。

(2)门茄瞪眼期 此时茎叶与果实同时生长，并且营养生长逐渐减弱，果实生长占优势，容易发生果实对茎叶以及下层果实对上层果实的抑制作用。此时，应加强肥水管理，促进茎叶持续生长和果实膨大。

(3)对茄与四门斗结果期 为植株旺盛生长期，果实迅速生长。此期是构成总产量的关键时期，生产上既要促进果实的生长发育，又要保持植株的旺盛生长，防止早衰。

(4)八面风时期 已进入结果中、后期，果实数目较多，单果重减小。此时要继续加强管理，保持植株长势，对提高单位面积产量有较重要的作用。

(三)对环境条件的要求

茄子具有喜温、喜光、耐肥、半耐旱的特性，如条件适宜，生长良好，产量高。在多雨、高温、低温、光照不足的条件下，生长弱，病害严重，产量降低。

1. 温度

茄子喜温，对温度的要求比番茄高，耐热性较强，但在高温多雨季节易产生烂果。种子发芽最适宜温度为 30 ℃，低于 25 ℃发芽缓慢，且不整齐。幼苗期发育适温白天 25～30 ℃，夜间 15～20 ℃，在此温度范围内，花芽分化质量高，且长柱花多；反之，在高温下，花芽分化提前，但中柱花及短柱花比率增加，尤其在高夜温下更加显著(表 6-1)。生长发育的适宜温度为 20～30 ℃。气温降至 20 ℃以下，授粉受精和果实发育不良；低于 15 ℃，生长缓慢，易产生落花；低于 13 ℃则停止生长，遇霜植株冻死。

2. 光照

茄子属喜光作物，光饱和点为 40 klx，补偿点为 2 klx。日照时间长、光照强时，植株生长健壮，开花提早。在弱光下，特别是光照时间短的条件下，花芽发育变劣，短柱花增多，落果率增高。因此，在设施生产中，要特别注意改善设施栽培的光照条件。

表 6-1　温度对茄子开花与花型的影响

昼温～夜温/℃	从花芽分化到开花的日数/d	第一花花型占比/%		
		长柱花	中柱花	短柱花
15～10	—	—	—	—
20～15	60	100	0	0
25～20	36	75.0	25.0	0
30～25	25	44.4	33.4	22.2

3. 水分

茄子枝叶繁茂，结果多，需水量较大。虽然茄子根系发达，具有深根性，表现一定的耐旱能力，但是缺水干旱时，植株生长缓慢，结果少，果面粗糙，品质差，并且易受红蜘蛛和茶黄螨为害。茄子怕涝，土壤渍水会造成烂根死秧和病害流行，通常土壤含水量以 70%～80%为宜。

4. 土壤及营养

茄子对土壤适应性广，高产栽培需选土层深厚、排水良好、富含有机质的壤土或沙质壤土。适宜的土壤 pH 为 6.8～7.3。茄子对氮肥的要求较高，氮肥不足，延迟花芽分化，花数减少，植株分枝少，果实生长慢，品质降低。在开花盛期缺氮肥，植株发育不良。另外，结果期间还要多次追肥，以促进果实膨大，延长生长期，防止植株早衰。

二、类型与品种

在植物学上，根据茄子的果形，将茄子栽培种分为以下 3 个变种。每一变种有许多品种。

(1)圆茄　植株高大，茎秆直立粗壮，叶片宽而厚，植株长势旺。果实呈圆球形、扁圆形或椭圆形。单果重多数在 500 g 以上，果肉质地致密，皮厚，耐贮藏和运输，多为中晚熟品种。圆茄不耐湿热及多雨气候，属于北方生态型品种，适于气候温暖干燥，阳光充足的大陆性气候条件，是北方茄子的主栽类型。主要品种有北京六叶茄、七叶茄、山东大红袍、河南安阳大圆茄、西安大圆茄等，目前南方也有很多地方引种了北方圆茄品种。

(2)长茄　植株高度及生长势中等，叶较小而狭长，分枝较多。单株结果数较多，单果重小，呈细长棒状，果皮薄，肉质嫩，耐贮运能力差，长度因不同品种在 25～40 cm。主要分布在长江流域，较耐阴和潮湿，多为早熟品种。主要品种有鹰嘴长茄、南京紫线茄、杭州红茄、四川墨茄等。

(3)矮(卵)茄　植株低矮，茎叶细小，分枝较多，生长势中等或较弱。坐果节位较低，果实较小，果型为卵形、长卵形和灯泡形。果皮较厚，种子多，品质较差。产量低，抗逆性强，能在高温下栽培。主要品种有北京灯泡茄、西安绿茄、孝感白茄等。

三、生产季节

茄子生长期和结果期长，全年露地排开栽培的茬次少，在露地栽培条件下，春茄的适播期为 10 月下旬至 11 月，苗期 60～70 d。秋茄的适播期 6—7 月，苗期 25～30 d，冷凉地区反季节栽培可在 3—4 月播种，5 月移植。

工作任务1　露地茄子生产技术

任务目标:了解茄子的生物学特性,掌握茄子露地生产的选茬选地、品种选择、育苗、定植、田间管理、采收等技术。

任务材料:茄子露地品种的种子、幼苗、农膜、农药、化肥、生产用具等。

技能要求:学会露地茄子选茬选地、品种选择、育苗、定植、田间管理、采收等技术。

一、选茬选地

选择土层深厚,地势较高,排灌方便,沙壤、黏壤土,最好是疏松、肥沃的壤土。

二、品种选择

选用优质、丰产、抗病、耐贮运、商品性好的品种,长茄类(福茄6号、闽茄5号、农友704等)、圆茄类(五叶茄、天津快圆茄、茄杂2号等),从国外如韩国、日本、荷兰引进的优良品种等。

三、培育壮苗

多采用嫁接育苗,茄子易受黄萎病、青枯病、立枯病、根结线虫等土传病害的危害,不能重茬,需5～6年轮作。采用嫁接育苗,不但可以有效防治黄萎病等土传病害,使连作成为现实,而且由于根系强大,吸收水肥能力强,植株生长旺盛,具有提高产量、品质,延长采收期的作用。

目前生产上使用的砧木主要是从野生茄子中筛选出来的高抗或免疫品种,如托鲁巴姆、赤茄等。

托鲁巴姆不易发芽,可用150～200 mg/L的赤霉素溶液浸种48 h,比茄子提早10 d播种,播种时间一般从定植期向前推迟80～90 d,茄子种皮较厚,可在55 ℃温水中浸种10～15 min,然后在20～30 ℃浸种10～12 h,经5～6 d,60%～70%种子可出芽。嫁接多采用套管接或劈接法,嫁接10～12 d后伤口愈合,伤口愈合后逐渐通风炼苗。

当茄苗8～9片叶现花蕾时定植。

四、施肥整地

选择土层深厚,排灌方便,保肥保水性能良好,富含有机质的土壤。冬前深翻30 cm,早春化冻后及时整地,结合整地,每667 m^2施腐熟圈肥5 000 kg,饼肥50 kg,氮、磷、钾复合肥50 kg、锌肥1.0 kg,硼肥0.5 kg。有机肥施用前要喷洒辛硫磷和多菌灵等杀虫灭菌。

五、定植

1. 定植时期

春夏栽培:播种育苗时间在晚霜后,地温稳定在10 ℃以上定植,若覆膜栽培可适当提前,该茬口夏季上市。夏秋栽培:4月上旬播种育苗,6月上旬定植,秋季上市。秋延迟栽培:4月中下旬育苗,6月中下旬定植,8月初至小雪上市,霜降后覆盖塑料薄膜,白天四周通风,夜晚盖苫保温。

2. 定植密度及方法

采用单行株行距45 cm×80 cm或大小行株行距30 cm×60 cm定植。覆盖地膜,根据品种特性、整枝方式、生长期长短、茬口安排、气候条件及栽培习惯等，每 667 m^2 定植 1 500～3 300 株。按行距大小进行起垄或做畦，按株距挖穴，然后浇水，以水稳苗，水渗后封穴；栽植深度以埋住土坨 1～2 cm 为度。定植完后放大水，浇水量以润湿垄顶为度。

六、田间管理

定植成活后要及时中耕疏松土壤、提高地温，促进根系发育。结合覆土培垄，形成深沟高垄，以促进不定根的发生，预防植株倒伏，也利于雨天排涝。采用二杈整枝，将门茄下的侧枝全部去掉，保留"门茄"以上的侧枝任其生长。生长中后期，随结果部位上移，应及时摘除下部老黄叶，并立支架，防止植株倒伏，保障中后期产量。在不适宜茄子坐果季节（7—8 月），应使用 30 mg/kg 的防落素等生长调节剂涂抹花柄，以防止落花落果。从定植到"门茄"坐果前，要控制浇水和施肥，每 667 m^2 追施尿素和硫酸钾各 5.0～7.5 kg 或氮磷钾复合肥 15 kg；进入盛果期要加大肥水管理，保持土壤湿润。每采收 2～3 次结合浇水施用冲施尿素和硫酸钾各 5.0～7.5 kg 或氮磷钾复合肥 15 kg 左右；盛果后期，除土壤追肥外，可结合喷药或单喷磷酸二氢钾或硼砂作叶面肥。

七、采收

一般商品果从开花到采收需 20～25 d，茄子果实膨大较快，商品果宜勤采收，及时采收能提高茄子品质和产量，尤其是适当早摘"门茄"，可促使"对茄"的发育和植株的生长，雨季期间，适时采收，可减少烂果率。

八、任务考核

记录露地茄子的整个生长过程，详尽描述生产过程中遇到的问题及解决办法。

工作任务 2　大棚春茬茄子生产技术

任务目标：了解茄子的特征特性，掌握大棚春茬茄子的选茬选地、品种选择、育苗、定植、田间管理、采收等技术。

任务材料：适宜大棚春茬栽培的茄子种子、幼苗、农膜、农药、化肥、生产用具等。

技能要求：学会大棚春茬茄子从品种选择、播种育苗、定植管理、病虫害防治及适时采收等的全流程技术。

一、选茬选地

选择环境良好，远离污染源，交通便利，并且有可持续生产能力的地块。土壤疏松肥沃的沙质壤土、黑钙土为好，保水保肥及排水良好。前茬选择豆类、瓜类、葱蒜类蔬菜或者玉米等禾本科作物茬。茄子种植一般要进行 3 年以上的轮作。

二、品种选择

选用耐低温弱光，抗逆性强，生长势中等，植株开张度小，果实发育快，坐果率高，中早熟品种。紫圆茄品种，可选用农大 601、丰研 2 号、快圆茄等；紫长（或长卵圆）茄品种，可选用南京紫线茄等；青茄品种可选用糙青茄等。

视频学习：茄子的嫁接育苗技术

三、培育壮苗

育苗技术参照露地茄子。

四、施肥整地

茄子适宜于有机质丰富，土层深厚，保肥保水力强，排水良好的地块。对轮作要求严格，需与非茄科蔬菜实行5年以上的轮作，或可采用茄子嫁接技术以减轻黄萎病和枯萎病对茄子栽培的影响。

茄子喜肥耐肥，生长期长，须深耕重施基肥，促进产量提高，防止早衰。一般在年前进行秋翻时撒施2/3基肥，第二年春天进行春耙保墒，耙地要求平整细碎，上虚下实。结合做垄再撒施1/3有机肥于垄上，与土壤混合均匀，总计每667 m^2 施基肥达到5 000～7 500 kg，磷酸氢二铵25～30 kg和硫酸钾25～30 kg。做垄后，及时覆盖地膜，增温保墒。地势低洼，排水不良，潮湿多雨的地区应采用高畦或垄栽，并挖排水沟。地势较高、气候干燥的地区，应采用平畦，以利于灌溉。在北方除干旱地区或干旱季节栽培外，一般多行垄作，灌溉与排水方便，利于防病，防止倒伏。

五、定植

定植前20～30 d扣棚膜提升地温，一般比定植前2～4 d扣棚膜的提高地温2～3 ℃，对发棵和开花坐果有明显的促进作用。但是提早扣膜应注意使棚膜密闭性强，压膜牢固，防止风灾。

适宜的定植密度应依品种、土壤肥力、气候条件等灵活掌握。早熟品种每667 m^2 栽植3 000～3 500株，中、晚熟品种每667 m^2 种植2 500～3 000株。定植时间应在冷尾暖头的天气进行，秧苗应分级分区定植。定植时采用开沟或挖穴暗水稳苗方法，避免畦面浇大水降低地温，延迟缓苗发棵。尽管茄子具有深根性，但栽植不宜过深，以防深层土壤地温偏低影响发根缓苗，一般以子叶与畦面相平为宜，待发棵中期培土来满足其深根性。

六、田间管理

1. 棚内环境调控

（1）温度管理　定植后不通风或少通风，白天气温保持28～30 ℃，夜间15～18 ℃，以利于提高地温，促进缓苗。缓苗后到开花结果期，白天气温以25～28 ℃为宜，夜间15 ℃以上，土温保持15～20 ℃。5月份当外界气温稳定在15 ℃以上时，要昼夜通风降湿。5月下旬至6月上旬，外界气温显著升高，可撤膜变成露地栽培，而且有利于提高果实品质。

（2）肥水管理　茄子定植时应浇足定植水，一般只有定植水浇的少，或土壤保水力差出现缺水现象时，才需在缓苗期补水，条件允许可实行膜下灌水，以降低棚内湿度。当茄苗心叶展开，表现出开始生长的姿态时，说明植株已缓苗，缓苗后如土壤干旱，可以浇一次缓苗水，但是水量不宜过大，缓苗水后控水蹲苗。蹲苗时间不宜过长，门茄进入瞪眼期结束蹲苗。瞪眼期标志植株进入旺盛生长期，应保持土壤田间最大持水量80%为好。果实的发育受土壤水分的影响，土壤水分充足时，果实发育正常；水分缺乏时，果实变短。对茄和四门斗茄子迅速膨大时，对肥水的需求达到高峰，应每隔5～6 d灌1次水，要加强通风排湿，减少棚内结露。进入雨季注意排水防涝，增加土壤透气性，防止沤根和烂果。

一般在门茄瞪眼时开始追肥，以后每隔 20 d 左右追一次，以氮肥为主，若底肥中磷钾肥不足，可适当配合追施磷钾复合肥。一般每 667 m^2 每次施用尿素 10～15 kg。在果实膨大期间可叶面喷洒尿素和磷酸二氢钾各 0.3%～0.5%的混合液肥 2～3 次，促进果实膨大。

2. 植株调整

茄子生长势强，生长期长，适当进行植株调整，有利于形成良好的个体与群体结构，改善通风透光条件，提高光合效率。由于茄子植株的枝条生长及开花结果习性相当规则，其调整方式相对较简单。目前多采用双干整枝（V 形整枝），即在对茄形成后，剪去两个向外的侧枝，只留两个向上的双干，打掉其他所有的侧枝。

在整枝的同时，可摘除一部分下部老叶、病叶。适度摘叶可以减少落花，减少果实腐烂，促进果实着色。但不能盲目或过度摘叶，尤其不能把功能叶摘去，否则将会造成整枝营养不良而早衰。一般只是摘除一部分衰老的枯黄叶和病虫害严重的叶片，摘除的方法是：当对茄长到直径 3～4 cm 时，摘除门茄下部的老叶；当四门斗茄长到直径 3～4 cm 时，摘除对茄下部老叶，以后一般不再摘叶。

3. 防止落花及畸形果

（1）茄子落花　茄子落花的原因有很多，除花器构造缺陷造成的短花柱外，营养不良，光照不足，温度过低（15 ℃以下）或过高（35 ℃以上），病虫危害都可以造成落花。尤其是北方地区早春的持续低温或阴雨，会妨碍花粉的发芽。早春多风、空气干燥，会影响花粉的授粉受精。茄子早期开花数量本来就不多，落花是造成早期产量不高的重要原因之一。防止落花，应先从培育壮苗、保护根系、提高秧苗质量做起，加强田间管理，改善植株营养状况，调节好营养生长与生殖生长的平衡。此外还可以使用生长调节剂防止早春定植后因环境条件不适宜造成的落花。生产上常用 30～40 mg/L 的 2,4-D 涂抹花柄，或 40～50 mg/L 的防落素喷花。

（2）畸形果　茄子在保护地栽培中，由于受到环境条件及不适宜的栽培技术的影响，极易形成畸形果，造成减产减收。常见的有石茄（僵茄）、裂茄、双身茄等。

主要原因及防治方法：①用激素处理花朵时间把握不准而形成僵果。一般是在含苞待放的花蕾期或花朵刚开放时进行处理，对未充分长大的花蕾和即将凋谢的花处理效果不好，以开放当天处理最佳。②激素浓度过大易形成畸形果。激素处理花朵时浓度应灵活掌握，即气温高时浓度稍低，气温低时浓度稍高，另外在使用生长调节剂时不宜重复使用。③生长比较弱的植株上开的花，花梗细，花瘦小，即使用激素处理，也容易形成僵果。所以，定植时应淘汰小苗和弱苗，选留壮苗。④营养生长过旺的徒长株所开的花。由于营养生长过旺，叶片制造的养分被茎叶争夺，抑制了生殖生长。栽培上可通过在门茄瞪眼前适时蹲苗，调节好营养生长与生殖生长的平衡。⑤土壤水分供应不均衡，忽干忽湿，特别是干旱后突然浇水或降雨，造成果皮生长速度不如胎座组织发育快而造成裂果。

七、采收

门茄适当早收，以免影响植株生长和后期结果，对茄及后期果实达到商品成熟即可收获。采收时应注意护秧，用剪刀剪果柄，并防止踩破地膜。

八、任务考核

记录大棚春茬茄子的整个生长过程，详尽描述生产过程中遇到的问题及解决办法。

项目三　辣椒生产技术

视频学习:辣椒生产技术

辣椒,别名秦椒、番椒、海椒、辣茄。属一年生或多年生草本植物。辣椒起源于中南美洲热带地区的墨西哥、秘鲁等地。1493 年传到欧洲,16 世纪末传入日本,17 世纪传入东南亚各国。中国的辣椒一是经丝绸之路传入,在甘肃、陕西等地栽培,故有“秦椒”之称;二是经东南亚海路传入,在广东、广西、云南等地栽培。

辣椒品种类型较多,果实色泽艳丽,营养价值很高,其维生素 C 的含量尤为丰富。辣椒中含有丰富的辣椒素,具有辛辣味,有增进食欲的作用。辣椒除鲜食外,还可进行腌渍和干制,加工成辣椒干、辣椒粉、辣椒油和辣椒酱等,是我国最普遍栽培的蔬菜之一。

一、生物学特性与栽培的关系

辣椒在温带地区为一年生植物,在热带和亚热带地区可露地越冬,成为多年生草本植物。

(一)形态特征

根　辣椒的根系不如番茄和茄子发达,根量少、入土浅、根群一般分布于 30 cm 的土层中。育苗移栽时,主要根群多集中在土表 10～15 cm 的土层内。辣椒根系再生能力弱于番茄、茄子,茎基部不易发生不定根,不耐旱也不耐涝。栽培上培育强壮根系及育苗时注意对根系保护,对辣椒的丰产具有重要意义。

茎　辣椒茎直立,木质化程度较高,主茎顶芽分化为花芽后,以双杈或三杈分枝继续生长,分枝形式因品种和栽培环境不同而异。辣椒的分枝结果习性可分为无限分枝型与有限分枝型两种类型。

无限分枝型:植株高大,生长健壮,当主茎长到 7～15 片叶时,顶芽分化为花芽,其下 2～3 个叶节的腋芽抽生出 2～3 个侧枝,花(果)着生在分杈处,各个侧枝又不断依次分枝着花,只要生长条件适宜,分枝可以不断延伸,呈无限分枝型。绝大多数栽培品种都属于无限分枝型。无限分枝型辣椒品种,主茎基部各节叶腋均可抽生侧枝,应及时摘除以减少养分的消耗。

有限分枝型:植株矮小,主茎长到一定叶数后,顶芽分化出簇生的花芽,由其下部的数个腋芽抽生出一级侧枝,一级侧枝顶芽也分化为簇生的花芽,一级侧枝上还可抽生二级侧枝,二级侧枝顶部也着生簇生花芽,以后植株不再分枝。簇生的朝天椒和观赏椒属于此类。

叶　单叶、互生,卵圆形、长卵圆形或披针形,有少数品种叶面密生绒毛。叶片的生长状况与栽培条件有很大的关系,氮肥充足,叶形长,而钾肥充足,叶幅较宽;氮肥过多或夜温过高时叶柄长,先端嫩叶凹凸不平,低夜温时叶柄较短;土壤干燥时,叶柄稍弯曲,叶身下垂,而土壤湿度过大,则整个叶片下垂。一般叶片硕大,深绿色时,果形较大,果面绿色较深。

花　完全花,单生、丛生(1～3 朵)或簇生。生长正常时辣椒的花药与雌蕊的柱头等长或稍长,营养不良时易出现短花柱花。如主枝和靠近主枝的侧枝,营养条件较好,花器多正常;远离主枝的则有时出现较高的短柱花,短柱花因授粉不良易出现落花落果。因此,改善栽培条件,培育植株具有健壮的侧枝群,是提高坐果率、获得丰产的关键措施。辣椒属常异花授粉植物,天然杂交率为 25%～30%。

果实及种子　果实为浆果，下垂或朝天生长。小果形辣椒多为2心室，圆形或灯笼形椒多为3～4心室。因品种不同，其性状和大小有很大的差异，通常有扁圆形、线形、长圆锥形、长羊角形、短羊角形等。一般甜椒品种果肩多凹陷，鲜食辣椒品种多平肩，制干辣椒品种多抱肩。果表面光滑，常具有纵沟，凹陷或横向皱褶。青熟果浅绿色至深绿色，少数品种为白色、黄色或紫色；生理成熟时转为红色、橙黄色或紫红色。大果形甜椒品种不含或微含辣椒素，小果形品种辣椒素含量高，辛辣味浓。

种子扁平、近圆形，表面皱缩，淡黄色，稍有光泽，千粒重4.5～8.0 g，发芽力一般可以保持2～3年。

（二）对环境条件的要求

（1）温度　辣椒喜温，不耐霜冻，对温度的要求类似于茄子，显著高于番茄。种子发芽适温25～32 ℃，需要4～5 d，低于15 ℃时难以发芽。幼苗要求较高的温度，生长适温白天为25～30 ℃，夜间20～25℃，低温为17～22 ℃。随着幼苗的生长，对温度的适应性也逐渐增强，定植前经过低温锻炼的幼苗，能在低温下（0 ℃以上）不受冷害。开花结果初期适宜白天的温度为20～25 ℃，夜间16～20 ℃，温度低于15 ℃将影响正常的开花坐果。盛果期适宜的温度为25～28 ℃，35 ℃以上的高温不利于果实的生长发育，甚至落花落果。土温过高，尤其是强光直晒地面，对根系生长不利，严重时能使暴露的根系褐变死亡，且易诱发病毒病。一般辣椒（小果型品种）比甜椒（大果型品种）具有较强的耐热性。

（2）光照　辣椒属于中光性植物，对光照强度的要求也属于中等，光饱和点35 klx，光补偿点为1.5 klx，较耐弱光。过强的光照对辣椒的生长发育不利，特别是高温、干旱、强光条件下，易引起果实患日烧病。根据这一特性，辣椒密植的效果较好，也比较适合设施栽培。但光照过弱则会引起植株生长衰弱，导致落花落果。

（3）水分　辣椒既不耐干旱，也不耐涝。对空气湿度的要求也较严格，适宜的空气湿度以60%～80%为宜，过湿易造成病害，过干燥则对授粉受精和坐果不利。

（4）土壤及营养　辣椒对土壤适应能力较强，在各种土壤中都能正常生长，但以透水透气性强的沙壤土最好。

辣椒对营养条件要求较高，氮素不足和过量都会影响营养体的生长及营养分配，容易导致落花。充足的磷、钾肥有利于提早花芽分化，促进开花及果实膨大，并能使茎干健壮，增强抗病能力。初花期忌氮肥过多，否则会引起植株徒长，导致落花落果。

二、类型与品种

根据食用特点可分为菜椒和干椒2种类型。

（1）菜椒　又名青椒、甜椒，以食用绿熟果实为主。果实含辣椒素较少，植株健壮、高大，叶片厚，果实个大肉厚。按果实形状分为灯笼椒、长角椒和圆锥椒等。灯笼椒一般无辣味或微辣，主要品种有双丰、农大8号、湘研8号、湘研17号、豫艺农研25号等。长角椒品种主要有湘研6号、新丰5号、农大21号等。

（2）干椒　又名辛辣椒、小辣椒，以食用干制的红熟果为主。果实长角形，辣椒素含量高。植物矮小，分枝性强，叶片较小或中等，果肉薄，果色深红。主要品种有湘辣3号、枥木三鹰椒、日本三鹰椒、柘椒1号等。

三、生产季节

辣椒同茄子一样生育期长。早春育苗，晚霜过后定植露地，夏秋季收获。可与早甘蓝、大蒜等间作套作，后期也可与秋白菜、萝卜或越冬菜套种。设施栽培主要有秋冬茬、冬春茬和早春茬。

工作任务1　露地辣椒生产技术

任务目标：了解辣椒的生物学特性，掌握露地辣椒的选茬选地、品种选择、育苗、定植、田间管理、采收等技术。

任务材料：适合露地栽培辣椒品种及种子、农膜、农药、化肥、生产用具等。

技能要求：学会露地辣椒选茬选地、品种选择、育苗、定植、田间管理、采收等技术。

一、选茬选地

辣椒喜温、不耐霜冻，地膜覆盖栽培一般多于冬春季播种育苗，晚霜过后定植，晚夏拉秧；在夏季温度不很高的地区也可越夏直至深秋拉秧。因此，露地辣椒一般可分春夏辣椒和夏秋辣椒，春夏辣椒4月下旬定植；夏秋辣椒6月上中旬定植。

二、品种选择

根据目标市场要求，选用适用性广、优质丰产、抗逆性强、商品性好的品种。一般选择辣椒或甜椒的优良品种进行栽培。辣椒品种可选洛椒4号、汴椒1号、湘研16号等。甜椒品种可选中椒11号、中椒8号等。

三、培育壮苗

培育适龄壮苗是辣椒丰产稳产的基础，不仅有利于早熟，且能促进发秧，减轻病毒病的危害。在一般育苗条件下，要使幼苗定植时达到现大蕾的生理苗龄，必须适当早播，育苗期一般80～90 d。采用电热温床或酿热温床且营养条件好时，可缩短育苗期(70～75 d)。

在育苗中，应保证播种后整齐一致的出苗，防止因种子质量不高、催芽不整齐、覆土过薄或过厚、土壤湿度过大等原因造成的出苗不整齐。播种前浸种时首先对种子进行水选，然后用55～60 ℃温水浸种10～15 min，然后放在20～25 ℃条件下浸种8 h。在25～30 ℃温度下催芽或以每天20 ℃温度下8 h和30 ℃温度下16 h的变温催芽，4 d左右有50%～60%“露白”时开始播种，播种量为15～20 g/m^2。为防止苗期病害，需配制药土，每平方米床土可用50%多菌灵粉剂8～12 g与12～15 kg过筛细土混匀，下垫上盖。播种时灌水量不宜过大，以免造成床土过湿，土温低，出苗缓慢，也易得猝倒病。播后覆土0.5～1.0 cm。出苗期土温不应低于17～18 ℃，以24～25 ℃为宜。

为防止因育苗期长造成根系发育不良，最好要采用肥沃、通气良好的培养土，床土总孔隙度在60%以上，容重小于或接近1 g/cm^3，速效氮含量50～100 mg/kg，速效磷含量100 mg/kg及较充足的钾素含量。

辣椒苗生长较缓慢，须维持比番茄育苗更高的温度。幼苗“吐心”后，应降温防止幼苗徒长，形成高脚苗。2～3真叶时分苗，为保护根系，提倡1次分苗，而且容器分苗的护根效果更明显。分苗的方法有单株分苗和双株分苗，单株分苗秧苗更加健壮，但占苗床面积大，用容器数量增加；双株分苗可节省苗床面积和容器数量，但要选大小苗一致的秧苗配对移栽，避免大苗影响小苗生长。定植前 10 d 左右，进行秧苗锻炼，锻炼以降温为主，适当控制水分，过度控水易损伤根系，形成老化苗。

四、施肥整地

选择排灌方便的壤土或沙壤土栽培辣椒，为防止土壤带病菌，要与非茄科作物进行 3～5 年的轮作。定植前结合深翻施入充足的基肥，每 667 m^2 施优质腐熟有机肥 5 000～7 500 kg、过磷酸钙 30～40 kg、尿素 20 kg、硫酸钾 15～20 kg，撒施与沟施相结合。将基肥用量的 2/3 均匀撒施，再翻耕整平，剩余的 1/3 则按定植的行距开沟施入。做垄后立即覆膜，以保墒增温。铺膜时要绷紧，紧贴土面，四周用土封严。

五、定植

当地晚霜过后应及早定植，一般是 10 cm 深土壤温度稳定在 12 ℃左右即可定植。定植过早，土温不足，影响根系发育及植株生长。定植后如能再结合短期小拱棚覆盖，可促进早发棵，增产效果显著。

辣椒的栽植密度依品种及生长期长短而不同，一般每 667 m^2 定植 3 000～4 000 穴（双株），行距 50～60 cm，株距 25～33 cm。定植时早熟品种可 1 穴 2～3 株，中晚熟品种一般采用单株定植。

六、田间管理

根据辣椒喜温、喜水、喜肥及高温易得病、水涝易死秧、肥多易烧根的特点，在整个生长期内按不同的生长发育阶段进行管理。

(1)定植后到采收前　主要任务是促根、发棵。前期地温低，辣椒根系弱，轻浇缓苗水，然后进行中耕以增温保墒，并适当蹲苗，促进迅速发根。蹲苗结束后，及时浇水、追肥，促进生长，以提高早期产量。追肥以氮肥为主，配合追施磷、钾肥，使秧棵健壮，防止落花。第一花下方主茎上的侧芽应及时摘除。

(2)开始采收至盛果期　主要任务是促秧、攻果。此阶段气温逐渐升高，降雨量逐渐增多，病虫害陆续发生，是决定产量高低的关键时期，如管理不善，植株生长停滞，病毒病等病害会很快出现，果实不肥大，导致产量迅速下降。为防止植株早衰，应及时采收门椒，及时浇水，经常保持土壤湿度，促秧攻果，争取在高温季节前封垄，进入盛果期。在封垄前应培土，并结合灌水进行追肥。培土时取土深度不要超过定植沟下 10 cm，培土高度以 12～13 cm 为宜，避免伤根过重。肥料可选用充分腐熟的人粪尿或磷酸二铵或氮磷钾复合肥进行追肥。另外，还要做好病虫害的防治工作，特别是蚜虫、疫病、炭疽病、病毒病等。

(3)高温季节的管理　应着重保根、保秧、防止败秧与死秧。高温的直接危害是诱发病毒病的发生，尤以高温干旱年份更为严重。在病毒病流行期间，落花落果严重，有时大量落叶。因此，在高温干旱年份要及时灌溉，始终保持土壤湿润，以抑制病毒病的发生与发展。在多雨年份要防止雨后田间积水导致植株死亡。

(4)结果后期的管理　选用晚熟品种时，高温雨季过后气温逐渐转凉时，辣椒植株又恢复正常生长，应结合浇水，追施速效性肥料，补充土壤营养，促进第二次结果盛期的形成，增加后期产量。

七、采收

一般花后 25～30 d 即可采收嫩果，门椒早点采收，对长势弱的植株适当早收，长势强的植株适当晚收，以协调秧果关系。

八、任务考核

记录露地辣椒的整个生长过程，详尽描述生产过程中遇到的问题及解决办法。

工作任务 2　大棚冬春大茬辣椒生产技术

任务目标：了解辣椒的生产特性，掌握大棚冬春大茬辣椒的选茬选地、品种选择、育苗、定植、田间管理、采收等技术。

任务材料：适宜大棚环境的辣椒种子、农膜、农药、化肥、生产用具等。

技能要求：学会大棚冬春大茬辣椒从品种选择、播种育苗、定植管理、病虫害防治及适时采收等的全流程技术。

一、选茬选地

应选择土层深厚、疏松肥沃、排灌方便、3～5 年未种植茄科作物的田块或使用嫁接苗，以 pH 为 6～7 的沙壤土和壤土较为适宜。

二、品种选择

选择耐低温、弱光，连续结果能力强，优质、耐储运、适合保护地栽培的大果型。一般以选用中晚熟品种为主，目前使用较多的品种有迅驰、亮剑 37-79、瑞克思旺 37-94、苏椒 5 号、早丰 1 号、湘研 1 号、湘研 2 号、洛椒 2 号、洛椒 3 号、中椒 2 号、津椒 3 号等。

三、培育壮苗

(1)播种期　塑料大棚一年一大茬栽培，长江中下游地区于 7 月中下旬至 9 月上旬育苗，苗龄 40～50 d，9—10 月定植，经越冬，一直采收到翌年 5 月份，产品销售期经过春节及早春蔬菜淡季，经济价值较高。

(2)种子处理　每 667 m^2 用种量约 50 g 左右。播前晒种 1～2 d，以提高种子活力。再用温汤浸种，杀死种子表面的病原菌，促进种子发芽；或用 10%磷酸三钠溶液浸种 20～30 min，起到钝化病毒的作用。捞出后用清水冲洗净，再进行一般浸种，催芽，露白后及时播种。

(3)播种方法　播前将苗床浇透水，然后将催芽后的种子均匀点播在苗床上或穴盘内，之后覆盖 1.0～1.5 cm 的育苗土，其上覆盖遮阳网，当 75%的幼苗出土后，及时揭去遮阳网。

(4)苗期管理　播种方法和相应的苗期管理同前面的地膜辣椒栽培技术。管理过程中应注意高温天气造成育苗徒长及病毒病高发，应在育苗棚装外遮阳网及棚顶喷雾设备来降低棚内气温，中午高温到来之前遮阴、喷水雾，可有效地降低棚内温度。苗期要保持育苗基质湿润，一般 2 d 浇一次水，浇水尽量选择上午进行，15:00 以后尽量不补水，以免育苗棚内晚上湿度大、温度高引起幼苗徒长和病害发生，管理中可用矮壮素防止幼苗徒长。苗期结合浇水，视苗情施薄肥 2～3 次。定植前 7～10 d 开始高温炼苗，中午不再遮阳，控制基质水分，保持穴盘苗无萎蔫即可。通过高温炼苗，使定植后的苗不因前期大棚高温而烧伤。

四、施肥整地

前茬拉秧后及时清园，将留在田间的病残株、枯枝败叶清理干净，灌水焖棚，定植前要深耕耙地。整地施肥方法与地膜覆盖栽培相似。根据各地栽培习惯，可起垄或做畦，畦中央铺设滴灌带，接好滴灌系统，然后覆膜（黑膜）。

五、定植

大棚冬春大茬辣椒定植时仍处于高温、强光、多雨季节，要做好遮阴防雨及土壤降温的准备。棚顶挂遮阳网，平时保持棚顶遮阴，四周通风，形成一个凉爽的遮阴棚。辣椒苗 5～6 片真叶时即可定植。定植时按株行距先打好定植孔，选阴雨天或傍晚温度较低时定植。按行距 70 cm 做小高畦或垄，按株距 45 cm 摆苗，定植深度以土盖至子叶节为准，每 667 m^2 种植 2 000～2 300 株。定植后及时浇缓苗水，浇水后继续开启滴灌 10～15 min，保持根区土壤水分均匀。

六、田间管理

1. 大棚内管理

栽培前期尽量加强通风管理，进入 10 月以后，随着外界温度降低，应逐渐减少通风量和通风时间，同时撤掉棚顶的遮阴覆盖物。11 月以后，注意保温。

（1）温湿度　冬春大茬辣椒栽培过程气温经历从高到低、又从低到高的过程，因此生长前期基本上不闭棚，同时加强通风，控制棚内的温度和湿度。随着气温下降，闭棚白天室温在 25 ℃左右，高于 30 ℃要通风降温，低于 25 ℃停止通风，盖膜保温，夜间室温保持在 15～20 ℃，低于 15 ℃要加强保温。第二年开春后，随着气温的上升，特别是进入初夏后，大棚内温度调节要从保温管理逐渐转向降温管理。特别是 4 月下旬以后，南方气温回升快，白天要打开天窗和边窗，晚上关闭。由于南方大棚湿度大，特别是阴雨天气，所以整个生长期要加强大棚的通风管理，做到温度和湿度之间的协调，以减轻病虫害的发生。

（2）肥水管理　定植后正值高温季节，白天温度高于 28 ℃需遮阳，土壤温度高于 25 ℃，用大水灌溉，降低地温。定植 7 d 内要隔天检查苗情并补足水分，可以人工浇灌与滴灌相结合，做到浇水均匀。定植后 5～7 d，结合浇水，用 72.2%普力克 800 倍液防治根部病害 1 次。此期间发现田间缺苗，应及时补苗，以免出现大小苗现象。当第一批果挂住后，每株挂果量在 5～6 个，果实开始膨大时，根据田间墒情，适当滴灌小水，促进果实膨大。定植后 45～50 d，当植株挂果量在 8 个左右，进行第一次追肥，追施三元复合肥 10 kg/667 m^2。进入盛果期，可适当补充肥水，一般 15～20 d 追肥一次，用三元复合肥 10 kg/667 m^2。以后一般每 7 d 浇水一次，保持土壤湿润即可。从初花期开始，整个生育期结合喷药喷施硼、锌叶面肥 310 kg/667 m^2 5 次。

（3）植株调整　第一次整枝，门椒坐住后，将门椒以下的侧枝全部打掉，否则侧枝生长过快，影响主干的生长，从而在一定程度上影响植株前期产量的形成。以后再长出的侧枝要继续打掉。由对椒以上选留3～4个主干向上生长。以后根据上部植株生长情况，长势过旺时适当进行整枝打头。当基部叶片生长到一定时间后形成又大又厚的老叶，会消耗大量养分，同时造成基部通透性不良，要及时摘除老叶，以调整植株间的通风和透光状况。整枝最好在晴天进行，阴雨天整枝会导致植株伤口愈合慢，引发病害的发生。

(4)吊蔓围土　当植株高达30 cm时，及时进行吊蔓，吊蔓过晚，会造成植株坐果后倒伏、折断。可先吊一根绳，后期随着主干生长，所有主干全部要吊蔓。初花期后，要将定植孔封口，俗称“围土”。围土时，使用细土，将根际周围膜压住即可，避免膜下畦面长草。

2. 大棚辣椒落花落果的原因及防治措施

大棚栽植辣椒落花落果是极为普遍的问题，主要原因：①营养不良。如栽培密度过大或氮肥施用过多，造成植株徒长，使辣椒花、果营养不足而脱落。②不利的气候条件。大棚栽培中经常遇到光照不足，温度偏低(低于15 ℃)的天气，影响授粉，果实也易脱落，这在阴雨天气时表现更突出；春末夏初，大棚内经常出现35 ℃以上的高温，可使辣椒花器发育不全或柱头干枯，不能授粉而落花；大棚内通风不良、湿度过大时，辣椒花不能正常散粉，使授粉受精难以完成而造成落花落果。③病虫害危害。辣椒如发生病毒病、炭疽病、叶枯病等，也易引起落花落果。

防止落花落果应首先加强栽培管理，主要是培育壮苗，适时定植，合理密植，科学施肥，定植后加强通风排湿，棚内白天温度保持25～30 ℃，夜间15～18 ℃，防止棚内的温度忽高忽低。其次加强病虫害防治。也可用25～30 mg/kg防落素喷花，防止落花落果。

七、采收

辣椒果实已充分长大，果肉厚、坚实、色深而具有光泽时采收。门椒和对椒要及时采收，从而促进上部及时挂果膨大，最大限度地提高植株的整体坐果能力，从而提高产量。采收后的果实根据市场需求进行分级、包装、销售。

八、任务考核

记录大棚春茬辣椒的整个生长过程，详尽描述生产过程中遇到的问题及解决办法。

思考题

1. 分组调查茄果类蔬菜的新品种，了解新品种的品种特性。
2. 比较番茄、茄子、辣椒生产中的整枝技术，各自有什么特点？
3. 温室栽培茄果类蔬菜时，如何实行“四段变温”管理？为什么？
4. 请简述茄果类蔬菜病虫害防治要点。

思政小课堂

红辣椒里的产业扶贫“大文章”

模块七

白菜类蔬菜生产

岗位要求

本模块内容是蔬菜生产管理岗位专业能力之一，工作任务是熟练掌握白菜类蔬菜的生产管理技术，包括制订白菜类蔬菜生产管理工作计划，确定生产茬口，选择合适的品种，培育壮苗，做到整地、做畦、地膜覆盖等，及时定植、加强田间管理等；掌握白菜类蔬菜常见的病虫害识别，及时进行综合防治，保证白菜类蔬菜产品的质量安全。

知识目标

了解白菜类蔬菜的主要种类、生育共性及栽培共性；掌握大白菜、结球甘蓝、芥菜、花椰菜等的栽培管理技术及栽培过程中的常见问题及解决措施。

能力目标

能掌握大白菜的整地做畦、播种、间苗、定苗技术；掌握结球甘蓝的育苗技术；掌握花椰菜束叶、保鲜和贮藏技术，能分析白菜类蔬菜生产过程中常见问题的发生原因，并采取有效措施加以防止。

素质和课程思政目标

培养学生保护种质资源的意识和创新意识；培养学生科学生产、高效生产的能力；培养学生吃苦耐劳的精神；培养学生牢固树立“绿水青山就是金山银山”的绿色发展理念，树立食品安全意识及标准化生产意识。

白菜类蔬菜属于十字花科芸薹属，主要包括大白菜、结球甘蓝、芥菜、花椰菜等。白菜类蔬菜多为二年生植物，在我国分布的范围较广，栽培面积很大。

项目一　大白菜生产技术

大白菜是十字花科芸薹属一、二年生草本植物，是人们生活中不可缺少的一种重要蔬菜。大白菜味道鲜美可口，营养丰富，素有“百菜之王”的美称，为广大群众所喜爱。以柔嫩的叶球、莲座叶或花茎供食用，栽培面积和消费量在我国居各类蔬菜之首。

一、类型与品种

（一）根据进化过程分类

根据进化过程，大白菜亚种可以分为散叶、半结球、花心和结球 4 个变种。这些变种经过长期的进化、人工培育和选择，逐步由顶芽不发达的低级类型进化到顶芽发达的高级类型。

（1）散叶变种　为大白菜的原始类型。叶片披张，顶芽不发达，不形成叶球，以中生叶为产品，耐寒性和耐热性较强，主要在春、夏两季作为绿叶类蔬菜栽培。如济南小白菜、仙鹤白等。

（2）半结球变种　顶芽较发达，顶生叶抱合成叶球，但叶球内部空虚，球顶完全开放，呈半结球状态。植株高大直立，以叶球及莲座叶为产品。其特点是耐寒性较强，主要在高寒地区栽培。如辽宁大矮菜、山西大毛边等。

（3）花心变种　是由半结球变种加强顶芽抱合而形成的一个变种。能形成紧实的叶球，球叶的先端向外翻卷，且翻卷的部分颜色较淡，多呈白色、淡黄色或黄色，球顶呈花心状态，植株矮小。其特点是对气候的适应性较强，较耐热，偏早熟，生长期短，多用于秋早熟栽培和春季栽培。如北京翻心白、小杂 55、小杂 56 等。

（4）结球变种　顶芽发达，顶生叶抱合，能形成紧实的叶球，叶球顶端完全闭合或近于闭合，是由花心变种再进一步加强顶芽的抱合而成，是大白菜的高级变种，也是目前普遍栽培的变种。如玉田包尖白菜、“黄玫瑰”白菜等。

（二）根据结球形状和生态要求进行分类

（1）平头形　叶球倒圆锥形，上大下小，球形指数（叶球纵径与横径之比）近于 1，球顶平坦，完全闭合。顶生叶横卵圆形，叠抱，中生叶阔倒卵圆形，披张。该类型属于大陆性气候生态型，能适应气温变化激烈，空气干燥，昼夜温差较大，阳光充足的内陆地区。生长期多数品种为 90～120 d，少数早熟品种为 70～80 d。代表品种有洛阳包头、太原包头白、菏泽包头等。

（2）卵圆形　叶球卵圆形，球形指数约为 1.5，球顶锐尖或钝圆，近于闭合。顶生叶倒卵圆形至阔倒卵圆形，褶抱，中生叶卵圆形至阔倒卵圆形。该类型属于海洋性气候生态型，适宜于气候温和而变化不激烈，昼夜温差不大，空气湿润的气候。晚熟品种生长期 90～110 d，早熟品种 70～80 d。代表品种有 83-1、春喜、寒春、鲁白 3 号、山东的福山包头、胶县白菜等。

上述两个生态型的结球习性均属充实型，即在结球初期外层的球叶首先抱合成球状，且已经接近成熟时的大小，以后心叶不断充实叶球，内叶越多越大，叶球就越紧实。

（3）直筒形　叶球较细长呈圆筒状，球形指数大于 4，球叶以拧抱（旋拧）方式抱合成叶球，球顶近于闭合或尖，顶生叶及中生叶皆阔披针形，中生叶第一叶及第二叶环半直立，第三叶环和顶生叶共同构成叶球，其结球方式为膨大形或莲心形。该类型属于海洋性和大陆性交叉气候生态型，对气候的适应性强，在海洋性和大陆性气候地区都能生长良好。生长期为 60～90 d。代表品种为天津青麻叶、河北玉田包尖等。图 7-1 所示为大白菜的结球类型。

图 7-1　大白菜的结球类型

上述变种及生态型是结球白菜的基本类型，它们相互杂交还产生了一些次级类型，如平头直筒形、平头卵圆形、圆筒形、花心直筒形、花心卵圆形。这些变种、生态型、次级类型共同构成了中国结球白菜的品种系统。

(三)根据结球早晚进行分类

(1)早熟品种　从播种到收获需 50～80 d。耐热性强，但耐寒性稍差，多用做早秋栽培，产量低，不耐贮藏。优良品种有早熟 5 号、夏丰、山东 2 号、台白 7 号、牡丹江 2 号、龙袍二牛心、潍白 2 号、双冠、中白 7 号、红心 1 号等。

(2)中熟品种　从播种到收获需 80～90 d。产量高，耐热、耐寒，多做秋菜栽培，无霜期短以及病害严重的地方栽培较多。优良品种有青研 4 号、台白 3 号、青麻叶、玉田包尖、中白 65、中白 1 号、豫白 6 号、豫园 3 号等。

(3)晚熟品种　从播种到收获需 90～120 d。产量高、单株大、品质好、耐寒性强，不耐热，主要作为秋冬菜栽培，以贮藏菜为主。优良品种有京秋、豫新 6 号、青杂 3 号、福山包头、洛阳包头、中白 4 号、秦白 4 号、北京新 3 号等。

(四)根据球叶的数目及重量特点分类

(1)叶重型　球叶数少，单叶较重，叶的中肋肥厚，叶球内叶片长度在 1 cm 以上的叶片数约为 45 片左右，平头形品种多属于此类型。

(2)叶数型　球叶数多，单叶较轻，叶的中肋较薄，叶球内叶片长度在 1 cm 以上的叶片数约为 60～80 片，卵圆形品种白菜多属于此类型。

(3)中间型　介于叶数型和叶重型两者之间，叶球内叶片长度在 1 cm 以上的叶片数一般为 45～60 片，构成叶球的叶数较多，叶球的单叶也较重，但两方面都表现不突出。如天津青、麻叶等直筒型品种属于此类型。

此外，根据栽培季节分秋播大白菜(早秋白菜和秋冬白菜)、夏播大白菜(耐热白菜)、春播大白菜(春白菜)等。根据叶色分为青帮型、白帮型和青白帮型。

二、生物学特性与生产的关系

(一)形态特征

1. 根

结球白菜有较发达的根系,其肥大的肉质直根是由胚根发育而来的,上粗下尖呈圆锥形,长可达 60 cm,直径 3~6 cm。侧根发达,对称生长在主根两侧,多数平行生长,在土壤中分布较浅,主要根群分布在 30 cm 的土层内。当主根受伤后,下部可生成数条较粗的侧根,改变原来的形状,如育苗移栽的结球白菜。

2. 茎

营养生长期茎部短缩肥大,为变态短缩茎,没有明显的节和节间,直径 4~7 cm,短缩茎的长短、粗细可作为评价品种冬性强弱和个体产量的参考依据。生殖生长时期,短缩茎顶端抽生花茎,高 60~100 cm,一般发生 1~3 次分枝,基部分枝较长,上部较短,使植株呈圆锥状。花茎淡绿色至绿色,表面有蜡粉。

3. 叶

结球白菜的叶为异形变态叶,在整个生长期发生的叶形为以下几种形态(图 7-2)。

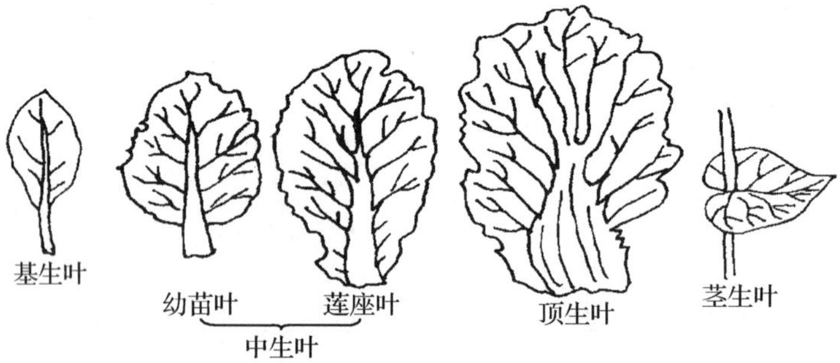

图 7-2 结球白菜的叶形

(1)子叶 两枚对生,肾脏形至倒心脏形,有叶柄,叶面光滑。

(2)基生叶 两枚对生于茎基部子叶节以上,与子叶垂直排列成“十”字形。叶片长椭圆形,有明显的叶柄,无叶翅。

(3)中生叶 着生于短缩茎中部,互生,呈倒披针形至阔倒卵圆形,无明显的叶柄,有明显的叶翅。叶片边缘波状,叶翅边缘呈锯齿状。第 1 叶环的叶片较小,构成幼苗叶,第 2~3 叶环的叶片较大,构成植株发达的莲座叶,是叶球形成期最重要的同化器官。每个叶环的叶数依品种而不同,或为 2/5 的叶环(每环 5 片叶绕茎 2 周而形成 1 个叶环),或为 3/8 的叶环(每环 8 片叶绕茎 3 周而形成 1 个叶环)。中生叶发生越晚就长越大,进入结球中期叶面积达到最大值,为顶生叶的生长提供充足的营养。

(4)顶生叶 又称球叶或心叶,着生于短缩茎的顶端,互生,构成叶球。叶环排列如中生叶,但因拥挤而展开角度混乱。叶片外大内小,外绿内白,形成硕大的叶球。品种之间球叶数目差异较大,一般在 40~80 片。顶生叶是靠中生叶向其传输营养而生长的,所以顶生叶又叫贮藏叶。顶生叶的抱合方式因品种而不同,一般有叠抱、褶抱、拧抱(旋拧)3 种方式。叠抱是球叶叶片上部向下弯曲,与下面重叠的部分多,最外层的叶片能将叶球盖严;褶抱是球叶叶缘打褶向内弯曲，球叶相互叠合少；拧抱是球叶叶片中肋向内或向一侧旋拧抱合成叶球。

(5)茎生叶 又称花茎叶，着生于花茎和花枝上，互生。花茎基部叶片宽大，似中生叶但较小，上部的叶片渐窄小，表面光滑，有蜡粉，具有扁阔的叶柄，叶片基部抱茎，是生殖生长阶段重要的同化器官。

4. 花

复总状花序，属完全花。花萼、花瓣均 4 枚，呈"十"字形。花瓣淡黄色，基部有蜜腺引诱昆虫，为虫媒花。雄蕊 6 枚，2 枚退化，为四强雄蕊。花药 2 室，成熟时纵裂释放花粉。雄蕊 1 枚，子房上位，两心室。花柱短，柱头为头状。

5. 果实和种子

果实属于长角果，圆筒形。授粉后 30～40 d 种子成熟，成熟后易炸裂，注意及时收获。种子呈球形而微扁，有纵凹纹，颜色红褐色至深褐色，种子无胚乳，千粒重 2.5～4.0 g，寿命为 5～6 年，但 2 年以上的种子发芽势弱，生产上多用当年的种子。

(二)生长发育时期

结球白菜从播种到种子收获，可分为营养生长和生殖生长两个阶段。每个生长阶段还可依器官发生过程分为若干时期。

1. 营养生长阶段

此阶段主要生长营养器官，后期开始孕育生殖器官的雏体。

(1)发芽期 从种子播种、出苗到子叶完全展开，同时两个基生叶显露，俗称"破心"，为发芽期。"破心"是发芽期结束的临界特征，约需 3 d。此期主要靠种子自身的贮藏营养使胚生长成幼苗，故种子饱满与否对发芽影响很大。另外，土壤板结，播种深度，地下害虫对发芽出土均有较大影响。发芽 4 d 胚根生长达 10 cm，但只有根毛而没有侧根。

(2)幼苗期 播种后 7～8 d，基生叶生长到与子叶相同大小，并和子叶相垂直排列呈"十"字形，俗称"拉十字"。随后第 1 叶环的叶片(叶数依据品种的 2/5 或 3/8 叶序分别为 5 叶或 8 叶)按一定的开展角，规则排列呈圆盘状，俗称"团棵"或"开小盘"，为幼苗期结束的临界特征。早熟品种需要 16～18 d，晚熟品种需要 20～22 d。进入幼苗期以后根系发展很快，团棵时主根已深入土层 60 cm，土面下 7～25 cm 处侧根发达，长达 10～35 cm，并发生多数分根。

(3)莲座期 从团根到长出中生叶第 2～3 个叶环的叶子，整个植株的轮廓呈莲花状，故称莲座期。早熟品种需要 18～20 d，晚熟品种需要 25～28 d。在莲座后期发生新的叶原基并长成幼小的顶生叶(球叶)，并按褶抱、叠抱或拧抱的方式抱合而出现卷心现象，这是莲座期结束的临界特征。莲座叶是形成叶球的重要同化器官。莲座期主根不继续生长而侧根继续生长，在土面下 6～32 cm 范围内相当发达。

(4)结球期 从出现卷心长相到收获为结球期，即顶生叶形成叶球的全过程。早熟品种需要 25～35 d，晚熟品种需 40～55 d。结球期可分为前期、中期和后期 3 个阶段，结球前期是叶球外层叶片迅速生长而构成叶球轮廓，俗称为"抽筒"或"长框"，这是前期结束的临界特征。结球中期是叶球轮廓内部叶片迅速生长而充实其内部，俗称"灌心"，叶球重量的 80%～90%在前中期形成。结球后期叶球体积不再扩大，只是叶部养分继续向球叶转移，充实叶球内部，此期外叶逐渐衰老，叶缘出现黄色。整个结球期约占全生育期的 1/2，生长量占结球白菜总生长量的 70%左右，是产品器官形成的关键时期，也是肥水管理最关键的时期。结球前期根系继续扩大，中后期停止生长。"抽筒"前在浅土层(20 cm 以上)发生大量侧根和分根，出现所谓

"翻根"现象。

(5)休眠期　结球白菜遇到低温时处于被迫休眠状态,依靠叶球贮存的养分和水分生活。在休眠期内花芽继续发育,直至长成小花蕾,为转入生殖生长做好准备。

2. 生殖生长阶段

此阶段生长花茎、花枝、花、果实和种子,繁殖后代。

(1)抽薹期　经过休眠的种株翌年春初开始生长,花薹开始伸长而进入抽薹期。抽薹前期,花薹伸长缓慢,花薹和花蕾变为绿色,俗称"返青"。返青后花薹生长迅速,同时花薹上生长茎和叶,由叶腋发生花枝、花茎和花枝顶端的花蕾同时长大。

(2)开花期　大白菜始花后进入开花期,全株的花先后开放。同时花枝生长迅速,逐步形成一次、二次和三次分枝而扩大开花结实的株体。

(3)结荚期　谢花后即进入结荚期。这一时期花薹、花枝停止生长,果荚和种子旺盛生长,到果荚枯黄,种子成熟为止。

(三)对环境条件的要求

结球白菜不同的变种、类型以及品种对生活条件的要求有一定的差异,而且各自在不同的生长期对环境条件的要求也不尽相同。

1. 温度

结球白菜属半耐寒性蔬菜,生长期间适宜的日均温为 12～22 ℃,10 ℃以下生长缓慢,5 ℃以下停止生长,短期－2～0 ℃受冻后尚能恢复,－5～－2 ℃及以下则受冻害。结球白菜有一定的耐热性,耐热能力因品种而异,有些耐热品种可在夏季栽培。结球白菜的光合适温是 25 ℃。不同变种或类型对温度的要求不同。散叶品种的耐热性和耐寒性较强,半结球变种有较强的耐寒性,花心变种有较强的耐热能力。结球变种对温度的要求较其他变种严格,不同类型有一定的差异,其直筒形对温度有较强的适应性,平头形次之,卵圆形的适应性较弱。

结球白菜不同生育时期对温度的要求不同。发芽期最适温度 20～25℃,适应温度范围较广,在 10～30 ℃的范围内均可发芽;幼苗期对温度的适应性较强,既可耐高温,也可忍耐一定的低温,最适温度是 22～25 ℃,温度过高时生长不良,易发生病毒病;莲座期是形成同化器官和孕育球叶的重要时期,对温度的要求较为严格,最适温度为 17～22 ℃,温度低结球延迟,温度高则易诱发病害;结球期是产品器官形成期,对温度的要求最为严格,在 12～22 ℃的范围内生长良好。大多数白菜品种,当日均温度超过 28 ℃时,心叶不再抱合,病害加重,生长不良;休眠期以 0～2 ℃最为适宜,温度低于－2 ℃,将发生冻害,温度过高(5 ℃以上)会引起腐烂,不利于久贮;抽薹期虽然以 12～22℃最适宜花薹的生长,但为了避免花薹徒长而发根缓慢的不平衡现象,生产中需控制在 12～16 ℃为宜;开花结荚期要求较高的温度,月均温 17～20 ℃最为适宜,温度低于 15 ℃,不能正常开花和授粉受精,温度过高,将使植株衰老,影响种子的发育。

结球白菜属于种子春化类型,一般萌动的种子在 3～4 ℃条件下 15～20 d 就可以通过春化阶段。另外,在适宜的温度范围内,保持一定的昼夜温差有利于积累较多的养分。

结球白菜在整个生长时期和各个生长发育阶段还要求一定的积温。在适温范围内,温度较高时可在较少的日数内得到足够的积温;温度较低时则需较多的日数才能得到足够的积温。另外,不同品种对积温要求不同,如一般早熟品种所需的积温少于晚熟品种,原产于寒冷地区的品种所需积温也较少。同一个品种在温度高的地区生长期较短,而引入温度较低的地区生长期延长。

2. 光照

结球白菜要求中等强度的光照。适宜的光照强度为10～15 klx;光的补偿点为1.5～2.0 klx,饱和点为40 klx。结球白菜的光合强度受温度的影响很大,所以,在光照充足的情况下,结合适宜的温度才能正常生长。结球白菜属于长日照植物,低温通过春化阶段后,需要在较长的日照条件下通过光照阶段进而抽薹、开花、结实,完成世代交替。

3. 水分

结球白菜叶面积大,叶面角质层薄,因此蒸腾量较大。据测定,在25 ℃的温度下,中晚熟品种结球期的蒸腾速率一般(以H_2O计)为13～17 mmol/(m^2 · s),每株每小时蒸腾水分约1.5 kg。各变种及生态型的蒸腾强度有差异,半结球变种最小,结球变种中直筒形的较小,平头形和卵圆形的较大,青帮品种比白帮品种小。结球白菜生长期间如供水不足会使产量和品质大幅度下降。

结球白菜不同生育时期对土壤水分要求不同,发芽期和幼苗期处于光照强、温度高的季节,突然蒸发量大,根系浅,应勤浇水保持土壤有充足的水分,并可降低地温。如果缺水,土壤表层易板结干裂,不仅出芽困难,对幼苗生长也极为不利。莲座期已形成发达的根系和众多的叶片,且已封行,土壤蒸发量减少,但叶片的蒸腾作用还是很旺盛,因此,此期对水分的需求还是比较大的。为了促进根系向深处发展和防止叶片徒长,以利于结球,莲座后期适当控水蹲苗。结球期的前期和中期生长量最大,需要水分最多,故需要保持湿润的土壤条件,当接近收获之际,要适当控制水分,以利于贮藏。

4. 矿质营养

结球白菜产量高,需肥量比较大,一般生产5 000 kg产品,约需氮7.5 kg、磷3.0 kg、钾10 kg。结球白菜以叶球为产品,需氮肥较多。氮素供应充足时,叶绿素含量增加,光合速率提高,可促进生长,提高产量。缺氮时会使结球白菜叶片小而薄,叶色淡绿,生长速度缓慢,外叶小,叶球不充实,产品纤维多。但是氮素过量而磷钾不足时,叶片大而薄,结球不紧,且含水量增多,品质与抗逆性下降。磷能促进叶原基的分化,使外叶和球叶数增多,从而增加叶球产量。缺磷时,植株生长受抑制,严重时叶色呈暗绿色,叶背和叶柄出现紫色,植株矮小,叶球产量降低。钾对碳水化合物和蛋白质的制造、转化和运输有着重要的作用,对叶球形成影响很大,因此莲座期施钾肥尤其重要。缺钾时,外叶的边缘先变为黄色,渐向叶内发展,然后叶缘枯脆易碎,这种现象在结球中后期发生最多。缺钙心叶边缘呈水渍状,后变黄色半透明至黄褐色,有酸败味,俗称"干烧心"。

结球白菜吸收氮、磷、钾三要素的数量是随着各个生长时期的不同而变化的,一般是生长前期需氮肥较多,后期则需磷、钾肥较多。因此在施肥时应针对不同生长发育时期的需要进行合理追肥。

5. 矿质营养

结球白菜对土壤的适应性较强,但以肥沃、疏松、保水、保肥、透气的沙壤土、壤土及轻黏壤土为宜。在沙土、沙壤土上进行栽培,前期生长快,后期因其保水能力弱,满足不了结球对大量水分的需要而生长不良,结球不紧实,产量低。在黏重土壤上进行栽培,前期生长慢,但到结球期因为土壤肥沃,保肥水能力强,容易获得高产,不过产品的含水量大,品质较差,且易患软腐病。

三、栽培制度与栽培季节

根据结球白菜在营养生长期内要求的温度是由高向低转移的特点，即由 28 ℃逐渐降低到 10 ℃的范围为适宜。生长前期能适应较高的温度，生长后期要求比较低的温度，因此秋季栽培是全国各地结球白菜的主要栽培季节。

结球白菜不宜连作，也不宜与其他十字花科蔬菜轮作，这是预防病虫害发生的重要措施之一，可以与粮食及其他经济作物轮作。结球白菜的莲座叶很发达，一般不与其他作物间作或套作，但有些地区采取合理的间套作也取得了较好的效果。

工作任务 1　秋大白菜栽培技术

任务目标：了解大白菜的生产特性，掌握结球白菜的品种选择、整地做垄、育苗、合理密植、田间管理、病虫害防治、采收等技术。

任务材料：适宜秋冬环境的大白菜种子、农膜、农药、化肥、生产用具等。

技能要求：学会秋大白菜从品种选择、整地做垄、育苗、合理密植、田间管理、病虫害防治、采收等技术。

一、品种选择

选择适宜的品种是秋大白菜获得高产稳产的关键，要根据产、供、销等具体情况而定。一要因地制宜，选择适宜当地气候条件和栽培季节的品种；二要选择品质好、产量高、抗逆性强的品种；三要选择净菜率高的品种；四要选择符合当地的消费习惯的品种，如叶球的形状、色泽、风味等。

二、整地、做垄、施基肥

秋大白菜的根系主要分布在浅土层，利用深土层中的养分和水分的能力较弱。栽培上
尽可能深耕，加深根系的分布。同时在前一年秋作物收获后还要大量施用有机肥，促进养分分解以培肥地力。

一般做垄或高畦栽培。垄高 10～15 cm，垄距 50～60 cm，垄宽 80～1.2 cm，种植 2 行。生产实践证明，做垄栽培有许多的优越性，一是雨后或浇水后土壤表层容易干裂，可减少霜霉病、软腐病的发生；二是培土使垄土层加厚，能促进根系的发展；三是在垄两边的沟中浇水，使水分由下沿土壤毛细管上升，不致冲坏幼苗及造成垄面板结，还可抑制垄面杂草的产生。

每 667 m^2 施入腐熟有机肥 5 000 kg，过磷酸钙 30～50 kg 和硫酸钾 15～20 kg。在耕地前先将 70％基肥撒施，耕地时翻入深土层中，耙地前再把 30％基肥撒在田里，耙入浅土层中，然后做垄，踩实，以防止因沟中浇水造成垄面开裂。

三、直播与育苗移栽

秋大白菜直播和育苗移栽均可，依前茬作物的收获期而定。前茬作物收获早，能及时整地做畦就采用直播方式，否则就采用育苗移栽。

适当早播，生长期长，球大，紧实，产量高。但如果播种过早，由于温度高，病毒病、霜霉病和软腐病三大病害接踵而来，会使产量大幅度下降，病害重的年份甚至绝产。播种过晚，可以

减轻或避免病害的发生，但是由于生长期缩短，积温不够，叶球小，包心不紧实，尽管能够获得稳定的产量，但总产和净菜率都较低，特别是入冬后低温期到来较早的年份，减产就更为明显。一般情况下，生长期长的晚熟品种早播，生长期短的早熟品种晚播；沙质土壤发苗快可适当晚播，黏重土壤发苗慢可适当早播；土壤肥沃，结球白菜生长快，可适当晚播，否则适当早播；历年病虫严重的地区适当晚播。总之，结球白菜的播期应因地区、年份、品种等条件不同灵活掌握。

直播有穴播和条播两种方法。穴播是按一定的株距在畦埂顶部的中央开 1 cm 深、5～6 cm 长的小浅穴，穴底要平，且要有一定的大小，每穴播种 10 粒左右，种子要均匀地播在穴中，播后盖土，最好是先浇水再播种，避免土壤板结。条播一般是在畦埂上开 1 cm 深的小浅沟(用小木棍划即可)，将种子均匀地播在沟中，播后盖土。穴播费工，但播种量较小且株距均匀。条播较为省工，但播种量多，定苗时株距不甚整齐。直播一般每 667 m^2 用种量 100 g 左右，播后注意保墒和防止土壤板结，防止大雨冲刷。

采用育苗移栽的方法便于发芽期和幼苗期的管理，而且温度、水分等条件易于控制，特别是在茬口较紧或受天气影响不能及时腾茬时，育苗移栽是解决早播问题的有效措施。但移植有延迟白菜生长和较易发生病害的缺点，对植株生长和产量有一定的影响。若采取适当措施，保证育成强壮幼苗，减少移植对幼苗的损伤，使之容易复原，并在移植后加强肥水管理以促进植株生长也能得到良好的结果。

苗床应选择在排灌水方便，前茬为非十字花科蔬菜的地块为宜。移栽结球白菜每 667 m^2 需苗床面积 30～35 m^2，用种量 100～120 g。每 30～35 m^2 的苗床施入 200～250 kg 充分腐熟的厩肥，使土壤疏松肥沃；同时施入硫酸铵 1.0～1.5 kg，过磷酸钙及硫酸钾 0.5～1.5 kg。翻地 15 cm 深，使肥土混匀，耙平畦面，作宽 1.1～1.5 m 的苗床，床面要平整，以免在低洼处积水而发生猝倒病及立枯病。浇透底水，水渗入后，将种子与 5～6 倍细沙混匀后撒播，再用细土覆盖 1 cm 厚，稍镇压。由于育苗移栽需要一定的缓苗期，播种期应比直播白菜提早 3～5 d。由于在发芽期内经常遇到高温强光使土壤迅速干燥，或大雨冲刷及雨后土壤板结，都将造成出苗不齐或损伤幼苗，所以最好用阴棚、遮阳网或稻草等遮阴和防雨。幼苗出苗后如遇干旱，应在早上或傍晚浇一次透水，切忌小水勤浇，或者中午浇水，同时应注意分次间苗和满足幼苗生长对光照的需要，以防形成弱苗。

幼苗宜在团棵以前移植，中晚熟品种以 5～6 叶时定植为宜。移栽前应先在苗床浇一次透水，在床土比较湿润而不泥泞时带营养土移植。移栽工作宜在晴天下午或阴天进行，以减轻幼苗萎蔫。栽苗前先设定株行距，在畦中做穴，每穴栽苗一株。栽植的深度，以根部土块表面与畦面相平为度，以防浇水时土块下沉造成菜心淹没而影响生长。

四、合理密植

合理密植是提高结球白菜产量的重要措施之一。合理密植的标志是结球初期田间基本封行。营养面积的空间分布与光能利用有关。卵圆形和平头形品种因莲座叶的披张宜用接近于正方形的营养面积，莲座叶直立的直筒形品种则可用长方形，后者更利于密植。此外，合理密植的程度还取决于品种特性、土壤肥力、栽培季节等栽培条件。如肥力好的土壤，密度宜小些，肥力差的土壤，密度宜适当大些；早熟品种密度宜大，中晚熟品种密度宜小等。生产上一般每 667 m^2 早熟品种 3 000～3 500 株，中熟品种 2 000～2 500 株，晚熟品种 1 600～1 800 株。

五、田间管理

秋大白菜在各个生长发育时期有不同的管理工作。

1. 发芽期

此时期主要是创造良好的发芽条件，促进发芽出土，使苗齐苗全。此期的营养主要靠种子供给，由土壤中吸收的养分很少，不需施肥。发芽期需水虽不多，但根系很小，蒸发量又大，供水必须充足，特别是高温天气，及时浇水还可以起到降温的作用。发芽期向幼苗期过渡时，种子中的养分消耗殆尽。在“拉十字”时可用1%的尿素水溶液进行叶面追肥，有促进幼苗生长的作用。

2. 幼苗期

此时期主要的管理工作是适时间苗，防止幼苗拥挤孱弱，并选留优良的幼苗。一般可在子叶期、拉十字期、3～4 片真叶期分别进行间苗。间苗时，选留壮苗、大苗、淘汰弱苗、小苗、病苗，间苗后及时浇水。间苗的基本原则是苗不挤苗。第 1 次间苗后每穴留苗 5～7 株，第 2 次间苗后留苗 3～5 株，第 3 次间苗后留苗 2～3 株。直播的白菜在团棵时定苗，条播按预定株距留苗 1 株，穴播的每穴留苗 1 株。发现缺株应注意及时补苗，一般在下午进行。

3. 莲座期

莲座期封垄前还要中耕除草，但不宜过深，以免伤根，封垄后不需中耕。此期生长量和生长速度都很大，对养分和水分的吸收量增多，充分的施肥浇水是保证莲座叶健壮生长和丰产的关键，但同时应防止莲座叶徒长而延迟结球。田间有少数植株开始团棵时应追施“发棵肥”，每 667 m^2 充分腐熟的有机肥 1 000～1 500 kg 或氮、磷、钾三元复合肥 30 kg 加尿素 10 kg，以供给莲座叶生长所需要的养分。施用发棵肥后随即充分浇水。以后在莲座期内采取“见干即浇”的浇水原则，即浇水后土壤表面见干再浇水，以保证充分供水，又不至于浇水过多使植株徒长。

4. 结球期

此时期是大量积累养分而形成产品器官的时期，对肥水的需求量最大。在包心前 5～6 d 使用肥效较为持久的“结球肥”，特别要增施钾肥。每 667 m^2 可追施磷酸二铵 15～20 kg、过磷酸钙和硫酸钾各 10～15 kg。中晚熟品种的结球期较长，还应在抽筒时施用“补充肥”。用肥效较快的肥料，粪肥 500～1 000 kg 或硫酸铵 10～15 kg，于抽筒前施用。抽筒后进入结球中期，正是充实叶球内部的时候，应施“灌心肥”，抽筒时田间已经封垄，可将肥料溶解于水中顺水冲入沟中或畦中。结球期需要大量浇水，除在追肥后大量浇水外，5～6 d 浇大水 1 次，始终保持土壤湿润，以保证水分的供应，并保证翻根后密布于土壤表层的根系得到水分。为使田间灌水均匀和减轻软腐病的发生，最好采用隔沟或隔畦轮流浇水的方法。在采收前 1 周左右，停止浇水，以免因叶球水分过多不耐贮藏。

贮藏用的结球白菜在收获前 10 d 束叶，将外叶扶起包住叶球，用浸软的麦秆或甘薯蔓等材料束缚叶球上部。束叶可以保护叶球，提高叶球内部的生长温度，防止收获前霜冻的损伤及减少收获时的机械损伤，也可改善叶球外层的叶片的食用品质，同时也利于收获和贮藏。但束叶不宜过早，以免影响叶片的光合作用，不利于叶球的充实。

六、病虫害防治

秋大白菜的病虫害较多，主要有病毒病、霜霉病、软腐病、干烧心病、白斑病等，特别是干烧心这种生理性病害日益严重；虫害主要有菜青虫、蚜虫、小菜蛾等。上述病害除从蔬菜病理学的角度进行防治外，还应从栽培上进行综合防治：①栽培抗病性较强的品种；②增施有机肥，改良土壤的理化性状；③实行轮作；④整平地面，改进土壤耕作；⑤尽量采用直播；⑥淘汰病苗弱苗；⑦合理灌溉施肥，适时追肥使结球白菜生长强盛；⑧加强田间管理，随时清除田间杂草；⑨收获后及时清除菜田残留菜叶及菜根。

七、收获

中晚熟品种的大白菜生长期越长，叶球越成熟充分，产量和品质越好，因此应尽可能地延迟收获。在大白菜遇到－2 ℃以下的低温天气时将受到冻害，因此必须在第一次寒冻以前收获完毕。收获方式有“砍菜”和“拔菜”两种，前者伤口大，应晾晒待伤口愈合后再贮藏，以免腐烂；后者应注意将根部所带泥土晒干脱落后才能贮藏。

白菜收获时含水量较高，蕴藏的田间热量较多，收获后需经过晾晒处理，以免贮藏后发生高温高湿引起腐烂。晾晒是在晴天将白菜整齐地排列在田间，使叶球向北，根部向南晒 2～3 d，以减少外叶所含水分及促进收获引起的伤口愈合。晒后再将植株堆砌成两排，根部向内，叶球向外，两排间留 10～15 cm 的间隙透风，继续排除水分和散热，待进一步贮藏及运输。

八、任务考核

记录秋大白菜的整个生长过程，详尽描述生产过程中遇到的问题及解决办法。

工作任务 2　夏大白菜栽培技术

任务目标：掌握夏大白菜的品种选择、整地做垄、育苗、定植、田间管理、病虫害防治、采收等技术。

任务材料：适宜夏季环境的大白菜种子、农膜、农药、化肥、生产用具等。

技能要求：学会夏大白菜从品种选择、整地做垄、育苗、合理密植、田间管理、病虫害防治、采收等技术。

夏大白菜一般于 6—7 月播种，8—9 月收获。此期间气温高，降雨量大，病虫害严重，都会影响到夏大白菜的栽培产量，因此夏大白菜的栽培技术要点就是解决应对高温结球，暴雨、干旱以及病虫害等不利因素的问题。

一、选择优良品种

一般认为，在平均气温持续超过 25 ℃的条件下能够正常结球的大白菜品种可作为夏大白菜栽培，同时还应具备早熟、抗病、耐湿等特点。主要品种有夏阳 50、抗热 45 等。

二、整地起垄

要选择前茬没种过十字花科蔬菜的地块，上茬作物收获后，清除杂草、残株，结合整地每 667 m^2 施腐熟农家肥 2 000～3 000 kg，饼肥 100 kg，磷酸二铵 15～20 kg，钾肥 10～15 kg，硫酸锌 10 kg，深耕细耙，做到土地平整。为有利于排水，须采用高垄或高畦栽培，垄高 15～20 cm，垄距 50～60 cm，畦宽 80～90 cm，种植 2 行。为了防治病虫害可每 667 m^2 用 0.75 kg 甲基托布津加 10 kg 细土制成药土，整好地后，将药土撒施于地表，然后起垄。

三、精细播种

播种时间为6—7月。直播时为节省种子，以穴播为佳。每667 m^2 用种50～100 g，播后覆盖0.5 cm厚的细土。播后应立即浇透水。

四、田间管理

1. 间苗、定苗

播后待子叶露出，用敌杀死喷施一次防地下害虫。在2～3片叶时进行一次间苗，每穴留4～5株，5～6片叶时进行第二次间苗，每穴留3～4株，7～8片叶时定苗，每穴留1株。

2. 肥水管理

抗热大白菜生育期短，外叶生长速度快，栽培要以促为主，不蹲苗。夏季温度高，土壤水分蒸发快，应始终保持土壤湿润，在高温、干旱天气应加大浇水量，降大雨后应及时排水，以防田间积水，造成烂根。夏大白菜包心前10～15 d结合浇水施一次壮心肥，每667 m^2 施尿素10 kg，以穴施为主，施肥应远离植株，以免烧伤根系。

收获前5～7 d停止浇水，这是夏大白菜丰收的关键时期。同时，防止苗荒、草荒、虫害是夏大白菜种植成功的又一关键。

五、适时收获

一般8—9月收获，可适当早收，收获应在早晚进行。

六、任务考核

记录夏大白菜的整个生长过程，详尽描述生产过程中遇到的问题及解决办法。

项目二　结球甘蓝生产技术

结球甘蓝属于十字花科芸薹属二年生草本植物，为甘蓝的变种，又名卷心菜、包心菜、洋白菜、包菜、圆白菜、莲花白等。矮且粗壮，一年生茎肉质，不分枝，绿色或灰绿色。基生叶多数，质厚，层层包裹成球状体，扁球形，叶被粉霜，直径10～30 cm或更大，乳白色或淡绿色；起源于地中海沿岸，16世纪开始传入中国。具有耐寒、抗病、适应性强、易贮耐运、产量高、品质好等特点，在中国各地普遍栽培，在蔬菜栽培和供应中占有重要位置。

一、结球甘蓝对环境条件的要求

(1)温度　结球甘蓝喜温和气候，比较耐寒。其生长温度范围较宽，一般在月平均气温7～25 ℃的条件下都能正常生长与结球，但在不同生育期对于温度要求有所差异。种子在2～3 ℃时就能缓慢发芽，发芽适温为18～20 ℃。刚出土的幼苗抗寒能力稍弱，幼苗稍大时，耐寒能力增强，能忍耐较长期的−1～−2 ℃及较短期−3～−5 ℃的低温。经过低温锻炼的幼苗，则可以忍受短期−8 ℃甚至−12 ℃寒冻。叶球生长适温为17～20℃。在25 ℃以上时，特别在高温干旱下，同化作用降低，呼吸消耗增加，往往生长不良，基部叶片枯黄脱落，短缩茎延长，叶球小，包心不紧，从而降低产量和品质。

(2)湿度　结球甘蓝的组织中含水量在90%以上。它的根系分布较浅，叶片大，蒸发量多，所以要求比较湿润的栽培环境，在80%～90%的空气相对湿度和70%～80%的土壤湿度中生长良好，其中尤其对土壤湿度的要求比较严格。倘若保证了土壤水分的需要，即使空气湿度稍低，植株也能良好生长；如果土壤水分不足再加空气干燥，则容易引起基部叶片脱落，叶球小而疏松，严重时甚至不能结球。

(3)光照　结球甘蓝属于长日照作物，在没有通过春化阶段的情况下，长日照条件有利于生长。对于光照强度的要求，不如一些果菜类那样严格。故在阴雨天多、光照弱的南方和光照强的北方都能很好生长。在高温季节，常与玉米等高秆作物进行遮阴间作，同样可获得较为良好的栽培效果。

(4)土壤营养　结球甘蓝是喜肥和耐肥作物。对于土壤营养元素的吸收量比一般蔬菜作物要多。应该选择保肥、保水性能较好的肥沃土壤栽培。在不同生育阶段中，对各种营养元素的要求也不同。早期消耗氮素较多，到莲座期对氮素的需要量达到最高峰；叶球形成期则消耗磷、钾较多。整个生长期吸收氮、磷、钾的比例为 3∶1∶4。在施氮肥的基础上，配合磷、钾肥的施用效果好。结球甘蓝适于微酸到中性土壤，但可以忍耐一定的盐碱性土壤。

二、结球甘蓝的类型

结球甘蓝依叶球形状和成熟期的迟早，可分为三个基本生态型(图 7-3)：

(一)尖头形

叶球顶部尖，近似心脏形，大型的称为牛心，小型的称为鸡心。多为早熟和早中熟品种，定植到叶球成熟需 50～70 d。代表品种有鸡心甘蓝、牛心甘蓝等。

图 7-3　结球甘蓝的类型

(二)圆头形

叶球圆球形，多为早熟和早中熟品种，从定植到收获需 50～70 d，外叶较少，叶球紧实。代表品种有报春、中甘 11 号、中甘 12 号、中甘 21 号、金早生、北京早熟、山西 1 号、京城钢球、绿美人、春宝、清球、早红、巨石红等。

(三)平头形

叶球扁圆形，多为中晚或晚熟品种，从定植到收获需 70～100 d。代表品种有黑叶小平头、黄苗、茴子白等。

三、结球甘蓝的栽培季节

结球甘蓝适应性强，既耐寒又耐热，我国南方春、夏、秋、冬均可露地栽培。但由于其喜欢冷凉气候，一般露地播种选择在 9 月至翌年 1 月。夏秋季栽培应选择耐热品种，播种时计算好收获期，适当错开蔬菜集中上市档口。

工作任务　结球甘蓝露地栽培技术

任务目标：掌握结球甘蓝的品种选择、整地做垄、育苗、定植、田间管理、病虫害防治、采收等技术。

任务材料:结球甘蓝种子、农膜、农药、化肥、生产用具等。

技能要求:学会结球甘蓝的露地栽培技术。

一、整地

种植结球甘蓝的地块应选择地势相对平整,土壤干燥肥沃、排灌良好、交通方便的地块,切忌选择地势低洼积水的地块。结球甘蓝的根系分布范围宽且深,故一般在栽培之前应深翻晒垡,深翻有利于消灭土壤中的越冬虫害和病原菌,一般以深翻 25~30 cm 为宜,深翻后经太阳暴晒,将土细碎耙平,将墒面整理成高畦即可。

二、播种育苗

结球甘蓝种子在 18~25 ℃条件下出苗最快。结球甘蓝的播种一般用撒播法,每 667 m^2 用种量 50~100 g,随着现代科学技术不断发展,现在已经使用漂浮育苗技术,育苗过程已向工厂化、规模化发展。结球甘蓝定植的密度对早熟丰产的影响很大,一般情况下适当密植,能增产,根据多年的实践,早熟品种的株行距 30~40 cm,每 667 m^2 2 000~2 500 株;晚熟品种 70~80 cm,每 667 m^2 1 200~1 500 株。

三、大田管理

结球甘蓝是需水分较多的蔬菜,在栽培管理过程中必须多次灌溉,按照生长时期需水的不同,可分为苗期、莲座期及结球期灌水。基肥一般以腐熟农家肥为主,结合深翻 667m^2 施入农家肥 2 000~3 000 kg,普钙 50 kg,复合肥 100 kg;在莲座期末期每 667 m^2 施 2 000~3 000 kg 人粪尿或者尿素 15~20 kg。

结球甘蓝定植后,轻灌 1~2 次缓苗水后,应及时中耕、锄地、蹲苗,一般整个生育期中耕 3~4 次,第一次中耕宜深点,要全面锄透、锄平,以利于保墒,促根生长,进入莲座期,中耕宜浅并向四周培土,以促进外短缩茎多生根,有利于结球。

四、病虫害防治

大田里发现病虫为害时,可喷施 72%农用硫酸钙霉素可溶性粉剂 3 000~4 000 倍液;70%甲基托布津可湿性粉剂 600 倍液;77%可杀得可湿性粉剂 500 倍液;10%吡虫啉可湿性粉剂 2 500 倍液;20%康福多浓可溶剂 4 000 倍液等。

五、任务考核

记录结球甘蓝露地栽培的整个过程,详尽描述生产过程中遇到的问题及解决办法。

项目三 芥菜生产技术

芥菜,是芸薹属一年生或二年生草本,是中国著名的特产蔬菜。芥菜的主侧根分布在约 30 cm 的土层内,茎为短缩茎,叶片着生短缩茎上,有椭圆、卵圆、倒卵圆、披针等形状。叶色绿、深绿、浅绿、黄绿、绿色间紫色或紫红,叶面平滑或皱缩,叶缘锯齿或波状,全缘或有深浅不同、大小不等的裂片。花冠十字形,黄色,四强雄蕊,异花传粉,但自交也能结实,种子圆形或椭圆形，色泽红褐或红色。中国有极其丰富的籽用、叶用、茎用、芽用和根用芥菜品种。

一、芥菜的类型

芥菜有利用种子做调味品的籽用芥菜；有利用肥大的叶和叶柄供食用的叶用芥菜；有利用肥大而有瘤状突起的短缩茎供食的茎用芥菜；有利用肥大而柔嫩的花茎供食的薹用芥菜；有利用肥大的腋芽供食的芽用芥菜；还有利用肥大的肉质根供食的根用芥菜。

芥菜类蔬菜不仅可供鲜食，而且还是加工菜的主要原料。其加工产品主要有：南方涪陵的榨菜，四川宜宾的芽菜，四川南充的冬菜，浙江的雪里蕻，云南昆明的大头菜，广东潮州的咸菜，福建的腌菜，贵州独山的盐酸菜等。这些用不同的芥菜制成的加工菜，不但独具风味，而且在国内市场久负盛名，同时在国际市场上也享有很好的声誉。

二、生物学特性与生产的关系

根　芥菜的根是直根，主根较细，深根一般分布在 30 cm 左右深的土层中。根用芥菜的主根特别肥大，形成供食用的肉质根。

茎　芥菜的茎形成短缩茎；茎用芥菜茎部特别肥大，具各种形状，有的茎部有不规则的瘤状凸起，成为榨菜的加工原料，有的茎部肥大而无明显的瘤状凸起，名为棒菜；有的不但有肥大的茎，而且有胖而发达的腋芽，肥大的茎与胖大的腋芽形成一个整体，称为儿菜。

叶　芥菜的叶有椭圆、卵圆、倒卵圆、披针等形状，叶色有深绿、绿、浅绿、黄绿、红绿相间的血丝状条纹，紫红等颜色，叶面有平滑、皱缩、锯齿状、波状、全缘等各种形状，叶缘基部有浅裂和深裂，全叶具有深浅不同的裂片，叶片的中肋有的扩大成扁平状，有的伸长成箭杆状，叶柄有的较长，有的较宽，有的有瘤状凸起，有的肥厚，有的叶还折曲包心结球等。

花　芥菜的花较小，自交结实率较高，各个变种间可以相互杂交。

种子　芥菜的种子圆珠形或椭圆形，红褐色或暗褐色，千粒重 1 g 左右。

三、叶用芥菜的生产技术

叶用芥菜，又名青菜、苦菜、辣菜、春菜（图 7-4）。它包括大叶芥菜、花叶芥菜、瘤柄芥菜、包心芥菜和分蘖芥菜等多种叶用芥菜类型。叶用芥菜是芥菜类蔬菜中栽培最为普遍、适应性最强的一类蔬菜，它适应冷凉而湿润的气候条件，但各个类型和品种对外界条件的适应性不完全一致。一般大型的和包心型的品种对环境条件的要求要严格一些，小型散叶型的或以幼苗供食的品种，对环境条件的要求不太严格，适应性也较强。主要的类型和品种简介于后。

图 7-4　叶用芥菜

（一）类型和品种

（1）大叶芥菜类型　品种有广西南宁的光椰菜、四川宜宾的二月青、四川南充的箭杆青菜等。

（2）花叶芥菜类型　品种有浙江的半粗花叶芥菜（粗梗芥菜）、浙江的粗花叶芥菜（黄郎）、湖北的花叶子芥菜等。

(3)瘤柄芥菜类型　品种有江苏的弥陀芥菜、湖北耳朵芥菜、四川的沙锅底芥菜等。

(4)包心芥菜类型　品种有广东的鸡心芥菜(包心大芥菜)、广东的哥苈大芥菜。

(5)分蘖芥菜类型　又名雪里蕻,品种有浙江的黄雪里蕻、江苏的黑雪里蕻、上海的四月慢等。

(二)栽培技术

1. 栽培季节

叶用芥菜喜冷凉湿润的气候环境,因此在栽培时都以秋播为主,秋冬季节生长,冬季或第二年春季收获,有利于提高它的产量和品质,即在8—9月播种,根据早、中、晚熟不同的品种熟性,可在11月至翌年2月陆续供应市场。

2. 播种育苗

栽培叶用芥菜多数是育苗后定植于大田,也有一些地方以小苗供食的多采用直播栽培。叶用芥菜种子颗粒小,整理苗床土要特别精细。选择保水、保肥力强的、肥沃而又利排水的田块作苗床地,深耕后晒土,施入农家肥、磷肥、草木灰作基肥。然后将土块整细、整平,做高畦播种。每667 m^2 苗床地播种量为50 g为宜。由于秋播时正值高温多雨季节,应在播种后畦面覆盖细渣肥或细肥土,同时应盖草或搭阴棚避烈日暴雨。出苗后可逐渐在傍晚除去覆盖的草和阴棚。如遇干旱要早晚浇水,保持湿润。2～3片真叶后分苗,按7～8 cm距离假植,假植用的苗床土与原苗床土一样。假植成活后用清粪水兑水后施入,同时要特别注意苗床内的蚜虫防治,以减轻病毒病的感染。

3. 整地与定植

叶用芥菜对土壤的要求不太严格。整地时要深耕土地,每667 m^2 施入农家肥1 500～2 000 kg,过磷酸钙20～25 kg,氮素肥料5～8 kg,整平土地后开成宽1.3 m或2 m的高畦,以备定植。在气温较高的季节定植,应选择保水保肥力强、湿润的土壤作叶用芥菜的栽培土,因这种土壤土温略低,利于叶用芥菜的生长并可减少蚜虫的为害,减轻病毒病的感染。在秋雨较多的季节要注意搞好田内的排水工作。

叶用芥菜秧苗5～6片真叶、苗高15 cm左右即可定植。定植的株行距要根据各品种的植株大小确定。一般早熟品种株行距较小,定植株行距为(25～33)cm×(33～38)cm,中晚熟品种为(33～35)cm×(38～40)cm。

4. 田间管理

(1)灌溉　定植时要浇透定根水,如遇干旱,5～7 d还应浇透水一次;如遇多雨,要挖深沟做好排水工作。进入冬季少雨季节,要视其土壤干旱情况进行灌溉,忌大水漫灌,只需土湿为宜。

(2)追肥　叶用芥菜以它的全叶供食,追肥时以氮肥为主,还必须补充磷、钾肥料,以提高植株的抗病能力和充分地吸收氮肥的能力,使其植株健壮,增加产量。定植成活后,用清粪水兑尿素后再兑水追施提苗肥,以后随着它的生长情况再追施3～4次肥料,照先淡后浓,先轻后重的原则追肥,后两次追肥要加适量的钾肥和沤制过的磷肥施入。需要加工用的叶用芥菜,在采收前的15 d左右停止灌溉和施肥,也不要再喷洒农药,以免影响加工品质。

(3)病虫害防治　芥菜类蔬菜的病害主要有病毒病,而病毒病又主要是通过蚜虫的为害而传播。因此,在叶用芥菜的育苗期和定植后一定要彻底防治蚜虫。在栽培上可以实行水旱轮作,并且不与其他十字花科类蔬菜连作或混作,可与葱蒜类蔬菜间作。增施磷钾肥料,增强植株抗性,对减轻病毒病的危害也有一定的效果。同时选用抗病能力较强的品种栽培也是一个很重要的途径。在冬季低温干燥时实行小水勤灌也是一条很有效的措施。

叶用芥菜定植时正是秋季，要注意防治黄条跳甲，用氨水、敌敌畏、乐果均可防治。

5. 采收

按加工或鲜食的要求，一般从 11 月至翌年 2 月均可采收。

四、茎用芥菜的生产技术

茎用芥菜，又名青菜、羊角菜、榨菜头（图 7-5）。茎用芥菜以膨大而肥嫩的茎供食，其品种丰富。其中膨大茎上有明显瘤状突起的品种，十分适宜加工，其加工产品称为榨菜，以现在南方涪陵的榨菜最为有名。膨大茎无明显瘤状突起的称为棒菜，适宜鲜食。

（一）类型和品种

（1）加工类型的品种　有南方涪陵的蔺市草腰子、三转子、鹅公包等。

（2）鲜食类型的品种　有羊角菜、棱角菜、笋子菜、棒菜、大狮头、二狮头等品种。茎用芥菜既可加工，也可鲜食。这些茎用芥菜只需剥皮后切片炒食，或剥皮切块煮食，也可剥皮后作泡菜。羊角菜叶柄基部茎上有长瘤头、突起约 4 个；棱角菜有尖瘤状突起仅 2 个；棒菜的茎无明显瘤状突起似莴笋茎；大狮头、二狮头茎上有不规则瘤状突起，茎皮浅绿色，二狮头比大狮头早熟，但膨大茎比大狮头小。

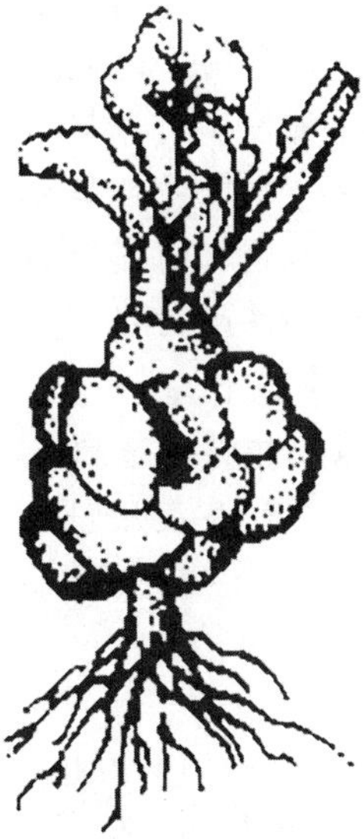

图 7-5　茎用芥菜

（二）生产技术

1. 栽培季节

选择最佳的栽培季节是茎用芥菜丰产优质和控制病虫害的关键。茎用芥菜生长期比叶用芥菜长，对温度的要求也比叶用芥菜严格，对气候的适应性和抗蚜虫耐病毒能力比叶用芥菜差。一般播种期早的感染病毒病较重，适期播种的感染病毒病较轻。在南亚热带地区种植茎用芥菜，低海拔地区感染病毒病较重；中高海拔的半山区感染病毒病较轻，而且菜头产量较高；而在高海拔地区的能种茎用芥菜的高山区，虽然病毒病很少感染，但经济产量并不理想。

对于那些抗病强而又以鲜食为主的品种，可以适当早播，但早播时间不宜早于 8 月下旬。

2. 品种选择

用于加工的茎用芥菜，应选择膨大茎含水量较低，不易空心，不易抽薹，品质柔嫩，个头整齐，便于加工整理，较耐病毒病，抗寒力强，产量高的优良品种。首选的应是抗虫耐病能力。不同品种的抗病能力有较大差异。据试验研究表明，三转子抗病力较强，产量稳定，含水量较低，较耐瘠薄土壤，品质好，适宜加工。

3. 播种和育苗

生产上多采用先育苗而后定植的方法栽培茎用芥菜，也有少部分地区采用直播栽培。直播不会延误生长，没有缓苗期，可比播种育苗的推迟 15～20 d 直播，病毒病还可减轻，产量与提前 15～20 d 播种育苗定植的相似，但占地时间要长一些，要多中耕除草两次，在大田幼苗期防治病虫害要多用农药，增加了管理的麻烦并加大了成本。所以较少采用直播方法栽培。

育苗地应选择富含有机质、保水保肥力强的黏壤土或壤土。育苗地最好选择远离病毒病源和三年内未种过芥菜和十字花科作物的田块，以减少蚜虫传毒的机会。苗床土要深耕30 cm，施足腐熟的有机肥作基肥，将苗床土充分耙细整平，开 1 m 宽高畦，将畦面整平，每667 m^2 苗床地播种子 50 g 左右，播种要均匀。出苗后见真叶两叶一心时按 6～7 cm 距离间苗或分苗假植，拔除畸形苗、弱苗和病虫苗。间苗后和假植成活后要追施一次清粪水和喷撒一次防蚜虫的农药，保证秧苗健壮生长。在整个发育苗期间，由于气温还较高，是蚜虫盛发和迁飞频繁的季节，要特别注意苗床地内蚜虫的彻底防治，以免病毒病在苗床地内蔓延。要将幼苗育成株型紧凑、矮壮、无病虫的壮苗。幼苗长到 5～6 片真叶时即可定植。

4. 整地与定植

适时播种的茎用芥菜秧苗，在播后 35 d 左右长出 5～6 片真叶的矮壮无病苗后应及时定植。如定植过迟，在苗床内易形成徒长苗，定植时易受损害。

种植茎用芥菜的田块，应选择保水保肥力强而又利于排灌的壤土或黏壤土，同时要尽量选择三年内未种芥菜和十字花科蔬菜的田块，以减少蚜虫为害而传播感染病毒病。

栽培茎用芥菜的田块，要深耕土半个月，可对土壤起到消毒杀菌和杀伤田间虫害以及熟化土壤的作用，并且有利于今后茎用芥菜根系的生长。再施入腐熟的人畜粪每 667 m^2 1 500～2 000 kg 作基肥，同时也应每 667 m^2 施入氮素化肥 5～8 kg，过磷酸钙 20～25 kg，硫酸钾 8～10 kg，与农家肥和土壤充分耙匀后，整地做高畦栽培，高畦可减少软腐病的发生。

茎用芥菜一般的种植密度为每 667 m^2 3 000～4 500 株，一般株行距为 35 cm×40 cm。为了提高加工榨菜的品质，还可适当延迟播种时间，增加定植密度，可以减轻病毒病的危害和增加产量。

5. 田间管理

(1)施肥　茎用芥菜从定植到采收膨大茎的整个生长期中，应根据不同的栽培环境条件和茎、叶生长的情况在已施用底肥的基础上，追肥三次。定植成活缓苗后应轻施一次提苗肥，每667 m^2 施入兑水的清粪水 1 000～1 200 kg，兑入尿素 2～3 kg，硫酸钾 2～3 kg，过磷酸钙 8～10 kg。此时叶片生长快，有利于第一叶环的迅速形成，为茎的膨大打下良好的营养基础。当第一叶环形成后，逐渐形成第二叶环，这时茎开始膨大，应追施第二次肥料。这次追肥应比第一次略重，每 667 m^2 施入腐熟的农家粪水 1 200～1 400 kg，兑入尿素 5～6 kg，硫酸钾 5～6 kg，过磷酸钙 10 kg。这次施肥有利于均匀供给迅速膨大的茎养分。当茎已膨大到一半时，这时已形成了第三叶环，应重施一次茎的膨大肥，也是茎用芥菜的最后一次施肥，这次可以不加入尿素和磷肥，只需每 667 m^2 以腐熟的浓粪水 1 500 kg 兑入硫酸钾 5～8 kg。通过三次追肥后，茎用芥菜整个生长期的养分已经充足，在收获前半个月就不宜再追施肥料。施肥的种类应是以农家有机肥为主，适当补充氮、磷、钾肥料，特别是要重点补充磷、钾肥，这是使茎用芥菜获得高产优质的关键。施肥方法以前期轻施、中期重施、后期看苗补施较好。

(2)灌溉　茎用芥菜在整个生长期是需水量较多的作物。如果土壤水分不足或供水不均匀，会使膨大茎粗纤维增多和空心率增高。在定植时要浇透一次定根水，缓苗后还应浇透一次缓苗水。在形成第一叶环施肥后进行小水勤灌 1～2 次。在第二叶环茎开始膨大时应进行稍大水量灌溉，以畦面湿润为度，不能大水漫灌。形成第三叶环后已进入茎的迅速膨大期，这时要视天气干旱情况进行均匀灌水，使土壤随时保持湿润，不能过干或过湿，以免造成空心或裂口，在收获前半个月应停止灌溉。

(3)中耕除草　茎用芥菜定植后和直播出苗后，时值气温较高、秋雨也较多的季节，应注意田间的中耕除草，在茎用芥菜封行前至少要中耕除草2～3次，随时保持土壤疏松和没有杂草，封行后如还有杂草，应进行人工拔除。

(4)病虫害防治　茎用芥菜的病害主要有霜霉病、软腐病和病毒病；虫害有菜螟、黄条跳甲和蚜虫。黄条跳甲在茎用芥菜的幼苗定植后易发生，菜螟发生在茎用芥菜生长的中后期，蚜虫在整个生长期中都会发生。病毒病的发生对芥菜产量和品质影响最大。防治病毒病要采取综合防治的措施，选用抗病品种，严禁连作，防止蚜虫为害，杜绝传毒的途径。防治蚜虫可以采取多种办法，在田边采用黄板诱蚜，或者用银灰色反光塑料薄膜覆盖避蚜，再用内吸性农药如乐果类、杀螨菊酯类农药分别在幼苗期、莲座期喷雾防治。

6. 采收

膨大茎已充分膨大或见心叶内已有很短的花薹时及时采收。南方采收一般在1月中旬至2月中旬采收。

项目四　花椰菜生产技术

花椰菜，又叫菜花或花菜，属十字花科，是甘蓝的变种。原产地中海沿岸，其产品器官为洁白、短缩、肥嫩的花蕾、花枝、花轴等聚合而成的花球，是一种粗纤维含量低，品质鲜嫩，营养丰富，风味鲜美，很受人们喜爱的蔬菜。

一、对环境条件的要求

1. 温度

花椰菜生长发育喜冷凉温和的气候，属半耐寒性蔬菜，不耐炎热干旱，又不耐霜冻。种子发芽的最低温度为2～3 ℃，发芽最适温度为20～25 ℃。营养生长的适温范围为8～24 ℃。花球生长的适温为15～18 ℃，8℃以下时生长缓慢，0 ℃以下花球易受冻害。在−2～−1 ℃时叶片受冻。气温在24～25 ℃以上时花球小，品质差，产量下降。温度过高，则发育受影响，花薹、花枝迅速伸长，花球松散。

花椰菜从种子发芽到幼苗期均可接受低温影响而通过春化阶段，通过春化阶段的温度较高，5～20 ℃的温度范围内均可通过春化阶段，10～17 ℃幼苗较大时通过最快。在2～5 ℃的低温条件下，或20～30 ℃的高温条件下不易通过春化阶段，因而不能形成花球，或形成小花球并很快解体。通过春化阶段的温度因熟性而异，极早熟种在21～23 ℃以下，早熟种在17～20 ℃以下，中熟种15～17 ℃以下，晚熟种在15 ℃以下。通过春化阶段的日数，早熟种短，而晚熟种长。

2. 水分

花椰菜喜湿润环境，不耐干旱，耐涝能力也较弱，对水分供应要求比较严格。整个生育期都需要充足的水分供应，特别是蹲苗以后到花球形成期需要大量水分。如水分供应不足，或气候过于干旱，常常会抑制营养生长，促使加快生殖生长，提早形成花球，导致花球小且质量差。然而，如果水分过多，土壤通透性降低，含氧量下降，也会影响根系的生长，严重时可能会导致植株凋萎。适宜的土壤湿度为最大持水量的70%～80%，空气相对湿度为80%～90%。

3. 光照

花椰菜属长日照作物。光照长短对营养生长影响不大,但营养生长期较长的日照时间和较强的光照强度有利于生长旺盛,提高产量。结球期花球不宜接受强光照射,否则花球易变色而降低品质。

4. 土壤营养

花椰菜对土壤营养条件要求较严格,只有栽培在土壤疏松、耕层深厚、富含有机肥、保水保肥、能灌能排的土壤中才能获得高产。土质贫瘠,施肥不足,植株生长弱小,花球也小。花椰菜整个生育期要求有充足的氮肥供应,如缺少氮肥会影响生长发育的顺利进行,降低产量。对钾的吸收也较多,缺钾易发生黑心病。供应充足的磷,可促进花球的形成。土壤中缺硼,易造成花球内部开裂,出现褐色斑点并带苦味。土壤中缺镁,老叶易变黄,降低光合作用能力,栽培中除了保证大量元素外,还应注意增施微量元素。

二、花椰菜的类型与品种

花椰菜作为甘蓝的一个变种,按其花球成熟的早晚,可以分为以下 3 个类型:

(1)早熟类型　从定植到收获约 60 d。植株较短小,半开张,花球小,成熟快。主要品种有福州 50 天、海澄早花、早雪球、四季种 60 天、夏雪 40、荷兰春、早露玉、高富等。

(2)中熟类型　从定植到收获需 70～90 d。莲座叶较大,开张或半开张。花球紧密、中等大小。多数品种幼苗胚茎带紫色。代表品种有荷兰 48、福农 10 号、中生 5 号、洪都 15、夏花 80 天 1 号、津雪 88、祁连白雪、瑞士雪球、天山雪、高白一号等。

(3)晚熟品种　从定植到收获需 100 d 以上。植株高大,生长势强。莲座叶大而开张,叶片宽大,蜡粉较少。花球较大。代表品种有冬花 240、洪都 16、杭州 120 天、兰州大雪球、四川秋巨人、津雪 88、大理花菜、祥春 100 天、雪辉 3 号等。

工作任务　花椰菜春保护地栽培技术

任务目标:掌握花椰菜的品种选择、整地做垄、育苗、定植、田间管理、病虫害防治、采收等技术。

任务材料:春保护地、适宜花椰菜种子、农膜、农药、化肥、生产用具等。

技能要求:学会春季花椰菜的保护地栽培技术。

一、选择优良品种与适期播种

花椰菜属绿体春化型植物,只有通过春化阶段后才能形成花球,但花椰菜与甘蓝不同,通过春化阶段对低温的要求差别很大。因此,栽培春花椰菜一定要选用适合春季栽培的品种,同时在栽培管理上要人为地进行控制,使其在分化足够的叶片后,再通过阶段发育。因为只有分化出足够的叶片后才能产生大量同化物,满足花球生长发育的需要,获得优质高产。

为使春花椰菜能在高温到来之前形成花球,提高品质和产量,必须根据品种特性及当地育苗条件和气候条件合理安排播种期。如播期太早,管理费工,幼苗生长过大,过早地通过阶段发育,定植后易造成先期现球,影响品质和产量。但播期过晚,小苗不能正常感应低温,完成阶段发育。因为春花椰菜栽培中花球形成要求冷凉的气候,适温为 14～18 ℃,在这种温度情况下,花球组织致密、紧实,品质优良。否则,现球时处于高温季节,就会出现短缩茎伸长,容易形成“散花”“毛花”等畸形花现象；若遇高温多雨天气，雨水过多，还容易发生烂球，产量和品质没有保证。

过去常说，春花椰菜早播种，可以提高叶片的抗寒性，这种说法没有科学依据。播种期选定必须根据品种特性和不同品种对低温感应程度以及不同的育苗方式、气候条件合理确定。如苗龄过长，不但费工，而且控制不当，容易造成小老苗，或徒长大龄苗。所以春栽花椰菜一定要通过温度控制培育壮苗，达到早熟丰产的目的。

二、培育壮苗

1. 营养土的配制

配制的营养土必须肥沃，具有良好的物理性状，保水力强，空气通透性好。营养土的优劣直接影响幼苗的生长发育和花椰菜的最终品质和产量。营养土的配制一般比例为：壤土 3 份、蛭石 2 份、充分腐熟过筛的马粪或鸡粪 1 份；或壤土 2 份、堆肥(草木灰等)1 份、充分腐熟过筛的马粪或鸡粪 1 份。配制用的土一定要打碎过筛，各种成分均匀混合。这种营养土不仅肥沃、通透性好，而且病原菌少，有利于培育壮苗。

2. 播种

(1)晒种　为使种子发芽整齐一致。应进行种子的精选和晾晒。在精选种子时将杂物和瘪籽剔除，在播种前将种子均匀晒 2～3 d。

(2)播种量　播种前应进行发芽试验，然后根据种子发芽率的高低和播种方式来决定播种量。一般种子发芽率在 90%左右，每克种子在 350～400 粒，一般要播种数为穴数的 1.5 倍。

(3)打底水　苗床含有充足的水分才有利于种子发芽、出苗及幼苗正常生长。播种前灌水要求使土层达到饱和状态为宜。地下水位较高和保水能力较强的壤土、黏质壤土，底水应少些；反之，地下水位较低和保水能力差的沙壤土或漏水地底水就要多些。如灌水量不足，土壤干燥，会影响种子发芽、出苗，甚至使已发芽的种子干死，出苗后也会影响幼苗的生长；如灌水量过大，不仅会降低地温，也会造成土壤缺氧，影响种子正常发芽。因此播种前适量灌水是保证种子正常发芽出苗的有力措施。灌水后应立即覆盖塑料薄膜以提高畦温，使幼苗迅速出土。

(4)播种方法　灌水即可进行播种，播种时先撒薄薄的一层过筛细土。播种方法有两种：一种方法是撒播，将种子均匀撒在育苗床上，然后立即覆盖过筛细土 1～1.5 cm，四周撒点鼠药，覆盖薄膜，并用细土将四周封严；另一种方法是点播，播种前按(8～10)cm×(8～10)cm 营养方或营养钵育苗，在土方中间扎 0.5 cm 左右深的穴，然后每穴点播 2～3 粒种子。播后随即覆土，盖膜，封严(同前)。

3. 苗期管理

(1)覆土　在苗出齐后选晴暖无风的中午，覆 0.3～0.5 cm 厚的过筛细土，防止畦面龟裂，又可保墒。

(2)间苗　在幼苗子叶展开第一片真叶露心时，选晴天无风中午，间去拥挤的幼苗，然后再覆一层 0.5 cm 厚的过筛细土，以助幼苗扎根，降低苗床湿度，防止猝倒病等病害发生。注意覆土后要立即盖上塑料薄膜以防闪苗。间苗前适当放风，以增加幼苗对外界环境的适应性，并选在晴暖天气时进行。

(3)分苗　为了培育壮苗，要及时分苗，防止幼苗密度过大，影响通风透光，造成幼苗徒长。分苗适期在二叶一心至三叶一心，分苗行株距为 10 cm×10 cm。分苗时要大小苗分开，大苗分在畦的南部，小苗分在畦的北部，以促使幼苗生长一致。

(4)中耕与覆土　在缓苗后经几天的放风锻炼，及时中耕，有利于保墒和提高地温。第一次中耕要浅，隔 5～6 d 进行；第二次中耕时，应略深些。营养钵分苗不进行中耕，只进行一次覆土，以达到保墒目的。

(5)温度管理　从播种至出苗期间，为了提高畦内气温和地温，促使幼苗迅速出土，应加强保温措施。播种后的棚室，白天温度应控制在 20～25 ℃，夜间温度在 10 ℃左右。草苫(覆盖物)要早拉早盖，一般下午畦温降至 16～18 ℃时盖苫，早上揭苫温度以 6～8 ℃为宜，经 7 d 即可出苗，10 d 左右即可出齐苗。

齐苗到第一片真叶展开阶段开始通风，适当降低畦内温度，以防幼苗徒长，白天温度控制在 15～20 ℃，夜间温度在 5 ℃左右，揭苫时的最低温度在 5 ℃左右。随天气变化掌握好温度是培育壮苗的关键。由于这段时间气温较低，如果不通风降温，造成幼苗徒长，长成节间长的高脚苗，这种苗很难获得早熟丰产，所以无论阴天或刮风天气都要每天按时通风，以降低苗床内的温湿度，即使在下雪天的情况下也要打开苗床两头的塑料薄膜，使苗床内空气流通，注意放风时间要短，风口要小。

放风口的大小应以开始小些、少些，逐渐增加为原则，但应注意晴天大些，阴天或刮风时小些，尽量避免不放风。放风口一般从冷床的上口(北边)放起。这是一个循序渐进的过程，切不可急于求成，骤然加大加多放风口。

第一片真叶展开到分苗，正处于严寒季节，这段时间最高温度掌握在 15～18 ℃。最高不超过 20 ℃，最低温度控制在 3～5 ℃，下午畦温降至 12 ℃时盖苫，揭苫最低温度为 2～3 ℃，分苗前的 7～8 d 要逐渐加大通风量，以增加幼苗在分苗时对外界环境的适应性。为促进缓苗，很快地长出新根，在分苗后的 5～7 d 要把塑料薄膜尽量盖严，用细土封严，以提高畦内温度。畦温降至 16～18 ℃时盖苫，揭苫最低温度在 6～7 ℃，由分苗后到定植前这一阶段时间，平均畦温不应低于 10 ℃，以免幼苗经常遭受低温感应而先期显花球，影响产量和品质。这一时期为了尽量延长日照时数，给予幼苗最大限度地延长光合作用的时间，揭苫时间要适当提早，盖苫时间要适当推迟。

经过控温育苗和低温锻炼的幼苗表现为茎粗壮，节间短，叶片肥厚，深绿色，叶柄短，叶丛紧凑，植株大小均匀，根系发达。这种壮苗定植后缓苗和恢复生长快，对不良环境和病害的抵抗能力强，是夺取早熟丰产的基础。

(6)起苗与囤苗　起苗前应先浇起苗水，起苗水的次数及大小应根据秧苗的大小和畦土松散程度来决定。一般秧苗已达到预定的生理苗龄，并在起苗时不致散坨，浇一次起苗水即可，起苗水可在起苗前 2～3 d 浇，起苗时土坨以 1 cm×10 cm×8 cm 为宜，土坨过小，会伤根过多不利于缓苗。起苗后将土坨整齐排列在畦内，然后用潮湿土填缝进行囤苗。并于定植前 7～10 d 逐渐去掉覆盖物，大量通风进行低温炼苗，使秧苗充分适应外界条件，待囤苗 3～4 d 新根长出后即可及时定植。

你知道吗？

在冬季连阴天时，草苫等不透明覆盖物要晚揭早盖，以保持温度。但切不可连续几天不揭苫，要保证幼苗每天有一定时间的散射光照射。否则幼苗长时间在黑暗中营养被消耗，十分虚弱，晴天突然揭苫，会发生萎蔫甚至死亡。

4. 定植前准备

由于花椰菜在耕作层有发达的侧根和不定根，形成强大的网状根群，如进行深耕，加厚耕作层，则根群可以生长得更深，并在深层发生很多分根，使根群深入发展，这样一方面可以扩大吸收养分和水分的范围，另一方面可以在生长过程中均衡地得到养分和水分的供应，这对于地上部的生长和产量的增加有极大的好处。倘若根群很浅，则灌水后因水分的迅速下降和蒸发，浅层土壤水分不稳定，水分供应不能均衡，施肥后养分受灌水而渗入深层，也不能充分被花椰菜所利用。因此，应深耕，按每 667 m^2 施优质农家肥 5 000～6 000 kg、磷肥 50 kg。翻土掺匀后做畦，一般畦长 8～10 m，宽 1.0～1.5 m。做到畦平、土细、粪土混匀。

5. 定植

春花椰菜的适时定植很重要。定植过晚，成熟期推迟，形成花球时正处高温，会使花球品质变劣，产值低；定植过早会造成先期显球，影响产量，一般在日平均气温稳定在 6 ℃以上才适宜定植。

合理密植是争取丰产的技术措施之一。不同的品种定植密度不同，一般早熟品种每 667 m^2 定植 3 300～3 600 株，株行距 40 cm×40 cm，中熟品种 3 000 株，株行距 50 cm×45 cm，而中晚熟品种 2 700 株左右为宜。株行距 55 cm×50 cm，同时土壤肥力的高低也是确定种植密度的因素。土壤肥力高，植株开展度较大，就适当稀些，反之就应稍密一些，以便获得较高的产量。

定植时在起苗、运苗和定植过程中必须十分仔细，不能散坨，以保证幼苗定植后缓苗快，从而促进早熟。定植土坨栽的不要过浅，以浇水后土坨与地面平为宜。

6. 田间管理

(1)中耕蹲苗　春花椰菜定植后影响生长的主要矛盾是地温低，造成根系生长缓慢。不要急于浇缓苗水。应加强中耕，中耕能疏松表土，减少水分蒸发，增加地温和土壤的通透性，以促进土壤中养分的分解，有利于养分的吸收和根部发育；结合中耕及时清除田间杂草。勤中耕、细中耕，先深后浅，对于加速缓苗和幼苗的健壮生长具有十分重要的作用。

根据品种特性合理掌握蹲苗时间，不仅能使营养体健壮生长，同时也为花球发育打下良好的基础。花椰菜的花球发育主要借贮藏在茎叶及根中的营养而进行。因此，在花球生长之前要有一个健壮而硕大的营养体，才能结出硕大的花球；反之，如果叶丛太小或植株徒长都将直接影响花球的大小和品质。所以，一般春早熟品种适当蹲苗，以促为主，做到边浇水边中耕蹲苗，以促进根系发育，中晚熟品种一般蹲苗 7～8 d 为宜。

(2)水肥管理　花椰菜的花球主要借助于贮藏在短缩茎中的养分及叶片光合作用形成的营养物质来生长的，因此，在花球形成之前必须有一个大而健壮的营养体，才能结出硕大的花球；肥力不足或施肥不当，植株发育不良，花球也必然小。因此在施足基肥的基础上，要强调早期追施氮肥和一定量的磷钾肥，促其营养生长，保证花球的发育。

花椰菜在生长过程中植株不断增长，对于养分的需要量也随着增加，但是各个时期的生长量不同，对养分和水分的需求也有不同，在栽培中要根据各个时期的增长量来适时、适量地进行追肥和浇水，合理地满足花椰菜在各个时期中所需要的养分和水分。

定植后在墒情适宜时为促进新根发育进行深中耕。由于定植后生长量小，对水肥没有过多的要求，但为了促使缓苗，在定植后的 5 d 左右可结合浇缓苗水每 667 m^2 施尿素 10 kg 或硫酸铵 15 kg；在墒情适宜时要及时进行二次中耕，进行适当蹲苗，蹲苗后要浇一次透水，并每

667 m^2 施尿素 15 kg 或硫酸铵 20 kg，有条件的地方还应浇腐熟的粪稀水，以使植株生长健壮，获得强大的叶簇，有利于花球的发育；在蹲苗结束至显花球阶段，外界气温逐渐增高，光照增强，蒸发量大，应大水大肥，促进秧体的生长，结合土壤墒情 4～5 d 浇 1 次水，做到畦面见干见湿，保持土壤相对湿度在 70%～80%；现球后再追施尿素 10 kg 和适量的钾肥，花球直径达 9～10 cm 时进入结球中后期，整个植株处于生长量最高峰，这时要进行第 4 次追肥，以满足形成硕大花球的需要。以后每隔 3～4 d 浇 1 次水，直至收获。春栽花椰菜前期浇水最好选择上午。

春保护地花椰菜的栽培要根据各地的天气、土壤、苗情、品种等不同情况，因地制宜进行合理的肥水管理，切不可机械地按一个模式来管理。

思考题

1. 总结白菜类蔬菜水肥管理的特点。
2. 南方地区种植结球甘蓝怎样安排栽培季节与选择品种？
3. 简述春花椰菜的栽培技术要点。
4. 大白菜莲座期和结球期如何管理？

思政小课堂

扎根田间 30 年，他为花椰菜装上“中国芯”

知识拓展：蔬菜主要细菌性病害和病毒识别与防治

模块八

根菜类蔬菜生产

岗位要求

本模块内容是蔬菜生产管理岗位专业能力之一，工作任务是熟练掌握根菜类蔬菜的生产管理技术，包括品种选择、做畦技术、播种技术、肥水管理技术、采收技术等；能及时发现并解决好出苗不齐、先期抽薹、生理性病害等常见技术问题，保证根菜类蔬菜产品的质量安全，帮助农户实现优质高产。

知识目标

了解根菜类肉质直根的形态与结构，对土壤和施肥的要求，品种类型，栽培茬口安排，收获技术；理解萝卜"破肚"现象，掌握萝卜或胡萝卜的播种技术，苗期管理技术、肥水管理技术，以及肉质根形成过程出现生理障碍的原因与预防措施。

能力目标

能正确运用所学的原理和方法，根据给定的条件，科学、合理地制订栽培技术方案，协作完成主要根菜类蔬菜的育苗、定植、田间管理、收获的全过程，熟练掌握根菜类蔬菜的基本管理技术。

素质和课程思政目标

感受我国劳动人民的智慧，增强文化自信；培养学生科学生产、高效生产的能力；培养学生吃苦耐劳的精神；培养学生牢固树立"绿水青山就是金山银山"的绿色发展理念，树立食品安全意识及标准化生产意识。

根菜类蔬菜是指由肥大的肉质直根作为食用器官的蔬菜植物(块根类除外)。包括萝卜、胡萝卜、根用芥菜(俗称“大头菜”)、芜菁、美国防风、根芹菜、辣根、牛蒡、婆罗门参、根甜菜等。目前我国主要栽培的是萝卜、胡萝卜,其次是大头菜、芜菁等。这类蔬菜适应性强、生长快、产量高,管理简易,贮运方便,营养丰富,食用方法多样,可生食、炒食或腌渍、加工,在蔬菜周年供应中占重要地位。

根菜类蔬菜在栽培特性上有许多共同点:①原产于温带,多为半耐寒性的二年生植物,在气温由高到低的条件下较易获得高产、优质;②一般于冷凉季节形成肥大的肉质根,翌春抽薹开花、结实;③适于土层深厚、肥沃、疏松排水良好的沙壤土中栽培;④用种子繁殖,多宜直播;⑤根菜类蔬菜有共同的病虫害,需轮作。

项目一　萝卜生产技术

萝卜,又名莱菔、芦菔,属十字花科萝卜属的一、二年生植物。萝卜起源于中国,原始种为生长在欧亚温暖地域的野生萝卜,栽培历史悠久。宋代以后,萝卜开始成为四季可栽培的作物。清中后期,还出现一种绿肥、蔬菜兼用类型的肥田萝卜。“冬吃萝卜夏吃姜,一年四季保安康”。萝卜的肉质根富含碳水化合物、维生素、铁、锌、磷等,还含有淀粉酶和芥子油,有助消化、增加食欲和提高人体免疫力的功效。萝卜种子因为具有重要的医学价值还有专门的中药称谓,叫“莱菔子”。萝卜用途广,品种多,能在各种季节栽培,耐贮运,供应期长,是我国人民喜爱的重要蔬菜之一。萝卜条、萝卜干、萝卜丝鲊是云南很有名的特色腌制咸菜。目前,中国栽培的地方萝卜品种近 2 000 个,是世界萝卜品种资源大国。我国萝卜常年种植面积约占世界种植面积的 40%,产量约占世界总产量的 47%,是仅次于白菜的第二大蔬菜。

视频学习:白萝卜生产技术

一、生物学特性与生产的关系

(一)形态特征

1. 根

萝卜的根为形状、色泽多样的肉质根,是主要的食用器官。肉质根在外部形态上由根头、根颈和直根三个部分组成(图 8-1)。

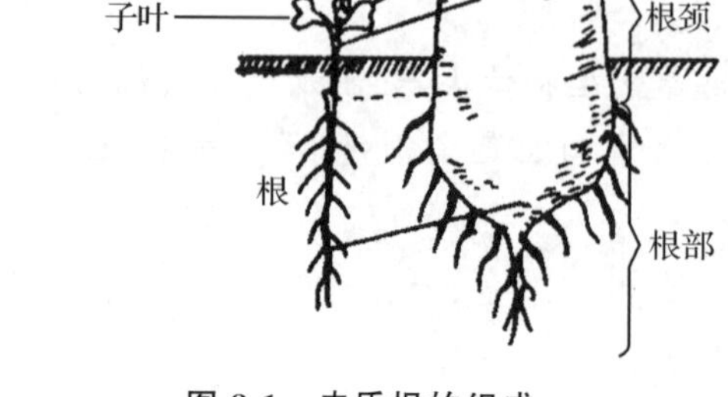

图 8-1　肉质根的组成

(1)根头部(顶部)　短缩的茎部,由幼苗的上胚轴发育而成,上生芽、叶。

(2)根颈部(轴部)　由幼苗的下胚轴发育而成,此部无叶,无侧根。

(3)根部(真根)　由幼苗的初生根肥大而成,上生侧根。

肉质根的形状、大小、色泽等因品种而异,有圆、长圆、长圆锥等形状。皮有白、粉红、紫红、青绿等颜色。肉色多为白色,当木质部薄壁细胞组织内含花青素或叶绿素时,肉质则显紫色或绿色。

2. 茎

在营养生长期呈短缩状，着生叶片。通过温、光周期后，抽生花茎，可达 100 cm 以上，并分枝。

3. 叶

营养生长时期时丛生于短缩茎上，叶形有板叶、花叶之分。叶色分淡绿、浓绿、亮绿、墨绿。叶柄和叶脉也有绿、紫、红等色。叶上多有茸毛。花枝上的叶较小。叶丛有直立、半直立和平展三种方式，直立型品种较适合于密植，平展型的不宜种植太密。

4. 花

总状花序，花瓣 4 片呈十字形。花色有白、粉红、淡紫等色，虫媒花，为异花授粉植物。一般地，白萝卜花白色，青萝卜花紫色，红萝卜花为白色或淡紫色。

5. 果实

长角果，成熟后不易开裂，种子为不正球形，种皮浅黄色至暗褐色。种子千粒重 7～15 g。生产上宜选用 1～2 年的新种子。

(二)生长发育周期

萝卜的生长发育过程，可分为营养生长时期和生殖生长时期两个时期。

1. 营养生长时期

萝卜的营养生长时期是从播种后种子萌动、出苗到形成肥大的肉质根的整个过程。又分为 4 个时期。

(1)发芽期　从种子萌动、发芽、子叶展开到第一片真叶展开为“破心期”，需要 5～6 d 的时间。这个时期生长所需的能量来自种子内贮藏的养分，需要供给充足的水分和适宜的温度才能发芽迅速，出土整齐，子叶也长得肥大。

(2)幼苗期　真叶展开至“破肚”(5～9 片真叶)，15～20 d。由于肉质根不断加粗生长，而外部初生皮层不能相应地生长和膨大，引起初生皮层破裂，称为“破肚”。

“破肚”是先由下胚轴的皮层在近地面处开裂，称为“小破肚”。此后皮层继续向上开裂，数日后皮层完全开裂脱落，称为“大破肚”，这一现象为肉质根开始膨大的象征。此期是生长迅速时期，要求一定的营养、良好的光照和土壤条件，并及时间苗、中耕。

(3)叶部生长盛期　又称莲座期或肉质根生长前期，从破肚到露肩，需 20～30 d。所谓露肩，就是肉质根的根头部分变宽露出地面。此期叶数不断增加，叶面积迅速扩大，光合产物增多，根系吸收水分、养分增多，肉质根延长生长与加粗生长都很迅速，但地上部分的生长量仍超过地下部的生长量。吸收肥料的量以钾最多，氮次之，再次为磷。

在栽培技术上，莲座初期与中期，应增施水肥，但要适当控制，促进形成大的莲座叶，为以后肉质根生长盛期打下基础。

(4)肉质根生长盛期　从露肩到收获，需 40～60 d。

随着叶的增长，肉质根不断膨大，根头部膨大、加宽，露出地表，称为“露肩”。这个时期叶片生长趋于缓慢，而肉质根的生长速度加快，同化产物大量贮藏于肉质根内。在栽培技术上，此期的前期和中期要有足够的肥水供应以利于养分的积累与肉质根的膨大。到后期，仍应适当浇水，保持土壤湿润。若肥水不足会导致减产，须根多、粗糙、味辣、糠心等。

2. 生殖生长时期

萝卜由营养生长时期过渡到生殖生长时期，二年生品种在南方可栽于田间越冬。翌春抽薹开花结实，生殖生长时期包括抽薹期、开花期、结实期，一般需 80 d 左右。

（三）对环境条件的要求

1. 温度

萝卜起源于温带，为半耐寒性蔬菜。种子在 2～3 ℃时开始发芽，适温 20～25 ℃；茎叶生长的温度范围 5～25 ℃，最适温 15～25 ℃；肉质根生长温度 6～20 ℃，肉质根膨大最适温度 13～18 ℃。长期处于 21 ℃以上“长叶不长根”，25 ℃以上高温光合物质积累减少，呼吸消耗增多，植株生长衰弱，容易引起病虫害发生，尤其是蚜虫和病毒病发生。反之 6 ℃以下生长缓慢，并容易通过春化阶段而“未熟抽薹”。在 0 ℃以下，肉质根很容易受冻害。

萝卜营养生长期最适合的温度以由高到低为好，即前期高后期低。因此，生产上应安排适宜的播种期。

2. 光照

萝卜在光照充足的环境中，植株生长健壮，产品质量好。光照不足则生长衰弱，叶片薄而且色淡，肉质根小，品质差。所以，播种萝卜要选择开阔的场地，并且要根据每个品种的特性合理密植，使每个个体尽量利用地下空间，以便在单位面积上获得既多又大的肉质根。

3. 水分

萝卜既不耐旱也不耐湿。在土壤最大持水量 65％～80％、空气湿度 80％～90％条件下，才易获得高产、优质。在生长过程中水分不足易造成植株矮小，叶片不舒展，产量降低，且肉质根容易糠心，味苦辣，品质粗糙；水分过多，土壤透气性差容易烂根，而且易引起表皮粗糙，影响品质；水分供应不均，又常导致根部开裂。

4. 土壤和营养

以土层深厚保水和排水良好，富含有机质，疏松肥沃的沙壤土为最好。萝卜吸肥能力强，施肥上以有机肥为主，并合理追肥。此外，注意补充微肥，缺硼易引起“心腐病”。

二、栽培类型与品种

萝卜可根据根形、根色、用途、生长期长短、栽培季节及对春化反应不同等分类。

（1）按根形分类可分为长圆柱形、圆锥形、倒圆锥形等。

（2）按根皮色分类分为红、绿、白、紫等色。

（3）按用途分类可分为菜用、水果用及加工腌制。

（4）按生长期长短分类：早熟、中熟、晚熟。

（5）按栽培季节分类

①秋冬萝卜：8 月播种，秋末冬初收获，生长季节最适宜，产量高，品质好，耐贮藏。菜用，如昆明地方品种水萝卜、南京穿心红、江农大红萝卜、北京心里美、潍县绿萝卜、薛城长红、济南青圆脆、石家庄白萝卜、澄海白沙火车头等。

②冬春萝卜：9 月下旬至 10 月播种，露地越冬，翌年春天收获。耐寒性强，抽薹晚，不易空心。如昆明三月萝卜、通海春籽萝卜、白玉春、成都春不老萝卜、杭州笕桥大红缨萝卜、澄海南畔洲晚萝卜。

③春夏萝卜：南方一般 2—4 月播种，5—6 月收获，调剂春缺，产量不高，易先期抽薹，供应期短。如锥子把、爆竹筒、娃娃脸、旅大小五缨、北京六缨水萝卜、五缨水萝卜及寿光春萝卜、蓬莱春萝卜、南京五月红等。

④夏秋萝卜:7月播种,夏播秋收,调剂市场供应,生长期短。由于正值酷暑高温,病虫害严重,应加强田间管理。如象牙白、大缨子、杭州小钩白、广州蜡烛趸等。

⑤四季萝卜:除严寒酷暑外,都可播种,生长期短,耐寒耐热,适应性强,抽薹迟,有算盘子、荸荠扁、上海小红萝卜、南京扬花萝卜、烟台红丁等。

我国萝卜种子面临问题:①萝卜品种繁多,种子质量参差不齐,农民甄别能力有限,买到劣质种子和不适宜当地种植种子的现象时有发生;②农民自己留种,品种纯度难以保持,出现品种退化现象;③优质优价及高端萝卜品种较少。我国高端优质萝卜种子严重依赖国外公司,进口价格远高于国内市场价格,优质萝卜品种是我国萝卜产业的一块短板。

农作物种质资源是农业科技原始创新、现代种业发展的物质基础,是保障粮食安全、支撑农业可持续发展的战略性资源。种源安全关系到国家安全,必须下决心把种业搞上去,要以创新链建设为抓手推动种业高质量发展。保存种质资源是一项基础性、战略性工作,对国家发展、人类命运意义非凡。倡议大学生能尽自己所能为种质资源收集工作贡献力量,进一步增强学生对专业的认识,培养学生坚守科学的精神。

三、生产季节与茬口安排

南方萝卜可四季栽培,具体要根据当地的气候条件、季节等选用适宜的萝卜品种(表8-1)。

表8-1　萝卜生产季节与茬口安排

地　区	萝卜类型	播种期/(月/旬)	收获期/(月/旬)
南京	春夏萝卜	2/中—4/上	4/中—6/上
	夏秋萝卜	7/上—7/下	9/上—10/上
	秋冬萝卜	8/上—8/中	11/上—11/下
上海	春夏萝卜	2/中—3/下	4/上—6/上
	夏秋萝卜	7/上—8/上	8/下—10/中
	秋冬萝卜	8/中—9/中	10/下—11/下
广州	冬春萝卜	10—12	1—3
	夏秋萝卜	5—7	7—9
	秋冬萝卜	8—10	11—12
昆明	春萝卜	11月至翌年1月	3—5
	夏萝卜	3—6	6—9
	秋萝卜	7—8	10—11
	冬萝卜	9—10	12月至翌年2月

工作任务1　秋萝卜露地栽培技术

任务目标:在学习萝卜生产技术相关知识的基础上,根据给定的设施及生产资料,能独立设计栽培技术方案,掌握露地萝卜生产全过程,能熟练操作重要的技术环节。

任务材料:适宜秋季环境的萝卜种子、农家肥、化肥、生产用具等。

技能要求:学会秋季萝卜的露地栽培技术。

一、选择适宜品种

秋萝卜是重要的秋菜之一。应根据气候条件、土地准备情况及消费习惯选择品种。秋萝卜多种植大型品种。

二、土壤选择

萝卜的根系发达，入土较深，应选择土层深厚疏松，排水良好，比较肥沃的沙壤为好。只有在这种适合的土壤里，才能使肉质根生长，膨大迅速，形状端正，外皮光洁，色泽美观，品质良好。如果在雨涝积水、排水不良的洼地或土壤黏重的地方，就会使叶徒长不发根；种在沙砾比较多的地块，则肉质根发育不良，容易形成畸形根或杈根。酸碱度以中性或微酸性为好，土壤过酸易发生软腐病和根肿病；土壤碱性过大，长出的萝卜往往味道发苦。

三、整地、施肥和做畦

1. 整地、施肥

种萝卜的地块必须及早深耕多翻，这是萝卜获得丰产的主要技术环节。在播种秋萝卜之前，要进行夏耕和整地。夏耕可以浅些，但要求土地平整，土壤细碎，没有坷垃，以利于幼苗出土和保墒，达到苗齐、苗全、苗壮。

萝卜以基肥为主，追肥为辅。需要施足充分腐熟的有机肥，施肥量以土质肥瘦、品种生长期长短而定。肥地少施、瘦地多施，生长期长的大型品种多施，反之则少施。一般 667 m^2 施入腐熟的厩肥 2 500～3 000 kg。现阶段，我国农作物生产主要还是依靠化肥投入，长期施用化肥使土壤结构遭受破坏，作物品质降低，水资源污染加剧。有机肥因富含作物生长所需的多种营养，不仅能提高作物产量还能改善土壤理化性质，减少环境污染，但我国有机肥的使用比例在肥料利用中仅占 20%，而欧美发达国家已达到了 50%，日本更是达到了 76%，我国与发达国家相比有机肥使用比例差距较大。

2. 做畦

秋萝卜宜平畦栽培，畦宽 1～ 1.5 m，高 20～25 cm，沟宽 40 cm。

3. 机械化整地

在机械化生产中，萝卜整地常用的深松工具有全方位深松机和局部深松机两种类型，以全方位深松机应用最广，深松之后需将土层打碎、耙平并施足基肥，可借用常规大田旋耕机作业。垄作模式下，土层旋耕厚度小于平作模式，可选用旋耕灭茬起垄机一次性完成前茬作物残茬处理与土地的旋耕细碎、起垄。国内蔬菜耕整地机具生产厂家主要集中在江苏、山东、上海等地，生产的旋耕机品种和功能较多，除旋耕整地外往往还具备灭茬、深翻、施肥、分层旋耕和起垄等功能，以适应不同蔬菜种类的作业模式。代表机型有：无锡悦田农业机械有限公司的灭茬旋耕机（图 8-2）、山东华龙农业装备有限公司的双轴分层旋耕起垄机（图 8-3）、盐海拖拉机制造有限公司的旋耕施肥起垄机（图 8-4）等。

图 8-2　灭茬旋耕机

图 8-3　双轴分层旋耕起垄机

图 8-4　旋耕施肥起垄机

四、播种

1. 适时播种

农谚有“杨柳梢青杏花开，白菜萝卜一齐栽”的说法。秋萝卜抗热性较差，而且生长期较长，南方一般在 8—9 月播种。农谚是古代劳动人民在农业生产实践中所积累的智慧结晶，属于口口相传的生产技术指导指南，是人民大众的集体创作，在农业生产中起到了无法估量的作用，至今仍然对农业生产发挥着十分重要的指导作用。

2. 播种方法

萝卜均采用直播法，高垄可进行条插和穴播。先播种，盖土后再浇水。土壤干燥时，可先浇透水再播种。覆土的厚度一般 2～3 cm。播种过浅，土壤易干，且出苗后易倒伏，胚轴弯曲，将来根形不直；播种过深，不仅影响出苗的速度与植株健壮，还会影响肉质根的长度和颜色。

3. 机械化播种

萝卜机器直播根据排种器不同分为机械式直播、气吸式直播和种绳直播，这 3 种机型市场占有率各占 30%。国内萝卜播种机械生产厂商主要集中在黑龙江、河北、山东、上海等地，所产机型均具有区域代表性。其中，气吸式以黑龙江德沃科技有限公司 2BQS 系列气吸式蔬菜直播机为代表（图 8-5），机械式以河北得易播机械有限公司 DB 系列（图 8-6）和上海矢崎机械贸易有限公司 SYV 系列为代表（图 8-7）。种绳直播是近几年新兴的一种直播技术，其原理是将种子编入纸带缠成种绳，再由种绳直播机播入土中，核心技术是种子的精量编织技术。该直播方式效率较高，株行距均匀，但种绳编织机成本较高。生产厂商主要集中在山东，代表机型有青岛大顺精锋农业机械有限公司 DS 系列种绳直播机（图 8-8）和青岛润德丰农业机械有限公司 RC 型数控种绳编织机（图 8-9）。

图 8-5　气吸式蔬菜直播机

图 8-6 油动直播机

图 8-7 电动直播机

图 8-8 种绳直播机

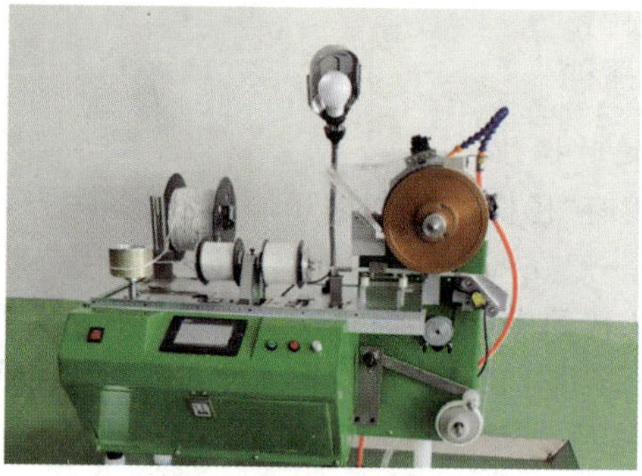

图 8-9 数控种绳编织机

五、间苗、定苗

幼苗出土后生长迅速，要及时间苗，保证幼苗有一定的营养面积，对获得壮苗有很大的作用。否则幼苗相互拥挤、遮阴，光照不足，细弱徒长，会使胚轴部分延长而倒伏。间苗的次数与时间要依据气候情况、病虫危害程度及播种量大小而定。一般应该以“早间苗，分次间苗，晚定苗”为原则，保证苗全苗壮。间苗早，苗小，拔苗时不致损伤留用苗的须根；晚定苗比早定苗会减轻因病虫危害而造成的缺苗。一般是在子叶充分展开时，进行第一次间苗；出现 3～4 片真叶时进行第二次间苗，拔除弱苗、病苗、畸形苗及不具原品种特征的苗，幼苗质量影响蔬菜产量品质。在 5～6 片真叶，肉质根开始“破肚”时，根据品种合理定苗。

一般行株距的标准为：大型品种行距 50～60 cm，株距 25～40 cm；中型品种行距 40～50 cm，株距 15～25 cm；小型间距 10～15 cm，播种深度 1.5～2 cm。

六、田间管理

农谚说“有收无收在于种，收多收少在于管；三分种，七分管”。萝卜播种出苗后需适时适度地进行浇水、追肥、中耕、除草、病虫害防治等一系列的管理工作。其目的在于很好地控制地上与地下的生长平衡，促使前期根深叶茂，为后期光合产物的积累与生长肥大的肉质根打好基础。通过田间严格管理和科学考评，培养大学生养成严谨认真、团结协作、安全生产、吃苦耐劳的职业素养。

1. 合理浇水

萝卜需水较多，不耐旱，如果缺水，肉质根就会生长细弱、皮厚、肉硬，而且辣味大；如果水分供应不匀，肉质根也会生长不整齐，或者裂根。但是水分过多，又容易使根部发育不良，或者腐烂，所以浇水要根据降雨量多少，空气和土壤的湿度大小，地下水位高低等条件来决定，浇水的次数和每次浇水的量，要根据不同生长发育阶段灵活掌握。

(1)发芽期　要求土壤含水量80%，以保证苗齐。播种后要充分浇水，保证地面湿润，保证发芽迅速，出苗整齐，这时如果缺水或者土面板结，就会出现“芽干”现象，或者种子出芽的时候“顶锅盖”而不能出土，造成严重缺苗。所以一般播种后，应立即浇一次水。保证种子能够吸收足够的水分，以利于发芽。

(2)幼苗期　可适当降低水分，以60%为宜。因为苗小根浅，需要的水分不多，所以浇水要少。如果当时天气炎热、外界温度高，地面蒸发量大就要适当浇水，以免幼苗因缺水而生长停滞，发生病毒病。同时还要注意防涝。

(3)叶片生长盛期　此期根部逐渐肥大，需水渐多，因此要适量的浇水，以保证叶部的发育。但也不能浇水过多，否则，造成叶片疯长，互相遮阴，妨碍通风透光；同时营养生长太旺盛，也会减少养分的积累。所以这个时期经验是“地不干不浇，地发白才浇”。

(4)肉质根生长期　需水量达到高峰，应保持土壤湿度70%～80%。此期植株需要充分均匀的水肥使土壤保持湿润，直到采收以前为止。若此时受旱，会使萝卜的肉质根发育缓慢和外皮变硬，以后遇到降雨或大量浇水，其内部组织突然膨大，容易裂根而引起腐烂。后期缺水，容易使萝卜空心，味辣，肉硬，降低品质和产量。地球淡水资源有限，尤其是我国属于水资源比较缺乏的国家，且农业是水资源的用量大户，因此，在指导农业生产、开发新技术及育成新品种的过程中，要牢记科学用水，有利于水资源保护和农业可持续发展。

2. 分期追肥

在追肥时，菜农的经验是：“破心追轻，破肚追重”。追肥应避免离根太近、追施过晚。

一般施肥的时间和次数是：第一次在幼苗生出1片真叶时进行，每667 m^2 施用硫酸铵12.5～15 kg，在浇水之前，把肥料撒在垄的背阴面距植株7～10 cm处，然后再浇水。第二次追肥应在第一次追肥之后半个月左右，即破肚进行，每667 m^2 顺水追施粪稀1 000 kg，或硫铵15～20 kg，加草木灰100～200 kg或硫酸钾10 kg。草木灰的施用方法；宜在浇水后撒于田间为好。第三次追肥，在第二次追肥之后半个月，即到露肩进行，每667 m^2 施硫酸铵12.5～20 kg，或粪稀1 000 kg，增施过磷酸钙、硫酸钾各5 kg。

我国大部分土壤本身磷元素并不缺乏，但是假如施用磷肥方法上存在误区，造成的结果不仅是成本投入的浪费，还会影响产量和效益。而且过量的磷肥还会导致耕地状况的恶化，并造成环境污染。

3. 中耕除草及培土

秋萝卜的幼苗期，正是高温多雨季节。杂草生长旺盛，如果不及时除草，就会影响幼苗生长，杂草还是害虫、病菌繁殖寄生的地方。幼苗期要勤中耕，勤除草，使地面经常保持干净，使土壤经常保持疏松和通气良好，同时也利于保墒。第一次中耕，幼苗根系入土浅，要浅中耕，锄破地皮就行，随着植株的生长，第二次中耕就要加深，切勿碰伤苗根，以免引起杈根、裂口或腐烂。

4. 机械化田间管理

灌溉:灌溉方式以移动式喷灌为主(图 8-10),相比固定式喷灌设备利用率高,单位面积投资少,相比漫灌节约用水 30%以上。设施内多采用吊喷和铺设喷灌带的方式进行灌溉,配套水肥一体化设备实现水、肥同步供应,不仅节约水、肥,还能节约工时。

施药是萝卜田间管理的关键环节,目前应用较多的施药机械是高地隙喷杆喷雾机(图 8-11)。近几年随着遥控无人机在农业生产中的快速发展,低空植保成为无人机最适宜的工作,在萝卜病虫害防治上逐渐得到推广,具有喷雾均匀、作业效率高、降低生产成本等优点。代表机型主要有:大疆创新科技有限公司 T 系列和 MG 系列植保无人机、广州极飞科技有限公司 P 系列植保无人机、日本丸山株式会社 3WP-500 型喷杆喷雾机、日本洋马株式会社 3WP-600 型喷杆喷雾撒肥一体机等。

图 8-10 自动式喷灌机

图 8-11 喷杆喷雾机

目前,萝卜中耕、除草和追肥环节仍以人工作业为主,通用化的中耕除草培土施肥机仅适于幼苗时期垄沟内作业,无法实现株间和行间中耕除草施肥。国内块根类作物收获方式分为两类,一类是挖掘式,另一类是拔取式。前者主要适用于薯类、葱蒜类、花生等作物的收获,用于白萝卜收获时易造成断根和破皮等损伤,这种方式可用于加工型萝卜,代表机型有青岛洪珠农业机械有限公司 4U 系列马铃薯收获机。后者是白萝卜的主要收获方式,代表机型有湖北屈家岭丰盛家庭农场引进的丹麦 ASA-LIFT 机械有限公司 CM-1000 型单行悬挂式白萝卜收获机。目前来看,国内萝卜收获主要依靠人工拔取、剁秧、装包,作业工序多、收获效率低、劳动强度大,因此,真正实现机械化收获还需要加快速度。

七、收获

萝卜的收获期依品种、栽培季节、用途和供应要求而定。收获早,会影响产量;收获晚,易出现糠心,应适时收获。一般当田间萝卜肉质根充分膨大,叶色转淡,渐变黄绿时,为收获适期。春播和夏播的都要适时收获,以防抽薹糠心和老化。秋播的多为中晚熟品种,需要贮藏或延期供应,收获稍迟,但须防糠心,防受冻。

根据各地区的消费市场对萝卜大小的要求不同,采收标准也有所区别,所以要根据市场需要确定采收的大小标准。分级是根据不同的消费群体、消费地区、市民消费习惯和市场需求,按萝卜直径、长短分为精品级和普通级。一般销往南京市场的萝卜要求长 36 cm,直径 5~6 cm;销往广州、深圳市场的萝卜要求长 30~32 cm,直径 34 cm;销往福建用于加工的萝卜要求长 28～30 cm，直径 4～5 cm；精品萝卜要求长约 27 cm，直径 5～6 cm；无特殊要求的产品，只要萝卜长为 20～40 cm 即可。

萝卜采后处理环节主要分为两部分，一是残秧处理，二是清洗。目前清洗环节主要靠人工完成，尤其秋茬萝卜收获后冬季清洗，在气候寒冷、劳动强度大、费工费力的同时还影响清洗质量和效率。国外萝卜清洗技术已比较成熟，可以实现自动化清洗、杀菌、分级、包装等流水线作业，而国内萝卜清洗机械则处于半机械化水平。通过调研发现，国内中大型萝卜生产基地都配有清洗装备，但机器以中小型为主，功能单一，而且需配备大量人工进行辅助，清洗质量也有待进一步提高。代表机械有：山东诸城同泰机械有限公司 BQX 系列、武汉瑞吉祥机械有限公司 6GQ 系列、内蒙古宏昌机械有限公司 180 型。

八、提高萝卜品质的技术措施

(1)空心(糠心)　空心多发生在肉质根生长后期，从中央开始，逐渐扩大。萝卜空心的主要原因是水分失调，在肉质根生长盛期细胞迅速膨大，如果温度过高、湿度过低，则植株呼吸作用及蒸腾作用旺盛，水分消耗过大，肉质根薄壁细胞便会缺乏营养和水分而处于饥饿状态，细胞间产生间隙，因而产生空心(图 8-12)。其他如早期抽薹、开花或延迟收获，或贮藏在高温干燥的场所，也会使萝卜失水空心。因此，适时收获和保证均匀供水，是防止萝卜空心的有效措施。

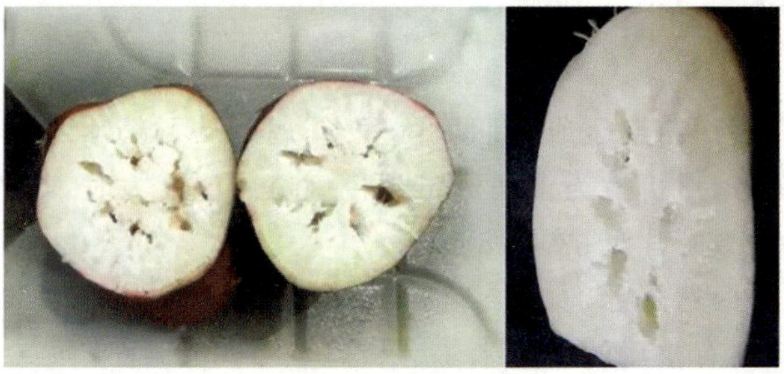

图 8-12　萝卜空心

(2)裂根　主要原因是早期土壤过干，后期水分充足。造成萝卜裂根的原因，除选择土壤不适当和整地不细之外，植株生长过程中，土壤水分不匀也是主要原因之一。所以栽培萝卜不要选择黏土地，在萝卜生长前期如遇到干旱要及时浇水，到肉质根迅速膨大期间，更要均匀供水，才能避免肉质根的开裂。

(3)味苦　萝卜的肉质根中含有苦瓜素，容易产生苦味，它是一种含氮化合物。苦瓜素的增多，是由于施入氮肥过多而磷、钾肥不足引起的。所以要注意氮、磷、钾的配合使用。

(4)未熟抽薹　在肉质根尚未膨大前如果遇到了低温长日照条件，满足了阶段发育的需要，就会发生未熟抽薹，取决于品种特性和外界环境因素的影响。

(5)辣味　萝卜肉质根中含有挥发性“芥子油”，其含量决定辣味大小。其与品种有关，也受环境条件影响。高温干旱、氮肥不足、土壤瘠薄、病虫为害等都会致使芥子油含量上升。

(6)杈根　是侧根膨大的结果。在正常条件下，萝卜的侧根功能是吸收水分和养分。但是如果土层太浅、土壤坚硬，或有石块、砖块等阻止主根生长及主根受伤，侧根就由吸收根变为贮藏根，发生两条或更多的分杈，从而形成杈根(歧根)(图 8-13)。因此，要预防萝卜歧根，就必须从栽培技术方面消除产生歧根的多种原因。

图 8-13 萝卜歧根

产生的主要原因包括：

①土壤条件不适。萝卜喜土层深厚、土质疏松、排水良好、孔隙度高的沙壤土和壤土。耕层浅、土质黏重、土壤中有较多的石砾等，都会阻碍肉质根的正常膨大和伸长，从而使侧根膨大形成分杈。

②施肥不当、施肥过量或施用未腐熟的有机肥。肉质根先端遇到较浓的肥料而受损伤，不能继续伸长生长，于是侧根代之伸长膨大而成为分杈。

③地下害虫为害。地下害虫往往咬伤根的先端，使伸长生长停滞，引起侧根膨大而分杈。

④种子生活力弱或使用陈种子，发芽不良或不正常，影响幼根先端的生长。幼根先端生长迟滞，侧根往往代之膨大生长而形成分杈。

预防措施：精耕细作、深翻暴晒，土壤要整平整细；采用饱满的新种子；有机肥要充分腐熟，避免施用浓度过大的肥料；播种前要防治地下害虫等。

九、病虫害防治技术

1. 霜霉病

霜霉病是真菌性病害。苗期至成熟期均可发生，病菌从下部叶片向上扩展为害，发病叶片开始出现不规则褪绿黄斑，后扩大为多角形黄褐色病斑。湿度大时，叶背或两面长出白霉即病原菌。严重时病斑连片，致叶片干枯(图 8-14)。

防治方法：25%阿米西达悬浮剂 1 500 倍；72%克露可湿性粉剂 600～800 倍 ；72.2%普力克水剂 600～800 倍；还有常用的雷多米尔、杀毒矾、百菌清、甲霜灵·锰锌等。

2. 黑斑病

黑斑病是真菌性病害。叶片染病多从叶尖或叶缘开始，出现不规则形深褐色病斑，周围组织略褪绿，湿度大时病斑上长出黑色霉层，严重时病斑汇合，叶缘上卷，叶片枯死(图 8-15)。

防治方法：25%阿米西达悬浮剂 1 500 倍；40%福星乳油 8 000～10 000 倍；还有常用的百菌清、甲霜灵·锰锌、扑海因等。

图 8-14 霜霉病

图 8-15 黑斑病

3. 黑腐病

黑腐病是由细菌引起的维管束病害。主要为害叶和根，叶片感病叶缘呈"V"字形病斑，叶脉变黑，叶缘变黄，后扩展到全叶。根部感病后，导管变黑，内部组织干腐，后形成空洞。田间多与软腐病并发腐烂(图 8-16)。

防治方法：72%农用硫酸链霉素可溶性粉剂 3 000～4 000 倍；DT 500～600 倍。

图 8-16 黑腐病

4. 白锈病

萝卜白锈病是细菌性病害。主要为害叶片，初期叶片出现边缘不明显的淡黄色斑，后病斑呈白色稍隆起的小疱，成熟后表皮破裂，散出白色粉状物即病菌孢子囊，严重时病叶枯黄。防治方法：可使用 40%甲霜铜可湿性粉剂 600 倍；25%甲霜灵可湿性粉剂 1 000 倍；58%甲霜灵·锰锌可湿性粉剂 500 倍；64%杀毒矾可湿性粉剂 500 倍。

5. 根肿病

根部形成肿瘤，并逐渐膨大，导致地上生长变缓，最后植株变黄枯萎而死(图 8-17)。肿瘤形状不定，主要在侧根上，主根不变形。原则上，发生该病严重的地块，最好不要再种萝卜。

防治方法：①与非十字花科蔬菜实行 6 年以上轮作。改良土壤，整地并施入石灰，调至微碱性。②40%五氯硝基苯拌种，按种子重量的 0.3%。也可以制药土于播种时施入播种沟或定植穴中。

6. 蚜虫

俗称腻虫，吸食植物汁液为害，并传播病毒(图 8-18)。在高温干旱的条件下繁殖快，危害严重。

防治方法：药剂防治选择 5%除虫菊素乳油 2 000～2 500 倍液，或 20%康福多浓可溶剂 3 000 倍液等。

图 8-17 根肿病

图 8-18 萝卜蚜虫

7. 菜青虫

为菜粉蝶的幼虫，主要为害叶片。菜青虫幼虫三龄前食量小，抗药性差，药剂防治以幼虫三龄前防治为宜。

药剂防治方法：选择10%除尽悬浮剂1 500倍液，或2.5%菜喜悬浮剂1 000～1 500倍液等。

8. 钻心虫

以幼虫为害，后期钻蛀为害造成根部腐烂。温度降到20 ℃，空气相对湿度超过75%以上时幼虫会大量死亡。

防治方法：5%除虫菊素乳油2 000～2 500倍液，或苏云金杆菌500～1 000倍液等。

9. 黄条跳甲

成虫与幼虫均造成危害。成虫咬食叶片，幼虫为害根部，萝卜肉质根受害后最后变黑腐烂。

防治方法：90%敌百虫1 000倍液，或50%辛硫磷1 000倍液，喷布叶面或灌根。

工作任务2 萝卜歧根发生对比调查

任务目标：了解萝卜正常肉质根的外部形态，掌握萝卜歧根发生类型及原因，以指导生产。

任务材料：萝卜、农家肥、化肥、生产用具等。

技能要求：能识别萝卜歧根形态特征，分析萝卜歧根发生类型及原因，以指导生产。

一、观察比较

(1)观察肉质直根的根头、根颈和真根的外形特点及比例。萝卜的肉质根上着生两排侧根。根头、根颈和真根三部分的比例因品种及栽培技术而异。

(2)观察比较萝卜肉质根的歧根，统计发生率，分析产生原因，提出预防措施。

二、任务考核

(1)绘制萝卜的肉质直根图。

(2)统计萝卜肉质根的发生率，分析原因，提出预防措施。

(3)撰写实验报告。

项目二 胡萝卜生产技术

胡萝卜，别名丁香萝卜，是伞形科胡萝卜属的二年生草本植物。原产于英国及中亚细亚一带，在原产地的栽培历史已有2 000余年。胡萝卜的肉质根富含蔗糖、葡萄糖、淀粉和维生素A，也含有较多的钾、钙、磷、铁等无机盐类。可充当水果食用，也可煮食代粮，还可制干、腌渍、酱渍、糖渍和干制。用胡萝卜饲养乳牛，能显著提高产乳量。

胡萝卜适应性强，栽培容易，病虫害少，耐贮藏和运输，是冬、春季的主要蔬菜之一。

中国萝卜种植面积基本保持稳定，四季播种约2 000万亩，占全球总面积的2/5，这2 000万亩种植面积可提供全球约1/3的胡萝卜产量。根据国家大宗蔬菜产业技术体系统计数据，全国萝卜种植面积排名前五的省份是湖北、河南、四川、湖南、甘肃，总产量排名前五的省份是河南、湖北、湖南、四川、云南。

一、生物学特性

视频学习:胡萝卜生产技术

(一)形态特征

1. 根

肉质直根为食用器官,主根较深,可达 2 m,根展约 60 cm,侧根 4 向 4 列,须根较多,较耐干旱。进行土壤深耕,并在胡萝卜的全生长期内,维持土壤的疏松、肥沃和湿润的状态,是形成肥大肉质根的首要条件。

胡萝卜根也分为根头、根颈、真根三部分,真根占肉质根的绝大部分,但内部结构上是次生韧皮部特别发达,为主要食用部分。其"心柱"是次生木质部,养分含量较少。一般心柱小,植株叶丛也小。

根的颜色以橘红、橘黄为多,也有浅紫、红褐、黄色或白色的。在生长过程中胡萝卜素含量越高、颜色越深。一般上部多、尾部少。

2. 茎

营养生长时期短缩,叶丛生。生殖生长阶段抽生繁茂的花茎。主花茎可达 1.5 m,分枝力强,各节几乎均能抽生侧枝、次侧枝。

茎多为绿色,有深绿条纹,形成棱状突起。生有白色刚毛。

3. 叶

胡萝卜出苗后,第一对真叶很小,很快即枯萎,以后的叶片为 3～4 回羽状全裂,裂片呈狭披针形,存活期较长,叶片和叶柄皆为绿色,密生茸毛。这种具有抗旱性的叶片结构,再配合发达的根系,使其具有较萝卜等其他根菜类蔬菜更强的抗旱能力。

4. 花

为复伞形花序,着生于每花枝的顶端。在春夏季节里温度升高,日照延长,开始抽生花薹。每小花序有小花数十朵至上百朵。花多为两性花,白色,有的略带紫色。小花序由外向内开放。

5. 果实和种子

果实为双悬果,成熟时分裂为二,两瓣果相对一面较平,各果实的背部呈弧形,并有 4～5 条小棱,着生刺毛,使种子黏结在一起,不易分开,造成播种困难,同时也影响种子同土壤接触,不利于吸水发芽,故播种前须搓去刺毛。种子的种皮为革质,透水性差。果皮含有精油,不利于种皮吸水,播后出苗缓慢。胚很小,出土能力差,种子无胚乳。胡萝卜种子发芽率一般在 70%左右,播种前需做发芽试验,以确定播种量。

(二)生长和发育

第一年为营养生长期,即肉质根的形成。第二年春在长日照下通过光照阶段,而后抽薹开花,完成生殖阶段。营养生育期比萝卜长,一般为 90～140 d,且胡萝卜需要一定的叶龄时才能通过春化阶段。

1. 营养生长时期

(1)发芽期　由播种到子叶展开,真叶露心,需 10～15 d。萝卜不仅发芽慢,而且对发芽条件的要求也较其他根菜类严格,在良好的发芽条件下,发芽率为 70%;在稍差的露地条件下,发芽率有时会降至 20%。因此,创造良好的发芽条件,是保证"苗齐、苗全"的必要措施。

(2)幼苗期　由真叶露心到 5～6 叶,经过 25 d 左右。这个时期的光合作用和根系的吸收能力不强，生长比较缓慢，5～6 d或更长的时间才生长出一片新叶。23～25 ℃温度条件下生长较快，温度低时则生长极慢。苗期对生长条件反应比较敏感。应随时保证有足够的营养面积和肥沃湿润的土壤条件。胡萝卜幼苗生长很慢，抗杂草能力又很差，因此，苗期清除杂草是保证幼苗茁壮生长的关键。

(3)叶片生长盛期　是叶面积扩大，光合产物增多，肉质根开始缓慢生长的时期。需要30 d左右。此期要处理好地上与地下的生长关系，使叶片生长良好而不过旺，并为肉质根的生长奠定基础。仍以地上部的生长为主，同化产物主要用于地上部的生长。肥水供给不宜过大，对地上部叶子生长要保持"促而不旺"。

(4)肉质根生长期　50 d左右。肉质根的生长量开始超过茎叶的生长量。这个时期要保持最大的叶面积，以便增强光合作用，形成大量光合产物向肉质根运输、贮藏。

2. 生殖生长期

胡萝卜通过冬季露地或贮藏越冬通过春化阶段，第二年的春夏季节抽薹、开花、结实。胡萝卜需要在幼苗达到一定苗龄时才能在低温条件下通过春化阶段。

(三)对环境条件的要求

1. 温度

胡萝卜原产于温带较干燥的草原地区，为半耐寒性蔬菜，对外界条件的要求和萝卜相似，耐热性和耐寒性比萝卜稍强。种子发芽最低温为4～5 ℃，发芽适温20～25 ℃，幼苗能耐短期3～5 ℃低温和较长时间的27 ℃以上高温。茎叶生长适温23～25 ℃，肉质根膨大期适温为13～20 ℃，低于3 ℃停止生长，若高于24 ℃，根膨大缓慢，色淡，根形短，且尾端尖细，产量低，品质差。

根的颜色对温度较敏感。在10～15 ℃时根色不佳，15.5～21 ℃根色较好。若高于21～26 ℃根色更差、品质劣。

2. 光照

胡萝卜为长日照植物，对光照条件要求较高。光照充足、叶宽大；光照不足，则叶片狭小，叶柄细长。尤其是在肉质根肥大期间，若种植过密或杂草遮阴等，都会导致低产、品质不良或提早衰亡。

3. 土壤、水分与养分

对土壤要求和萝卜相似，土层深厚，肥沃，富含有机质，又排水良好的壤土或沙质壤土生长良好，耕作层不少于25 cm，一般土壤含水量应保持在60%～80%。胡萝卜需氮肥，钾肥较多，磷肥次之。钾能促进根部形成层的分生活动，增产效果十分显著。氮肥是构成植物体和产品的基本物质，但不宜过多。对酸碱度要求不严格。

二、类型与品种

(1)根据根的长度　分为长根种和短根种。

(2)根据根的形状　分为长圆柱形、短圆柱形、长圆锥形、短圆锥形。

(3)根据肉质根的颜色　分为黄萝卜、紫萝卜和红萝卜。

黄萝卜栽培普遍，除供菜用外，也是很好的水果，也用以饲养乳牛。较耐旱，适于旱地和山地栽培，晚熟，夏至起至立秋前均可播种；紫萝卜栽培普遍，但面积不广，主要供生食和饲料；红萝卜，是目前广泛栽培的品种，如日本黑田五寸、改良黑田五寸、广岛、映山红和韩国五寸等，传统农家品种小顶红、扎地红等。

冬播胡萝卜宜选用耐低温，冬性强，不易抽薹的品种。适宜秋冬种植的优良品种有娜亚瑞特、美国高山大根、金美F1-928、先琪等。新引进冬播品种时，应先进行引种观察。雨季宜选择叶片半直立、耐湿的早中熟品种，如四季凯歌、宝奇五寸、利嘉吉美等。

三、生产季节与茬口安排

根据胡萝卜苗期需高温，根部肥大期要求凉爽的特点，以及不同地区的气候和不同品种来安排播种期。胡萝卜一般分春、秋两季栽培，以秋季栽培为主。长江中下游一般7—8月播种，华南地区9—10月下旬播种，西南云贵高原3—8月均可播种。农谚有"七大，八小，九丁丁"，说明播种越晚，产量越低。

四、生产技术

(一)整地与施基肥

胡萝卜适宜种植在土壤疏松、土质肥沃的地块上。但不宜选择太肥沃的土壤，否则只长叶不长根，产量低；但土壤太瘦，肉质根长不大，品质也很差。故前茬应是非伞形花科蔬菜，如早熟甘蓝、黄瓜、番茄、洋葱、大蒜等。胡萝卜的肉质根长，入土深，因此，必须进行土壤深耕，一般以深耕30～40 cm，基肥每667 m^2 施充分腐熟过筛的农家肥2 000～3 000 kg，过磷酸钙30 kg，钾肥10 kg，拌匀后于耕地前撒施于地面，然后翻入土中，基肥忌施未经腐熟的农家肥。

(二)选用良种

选用早熟、丰产、迟抽薹的品种，如改良黑田五寸人参、超级黑田五寸人参、宝冠五寸人参等品种。播种前搓去种子上的刺毛，整理干净，稍加晾晒后即可播种。

(三)播种

1. 播种期

适时播种，是获得高产优质的重要条件之一。

春胡萝卜播种期较为严格，播种过早易抽薹，播种过晚不利于肉质根生长，一般以3月上中旬至4月初为宜。

通过采用气吸式胡萝卜精播机，可以均匀播种，保持行距。

2. 播种技术

保证胡萝卜出苗齐全是丰产的关键之一。实际生产中造成苗不齐不全的主要原因是：①胡萝卜种子果皮较厚且外被刺毛，种子含有挥发油，透气吸水能力均很差。②开花授粉时因受气候影响，常常形成无胚或胚发育不良的种子，一般种子发芽率为70%左右。③胚小，生长势弱，发芽期长。④夏播气候炎热，易干燥；春播地温低，萌芽不易。

为保证胡萝卜出苗整齐，需要采取相应的措施。播种前搓去种子上的刺毛，以利于吸水和播种均匀。浸种催芽可以提早出苗4 d左右。催芽方法为：在播种前把搓去刺毛的种子用40 ℃温水浸泡2 h，而后沥去水；置于20～25 ℃条件下催芽，定期搅拌种子，使温湿度均匀。当大部分种子的胚根露出种皮时，即可播种。

胡萝卜可以条播或撒播。条播的行距16～20 cm。播后，若条件适宜，经10 d左右即可出土(经催芽处理的一周左右出土)。

(四)田间管理

1. 间苗、中耕除草

胡萝卜夏播出苗季节气温高,杂草生长快,间苗宜早,以免影响幼苗生长。定苗前进行1～2次间苗。第一次间苗在苗高3 cm左右1～2片真叶时进行。第二次间苗在幼苗3～4片真叶,高13 cm进行,此时也可定苗。胡萝卜苗期生长缓慢,极易形成草荒,因此要及时中耕除草。一般可结合中耕除草,自播后至2叶期前喷洒扑草净(50%),每667 m^2 喷施100 g,或喷雾处理土表。胡萝卜的须根分布于6～10 cm深的土层中,中耕不宜过深,每次中耕时,特别是后期应注意培土。最后一次中耕在封垄前进行,并将细土培至根头部,以防根部膨大后露出地面,皮色变绿影响品质。

机械化封闭除草:胡萝卜播种覆土后,每667 m^2 用33%二甲戊灵乳油200倍液,利用大型自走式喷杆喷雾器进行封闭除草。

2. 灌溉与追肥

发芽期、幼苗期正值早春低温季节,在播种水、出苗水浇足的前提下,直到破土期不再浇水。若播种后天气特别干旱或土壤干燥,可适当浇水。幼苗期需水量不大,一般不宜过多浇水,以利于蹲苗,防止徒长。肉质根膨大期气温升高,要求勤浇水,以满足肉质根膨大的需要,并有适当降低地温的效果。生长后期不可水肥过多,否则易导致裂根。

机械化灌溉采用指针式喷灌设备,实现了高效节水灌溉,全部环节都实现了机械化作业,节省人工,节约了用水。

胡萝卜生长期长,除基肥外,还要追肥2～3次。定苗后可随之浇水和追肥,将腐熟的人粪尿随水浇入;若施化肥,最好先开沟施入,覆土后浇水,以后每隔20 d追施1次,追肥应在封垄前追完。

(五)收获

胡萝卜肉质根的形成,主要在生长后期,越趋成熟,肉质根的颜色越深,粗纤维和淀粉逐渐减少,品质柔嫩,营养价值增高。所以胡萝卜宜在肉质根充分膨大成熟时收获,其收获期和大白菜收获期相同。

目前胡萝卜收获机处于半机械化作业水平,采用的机具仅仅具有挖掘、深松功能,后续切秧、捡拾、装袋的工序需要大量人工来完成,效率低、成本高。若采用胡萝卜联合收获机,适宜垄作收获两行,可一次完成胡萝卜的挖掘、夹持、输送、切秧、收集等工序。若采用杀秧机配合胡萝卜挖掘收获时,先采用配套杀秧机割除地上部茎叶,后采用配套收获机采收胡萝卜,也可采用胡萝卜挖掘机配合人工切秧的方式收获。

胡萝卜采收后,进入市场应按照一定的标准进行分级。以出口胡萝卜分级标准为例:

一级:皮、肉、心柱均为橙红色,表皮光滑,心柱较细,形状优良整齐,质地脆嫩,没有青头、裂根、分杈、病虫害和其他伤害。

二级:皮、肉、心柱均为橙红色,表皮比较光滑,心柱较细,形状良好整齐,微有青头,无裂根和分杈,无严重病虫害和其他伤害。

规格标准分级:胡萝卜的规格大小一般分为L、M、S三级,也有L、M两级或2L、L、M、S四级,或2L、L、M、S、2S五级。分级标准因品种不同而异,有按长度的,有按直径的,有按重量的,更多的是结合几项指标综合考虑分级。例如四级标准,S级:单个胡萝卜重量在150 g以下；M 级：单个胡萝卜重量为 150～200 g；L 级：单个胡萝卜重量为 200～300 g；2 L 级：单个胡萝卜重量在 300 g 以上。

（六）栽培中常见问题及防治对策

1. 青肩

植株生长后期培土少，或土层过浅，露出肉质根肩部。发生原因主要是生育不良，病虫害等使茎叶变少；生育中、后期高温干燥，大雨造成土壤流失等。防治措施：选择土层深厚的土壤栽培，田间管理中应注意病虫害的防治，保持田间水分均匀，并加强中耕培土。

2. 肉质根中心柱增粗

发生原因主要与品种、株行距过大、氮肥过多有关。防治措施：选择优良品种，间苗间距要适当，补充氮肥量要适中等。

3. 颜色变异

发生原因主要是耕层太浅，根膨大期不注意培土或播期太晚，使肉质根膨大期处在 7—8 月高温期，导致胡萝卜素、茄红素的积累受阻，产生颜色变异，发白或发黄。防治措施：深耕细耙，中耕松土，垄播等措施可使胡萝卜颜色变深，根皮光滑，增施钾、镁肥也可提高胡萝卜素含量，改善肉质根颜色。

4. 瘤状突起

当胡萝卜肉质根侧根发达时，致使表面隆起成瘤包状，表皮不光滑，影响商品质量。发生原因主要是栽培地块土质黏重，通透性不良；施肥过多，特别是氮肥过多，致使生长过旺，肉质根膨大过速等。防治措施：选用土层深厚、疏松透气、排水良好的沙壤土栽培，合理施肥，特别注意肉质根膨大期氮肥不能过多。

（七）病虫害防治技术

1. 猝倒病

发病初期在根茎处形成浅褐色近圆形坏死斑；病斑扩大后凹陷缢缩，颜色变深，幼苗即萎蔫死亡。

防治方法：70％甲基硫菌灵可湿性粉剂 600 倍液，喷雾防治。

2. 白粉病

在干旱少雨的年份较易发生，发病初期会感染下部的叶片，在叶背和叶柄上形成大量灰白色粉状斑点。如果防治不及时，会导致整个叶片形成灰白色的霉层，还会波及上部叶片，最后叶片会枯黄。当施肥不当，其中以氮肥施加过量，茎叶发生徒长时，该病害发生的较为严重。

防治方法：可选 20％苯醚甲环唑微乳剂（捷菌）1 500～2 000 倍液；30％氟硅唑微乳剂（世飞）3 000～5 000 倍液；40％氟硅唑乳油（福星）5 000～6 000 倍液；62.25％腈菌唑·锰锌可湿性粉剂（仙生）600～800 倍液等喷雾防治。

3. 黑斑病

多发生于胡萝卜生长后期，主要危害叶片、叶柄和茎。叶片染病后，先在叶缘产生褐色小斑，且有黄色晕圈；随后病斑逐渐扩展形成不规则状；最后叶缘上卷，叶片开始枯黄。湿度大时病斑上出现大量黑霉。茎、花柄染病后易折断，表面形成长圆形黑褐色稍凹陷病斑。

防治方法：播种前采用温汤浸种法处理种子，或用种子重量 0.3％的 50％福美双可湿性粉剂拌种。发病初期喷洒 30％醚菌酯悬浮剂 2 000 倍液，或 75％百菌清可湿性粉剂 600 倍液。

4. 黑腐病

整个生长期均可发病，危害全株，温暖多雨天气较易发病，地势低洼、排水不良的地区发病较重。叶片染病，形成褐色斑点后逐渐扩大，严重时整片叶枯死。叶柄染病，病斑呈长条状。茎上的病斑则为梭形至长条形斑。潮湿时染病部位出现大量黑色霉层。肉质根感染后，多在根头部形成不规则形或圆形黑斑，没有及时防治，病斑不断深入内部，导致整个根部变黑腐烂。

防治方法：75%百菌清可湿性粉剂 600 倍液，或 50%多菌灵可湿性粉剂 800 倍液，喷雾防治；使用 70%的代森锰锌 600 倍液喷雾来防治黑腐病。

5. 软腐病

软腐病在生长期及贮藏期均可发生，表现症状为植株地上部产生水渍状病斑，褐色；后期地上部组织变软，萎靡坏死。加强田间管理，及时清除病残植株。

防治方法：发病初期喷洒 3%中生菌素可湿性粉剂 800 倍液，或 50%琥胶肥酸铜可湿性粉剂 500 倍液。

6. 蚜虫

蚜虫 1 年繁殖几十代，常年发生，其中春秋季发生量大。成虫、若虫群集于植株茎叶刺吸汁液，使叶片卷曲畸形、发黄萎蔫，植株矮小，影响生长。同时由于蚜虫分泌大量蜜露，可诱发煤烟病，影响叶片光合作用。

防治方法：可用黄板诱杀，每 667 m^2 悬挂 20 cm×30 cm 商品黄板 80～100 块，黄板应高出蔬菜 10～20 cm，如发现黄板黏度下降或粘满虫子时及时更换。防治蚜虫时可使用 10%吡虫啉溶液进行喷雾，防治蚜虫最常用的方法就是使用 10%吡虫啉 1 500 倍液进行喷洒，2～3 次即可。

7. 白粉虱

常年为害，成虫和若虫群集在叶片背面吸食汁液，新生叶片为害重，造成叶片褪绿、黄化、萎蔫，影响植株长势，甚至整株枯死，同时还传播病毒病。成虫排泄物易诱发煤烟病，影响光合作用，导致产量减少。

防治方法：可用黄板诱杀。每 667 m^2 悬挂 20 cm×30 cm 商品黄板 80～100 块，黄板应高出蔬菜 10～20 cm，如发现黄板黏度下降或粘满虫子时及时更换。

8. 地老虎

是对胡萝卜危害较大的地下害虫，会危害到胡萝卜的整个生长期，在苗期，低龄幼虫会啃食幼苗嫩叶，造成田间缺苗、少苗，中老龄幼虫则在夜间取食胡萝卜接近地面的嫩茎，严重时会导致植株死亡，造成缺苗断垄。地老虎的成虫昼伏夜出，有趋光性和趋化性，喜欢温暖潮湿的环境，在地势低洼地、地下水位高的地块发生较为严重；灯光诱杀。

防治方法：利用地老虎等鳞翅目昆虫成虫的趋光性，在田地安装黑光灯、频振式杀虫灯诱杀蛾类害虫，减少虫源。用 90%的敌百虫乳油 800 倍液灌根防治地老虎。防治小地老虎时可以使用乐斯本颗粒剂与细沙混合撒于播种沟内，在幼苗长出后使用 50%辛硫磷 800 倍液灌根或者处理土壤，可起到良好的杀虫效果。

9. 根结线虫

连作地、少雨季节易发病，连续降雨、土壤含水量大不利于线虫活动。根结线虫为害胡萝卜根部后导致其分杈，直根上分散长出许多半圆形瘤子，细根丛生成须根团，上面生长多数结节状不规则的圆形根结，多为白或黄白色，严重影响胡萝卜的产量和品质。发生虫害的植株地上部生长衰弱，表现为发黄、矮小、营养不良等症状。

防治方法：使用0.3%苦参碱水剂200～300倍液或1%的甲氨基阿维菌素1 500～2 000倍液灌根防治根结线虫。

10. 黄曲条跳甲

终年繁殖，成虫和幼虫均能对植株造成危害，是胡萝卜主要虫害。成虫常聚集在叶片取食，形成大量孔洞，刚出土的胡萝卜幼苗子叶被吃光后整株死亡。幼虫在土中蛀食根皮，咬断须根，严重时导致植株萎蔫枯死。

防治方法：植物性农药保卫德和1%印楝素乳油驱避。

工作任务　胡萝卜的播种及苗期管理

任务目标：在学习胡萝卜生产技术相关知识的基础上，根据给定的设施及生产资料，能独立设计栽培技术方案，掌握露地胡萝卜生产全过程，能熟练操作重要的技术环节。

任务材料：胡萝卜种子、纱布、农家肥、化肥、生产用具等。

技能要求：学会胡萝卜播种前处理及播种方法，掌握苗期管理技术。

一、晒种

胡萝卜种子皮厚、革质，上生刺毛，并含挥发油，不易吸水，导致种子发芽出苗慢而不整齐。播前晒种1～2 d，严格筛选，淘汰秕小种子，搓去刺毛，以利于发芽。

二、浸种催芽

浸种时用35～40 ℃温水浸种3 h，捞出用湿纱布包好，置于25～30 ℃下催芽3～4 d，每天适时喷水保持湿润。当80%左右种子露白时，即可播种。

三、播种

将种子均匀地撒在沟内。为了保证播种均匀，可在种子内掺入适量的细沙。播种后覆土1～2 cm，及时浇水。

四、间苗

出土齐苗后要及时间苗，分别于1～2叶、3～4叶间苗两次，到4～5叶时定苗，注意拔除病苗、弱苗、虫苗。定苗的距离，株间距12～15 cm。在间苗时必须淘汰杂、劣苗，选留优壮苗，并结合拔除杂草。

五、任务考核

记录胡萝卜播种和苗期管理的步骤，分析此过程出现的问题，提出解决方法。

思考题

1. 简述萝卜直播的技术要点。
2. 分析引起萝卜歧根的原因，提出预防措施。
3. 胡萝卜与萝卜相比，对环境条件要求有什么不同？
4. 简述胡萝卜品质变劣的原因及预防措施。

思政小课堂

为种好萝卜,他上了两年大学

模块九
葱蒜类蔬菜生产

岗位要求

本模块内容是蔬菜生产管理岗位专业能力之一，工作任务是进行葱蒜类蔬菜的生产管理，工作要求是有效落实葱蒜类蔬菜的生产技术，包括生产茬口安排、整地做畦、定植、中耕培土、灌溉施肥、病虫害的识别与诊断及综合防治、采收等。

知识目标

了解葱蒜类蔬菜生物学特性及其与栽培的关系。确定葱蒜类蔬菜生产茬口的安排，能选择合适的品种，培育壮苗，做好整地、做畦、地膜覆盖等工作，及时定植，定植后及时查苗、补苗；生长期间加强葱蒜类蔬菜的培土、灌溉、追肥等；掌握葱蒜类蔬菜生产中常见的病虫害，及时进行综合防治，分析解决生产中的技术问题。

能力目标

掌握葱蒜类蔬菜高产高效栽培技术。

素质和课程思政目标

党的二十大围绕擘画全面建设社会主义现代化国家宏伟蓝图，对农业农村工作进行了总体部署，为做好新时代新征程“三农”工作提供了根本遵循。要深刻领悟“两个确立”的决定性意义，增强“四个意识”、坚定“四个自信”、做到“两个维护”，切实把思想和行动统一到以习近平同志为核心的党中央关于“三农”工作的决策部署上来，聚力提高综合生产能力，大力推进粮食增产增收，持续优化棉花布局稳量增效，精心推进果蔬提质扩销，抓好特色产品创新培育，全力推动畜牧业重点突破，更好保障国家粮食安全和重要农产品供给。

葱蒜类蔬菜包括大葱、分葱、大蒜、韭菜、洋葱、薤、藠头等，具有特殊的辛辣气味和形成鳞茎的特点，又称辛辣类蔬菜，或鳞茎类蔬菜。在我国南北各地普遍栽培，是人民喜食的调味品蔬菜，在蔬菜的周年供应上起着重要作用。

葱蒜类蔬菜含有丰富的糖类、蛋白质、维生素、矿物质及独特的辛辣味，既开胃消食、增进食欲，又是一种抗菌保健食品，具有预防和治疗多种疾病的作用。

项目一　韭菜生产技术

视频学习：
韭菜生产技术

韭菜，别名丰本、草钟乳、起阳草、懒人菜、长生韭、壮阳草、扁菜等；属百合科多年生草本植物，具强烈特殊气味，根茎横卧，鳞茎狭圆锥形，簇生；外皮黄褐色，网状纤维质；叶基生，条形，扁平；伞形花序，顶生。

叶、花葶和花均作蔬菜食用；种子等可入药，具有补肾、健胃、提神、止汗固涩等功效。在中医里，有人把韭菜称为“洗肠草”。

韭菜适应性强，抗寒耐热，全国各地到处都有栽培。

一、生物学特性与栽培的关系

（一）形态特征

根　须根系，呈弦线状。随着株龄的增加，不断分蘖并在老根状茎的上面形成新的根状茎，而下部的老根逐渐枯死，新老根系更替。这种根系在土壤中的位置逐年向上移的习性，称“跳根”（图 9-1）。因此，生产上需不断培土或盖土杂肥，使其根系正常生长。

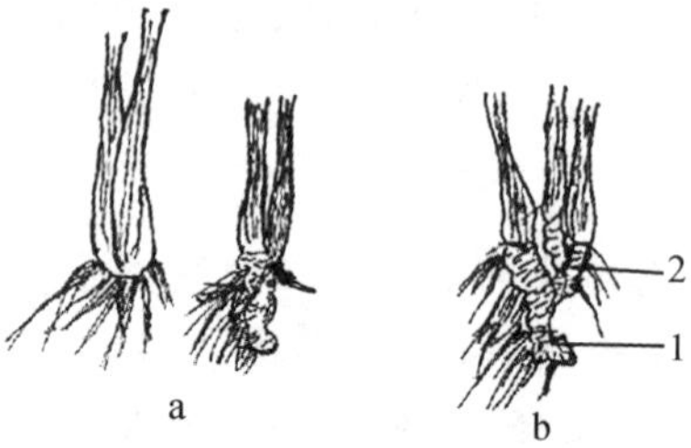

图 9-1　韭菜分蘖与跳根
a. 分蘖；b. 跳根；
1. 新根；2. 老根

茎　分为根茎、鳞茎和花茎 3 种。一年生韭菜根茎以横向增粗为主，称为短缩的根茎，又称茎盘。周围着生须根。根茎的顶端是鳞茎，是由柔嫩的叶鞘层层抱合而成。随着植株的生长，根茎不断地分蘖并向地表延伸发展，分蘖后的根茎称为杈状茎。当植株长到一定大小，顶芽可分化出花芽而抽生出花薹，长 30～50 cm，顶端着生伞形花序。

叶　韭菜叶分为叶身和叶鞘两部分，叶片扁平、狭长、带状，是其主要食用部分。韭菜叶生长在茎盘上，成簇生长，成株有 5～9 片叶；叶鞘抱合成圆筒状，长 5～10 cm，采取遮光、培土等措施，可以使叶片和叶鞘黄化，从而生产出组织柔嫩的韭黄。

花　韭菜花为伞形花序，花序上着生小花 20～50 朵，花冠白色或粉红色。两性花，异花授粉，虫媒花，幼嫩花薹和花均可食用。

果实和种子　韭菜的果实为蒴果，3 室，每室有 2 粒种子，成熟时种子易脱落，所以应及时采收。种子黑色，盾形，腹背面皱纹细，千粒重 3 g 左右。种子使用寿命多为 1 年。

（二）生育周期

韭菜是多年生宿根性蔬菜，韭菜从种植后到 4～5 年内均为健壮生长时期，5～6 年后多进入衰老期，生理机能衰弱，产量、品质下降。

1. 营养生长期

(1)发芽期　从种子萌动到第一片真叶出现为发芽期,10～20 d。由于种皮坚硬,子叶弯曲或弓形出土,因此播种时需精细整地,覆盖细土,保持土壤湿润,促其顺利出苗。

(2)幼苗期　从第一片真叶出现到5～6片叶为幼苗期,80～120 d。此期以根系生长占优势,地上部生长较为缓慢。管理重点是防除杂草滋生,促进幼苗生长。

(3)营养生长盛期　从5～6片叶之后到花芽开始分化前。腋芽萌动形成分蘖。管理上应加强肥水管理,促进植株生长,增加营养物质积累,增强植株越冬能力。

(4)越冬休眠期　当外界气温下降到2 ℃以下时,叶片和叶鞘中的养分开始转运贮存到叶鞘基部、根状茎和根系之中,叶片逐渐枯萎,这个过程称为"回根"。生产中在回根前40 d应停止,促进养分积累,保证韭菜安全越冬。

2. 生殖生长期

韭菜是绿体春化植物。2—4月播种的韭菜,当年一般不抽薹开花,翌年5—7月抽薹开花。以后,只要满足低温和长日照条件,每年均能抽薹开花。因为抽薹开花需要消耗大量的营养物质,生产上除采种田外,抽薹后应及时采摘花薹,减少养分的消耗。

(三)对环境条件的要求

(1)温度　耐寒性蔬菜,在冷凉气候条件下生长良好,对温度适应范围较宽,耐低温,不耐高温。种子发芽适温为15～18 ℃;12～24 ℃范围内,适合韭菜产品器官的形成;抽薹开花要求20～26 ℃。

(2)光照　长日照植物。在中等光照强度条件下生长良好,具有较强的耐阴性,光照过强叶肉纤维素增多;光照过弱则叶片发黄、瘦小、产量降低。

(3)水分　喜湿但不耐涝。要求土壤湿度保持80%～90%。适宜60%～70%空气湿度。

(4)土壤营养　韭菜对土壤的适应性较强,但是土层深厚、富含有机质、保水保肥力强的土壤最佳。每生产1 000 kg韭菜需要3.69 kg氮(N)、0.85 kg磷(P_2O_5)、3.13 kg钾(K_2O)。

二、类型与品种

韭菜依食用器官不同分为根韭、花韭、叶韭和叶花兼用韭等4个类型。

根韭主要分布在我国云南、贵州、四川、西藏等地,又名苤韭、宽叶韭、大叶韭、山韭菜、鸡脚韭菜等。主要食用根和花薹。根系粗壮,肉质化,有辛香味,可加工腌渍或煮食。花薹肥嫩,可炒食,嫩叶也可食用。根韭以无性繁殖为主,分蘖力强,生长势旺,易栽培。以秋季收刨为主。

叶韭的叶片宽厚、柔嫩,抽薹率低,虽然在生殖生长阶段也能抽薹供食,但主要以叶片、叶鞘供食用。我国各地普遍栽培。软化栽培时主要利用此类。

花韭专以收获韭菜花薹部分供食。它的叶片短小,质地粗硬,分蘖力强,抽薹率高。花薹高而粗,品质脆嫩,形似蒜薹,风味尤美。我国甘肃省兰州市栽培较多。近年来,山东等地也有零星引种栽培。花韭有很多品种,如小叶种:抽薹与分蘖性强,叶狭短,色较浓,叶鞘细而色微绿,叶及叶鞘质较硬,早熟,叶花兼用,品质中等;年花韭菜:抽薹性特强,花茎长大,叶幅中宽而长,浓绿色,叶鞘大,呈微黄赤色,叶与叶鞘较硬,抽薹期长,周年都能抽薹,叶部不宜食用,以采薹为主;年花2号:花茎粗大,品质优良,耐低温。

叶花兼用韭的叶片、花薹发育良好,均可食用。目前国内栽培的韭菜品种多数为这一类型。该类型也可用于软化栽培。

生产中，按叶片宽窄分为宽叶品种和窄叶品种。宽叶品种的叶片宽厚，叶鞘粗壮，品质柔嫩，但香味较淡，易倒伏，适于露地栽培或软化栽培。窄叶品种的叶片狭窄，叶色较深，叶鞘细高，纤维含量稍多，直立性强，味较浓，适于露地栽培。

韭菜的主要品种有大叶韭菜、汉中冬韭、诸城大金钩、791 韭菜、寿光马蔺韭、细叶韭菜、黄韭一号、阔叶韭菜、北京线韭等。

(1)大叶韭菜　大叶韭菜是人工培育的新品种，其高度约为 40 cm，具有较高的耐寒性、耐旱性以及抗虫性。大叶韭菜的生长周期较长，从播种到采收需要 350 d 的时间。此外，大叶韭菜的香气较为浅淡，其叶片呈现三棱形。

(2)汉中冬韭　汉中冬韭原产于陕西省汉中市，适宜生长在年平均温度为 14.3 ℃的环境中，且汉中冬韭的叶片为嫩绿色，味道辛辣浓香，其叶片长度约为 42 cm，宽度约为 1.9 cm，养殖汉中冬韭时，要为其提供弱酸性的绵沙壤。

(3)诸城大金钩　诸城大金钩原产于山东省，其叶片为深绿色，宽度在 1.2 cm，呈现钩状，且诸城大金钩的茎叶较为直立，高度为 43～50 cm，其香气具有甜味，并且诸城大金钩的耐寒力较强，对灰霉病有较强的抗性。

(4)791 韭菜　791 韭菜是北方常栽种的品种，其高度可达 50 cm，生长速度较快，且 791 韭菜的叶片较厚，为宽条状，最大宽度可达 2 cm，而且 791 韭菜具有产量高、耐热、抗旱等优点，是较为优良的韭菜品种。

三、栽培制度与栽培季节

有青韭和黄韭之分，在阳光充足的环境下栽培，其叶色鲜绿或浓绿，称之为“青韭”；在严密遮光的环境下栽培，其叶色淡黄，叶片鲜嫩，称之为“韭黄”。

韭菜保护地栽培季节，依当地气候，采用保护地的种类和性能，植株营养“回根”的迟早和产品供应期的安排而不同，栽培季节可以提前或延后，可根据生产实际，灵活安排。

工作任务 1　露地韭菜栽培技术

任务目标：掌握韭菜栽培全过程，能熟练操作重要的技术环节。

任务材料：韭菜种子或韭菜成株、农家肥、化肥、生产用具等。

技能要求：学会露地韭菜的栽培技术。

韭菜可用种子或分株繁殖。分株繁殖系数低，植株生活力弱，寿命短，产量偏低。因此，生产上多用种子繁殖。

种子繁殖又分为直播和育苗移栽 2 种方式。

一、育苗和直播

(1)播种时期　根据韭菜种子发芽对温度的要求，宜在春秋两季播种。

(2)直播地和苗床准备　韭菜对土壤适应性强。直播栽培应选择表土深厚，肥沃，保水力强的土壤。育苗床应选择旱能浇、涝能排的高燥地块，最好是沙壤土，这样起苗时伤根少。

前作收获后，冬前翻耕晒土。雨水少的地区，可在初冬灌一次水，经过冻融交替，改善土壤结构，并可蓄水使土壤湿润，有利于春季种子的萌发。春季，施腐熟有机肥，每 667 m^2 育苗床施 4 000～5 000 kg。直播地可多施，并加施过磷酸钙 50 kg/667 m^2，硫酸钾 20～30 kg/667 m^2，施肥后及时耕耙，整平做畦。韭菜种子发芽顶土能力弱，应细致整地，做到土肥均匀、土壤细碎。

(3)种子准备　韭菜种子寿命短，一般为1～2年，生产上宜用当年新种子。可以干籽播种，也可浸种催芽后播种。春季气温偏低时应干籽播种。气温偏高时宜浸种催芽，有利于种子萌发和幼苗出土。浸种催芽的方法是在播种前4～5 d，用20～30 ℃的水浸种24 h，捞出种子，控去水分，用湿布包裹，置15～20 ℃下催芽，每日用清水淘洗1次，经2～3 d胚根露出，应及时播种。

(4)播种量　育苗和直播的播种量有较大差异。育苗时幼苗在苗床生长期短，植株所需营养面积较小，故播种量较大。播种过稀，浪费土地；播种过密，则幼苗细弱，不利于培育壮苗。一般播种量为4～5 kg/667 m^2。直播播种量较小，一般每667 m^2播种量为2.5～3 kg，保证基本苗数不低于20万株。如果播种量过大，分蘖受到抑制，叶鞘变细，叶片变窄，植株变得细弱易倒伏，生长年限缩短。播种过稀，则前期产量低。

(5)播种方法　育苗床先在苗床灌足底水，水渗后撒播种子，然后覆土，厚度2 cm左右。土壤湿度大时，先用齿耙在整平的畦面耧成细小沟，撒播种子后再以齿耙耧平，地面发白后轻轻踩实，随机在畦面灌水，2～3 d后再灌水1次，始终保持土壤湿润，直至出苗。

直播多用开沟条播或穴播，有利于田间管理和采收。方法有：一是平畦条播，整地做畦，畦宽1.2～1.5 m，行距20～25 cm，开播种沟，沟幅宽5 cm，沟深2 cm，将沟底蹚平，播种宽度3 cm左右，种子间距1～2 cm；或按穴距15～20 cm穴播，每穴播种6～8粒，播种后覆土1～2 cm。二是平地沟播，整地后不做畦，按行距30～40 cm开播种沟，沟幅宽5 cm，深度2 cm，沟内浇水，水渗后播种，种子间距1～2 cm，播后覆土1～2 cm，随着韭菜植株的生长，逐渐平沟，培土成垄。

(6)播后及幼苗管理　韭菜种子发芽慢，出土时间长。春季播种偏早时，温度低，播后12～20 d才能出土。播种较晚时，温度适宜，6～7 d出土。幼苗出土后，子叶先弯曲伸出土面，称“拉弓”。随着胚轴伸长，子叶尖端伸出地面，称“伸腰”。幼苗出土前容易发生墒情不足，幼根缺水干枯，或地面板结，子叶出土困难。因此，播后管理的中心任务是保持土壤湿润、防止板结，促进出苗。采用地膜覆盖等方法，有利于保墒。如用干播法，则需连续浇水保持地面湿润。在出苗前也可用齿耙刮破地皮，既可除草，又可疏松土表，有利于幼苗出土。

幼苗出土后，管理的中心工作是灌水、追肥、除草和治蛆等。前期应轻灌勤灌。保持地面湿润，并结合灌水追施速效氮肥。3～4叶期，施1次提苗肥，追施硫酸铵15～25 kg/667 m^2。5～6叶期再追施1次。苗高12～15 cm时，进行控水蹲苗，促进根系发育，减少灌水次数，保持地表面见干见湿。

韭菜幼苗生长慢，而草生长极快。所以苗期除草极为重要。除草宜早、宜小进行。可多次中耕除草，或灌水后拔除。也可用除草剂防除。

苗期防蛆应及早进行，可在出苗后灌高效低毒农药1～2次，前期气温低时也可随水灌氨水，既可追肥又可治蛆。

二、定植

(1)栽培地的选择　选择含丰富有机质、疏松肥沃、通气性好、保水保肥能力强的壤土或沙壤土来种植韭菜为好。

(2)施肥　韭菜是多年生的蔬菜，生长期长，所以要精细整地，施足基肥。施肥量根据土壤的肥力情况而定，一般每667 m^2 要施腐熟农家肥或商品有机肥2 000～4 000 kg，与土壤混匀，也可沟施或穴施。施好后细耙1次，而后做成1.2～1.5 m宽的畦，耙平畦面，按20～25 cm行距开穴植沟种植韭菜，沟深12～15 cm，穴栽韭菜时按所需穴距开穴。

(3)定植时期　韭菜定植时期的确定，要根据播种时期和韭菜苗的大小，株高18～20 cm，有5～6片叶时是韭菜适宜定植的生理苗龄。从育苗时间长短来讲，一般在播种80～90 d后定植，但因播种期的不同略有不同。春分至清明播种，夏至以后定植，谷雨至立夏播种，大暑以后定植；秋播的翌年清明以后定植。韭菜的定植期要错开高温高湿季节，否则土壤含水多，含氧少，不利于新根的发生和伤口的愈合；另外，温度高，叶片的蒸腾作用旺盛，而此时根系尚未恢复，吸水能力差，植株因缺水易萎蔫甚至枯干，延迟缓苗；在临近高温之前定植，成活后不久即遇到高温，植株积累养分不足，发根少，鳞茎小，分蘖少，生长不良，产量低。所以确定定植时期的原则，春播的韭菜在高温高湿过后的秋季定植，而秋播的韭菜在翌年的春季定植。

(4)定植　定植前1～2 d在育苗床中浇水，定植当天将幼苗挖起，抖净泥土，剪去黄叶和过分细弱的叶片，按苗的大小分级，按级分片定植。定植前，从靠近鳞茎2～4 cm处剪断须根，分株繁殖的要剪去2年以上的老根茎，以促进新根的发生。为了减少定植以后叶面的水分蒸发，不致造成失水过多，要剪去叶片的尖端，以此促进植株的成活。

合理密植是高产稳产的关键，适宜的定植密度是根据品种和定植方式决定的，穴栽韭菜一般每穴4～5丛，每丛1～3株；沟栽韭菜在定植沟内每隔3～4 cm栽1丛，每丛13株。定植过稀，肥水的利用率低，产量低；定植过密，影响分蘖，产量也会降低。定植的深度对韭菜的寿命和分蘖能力均有影响。以叶鞘与叶片的连接处不埋入土中为宜，过深分蘖能力降低，生长缓慢；过浅易倒伏。一般定植以“深栽、浅埋、分期覆土”为原则。定植以后用脚踏实，立即浇水。

三、田间管理

1. 定植当年的管理

韭菜定植当年着重“养根壮秧”，积累养分，定植当年不宜收割。定植后及时灌水，促进缓苗。到新叶出现，新根已经发生时，再灌1次缓苗水，促进发根长叶，而后中耕保墒，保持土壤见干见湿。夏季要排水防涝，以免烂根死苗，并经常清除田间杂草。进入秋季后，天气转凉，根叶生长迅速，分蘖力较强，是韭菜旺盛生长和积累养分的重要时期。应加强肥水管理，一般7～10 d灌水1次，保持地面湿润，结合灌水追肥3～4次，每次追施尿素10～15 kg/667 m^2 或硫酸铵15～20 kg/667 m^2。寒露以后，天气渐冷，生长速度减慢，叶片中的营养物质逐渐贮藏于根茎中。此时叶面水分蒸腾减少，根系吸收能力减弱，应减少灌水，保持地面不干即可。此期灌水多，易导致植株贪青，影响营养物质积累。立冬过后，根系活动基本停止，当温度降至－5～－6 ℃时，韭菜地上部枯萎，被迫进入休眠。为使韭菜地下根茎安全越冬，在土壤封冻前灌足底水，还可盖一层土杂肥，对当年越冬、翌年春返青均有较好效果。

2. 定植第2年后的管理

第2年以后的韭菜，一般称为老根韭菜，可以多次采收。每次收割后，新叶的形成都要消耗根茎中贮藏的营养物质。因此，必须加强肥水管理，促根壮秧，解决好养根与收割的关系，以达到持续高产。

(1)春季管理：春季是韭菜旺盛生长、产量形成和采收的主要时期，主要管理任务是灌水追肥，促进生长。

越冬以后随气温回升韭菜开始返青，应及时清除田间枯枝残叶，宽行栽培的，可在行间中耕，松土保墒，提高地温，促进萌发。

返青时由于气温、地温尚低，不宜过早灌水。在土壤墒情充足的条件下，第 1 次收割前可不灌水。土壤墒情不足时可在苗高 15 cm 左右时灌 1 次水。以后每次收割后都要灌水 1～2 次，保持土壤湿润。收割后 3～4 d，叶片伤口已愈合，新叶长出时进行浇水，收割后立即浇水根茎易腐烂。

韭菜喜肥也耐肥，除施足基肥外，每次收割后，结合浇水进行追肥。追施氮肥为主，适当配合磷钾肥。

(2)夏季管理：夏季气温升高，韭菜光合作用降低，生长减弱。在强光高温影响下，韭菜叶部纤维增多，组织粗硬，品质变劣，食用价值低，不宜收割。以养苗为主，并注意防涝、防倒伏和腐烂。应适量追肥，及时除草，为秋季生长做准备。

韭菜在 7—8 月抽薹开花，消耗大量养分，影响植株生长、分蘖和养分积累。因此，除留种田外，应及时采收幼嫩花薹，以节约营养，利于以后植株生长。

四、任务考核

记录韭菜露地繁殖采用的方式，定植及田间管理过程中注意的事项。

工作任务 2　设施韭菜栽培技术

任务目标：掌握设施韭菜栽培全过程，能熟练操作重要的技术环节。

任务材料：韭菜种子或韭菜成株、农家肥、化肥、生产用具等。

技能要求：学会设施韭菜的栽培技术。

一、大棚的搭建

韭菜大棚的场地应选择交通方便，灌溉条件良好，富含有机质的沙质壤土。大棚建成南北向，棚长 30～60 m、宽 6～8 m、肩高 1～1.5 m、脊高 1.8～3 m，采用镀锌钢管、水泥柱或竹子做立柱和连接杆，按棚宽方向每 2 m 设一立柱，顶端形成拱形，地下埋深 50 cm，垫砖或做底座，夯实；拱架间用纵拉杆连接，形成整体；外层大棚与内层拱棚间距保持在 15～20 cm 为宜，内外层膜均可选用醋酸乙烯无滴膜或聚乙烯防尘无滴复合膜，内外层膜须新旧搭配使用。

二、育苗和直播

(1)清明前后直播或育苗　直播多采用条播，行距 33～35 cm，播种沟深 2 cm，播幅 5 cm，亩用种量 3.0～3.5 kg；育苗移栽采用撒播，每 667 m^2 苗床播种 0.75～1.0 kg。播种前先进行浸种催芽，将饱满的新种子用 30 ℃温水浸泡 12 h，然后捞出用清水冲洗 2～3 遍，再用干净湿布包好放在 25 ℃下催芽，2～3 d 后，当有 30%种子露白后即可播种。播前浇足底水，播后覆细土 1 cm 厚，盖地膜保墒，当有 10%以上的幼苗出地面后，及时揭去地膜。

(2)扣膜　扣膜最佳时期在当地初霜前。扣膜过早生长迅速，产量高峰来得早，容易早衰；扣晚了在露地遭受低温冷害，容易引起叶尖腐烂，韭菜转入被动休眠，扣膜后生长缓慢。

(3)扣膜后的管理与收割　一般扣膜前可浅割一刀，收割后立即扣膜；若韭菜尚未达到收割标准，为防止冻害应先扣膜，但必须仔细操作，防止损伤韭菜植株。扣膜初期，室内气温较高，必须加强通风，防止徒长，保持白天不超过 25 ℃。随着棚外温度下降，逐渐缩小放风量，保持白天 20～25 ℃，夜间 5～10 ℃，以后随着棚外温度下降，夜间加盖内膜，并晚盖早揭，加强保温性能。若韭菜长势强，收割期可从 10 月延续到翌年 2—3 月，种植一次一般可连续收获 3～5 年。

三、大棚韭菜的管理

(1)温度管理　韭菜为耐寒性蔬菜，生长适温为 14～20 ℃，10 ℃以下生长缓慢，温度高于 25 ℃容易产生伤害。要注意低温避风保温，高温通风降温。

(2)肥水管理　扣膜前浇足底水，一般头二茬韭菜不浇水，只是在收割后 4～6 d 伤口愈合后，结合施肥浇水 1 次，每次每 667 m^2 用 10 kg 尿素兑水 1 500 kg 浇施，或使用水肥一体化设施浇水时加灌复合水溶肥 10 kg。

(3)病虫害防治　大棚韭菜生长期间，温室内经常浇水，由于棚内湿度大，应注意防治灰霉病，可以每次浇水后用速克灵烟剂熏棚预防。要及时清除病残体。每次收割时，剥下病叶并集中深埋。灰霉病发生时，立即用 50%速克灵或 50%扑海因可湿性粉剂 1 000 倍液喷雾防治。

四、韭菜病害的防治

(一)灰霉病

1. 症状

灰霉病是韭菜最主要的病害之一，冬春季保护地韭菜普遍发生。主要是接触或切口侵染，叶片由尖端向下逐渐产生灰褐色至白色小斑点，扩大后呈椭圆形或棱形病斑，并相互融合成大片枯死斑，常至全叶或半叶焦枯，外界湿度较大时，枯叶表面有灰褐色霉层生于病斑表面，温暖、潮湿有利于此病发生，常引起叶片干枯死亡，造成减产。

2. 防治方法

及时清除病叶，加强田间管理，注意合理浇水，适时防风排湿，控制湿度，减少棚内昼夜温差，防止叶面结露。及时清除病株残叶，增加追肥，多施磷肥、钾肥，增强韭菜抗病能力，栽培优良抗病品种。

药剂可选用 50%多菌灵可湿性粉剂 500 倍液，50%托布津可湿性粉剂 500 倍液，50%速克灵可湿性粉剂 1 500～2 000 倍液，或 50%腐霉利可湿性粉剂 1 500～2 000 倍液，每隔 7 d 喷施 1 次，连续喷施 4～5 次，也可以每 667 m^2用 5%灭霉灵粉剂 1 kg 烟熏 3～4 h，连熏 5～6 次。

(二)疫病

1. 症状

韭菜疫病是韭菜重要的病害，各地都有分布，在夏季多雨年份发病较重，可造成减产。韭菜疫病又称为“烂韭菜”，是真菌性病害，借风雨传播，反复侵染，高温、高湿利于发病。

病叶多从中下部开始，初为暗绿色水浸状病斑，当扩展到叶片的一半时，全叶变黄下垂，软腐，湿度大时，病部产生稀疏灰白色的霉状物，根部受害后，呈褐色腐烂，根毛稀少，很少发新根。茎、花茎、叶、根均可受害，鳞茎和假茎受害最重。

2. 防治方法

田间如果湿度高就会发病重，气温高、地势低、积水、通风不及时，容易发病。降雨与病害发生密切相关，降雨多，病害发生严重。夏季田间发病适宜温度是 25～33 ℃，河南地区一般 7 月上旬地上部分开始发病，7 月下旬进入发病盛期，8 月上旬病情达到顶峰，11 月停止发生。保护地采取适时通风排湿，平整土地，排水防涝。应避免连作。7 月中旬可全面排查，从 7 月 26 日至 8 月 6 日开始防治。药剂可选用 40％乙磷铝可湿性粉剂 250 倍液，75％百菌清可湿性粉剂 600 倍液或 70％代森锰锌 350 倍液，40％三乙膦酸铝可湿性粉剂 250 倍液，25％甲霜灵可湿性粉剂 750 倍液，每隔 10 d 喷施 1 次，连续喷施 2～3 次。也可选用 40％乙磷铝可湿性粉剂 300 倍液灌根，每墩韭菜灌药液 120 g。

（三）病毒病

1. 症状

叶片变窄，叶色褪绿，沿中脉形成变色黄带，呈条状，后叶尖变黄枯。在春季发芽时出现症状，高温干旱蚜虫发生时病害较重。

2. 防治方法

选播抗病品种，移栽无病植株，加强栽培管理，清除杂草，勤浇水，合理施肥，施足基肥，增施磷肥、钾肥，少量多次追施氮肥，培育壮苗增强抗病力。雨后排涝，防止农田积水。促进韭菜根系发育，提高抵御能力。韭菜病毒病主要通过蚜虫传毒，病株汁液摩擦接触以及农事操作也是重要的传毒途径，蚜虫发生量大，则发病较重。可喷洒 20％毒克星可湿性粉剂 500 倍液或 5％菌毒清可湿性粉剂 400 倍液，每 7 d 喷洒 1 次，共喷洒 3～5 次。也可使用 30％乙酰甲胺乳油 1 000 倍液，25％隆硫磷乳油 1 000～1 500 倍液喷雾进行防治。还可以用烟雾法进行防治，每 667 m^2 用 22％敌敌畏烟剂 0.5 kg，于傍晚收工前将保护地密闭熏烟，省工而且高效。

五、韭菜虫害的防治

（一）韭蛆

1. 症状

韭蛆是韭菜的主要害虫。北方菜区普遍发生，为害严重。春季为害幼茎引起腐烂，韭叶枯黄而死，夏季幼虫向下活动，蛀入鳞茎，引起腐烂，造成整墩成片死亡。在保护地可全年发生，冬季随韭根带入为害，翌年 2 月为严重为害期，4—6 月进入为害盛期，9 月下旬至 10 月中旬再度严重为害。

2. 防治方法

实行轮作，加强田间管理，表土翻晒并晒根，经过 6～7 d 可将幼虫干死，沟施草木灰，降低韭菜根湿度，可减轻蛆害，移栽韭菜时，应选用无蛆鳞茎。韭菜苗期韭蛆比较严重，防蛆要治早治小，可以在出苗后每 10～15 d 灌敌百虫 1～2 次防治，前期地温低的时候可随水灌氨水，既可治韭蛆，又可追肥。

药剂可选用 50％辛硫磷乳油或 40％乐果乳油各 800 倍液，或 80％敌百虫可溶性粉剂 1 000 倍液喷灌覆土，或 48％地蛆灵 1 800～2 000 倍液，每 7 d 喷灌 1 次，连续防治 3 次。也可选用 80％敌敌畏乳油 1 000 倍液，25％喹硫磷乳油 1 000 倍液，48％毒杀蜱乳油 1 000 倍液灌根处理，扒开韭墩表土，对准韭根喷灌，每墩韭菜灌药液 250 g，灌后马上盖上松土，连续防治 3 次即可。因为韭菜含有挥发油，对药剂有吸附作用，在韭菜收割前 8～10 d 应停止喷药。

(二)葱斑潜绳

1. 症状

幼虫蛀食叶片的叶肉组织,被害处仅剩上下表皮,造成叶片枯萎,影响韭菜生长,降低产量,韭菜失去食用价值。

2. 防治方法

及时清除病叶、残叶、老叶以及田间杂草,发现有被幼虫咬食的叶片,带出田地深埋,对减少下一代发生数量和压低越冬基数都有一定作用。

3 年以上的植株进行剔根、培土处理,在植株刚长出 3～5 cm 时进行。用竹竿将根从土壤中掘出,露出根茎,剔除枯死的根蘖和细弱的分蘖,将土壤堆在行间晾晒 1 d,然后将植株拢在一起,填入行间细土埋好。这样可以减少虫害,防止植株倒伏。药剂可选用 20%速灭杀丁或 10%烟碱乳油 800 倍液喷洒,每 7 d 喷施 1 次,连续防治 3～5 次,或用 40%乐果乳油 1 000 倍液,每隔 7～10 d 喷施 1 次,共防治 2～3 次。

(三)葱蓟马

1. 症状

葱蓟马是一种多食性害虫,多集中栖息于叶身与叶鞘交界处,成虫和 1 龄若虫以锉吸式口器为害心叶、嫩芽,被害叶形成许多细密而长条形的白色斑纹,叶尖枯黄,叶片干枯、下垂、扭曲、变黄、枯萎,可造成减产,中等程度发生可减产 30%,严重时可减产 50%。葱蓟马还是多种植物病毒、病害的传播媒介。

2. 防治方法

加强田间管理,及时清除田间杂草、病叶、残叶,集中烧毁或深埋,可减少越冬成虫和若虫。葱蓟马喜欢温暖、较干旱的环境,高温干旱情况下为害严重,暴风雨过后会显著减少,白天多在叶背处,阴天和夜里才在叶面上取食,5—6 月是葱蓟马的为害盛期。药剂可选用 40%乐果乳油,50%辛硫磷乳油或 50%马拉硫磷乳油 1 000～2 000 倍液,每 7 d 喷施 1 次,连续防治 3～5 次。这些药虽然高效低毒,但仍需要在收获前 8～10 d 停止使用

(四)韭菜跳盲蝽

1. 症状

以成虫、若虫刺吸韭菜,产生白色至浅褐色斑点,严重时导致全株叶片变黄、枯萎。

2. 防治方法

清除田间杂草,清除病叶、残叶,带出田地深埋。药剂可选用 50%敌敌畏乳油、50%辛硫磷乳油各 1 000 倍液,或 10%氯氰菊酯乳油 1 500～3 000 倍液喷洒,隔 7～8 d 喷施 1 次,连续喷施 3～4 次。

项目二 大蒜生产技术

大蒜别名蒜,各地均有栽培。蒜苗、蒜黄、蒜薹、蒜头均可食用,既可鲜销,又可加工出口创汇。大蒜含有人体必需的营养物质,具辛辣味,不仅是人们生活中不可缺少的调味品,而且具有较多的药用价值,也是广泛用于医药、化工、食品等工业的重要原料。由于用途广泛,栽培面积迅速扩大,是国内外栽培面积较大的蔬菜作物之一。

一、生物学特性与栽培的关系

(一)生长发育

大蒜一般不开花结籽,都用老蒜瓣播种栽培。大蒜生长发育过程,一般分为萌芽期,幼苗期,花芽、鳞芽分化期,花茎伸长期,鳞茎膨大期和休眠期 6 个阶段(图 9-2)。

视频学习:
大蒜生产技术

(1)萌芽期　从播种至幼芽伸长、出鞘、长出第一片真叶。春播大蒜需 7～10 d;秋播大蒜多数品种因休眠或高温影响,需 15～20 d,才能完成萌芽期的生长过程。

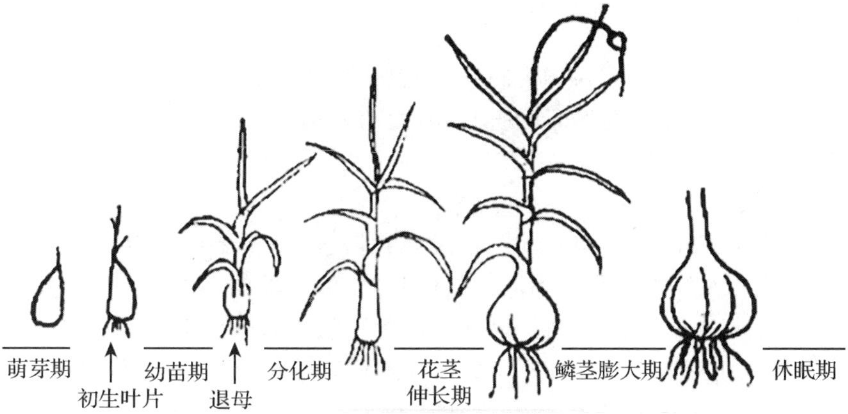

图 9-2　大蒜的生育时期

(2)幼苗期　从第一片真叶展开至花芽、鳞芽分化开始为幼苗期。植株根系由纵向生长转入横向生长,侧根逐渐增加,根逐渐增长,种瓣内的养分消耗完之后,根系吸收土壤养分的能力逐渐增强,叶生长数约占叶数的 50%,叶面积占总叶面积的 40%。花芽和鳞芽即将分化,需要充足的养分供大蒜生长,若脱肥,蒜叶就会依次出现黄尖现象,在生产上,必须提前追施肥水,满足大蒜生长需要。

(3)花芽、鳞芽分化期　从大蒜的生长点出现花的原始体开始到花薹伸长为止便是大蒜花芽、鳞芽分化期。这期间,大蒜生长点长出许多小的突起物,顶芽分化成花芽,逐渐形成花薹,围绕花茎周围叶腋间长出鳞芽,每个叶腋可形成 2～5 个副芽,鳞芽越多,蒜瓣也越多。花芽鳞芽分化一般需 10～15 d。花芽鳞芽分化为大蒜产品器官形成奠定了基础,分化结束后,新叶继续长出来,株高和叶面积迅速增加,为花茎伸长和鳞茎膨大创造条件,加强肥水管理,便能获得较高的青蒜苗产量。

(4)花茎伸长期　从蒜薹开始伸长到采收蒜薹为止,称为花茎或蒜薹伸长期,一般需 30～35 d。这段时期营养生长和生殖生长同时进行,分化的叶片数全部长出,叶面积、株高达到旺盛生长时期,植株体内养分向蒜薹转移,由于生长量大,要求水分供应也就越多。

(5)鳞芽膨大期　从鳞芽开始膨大至鳞茎(蒜头)成熟收获为止称为鳞芽膨大期。早熟品种需 50～60 d(其中蒜薹采收后 20～25 d 为鳞茎膨大盛期),中晚熟品种约需 60～65 d(其中蒜薹采收后 20～25 d 为鳞茎膨大盛期）。蒜薹采收后，植株生殖生长的顶端优势被消除后，营养物质转移到鳞芽上，供鳞茎膨大的需要。

鳞茎（蒜头）的大小，除品种特性和植株营养生长状况以外，还与蒜薹采收早、迟影响有关，采收适时，消耗养分较少，鳞茎膨大所需的养分充足，鳞茎膨大快而重；蒜薹采收过迟，则消耗养分多，供鳞茎膨大的养分少，其膨大就缓慢而轻。因此，在大蒜生产上，有薹品种栽培时，必须适时采收蒜薹，既保证蒜薹产量和品质，又不影响鳞茎（蒜头）的膨大，使蒜头大而均匀，产量也高。鳞茎（蒜头）接近成熟时，根系逐渐死亡，叶片迅速干枯，应及时采收，否则，假茎倒伏枯烂，蒜头散瓣，影响品质而减产。

（6）休眠期　从采收蒜头之后至蒜瓣萌发之前是大蒜的生理休眠时期，称为休眠期，一般休眠期约 3 个月。在大蒜生理休眠期间，即使有适宜的温度、湿度和氧气，也不会萌芽发根。早熟品种如紫皮蒜休眠期较长，65～75 d；晚熟品种如狗牙蒜休眠期较短，35～45 d。

（二）对环境条件的要求

（1）温度　大蒜是喜冷凉，耐寒能力较强的蔬菜，南方地区可露地越冬栽培。适应温度范围－5～－25 ℃，在 3～5 ℃低温下即可萌发，蒜瓣萌发适温 12 ℃以上；幼苗期生长适宜温度 12～16 ℃，花芽及鳞茎发育的适宜温度 15～20 ℃。当气温超过 26 ℃以上，植株生理失调，茎叶逐渐干枯，鳞茎便会停止生长。

（2）光照　无论是春播或是秋播，大蒜通过春化阶段后，都要经过夏季长日照和较温暖的外界条件，才会长成蒜头。大蒜品种不同，对日照时数的要求也有一定差异。北方品种对日照数要求严格，要求有 14 h 以上的日照。南方品种对日照时数的要求要低一些，一般在 13 h 左右。在 12 h 以下日照的温暖环境条件下栽培大蒜，适宜叶片生长，不形成鳞茎（蒜头），可以青蒜苗供应市场。无光照条件下，大蒜产品为蒜黄。

（3）水分　大蒜是喜湿润怕干旱的蔬菜。在大蒜生产上，要求湿润、肥沃的土壤环境，有利于大蒜的生长发育。播种后，土壤含水量适宜，蒜瓣萌芽发根迅速，出苗整齐；幼苗期适当减少浇水数量，促进根系生长，增强根系吸收肥水能力，若浇水过多过勤引起种瓣湿烂；种瓣是幼苗生长重要的养分来源，种瓣养分耗尽后，加强肥水管理，促进大蒜生长发育；花茎伸长和鳞茎膨大期是大蒜生长发育最旺盛阶段，需水量多，注意肥水施用；蒜薹接近成熟时，控制施水量，防止采收蒜薹时折断；蒜薹收获后，适当浇施肥水，促进蒜株生长，使养分顺利地运送到鳞茎中去，使鳞茎充分膨大；即将采收鳞茎（蒜头）之前，控制肥水，使蒜头尽快老熟，提高品质和耐贮能力。

（4）土壤养分　大蒜能在多种类型土壤上生长，但以疏松肥沃、保水保肥力强、排水性能好、有机质丰富、pH 为 5.5～6.0 的壤土为最好，有利根及鳞茎的生长发育，蒜头大而整齐，品质好、产量高。大蒜吸收养分的能力较弱，需氮磷钾齐全的肥料供给植株生长发育。苗期以种瓣供养为主，不施速效肥，而以充分腐熟的迟效性农家肥作基肥。叶片生长和鳞茎膨大的前、中期需要较多的养分，少量多次，适时进行追肥，满足植株生长、蒜薹生长和鳞茎（蒜头）膨大的需要。在土壤选择上，不与葱、韭、洋葱等葱类蔬菜连作，避免土壤养分不足和减少病害。

二、类型品种

大蒜品种繁多，以蒜瓣大小分为大瓣类型和小瓣类型；以蒜薹发达程度分为有蒜薹类型和无蒜薹（薹退化不发达）类型；以带状叶片分为软叶类型和硬叶类型；以蒜皮颜色分为白皮类型和紫皮类型等。现将适宜南方栽培的品种介绍如下：

(1)紫(红)皮蒜类型　品种有温江红七星红皮蒜、二水早、桐子蒜、四月蒜、云顶早、呈贡蒜、通海蒜、宾川蒜等。紫(红)皮蒜皮紫色，蒜头中等大小，种瓣比较均匀，辣味浓，多早熟，品质较好，适于作蒜薹和蒜头栽培，也可作蒜苗栽培。

(2)白皮蒜类型　品种有苍山大蒜、无薹大蒜等。白皮蒜，蒜头外皮白色，头大瓣少(或有少量夹瓣)，皮薄洁白，黏辣郁香，营养丰富，植株高大，生长势强，适应性广，耐寒；蒜头、蒜薹产量均高，也可作保护地多茬青蒜苗栽培。

工作任务1　青蒜栽培技术

任务目标：掌握青蒜生产全过程，能熟练操作重要的技术环节。

任务材料：大蒜蒜瓣、农家肥、化肥、生产用具等。

技能要求：学会青蒜的栽培技术。

一、品种选择

青蒜，俗称蒜苗。为使蒜苗早熟丰产、延长供应期，在品种选择上，应选用早熟、蒜瓣小，用种量少，萌芽发根早，叶肥嫩，蜡粉较少，适宜密植的品种，如四月蒜、软叶子及“云顶早”“二水早”等品种。

二、整地做畦施基肥

大蒜根系浅，分布在表土层，吸收养分能力弱，在生产上应选疏松肥沃，土层深厚，保水保肥力强，排水性能良好的壤土栽培。深翻整平，按 2 m 做畦，沟深 20 cm。畦面施充分腐熟的人畜粪水 1 000～1 500 kg/667 m^2，隔 1～2 d 后耙平整细待播种。

三、播种

为延长蒜苗上市时间，陆续供应市场，可利用南方冬季暖和的气候条件和早熟品种能早萌芽早发根的特点，采取排开播种，从夏至(6 月下旬)到寒露(10 月上旬) 均可陆续播种，陆续收获，延长蒜苗供应时间。但需注意播种早气温高，蒜瓣必须进行低温处理，促进蒜瓣早萌芽早发根，才能在栽培过程中实现早播、早发、早收，提高产量，增加效益的目的。

1. 早熟栽培蒜瓣处理

将蒜瓣包好放在井水中浸 24 h 后播种；或放在地窖中，保持 15 ℃温度和一定湿度，比较密闭的条件下，10 d 左右大部分蒜瓣发根后播种；或将蒜瓣喷湿后，放在冷藏库或冰箱的冷藏柜中，2～4 ℃低温处理 15～20 d，促进种瓣内酶的活动而及早出芽发根，然后再播种，使种蒜出苗早而整齐，早熟丰产。

2. 种植密度

蒜苗栽培，植株不高，开展度不大，蒜苗生长时间不长，只要蒜苗具有鲜嫩肥厚的叶片，叶尖不黄便可陆续采收上市，因此，可适当密植，种植密度应根据播种时期和品种特性灵活掌握。一般夏至(6 月下旬)至大暑(7 月下旬)播种，约 60 d 采收上市的早熟栽培，播种密度以 4～5 cm 栽一蒜瓣，每 667 m^2 约栽 20 万株，每 667 m^2 产 1 500～2 000 kg；立秋(8 月上旬)至处暑(8 月下旬)下种栽培，种植密度 6～7 cm，70 d 左右采收上市，单产 2 000 kg 左右；处暑(8 月下旬)至白露(9 月上旬)播种,80 d 左右收获,单产 2 000 kg 左右;白露(9 月上旬)至寒露下种的,株距 8～10 cm,大寒(12 月上旬)前后陆续上市,产量可达 2 500 kg 左右。

3. 播种深度

各地可根据前后作茬口衔接及市场销售信息,灵活安排种植。播种深度以见种瓣尖为宜,过浅根部吸水困难,发根后蒜瓣易被顶出土面而死苗;过深出土缓慢,整齐度差,采收期延长,影响下茬种植。播种后,立即用腐熟的渣肥、沟土或作物秸秆盖种,既可保持土壤一定的湿度,防止暴晒,降低土温,又可弥补土壤养分不足、促进蒜苗生长。

4. 肥水管理

大蒜是喜冷凉湿润的蔬菜,播种较早,气温较高,旱情较重,播后加强肥水管理,降低土温,保持土壤湿润,使蒜苗出苗快而整齐。幼嫩蒜苗出齐后,应施稀腐熟的人畜粪水,促进蒜苗生长,采收前 20～25 d,根据土壤干湿和蒜苗生长情况,追施腐熟人畜粪水,要适当地勤一点,淡一点,旱时追施次数多一些,湿度大可少一些,有利于蒜苗生长为度。

5. 采收

青蒜栽培,一般蒜苗长到 20 cm 以上,叶肥厚嫩绿时可分期分批陆续选收,或隔株采收上市,每采收一次再追施淡肥水一次,促进余下蒜苗生长。

6. 病虫害防治

(1)大蒜紫斑病　大田生长期为害叶和薹,贮藏期为害鳞茎。田间发病始于叶尖或花梗中部,呈黄褐色纺锤形或椭圆形病斑,湿度大时病部产生黑色霉状物,病斑多具同心轮纹。贮藏期染病的鳞茎颈部变深黄色或红褐色软腐状。该病由香葱链格孢菌侵染所致。发病适温 25～27 ℃。一般温暖多雨,多湿,夏季发病重。

防治方法:①实行轮作;②种子处理:种子用 40%甲醛 300 倍液浸 3 h,浸后及时洗净。鳞茎可用 40～45 ℃温水浸 1.5 h 消毒;③药剂防治:40%大富丹可湿性粉剂 500 倍液;58%甲霜灵·锰锌可湿性粉剂 500 倍液。

(2)大蒜叶枯病　主要为害叶或花梗。受害部位呈不规则或椭圆形灰褐色病斑,其上长出黑色霉状物,为害严重时不抽薹。该病由枯叶格孢腔菌侵染所致,由于该病是弱寄生菌,常伴随霜霉病或紫斑病混合发生。

防治方法:①加强田间管理:合理密植,雨后排渍,清除病叶;②化学防治:可用 75%百菌清可湿性粉剂 600 倍或 50%扑海因可湿性粉剂 1 500 倍液喷施。

四、任务考核

记录青蒜栽培的全过程,详细记录肥水管理及病虫害防治细节。

工作任务 2　大蒜全程机械化栽培技术

任务目标:掌握大蒜全程机械化栽培技术,能熟练操作重要的技术环节。

任务材料及机械:大蒜蒜瓣开沟器、大蒜播种机、大蒜收获机、肥料等。

技能要求:学会大蒜全程机械化栽培技术,能熟练操作重要的技术环节。

大蒜是劳动密集型栽培作物,其生产过程费工费时,人工作业劳动强度大,占用农时多,收获季节性强、收获损失大、效率低,上述问题已成为影响大蒜生产发展、产业成长的主要瓶颈。但就目前情况来看,大蒜生产全程机械化程度还比较低,主要集中在播种和收获环节,与粮食作物、油料作物和大宗蔬菜作物还有一定差距。因此，研制开发并推广适应不同种植区域，不同类型土壤，轻简、高效的大蒜生产机具，满足广大蒜农要求，提高大蒜全程机械化生产水平的任务还十分紧迫。

一、大蒜机械播种技术类型

(1)大蒜平播技术　先用开沟器开沟，然后用链勺式单粒取种器取种并机械送种，大蒜瓣在送种过程中鳞芽朝向处于自由状态，鳞芽方向完全由落种瞬间朝向及落种位置随机确定。

(2)全自动大蒜播种技术　该技术采用特定机构扶正蒜瓣，由定向器解决鳞芽朝向问题，通过鸭嘴开穴方式进行播种，但为了保证蒜瓣自立度，机构复杂庞大。

二、播种密度及机械选用

机械化播种株距为 10～12 cm，行距为 18～20 cm，深度 5～8 cm，30 000～35 000 株/667 m^2。

为保证播种质量和大蒜品质，可选育正芽播种机、典型正芽播种机；深加工用蒜可选用平放型播种机。

三、大蒜机械收获

(1)大蒜分段收获机　指先挖掘、再由机器或人工进行整理收集的收获方式，主要有简易挖掘式、带清土轮式和铺放式。分段式收获仍然需要人工清理和收集。存在缺点：机械适应性较差，土壤黏度较大或土壤水分较大时无法使用；使用过程中极易被杂草和薄膜堵塞，且抖动较大、机械损伤率高。

(2)大蒜联合收获机　指一次实现挖掘、切秆(打捆)、清土和收集的收获方式，主要有切秆挖拔组合式、切秆挖掘式和打捆式。大蒜联合收获机通过挖掘装置从底部将蒜头挖出，链筛输送振动实现蒜土分离，然后进入横向输送器，经升运器至刷式清洁装置，清理后输送至蒜头收集箱。存在缺点：适用于蒜秆直立状态较好的情况，倒伏蒜收获效果不好，地块湿度较大时，泥块现象明显；一次只能收获一行，收获效率不高，需要拖拉机牵引，收获方式不灵活。

大蒜全程机械化目前还存在机械适应性差、农机农艺不配套、作业效率低、损失率过高等问题，需有效衔接大蒜生产各环节机具，提升机械质量与品质，提高大蒜机械化应用水平。

思考题

1. 大蒜栽培时如何进行水肥管理？大蒜栽培上常见的问题有哪些？如何防治？
2. 韭菜如何进行播种繁殖？如何进行韭黄的黄化栽培？

思政小课堂

高效精准大蒜播种机
研发成功

模块十

绿叶菜类蔬菜生产

岗位要求

本模块内容是蔬菜生产管理岗位专业能力之一，工作任务是熟练掌握绿叶菜类蔬菜的生产管理技术，工作要求是了解主要绿叶菜类蔬菜的生物学特性，为生产创造优质高产栽培的环境条件，有效落实各项关键生产技术，及时发现和解决生产实践中出现的问题等。

知识目标

了解绿叶菜类蔬菜的主要种类、生育共性与栽培共性；掌握菠菜、芹菜等主要绿叶菜类蔬菜的生物学特性、类型品种、栽培季节及茬口安排；掌握菠菜、芹菜等的生产技术及生产过程中常见问题及防治措施。

能力目标

能掌握越冬菠菜播种及田间管理技术；能掌握芹菜的育苗技术；能正确分析菠菜、芹菜等生产过程中常见问题的发生原因，并采取有效防治措施。

素质和课程思政目标

教会学生做事循序渐进，不能急于求成；培养学生团结协作，创新实践精神；培养学生厚植“三农”情怀，勇担时代使命；培养学生专业自信和文化自信。

绿叶菜类蔬菜是以柔嫩的绿叶、叶柄和嫩茎为食用部分的速生蔬菜。包括莴苣、芹菜、菠菜、茼蒿、芫荽、茴香、冬寒菜、苦荬菜、荠菜、菊苣、蒌蒿、蕹菜、苋菜、苜蓿、番杏、落葵、紫背天葵等。

绿叶菜类蔬菜富含各种维生素和矿物质,含氮物质丰富,是营养价值比较高的蔬菜。其中维生素 C 含量在 30 mg/100 g 以上的有荠菜、冬寒菜、苜蓿、落葵、苋菜、芫荽、菠菜等;胡萝卜素的含量也比较高,如菠菜、芹菜、蕹菜、落葵、冬寒菜、芫荽、茴香、苜蓿等,每百克含胡萝卜素都在 2 mg 以上,另外,还含有叶酸、胆碱、钙、铁、磷等。

绿叶菜类蔬菜在生物学特性及栽培技术上的共同特点如下:

(1)多数绿叶菜类蔬菜根系较浅,生长迅速,生长期短,在单位面积上种植植株较多,因此对土壤和水肥条件要求较高,对养分的需要比较严格。基肥、追肥都应施用速效性肥料,要求勤施薄施,以保证不断生长的需要。特别是氮肥,氮肥充足,叶片柔嫩多汁而少纤维;氮肥不足,植株矮小,叶少,色黄而粗糙,食用价值降低。

(2)多数绿叶菜类蔬菜的播种材料为果实,或种皮较厚,需在一定的适宜条件下才能发芽,在播种前要对种子进行处理。

(3)绿叶菜类蔬菜对温度要求可分为两类:一类是喜冷凉而不耐炎热的,如莴苣、芹菜、菠菜、茼蒿、芫荽等,生长适温 15~20 ℃,适宜于秋播秋收,春播春收或秋播翌年春收。在冷凉的条件下栽培,产量高,品质好,在高温或高温干旱条件下品质降低。另一类是喜温而不耐寒的,如蕹菜、苋菜、落葵等,生长适温 20~25 ℃,10 ℃以下停止生长,遇霜易冻死,但比较耐夏季高温,适宜春播夏收,或夏播夏收。

(4)绿叶菜类蔬菜的食用部分都是营养器官,因此促进营养器官的充分发育,防止未熟抽薹是绿叶菜类生产的共同性问题。喜冷凉的绿叶蔬菜是低温长日照作物。但多数绿叶蔬菜如菠菜、莴苣的花芽分化并不需要经过较低的温度条件,而它们的抽薹开花对长日照敏感,在长日照条件下伴以适温便迅速抽薹开花,影响叶片的生长,从而降低品质。相反,在短日照条件下和伴以适宜的低温促进叶的生长,有利于提高产量和品质。喜温的绿叶蔬菜如蕹菜、苋菜是高温短日照作物,在春播条件下性器官出现晚、收获期长,而在秋播条件下性器官出现早,收获期较短。

(5)绿叶菜类蔬菜适应性广、生长期短、采收期灵活,在蔬菜的周年均衡供应,品种搭配,提高复种指数,提高单位面积产量及经济效益等方面有不可代替的重要地位。

项目一　菠菜生产技术

视频学习:
菠菜生产技术

一、生物学特性与生产的关系

(一)形态特征

根　菠菜主根发达、较粗,上部呈紫红色,可食。侧根不发达,不适宜移植。主要根群分布在 25~30 cm 土层中。

叶　抽薹前叶着生在短缩茎上,较肥大,为主要食用部分。叶戟形或卵形,色浓绿,质软,叶柄较长,花茎上叶小。

花　叶腋着生单性花，少有两性花，雌雄异株，少有雌雄同株，花茎高 60～100 cm。花黄绿色，无花瓣，风媒花。

果实　果实为聚合果，也称胞果，有刺或无刺，每个果实内含种子 1 粒。

种子　种子千粒重 8～10 g。

(二)菠菜植株的性型

(1)绝对雄株　植株较矮小，基生叶较小。花茎上叶片不发达或呈鳞片状。复总状花序，只生雄花，抽薹早，花期短。绝对雄株在有刺种中较多，为低产株。

(2)营养雄株　植株较高大，基生叶较多而大，雄花簇生于花茎叶腋，花茎顶部叶片较发达。抽薹较晚，花期较长。营养雄株在无刺种中较多，为高产株。

(3)雌株　植株高大，基生叶和茎生叶均较发达，雌花簇生于花茎叶腋处，抽薹较雄株晚。为高产株。

(4)雌雄同株　同一植株上着生有雌花和雄花或为两性花，基生叶和茎生叶均较发达，抽薹晚。花期与雌株相近，为高产株。

在一般情况下，雌雄株比例相等，但依品种而有不同。如有刺种绝对雄株较多，无刺种则是营养雄株较多。

(三)对环境条件要求

(1)温度　菠菜是耐寒不耐热。植株在冬季最低气温为－10 ℃左右的地区，都可以露地安全越冬。耐寒力强的品种具有 4～6 片真叶的植株，还可耐短期－30 ℃的低温，甚至在－40 ℃的低温下根系和幼苗也不受损伤，仅外叶受冻枯黄。但只有 1～2 片真叶的苗和将要抽薹的植株抗寒力较差。

菠菜种子发芽的最低温度为 4 ℃，20 ℃以上发芽率降低；最适发芽温度和最适生长发育温度为 15～20 ℃。当气温在 25 ℃以上时，尤其是在干热条件下，生长不良，叶片窄薄瘦小，质地粗糙有涩味，品质较差。

(2)光照　菠菜为长日照植物，在 12 h 以上的日照条件及较高温度下，易抽薹开花。为了提高菠菜的个体产量，要使播后的叶片生长期在 20 ℃左右的温度。日照逐渐缩短，有利于叶原基分生快，花芽分化慢，能形成较多的叶数。在花芽分化后，降低温度，缩短日照，可延迟抽茎，延长叶的生长期。

(3)水分　菠菜在生长期间需要大量水分。在空气相对湿度 80%～90%，土壤湿度 70%～80%的环境条件下，营养生长旺盛，叶肉厚，品质好，产量高。若生长期间缺水，生长速度减缓，叶组织老化，纤维增多，品质差。特别是在温度高、日照长的季节，缺水使营养器官发育不良，且会促进花器官发育，抽薹加速。但水分过多也会引起生长不良。

(4)土壤与营养　菠菜适宜在疏松肥沃、保水保肥力强的土壤中生长，pH 5.5～7.0 最为适宜。菠菜对氮肥要求较高，氮肥充足，则叶生长旺盛、产量高、品质好，且可以延长供应期。缺氮时，植株矮小，叶发黄，易未成熟抽薹。过量的氮肥会增加菠菜中硝酸盐和亚硝酸盐的含量，对人体健康不利。菠菜对硼肥敏感，要注意增施硼肥。

二、类型与品种

菠菜根据叶型及种子外形可分为以下两个类型。

（一）尖叶菠菜（有刺种）

叶片薄而狭小，戟形或箭形，先端锐尖或钝尖。叶面光滑，叶柄细长，种子有刺。耐寒力较强，耐热力较弱，对日照的感应较敏感，在长日照下抽薹快。适宜于秋季栽培或秋播越冬栽培，质地柔嫩，涩味少。春播易抽薹，产量低；夏播生长不良。主要品种如北京尖叶菠菜、菠杂10号，广州的铁线梗、大乌叶等。

（二）圆叶菠菜（无刺种）

叶片肥大，多皱，卵圆、椭圆或不规则形，先端钝圆或稍尖。叶柄短，种子无刺，果皮较薄。耐寒力一般，较有刺类型稍弱，但耐热力较强。对长日照的感应不如有刺类型敏感，春季抽薹较晚。适宜于春季或晚秋及越冬栽培，产量高，品质好。主要品种如广东圆叶、春不老菠菜，南京大叶菠菜，上海圆叶等。

三、生产季节与茬口安排

在南方大多数地区，菠菜的栽培以秋播为主。秋播中选用耐热的早熟品种早秋播种，于当年收获；选用晚熟和不易抽薹的品种晚秋播种，于翌年春收获。近年随着遮阳网、防雨棚的应用，可选用耐热和不易抽薹的品种栽培，进行春播或夏播。南方菠菜茬口安排见表10-1。

表10-1　南方菠菜茬口安排

茬口	播种期	采收期	品种选择
春菠菜	2月上旬—4月中旬	4—5月	选耐热和不易抽薹的品种
夏菠菜	5月下旬—8月中旬	6月下旬—9月	选耐热早熟品种
秋菠菜	7月下旬—9月下旬	8月下旬—10月中旬	选耐热早熟品种
越冬菠菜	9月中下旬—11月上中旬	2—4月	选不易抽薹、耐寒力强的品种

工作任务　越冬菠菜播种及田间管理

任务目标：掌握越冬菠菜生产全过程，能熟练操作重要的技术环节。

任务材料：菠菜种子、农家肥、化肥、生产用具等。

技能要求：学会越冬菠菜生产技术，保障菠菜安全越冬并实现优质高产。

一、整地做畦

先将腐熟有机肥4 000 kg/667 m^2左右作为基肥，撒在地面表层，再行深翻25～30 cm，将肥充分与土壤混合均匀，然后做畦，可采用平畦或高畦，畦宽1.3～2.6 m，长度在8～10 m。

二、播种

菠菜播种前3～4 d用凉水浸种12 h，捞出后置于室内催芽，每天检查翻动1次，经3～5 d种子露白时播种。但若在早秋或夏播，需进行低温催芽处理，即将种子用凉水浸种后，再放在4 ℃低温的冷库里处理24 h，然后在20～25 ℃条件下催芽，或将浸种后的种子放入冰箱冷藏室中，或吊在水井的水面上催芽。若播种时气温逐渐降低，不必进行浸种催芽。

菠菜播种量的确定因播种季节、播种方法、采收方法不同而有差异。春播、条播、一次采收完毕的用种量可少些；在早秋播种、撒播或进行多次采收的，用种量要大些。一般播种量在 4～15 kg/667 m^2。

菠菜采用直播法，可撒播或条播。条播时可按 10～15 cm 行距开深 3～4 cm 的浅沟，播前先浇底水，播后用草或遮阳网覆盖，保持土壤湿润，以利于出苗。为了防止高温暴雨，有些地区还搭棚遮阴。

三、田间管理

在苗出土期间应保持地面湿润，齐苗后适当控水。当苗长到 2～3 片叶时需间苗，保持株距 5 cm 左右，然后浇水、中耕，并及时除去杂草，以促根生长。秋菠菜前期气温高时，结合浇水进行追肥，可追施 20%左右稀腐熟粪肥，气温低时施肥浓度可达 40%左右。越冬菠菜应在春暖前施足肥料，以免早期抽薹，在冬季日照减弱时应控制无机肥的用量，以免叶片积累过多的硝酸盐。分次采收的，应在采收后追肥。

在采收前 15 d 左右喷 5 mg/kg 的赤霉素，可以促进提早成熟，增加产量。气温高时，菠菜对赤霉素反应敏感，使用浓度可低些，气温低时可高些。使用赤霉素必须结合追肥，增产效果才更显著。

四、病虫害防治

菠菜生长发育期发现的病虫害有 30 多种，主要发生的病害有霜霉病、炭疽病、病毒病、根结线虫病、茎枯病、心腐病、猝倒病等；主要虫害有蚜虫、潜叶蝇、蛴螬等。

1. 霜霉病

主要危害菠菜叶片，发病初期叶片出现淡黄色的小斑点，后扩大成不规则形的病斑，叶背病斑有灰白色霉层，后变成灰紫色，最后全叶变黄、枯死。菠菜最适发病生育期是 5 片叶以上时。一般雨水较多时发病严重；常年与其他发生霜霉病的蔬菜连作地块发病严重；地势低洼、积水严重、播种密度大、通透性差的地块发病严重。

绿色防控技术：①轮作倒茬，与豆类、茄果类等非绿叶菜类植物轮作 2～3 年。②合理确定播期，适时播种，确定合理种植密度，雨后及时排水，严禁大水漫灌。③种植过程中及时清除病残体，进行棚外销毁，使用充分腐熟的有机肥。④田间发现病情，及时用药防治，可选用 560 g/L 嘧菌・百菌清悬浮剂 2 000～3 000 倍液、70%丙森锌可湿性粉剂 600～800 倍液、10%氯氰菊酯乳油 2 000～3 000 倍液、250 g/L 吡唑醚菌酯乳油 1 500～3 000 倍液、68%精甲霜・锰锌水分散粒剂 800～1 000 倍液等进行化学防治。各种农药轮流使用，每 5～7 d 喷 1 次，共喷 2～3 次。

2. 炭疽病

主要危害菠菜叶片，染病初期叶片出现淡黄色的水渍状病斑，后扩展成圆形或椭圆形的灰褐色病斑，有轮纹，中间常有小黑点。炭疽病可以通过种子传播，在地势低洼、雨水较多、积水严重的地块发病严重。

绿色防控技术：①确保种子质量，在无病株上或无病地块留种，播种前进行种子消毒。②与其他非绿叶菜类蔬菜进行 3 年以上轮作。③种植前后，及时清洁田园，销毁病残株。④合理密植，避免大水漫灌。⑤田间发现病情，及时用药防治，可选用 50%多菌灵可湿性粉剂

500～600 倍液、70%代森锰锌可湿性粉剂 400～500 倍液、20%苯醚·咪鲜胺微乳剂 2 500～3 500 倍液、70%甲硫·福美双可湿性粉剂 800～1 000 倍液等进行化学防治。以上农药交替使用，均匀喷雾，视病情间隔 7～10 d 喷 1 次。

3. 根结线虫病

主要危害菠菜根部，发病严重时，可见根部产生大小不一的畸形瘤状物，植株地上部生长衰弱、变黄，严重时植株枯死。田间发病的初始虫源主要是病土、病苗，在常年连作、地势高燥、盐分较低的沙土地块发生严重。

绿色防控技术：①轮作倒茬，与葱蒜类蔬菜进行轮作。②种植前后及时清除病残体，带出田外集中销毁，土壤深耕 50～60 cm，减少病害发生。③播种前撒施阿维菌素进行土壤消毒。④发病后用 1.8%阿维菌素乳油 1 000～2 000 倍液进行灌根处理。

4. 病毒病

可发生在菠菜的整个生育期。苗期发病，叶片表现为浅绿色或黄白色的斑纹，后续发展成叶片扭曲、皱缩，病株矮小；有时叶脉会呈现透明，新叶变黄，叶片斑驳、皱缩，严重时出现灰褐色病斑。成株期发病，植株明显矮化，卷缩成球状，叶片表现为扭曲、萎缩，严重时出现褐色坏死斑点。病毒病可以通过种子传播，也可以通过蚜虫在田间传播。发病高峰期在每年 3—5 月和 9—12 月，在高温干旱、蚜虫多尤其是桃蚜发生严重、田间管理粗放、缺水少肥、植株生长不良等情况下发病严重。

绿色防控技术：①选择通风良好，无十字花科蔬菜种植的地块。②从无病株上留种，播种前种子消毒。③生长期间增施优质的有机肥，补充磷钾肥，提高植株抗病能力。④栽培前后及时清洁田园，清除病株和杂草。⑤田间发现病情，及时用药防治，可选用 240 g/L 螺虫乙酯悬浮剂 4 000～5 000 倍液、10%吡虫啉可湿性粉剂 2 000～3 000 倍液、20%溴氰菊酯乳油 2 000～3 000 倍液、10%氟啶虫酰胺水分散粒剂 3 000～4 000 倍液、10%烯啶虫胺水剂 3 000～5 000 倍液等进行防治。

5. 菠菜生长发育期主要发生的虫害

主要虫害有蚜虫、潜叶蝇、蛴螬等。田间发现蚜虫时，可选用 10%吡虫啉可湿性粉剂 1 500～2 000 倍液、50%抗蚜威可湿性粉剂 1 000～2 000 倍液、25%噻虫嗪可湿性粉剂 2 000～3 000 倍液等药剂进行化学防治。田间发现潜叶蝇为害时，可选用 5%阿维·高氯可湿性粉剂 2 000～3 000 倍液、15%高氯·毒死蜱乳油 2 000～3 000 倍液等药剂进行防治。选用 0.3%辛硫磷颗粒剂 40～50 kg/667 m^2 或 5%二嗪磷颗粒剂 2.5～3 kg/667 m^2 结合整地施入，用于预防田间蛴螬的发生。当生长期发现蛴螬为害时，可采用 50%辛硫磷乳油 1 000～2 000 倍液、1.8%阿维菌素乳油 2 000～3 000 倍液进行灌根处理。

五、采收

菠菜采收可分为多次采收(间拔采收)或一次性采收。当植株高 20 cm 以上时，应及时采收上市。择大间拔采收，每隔 20 d 左右采收 1 次，共采收 2～3 次。

六、任务考核

描述越冬菠菜播种及田间管理过程，分析生产中存在的问题及解决措施。

项目二　芹菜生产技术

一、生物学特性与生产的关系

(一)形态特征

根　芹菜为浅根系，主要分布在10～20 cm土层，横向分布30 cm左右，所以吸收面积小，耐旱和耐涝能力弱。但主根可深入土中并贮藏养分变肥大，主根被切断后可发生许多侧根，所以适宜于育苗移栽。

叶　叶着生于短缩茎的基部，为奇数二回羽状复叶。叶柄长而肥大，为主要食用部分，长30～100 cm，有深绿色、黄绿色和白色等。深绿色难于软化，黄绿色的较易软化。叶柄上有由维管束构成的纵棱，其间充满薄壁细胞，维管束韧皮部外侧是厚壁组织。在叶柄表皮下有发达的厚角组织。优良品种的维管束厚壁组织及厚角组织不发达，纤维少，品质好。在维管束附近的薄壁细胞中分布油腺，分泌特殊香气的挥发油。茎的横切面呈近圆、半圆或扁形。叶柄内侧有腹沟，柄髓腔大小依品种而异。在高温干旱和氮肥不足的情况下，厚角组织和维管束发达，品质下降。在不良栽培条件下，常致薄壁细胞破裂，叶柄空心，不充实，影响品质。

花　伞形花序，花小，黄白色，虫媒花，通常为异花授粉，也能自花授粉。

果实　果实为双悬果，圆球形。

种子　种子褐色，细小，千粒重0.4 g。

(二)生长发育周期

(1)发芽期　从种子萌动至第一片真叶出现。适宜温度条件下，需7～10 d出芽。

(2)幼苗期　从第一片真叶出现至4～5片真叶形成，需50～60 d。

(3)营养生长期　从5片叶到9片叶为营养生长前期，植株生长缓慢，大量分化出新叶和根，短缩茎渐增粗，条件适宜需35 d左右。后期从第9片叶开始，叶柄迅速伸长、叶面积迅速扩大，是芹菜产量形成的关键时期，需50 d左右。

(4)生殖生长期　芹菜为绿体春化型蔬菜，在3～4片真叶、茎粗0.5 cm左右，在2～10 ℃低温条件下，经10～20 d通过春化阶段，幼苗越大，所需低温时间越短，长日照下抽薹开花，西芹可以在15～16 ℃下完成春化。

(三)对环境条件要求

(1)温度　芹菜属耐寒性蔬菜。生长需要冷凉湿润的气候，生长适温15～20 ℃，芹菜不耐热，在26 ℃以上生长不良，品质变劣。但幼苗期耐高温，也可耐−7 ℃的低温，在长江中、下游地区可以安全越冬。种子在4 ℃以上时发芽，发芽适温为15～20 ℃，7～10 d出芽，温度过高发芽困难。芹菜为绿体春化型蔬菜，在栽培上要防止抽薹开花。

(2)光照　芹菜是长日照植物，在长日照条件下才能抽薹开花。幼苗期宜光照充足，生长后期光照宜柔和，以提高产量和品质。种子发芽需弱光，在黑暗条件下发芽不良。芹菜是比较耐弱光的蔬菜，在夏秋季光照强度大时需要遮阴降温。

(3)水分　芹菜喜湿润环境，芹菜的叶面积虽不大，但栽植的密度大，总的蒸腾面积大，根系浅，吸收力弱，所以需要湿润的土壤和空气条件。若土壤干旱、空气干燥时，叶柄中机械组织发达，纤维增多，薄壁细胞破裂使叶柄空心，品质、产量下降。

(4)土壤与营养　芹菜适宜富含有机质、保水保肥力强的壤土或黏壤土栽培。芹菜生长发育中，必须施用完全肥料，初期缺氮、磷对产量的影响较大，后期需氮、钾肥。

芹菜对硼敏感，土壤中缺硼或由于温度过高或过低、土壤干燥等使硼的吸收受抑制时，常导致芹菜初期叶缘出现褐色斑点，后期叶柄维管束有褐色条纹而开裂。生产上要适当补硼肥。

芹菜栽培过程中要注意环境条件，以防生理性病害的发生。芹菜在生长过程中，水分不足、温度忽高忽低、过量喷施赤霉素等会引发空心；土壤缺钙或硼、土壤盐浓度高、土壤干燥情况会导致心叶焦枯褐变，严重时干枯死亡，高湿情况下导致心叶腐烂(心腐病)；早春栽培及秋季露地栽培可能发生低温冻害；在芹菜幼苗期遭遇长期低温，导致发育没有完成时抽薹开花。

二、类型与品种

根据芹菜叶柄的形态分为以下两种类型(图 10-1)：

图 10-1　中国芹菜和西洋芹菜

(一)本芹(中国芹菜)

叶柄细长，株高 100 cm 左右。依叶柄的颜色分为青芹和白芹。青芹的植株较高大，叶片也较大，绿色，叶柄较粗，横径 1.5 cm 左右，香气浓，产量高。软化后品质较好。叶柄有实心和空心两种。实心芹菜叶柄髓腔很小，腹沟窄而深，品质较好，春季不易抽薹，产量高，耐贮藏。代表品种有北京实心芹菜、天津白庙芹菜、山东恒台芹菜等。空心芹菜叶柄髓腔较大，腹沟宽而浅，品质较差，春季易抽薹，但抗热性较强，宜夏季栽培。代表品种有福山芹菜、小花叶和早芹菜等。白芹的植株较矮小，叶较细小，淡绿色，叶柄较细，横径 1～2 cm，黄白色或白色。香味浓，品质好，易软化。代表品种有贵阳白芹、昆明白芹、广州白芹等。

(二)西芹(西洋芹菜)

株型大，株高 60～80 cm，叶柄肥厚而宽扁，宽达 2.4～3.3 cm，多为实心，味淡，脆嫩，不及中国芹菜耐热。单株重 1～2 kg。依叶柄颜色分为青柄和黄柄两大类型。青柄品种的叶柄绿色，圆形，肉厚，纤维少，抽薹晚，抗逆性和抗病性强，成熟期晚，不易软化。如佛罗里达 683，意大利冬芹、夏芹，美国芹菜等。黄柄品种的叶柄不经过软化自然呈金黄色，叶柄宽，肉薄，纤维较多，空心早，对低温敏感，抽薹早。

三、生产季节与茬口安排

芹菜的适应性较强。芹菜的露地栽培，应把它的旺盛生长时期安排在冷凉的季节里，因而以秋播为主，也可在春季栽培。由于苗期能耐较高温和较低温，秋季栽培可以提早播种，以适应 9 月淡季的需要，也可适当晚播于冬季及次春收获。在南方秋播可以从 7 月上旬到 11 月上旬，6 月上旬播种的主要在 8—10 月采收(表 10-2)。一般采用早熟耐热的品种，播种时应采取遮阴降温措施。春播以3月为播种适期,过早易抽薹,过迟则影响产量和品质。

表 10-2 南方大、中棚芹菜茬口安排

茬口	播种育苗时期	定植时期	采收时期	品种选择
秋(延迟)芹菜	5—6月	8月中、下旬	11月开始采收	选不易抽薹的品种
冬芹菜	7月上旬至8月上旬	9月上旬至10月上旬	12月下旬至翌年2月上、中旬	选不易抽薹的品种
春(越冬)芹菜	8月中旬至9月中旬	10月中、下旬	3月上、中旬	选冬性强、抽薹晚的品种
夏芹菜	春季断霜后至5月上、中旬	6月上旬	8—9月	选耐热抗病的品种

工作任务 芹菜播种育苗

任务目标:掌握芹菜生产全过程,能熟练操作重要的技术环节。

任务材料:芹菜种子、农家肥、化肥、生产用具等。

技能要求:学会芹菜的栽培技术。

一、播种育苗

芹菜可以直播,也可以育苗移栽。芹菜种子小,出苗慢,苗期较长,特别是在高温干旱条件下不仅出芽慢,而且幼苗生长也慢,所以播种育苗是芹菜栽培中的一个关键环节。

(1)苗床准备　定植667 m^2 需200 g种子、50 m^2 左右的育苗床。苗床宜选地势较高,排灌方便、保水保肥性好的地块,要求土壤细碎平整,施入腐熟的有机肥。夏末初秋播种育苗时,苗床宜选择阴凉的地方,或防强光暴晒和防雨降温,播种后进行苗床覆盖,出苗后要适当遮阴。

(2)浸种催芽　在高温季节播种需对种子进行处理,方法是:播前应先将种子用清水浸种12~24 h,然后置冷凉处催芽,每天冲洗一次,3~4 d后即有80%种子出芽便可以播种。温度适宜时,不需进行浸种催芽。

(3)播种　播前把苗床浇透底水,水渗下后覆上一层细土,将种子与细沙土混合均匀撒播。播完后覆一层细土,覆土厚度不超过0.5 cm,以盖住种子为宜,播种后覆盖并搭棚遮阴。9月以后播种或春播栽培,不需要进行浸种催芽和搭棚遮阴。

(4)苗期管理　出苗前保持畦面湿润,幼苗顶土时浅浇一次水,齐苗后每隔2~3 d浇一小水,宜早晚浇。当1~2片真叶时及时间苗,保持苗距2 cm,并适当浇水,及时除杂草。在高温季节育苗幼苗出土后要及时去除苗床上的覆盖物,采取措施防暴雨。为促进幼苗生长,可叶面喷施0.1%磷酸二氢钾与0.1%尿素混合液。定植前一周左右进行控水炼苗。

二、定植

芹菜定植一般适宜苗龄为4~6片真叶,株高在10~15 cm,不同育苗季节及种类,育苗时间长短不同,如西芹的适栽苗龄为6~8片真叶,株高15~20 cm,70~85 d。

定植前整地,并施入腐熟的粪肥3 000~5 000 kg/667 m^2、过磷酸钙30 kg/667 m^2 作为基肥,深翻20 cm,做畦,畦宽1.8~2.0 m(包沟)。选择晴天傍晚或阴天定植,定植前一天将苗床浇透水，尽量带土护根，并将大小苗分区定植，随起苗随栽随浇水。定植密度视季节和品种而定(表10-3)，定植深度以不埋没心叶为宜，栽植不宜过浅或过深，以免影响发根和生长。

表10-3 芹菜定植密度参考表

种类	栽培季节	行株距/cm	每穴栽植株数
本芹	春茬	(15～17)×(8～10)	2～3
	夏茬	(23～27)×(8～10)	1
	秋茬	(15～20)×(12～15)或(13～15)×(8～10)	2～3或1～2
	冬茬	15×(10～12)或15×8	2或1
西芹	春茬	20×(15～20)或(40～50)×(30～40)	1
	秋茬	(30～40)×(25～30)或30×30	1

三、田间管理

芹菜的合理密植和培土软化是夺取高产、优质的重要措施之一。经密植或培土软化以后，叶柄的厚角组织不发达，薄壁细胞增加，叶柄粗而柔嫩。南方地区，多采用密植栽培。

(1)肥水管理　缓苗期间应保持地面湿润。缓苗后中耕蹲苗促发新根。7～10 d后浇施一次清粪水或结合浇水按667 m^2施尿素8 kg，促苗生长。追肥以尿素为主，按30～40 kg/667 m^2，分次追施，后期适当增施磷、钾肥。在定植后可施0.5～0.75 kg/667 m^2的硼砂，或生长中后期用0.2%～0.3%硼肥叶面喷施1～2次，以防缺硼。

(2)培土软化　一般在苗高约30 cm，在天干、地干、苗干时进行，并注意不使植株受伤，不让土粒落入心叶之间，以免引起腐烂。培土一般在秋凉后进行，早栽的培土1～2次，晚栽的3～4次。每次培土高度以不埋没心叶为度。春播芹菜一般不进行培土软化。

(3)棚室栽培的温湿度调控　白天当棚室内温度升至25 ℃时开始放风，午后棚室温降至15～18 ℃时关闭风口。夜间当棚室内最低温度降至10 ℃以下时，关闭放风口，当降至7～8 ℃以下时，要采取防寒保温措施。

四、病虫害防治

芹菜在栽培过程中发生的病害有20多种，主要有斑枯病、早疫病、软腐病、菌核病、黑腐病、根结线虫病。发生的虫害有10多种，主要有蛞蝓、美洲斑潜蝇。

1. 斑枯病

主要危害植株叶片、叶柄和茎。叶片被害时，通常是老叶先发病然后逐渐向新叶发展。初期出现淡褐色油渍状圆形或近圆形小斑点，后期扩展成病斑块，中间呈黄白色至灰白色，散生黑色小点，外围呈深红褐色。叶柄或茎发病时，病斑初期为褐色水渍状小点，后扩展成凹陷病斑，中间散生黑色小点。此病害的发病适温为20～25 ℃，在潮湿多雨或湿度大、重茬低洼地、排水不良、田间积水、种植密度大、植株长势弱等情况下发病严重。

绿色防控技术：①与其他非伞形花科蔬菜轮作2～3年，可减轻病害的发生。②从无病地或无病株上采种，外来种子要进行消毒，方法是：将芹菜种子置于55 ℃温水中浸种15 min，此过程不断搅拌，然后转移至凉水冷却，晾干后播种。③加强田间管理。施用充分腐熟的优质有机肥,追施速效性肥料,提高植株抗病性;确定合理种植密度,雨后及时排水,禁止大水漫灌;及时清除田间病株病叶,带到田外集中销毁,减少病菌的传播。④田间发现病情时,及时用药防治,可使用64%氢铜·福美锌可湿性粉剂600~800倍液、70%丙森锌可湿性粉剂600~800倍液、47%春雷·王铜可湿性粉剂600~800倍液、325 g/L苯甲·嘧菌酯悬浮剂1 500~2 500倍液等药剂进行防治,视病情间隔7~10 d喷1次。

2. 早疫病

危害植株叶片、叶柄和茎。叶片受害时,初期出现黄绿色水渍状斑块,后扩展成圆形或不规则形,呈褐色或灰褐色,在湿度较大的情况下出现灰色霉层,病情严重时,病斑连接成片,叶片干枯死亡。叶柄或茎发病时,病斑初期为水渍状,灰褐色,稍凹陷,严重时导致全株倒伏。此病害在湿度大、地势低洼易积水地块、种植密度大、田间通风透气差、连作地块种植等情况下发病严重。

绿色防控技术:①与非伞形花科蔬菜轮作2年以上。②选择抗病或耐病的丰产品种,选用无病种子。③加强田间管理,选择地势较高不易积水的地块进行种植,确定合理种植密度,合理配方施肥,加强水肥管理。④田间发现病情,及时用药防治,可选用70%丙森锌可湿性粉剂600~800倍液、560 g/L嘧菌·百菌清悬浮剂800~1 200倍液、50%异菌脲可湿性粉剂800~1 000倍液、86.2%氧化亚铜可湿性粉剂2 000~2 500倍液等药剂进行防治。

3. 软腐病

主要危害叶柄基部。染病初期,叶柄基部出现褐色、水渍状、纺锤形或不规则形的凹陷病斑,后发展成维管束变黑发臭,薄壁细胞组织解体,只剩下表皮。软腐病通常在芹菜生长中后期封垄遮阴地面潮湿地、重茬地块、地势低洼易积水地块发病严重。

绿色防控技术:①避免病田连作,与豆科、百合科、禾本科植物轮作。②加强田间管理。生产活动过程中避免伤根;切勿培土过高,导致叶柄埋入土中;合理肥水管理,雨季注意排水。③种子处理。播种前用3%中生菌素可湿性粉剂500倍液浸种30 min,后用清水清洗,晾干后播种。④田间发现病情,及时用药防治,可使用77%氢氧化铜可湿性粉剂600~800倍液、47%春雷·王铜可湿性粉剂700倍液、3%中生菌素可湿性粉剂500~800倍液、50%氯溴异氰尿酸可溶性粉剂1 500~2 000倍液等药剂进行防治。

4. 菌核病

危害植株茎、叶柄、叶片。发病初期,受害部分出现褐色、水渍状病斑,当湿度较大时,受害部分呈软腐状,表面有白色霉状物,后形成鼠粪状黑色菌核。菌核病发生适温在5~20 ℃,在连作地块,地势低洼,排水不良,种植密度大;肥水不均匀导致植株长势弱;早春低温,连续多雨、晚秋低温等情况下发病严重。

绿色防控技术:①与百合科、藜科蔬菜进行2~3年轮作。②覆盖地膜,阻挡子囊盘出土,减轻病害。③清洁田园,发现病残株及时带到田外销毁,减少病菌的传播。④加强田间管理,合理密植,选择地势平坦、不易积水的地块。⑤田间发现病情,及时进行防治,可选择50%腐霉利可湿性粉剂800~1 000倍液、50%乙烯菌核利可湿性粉剂600~800倍液、50%多霉灵可湿性粉剂600~800倍液、40%菌核净可湿性粉剂800倍液等药剂进行防治。

5. 芹菜生长发育期主要虫害

有蚜虫、美洲斑潜蝇等。防治蚜虫可用10%吡虫啉可湿性粉剂1 500~2 000倍液、240 g/L螺虫乙酯悬浮剂4 000~5 000倍液、10%烯啶虫胺水剂3 000~5 000倍液、10%氟啶虫酰胺水分散粒剂3 000～4 000倍液等药剂，也可利用蚜虫的趋黄性，进行黄板诱杀。防治美洲斑潜蝇可用25%灭幼脲悬浮剂1 000倍液、1.8%爱福丁乳油1 500～2 500倍液等药剂。

五、采收

当植株达50 cm以上或叶柄长30 cm左右时可采收。采收一般可分批采收或一次性采收。分批采收就是每次采收1～3个叶柄，25～30 d收一次，最后可一次整株收完，注意每次采收前一天浇水，收后3～4 d不浇水，见心叶开始生长时再浇水追肥。西芹生长期较长，早熟品种栽后80～90 d收，晚熟品种110～120 d收，一次性采收完毕。

六、任务考核

描述芹菜的育苗过程，分析芹菜育苗存在的问题及解决措施。

项目三　莴苣生产技术

一、生物学特性与生产的关系

（一）形态特征

根　莴苣为直根系，根系主要分布在20～30 cm土壤表层，再生能力强，主根被切断后可发生较多侧根。

茎　茎用莴苣苗期为短缩茎，在植株莲座叶形成之后茎加粗生长为棒状、长卵形或棍棒状的肉质茎；叶用莴苣茎短缩，抽薹时开始伸长。

叶　叶为单叶互生，根出叶，有披针形、长椭圆形、倒卵形等形状，是区分不同品种的关键依据之一。叶色呈深绿、黄绿、紫红、绿紫等颜色，叶面伸展或皱缩。

花　头状花序，每个花序有20多朵浅黄色小花组成，通常为自花授粉，虫媒花，属于高度自交植物，也可异花授粉，自然异交率低于3%。

种子　种子为瘦果，小而细长，千粒重为0.8～1.2 g，颜色为银白色或黑褐色，表面有伞状冠毛，因此需要在成熟前采收。

（二）生长发育周期

（1）发芽期　从种子萌动至真叶出现。适宜温度条件下，需8～10 d出芽，临界标志是“露心”。

（2）幼苗期　从真叶展开到第一个叶环形成，即5～7片叶子全部展开。直播需要17～27 d，育苗移栽大约需30 d。在幼苗期植株生长缓慢，主要是叶片数量发生变化，植株叶片和根系重量变化较小。幼苗期即将结束时，幼苗形如圆盘，俗称“团棵”。

（3）发棵期　茎用莴苣从“团棵”形成到肉质茎肥大，叶用莴苣从“团棵”形成到开始包心，此阶段为发棵期，叶面积不断增大，一般需要15～30 d。

（4）产品器官形成期　结球莴苣发棵期和结球期界限不如大白菜和结球甘蓝明显，两者之间没有明显的界限。从“团棵”开始后，结球莴苣叶片分化速度变慢，外叶不断扩展，心叶向内抱合形成叶球，此过程大约需要30 d完成。散叶莴苣在此过程中心叶进一步扩大成叶丛。茎用莴苣短缩茎在发棵期变化不明显，为茎肥大初期，接下来茎与叶快速生长，在达到高峰后下降,大约 10 d 后进入采收期。

(5)生殖生长期　从抽薹开花到果实成熟。需 1～2 个月时间完成。莴苣抽薹开花不需要低温阶段,在高温(高于 24 ℃)长日照条件下更容易抽薹开花。

(三)对环境条件要求

(1)温度　莴苣属于半耐寒性蔬菜,喜冷凉气候,在发育不同阶段对温度要求不同。种子在 4 ℃以上即可发芽,最适温度为 15～25 ℃,4～5 d 即可出芽,当温度高于 30 ℃时发芽受阻,因此在高温季节播种需对种子进行低温处理。幼苗期对温度的适应性强,最适生长温度为 12～20 ℃,可耐－5 ℃低温,29 ℃高温下生长缓慢,容易导致灼烧而倒苗,需要进行遮阳处理。发棵期和产品器官形成期最适温度为 11～18 ℃,夜温过高容易导致在营养生长期抽薹开花,影响产量。昼夜温差大、夜温低有利于茎叶生长,提高产量。结球莴苣对温度的适应性较弱,在产品器官形成期需要适温为 17～20 ℃,超过 25 ℃不易结球;散叶莴苣对温度的适应范围较广。生殖生长期对温度要求较高,最适生长温度为 22～29 ℃。

(2)光照　莴苣种子属于需光性种子,在种子萌发的过程中需要适宜的散射光,因此在播种时不覆土或少覆土可以促进种子提早发芽。莴苣属于喜中等光照强度的植物,要求在生长期光照充足,长期处于荫蔽环境,会影响茎叶发育,产量下降。

(3)水分　莴苣在生长期对水分的需求量大且严格,在不同生长期阶段对水分需求不同。幼苗期应保证土壤湿润,切勿过干过湿,过干容易导致幼苗老化,过湿容易诱发猝倒病。发棵期适当控水,进行蹲苗,促进根系的向下扩展。产品器官形成期要保证水分的充足,否则容易导致叶球小而散或肉质茎发育不良,进而影响产量,甚至产生苦味。产品器官形成中后期要适当控水,防止因水分过多导致裂球或裂茎及病害的产生。

(4)土壤与营养　莴苣属于浅根性植物,根系吸收能力较弱,且根系对土壤氧气含量要求高。因此莴苣宜栽培在富含有机质、保水保肥的壤土或沙壤土,在黏土或贫瘠土壤根系生长不良,地上部分生长受限。结球莴苣喜欢微酸性土壤,适宜的土壤 pH 为 6.0 左右,偏高或偏低均会影响产品的产量,莴笋则适应性稍强。莴苣对土壤营养要求较高,氮元素的缺乏会直接抑制叶片的分化,叶片减少,同时磷元素的缺乏还会直接影响幼苗根系的生长,植株矮小,叶色暗绿,生长不良。钾元素的缺乏虽不会影响叶片的分化,但是会影响叶片的发育和重量,如结球莴苣在产品器官形成期缺钾会直接影响叶球产量。缺钙容易产生“干烧心”。因此,莴苣生长期,养分供给要注意均衡,以免影响产品的产量和品质。

二、类型与品种

按照产品器官分类,莴苣包括叶用莴苣和茎用莴苣两种类型。叶用莴苣根据其叶片的形状可以将其分为散叶莴苣、皱叶莴苣和结球莴苣三种类型,叶用莴苣以生食为主,又称为生菜。茎用莴苣也称为莴笋。

(1)散叶莴苣　又称直立莴苣、长叶莴苣、直筒生菜等。叶片呈深绿色或浅绿色,叶片狭长,叶全缘或有锯齿,植株直立,外叶狭长直立或呈松散圆筒状,开展度小。代表品种有罗马生菜、登峰生菜、牛利生菜等。

(2)皱叶莴苣　又称丛生莴苣。叶片颜色丰富多样,有绿色、紫绿色、紫红色、黄绿色等。植株矮小,叶片深裂、叶面皱缩,目前有不包球形和松散叶球形两种类型。代表品种有玻璃生菜、意大利生菜、奶油生菜、红叶生菜、鸡冠生菜、花叶生菜等。

(3)结球莴苣　又称结球生菜,世界各地广泛栽培。叶片呈绿色。叶片大,近圆形,叶全缘,有锯齿或浅裂,叶片平滑或皱缩,心叶抱合形成圆形、扁圆形或圆锥形叶球。代表品种有万利包心生菜、凯撒、奥林匹亚、北山三号、皇后、前卫 75 号、爽脆等。

(4)茎用莴苣　即莴笋。叶片颜色呈绿色、淡绿色、深绿色、紫红色。叶片有披针形、长卵圆形、长椭圆形等,根据其叶片形状可分为尖叶莴苣和圆叶莴苣两种类型。尖叶类型叶片呈长披针形,先端较尖,节间较稀,肉质茎棒状,下粗上细,幼苗耐热性较强,可夏季、秋季栽培,代表品种有成都尖叶子、二青皮、上海大尖叶、南京紫皮香、早青皮等;圆叶类型叶片呈长倒卵形,节间较密,茎中下部较粗,两端细,幼苗耐寒性较强,可越冬栽培,代表品种有上海大圆叶、挂丝红、锣锤、二白皮、南京白皮香等。根据茎的色泽又可分为白莴苣(外皮绿白)、青莴苣(外皮浅绿)、紫红莴苣(外皮紫绿色)。

三、生产季节与茬口安排

莴笋喜冷凉气候,最适生长温度为 15～20 ℃。长江流域露地莴笋栽培通常一年供应两季,为春莴笋和秋莴笋。春莴笋,3 月份或 9 月下旬至 10 月上旬播种,4—6 月收获。秋莴笋,8 月播种,9—12 月收获。同时保护地栽培的发展,莴笋也可以达到周年栽培目标,提高经济效益。叶用莴苣对温度的适应性很强,栽培季节可以参照莴笋生产季节。其中结球莴苣对温度的适应性较差,长江流域结球莴苣的露地栽培季节主要为春、秋两个季节。春播为 3—4 月播种育苗,6—7 月收获;秋播为 8 月播种育苗,10—11 月收获(表 10-4)。

表 10-4　长江流域莴苣露地栽培茬口安排

类型	栽培季节	播种育苗时期	定植时期	采收时期	品种选择
莴笋	春季	3 月上旬	4 月上旬	6 月	选抗寒性强的品种
	秋季	8 月上旬至 8 月下旬	8 月下旬至 9 月下旬	9 月下旬至 12 月上旬	选不易抽薹的品种
	越冬	9 月下旬至 10 月上旬	11 月上中旬	4 月中旬至 5 月下旬	选抗寒性强的品种
叶用莴苣	春季	3 月中旬至 4 月下旬	5 月上旬至 6 月中旬	6 月上旬至 7 月中旬	选抗寒性强的品种
	秋季	8 月中旬	9 月中旬	10 月下旬至 11 月中旬	选不易抽薹的品种

工作任务 1　春莴笋栽培技术

任务目标:掌握莴笋生产全过程,能熟练操作重要的技术环节。

任务材料:莴笋种子、农家肥、化肥、生产用具等。

技能要求:学会春莴笋的栽培技术。

一、播种育苗

莴笋的栽培通常是先育苗后定植。南方春莴笋秋季播种育苗,初冬或早春定植,春季收获。

(1)苗床准备　苗床宜选在地势高燥、背风向阳、排灌方便、土壤肥沃、保水保肥性好的沙壤土地块，且3年内未种植过菊科作物。播种前进行翻耕，按10 kg/m^2 施入腐熟的有机肥、堆肥，细耙做畦。如果采用穴盘或营养钵育苗，可选择专用的育苗基质或无病虫害的园土，腐熟的有机肥、无机肥按照一定的比例进行配制，将育苗基质或配置好的营养土装入穴盘或营养钵中。

(2)浸种催芽　在高温季节播种，莴笋种子发芽困难，需要进行低温处理。选择品质优良饱满的种子，先将种子用清水浸种2～3 h，然后用清水冲洗干净，用纱布包好，置于15～20 ℃的恒温冷凉环境中进行催芽，3～4 d后种子开始露白即可播种。早春或冬季生产，莴笋可直接播种，不需要进行催芽处理。

(3)播种　播前把苗床浇透底水，待水下渗后，将莴笋种子均匀播种于苗床，适当稀播，以免造成幼苗拥挤。尤其是9—10月播种的春莴笋，此时温度较高，土温适宜，出苗容易，尤其是要控制播种量。一般每667 m^2 苗床用种0.75 kg左右，约可定植大田2 5000 m^2。播完后覆一层细土，以盖住种子为宜，盖土过厚则会导致出苗不齐，一般以0.3～0.5 cm为宜。播种后搭棚遮阴。

(4)苗床管理　培育壮苗需要进行适时间苗。一般间苗1～2次，在幼苗子叶刚刚展开时进行第一次间苗，去除病苗、弱苗、过密苗；当幼苗长至2～3片真叶时进行第二次间苗，最终保持苗距5～7 cm，以叶子之间互不搭靠为标准。苗期要保持土壤湿润，在土壤干燥时，可以适当浇水，同时也要适当控水，防止幼苗徒长。当幼苗长至3～4片真叶时可以随水施一次速效氮肥，用量为200～300 kg/hm^2，也可以追施腐熟的稀粪肥。

二、整地、施基肥

应选择地势较高、土壤肥沃、土层深厚、排水良好的沙壤土地块栽培莴苣。前茬作物采收后立即结合深耕施基肥，每667 m^2 施腐熟优质的有机肥1 500 kg、复合肥50 kg或充分腐熟农家肥3 000 kg、饼肥100 kg，然后翻耕做畦。春莴笋多采用平畦栽培，畦宽2～3 m，畦长不限。

三、定植

定植的关键在于确定定植时期、定植方法和定植密度。

(1)定植时期　南方春莴笋的定植时期最晚要在冬前进行，此时地温较高，有利于根系的生长发育。一般在11月上中旬，苗龄40 d左右，4～5片真叶时开始定植。

(2)定植方法　定植前1 d，将苗床浇透水，以利于起苗时多带土少伤根。定植时间应该选在晴天下午或阴天进行，有利于缓苗。莴笋需单株定植，覆土深度比苗床中的入土深度稍深即可，南方定植深度不宜过深，以稳栽为主。栽植后要及时浇定根水，以利于缓苗。

(3)定植密度　定植的密度因品种的类型和栽培的季节而定。早熟品种株行距为24 cm×20 cm左右，中晚熟品种为33 cm×27 cm左右。在温度合适莴笋生长的季节可适当稀植，在温度较高的季节可以适当密植。

四、田间管理

春莴笋生育期比较短，对水肥管理要求比较严格，民间有“旱了窜，涝了窜，饿了窜”的说法。缓苗后要及时浇水，根据天气情况，调整浇水次数，保证土壤湿润。雨天要及时排水，防止积水。

(1)温光管理　莴笋茎叶的最适生长温度为 11～18 ℃。春莴笋在定植之后，气温也处于迅速下降的状态，为了保证莴笋的正常生长，可以通过水肥控制幼苗徒长，防止冻害，同时也可以进行薄膜覆盖保温。

(2)肥水管理　莴笋定植后要及时浇定根水，随后 2 d 内，早晨各浇水 1 次。缓苗后及时追施速效氮肥 1 次，按每 667 m^2 追施尿素 5～7 kg，并配合浇水，及时控水蹲苗，促进根系扩展。在 15 d 后，幼苗进入发棵期，进行第二次追肥，按每 667 m^2 追施复合肥 25～30 kg，随后浇水，加快叶片的分化和生长。封垄前叶片继续扩张，茎部逐渐膨大，此时进行第三次追肥，按每 667 m^2 追施尿素 7～10 kg、硫酸钾 5～7 kg，促进肉质茎肥大。冬季不进行追肥，开春后再进行追肥。

(3)中耕除草　定植成活后进行多次中耕松土保墒，可以减少杂草发生，改善土壤的通透性，封垄后不再进行中耕，及时拔除杂草即可。

五、病虫害防治

莴笋生长发育期出现的病害有 20 多种，主要有霜霉病、菌核病、褐斑病、病毒病等。虫害有 10 多种，主要有蚜虫、斑潜蝇等。

1. 霜霉病

主要危害植株叶片，从幼苗到成株期均可发病。一般情况下，下部叶片先发病，逐渐向上蔓延。初期叶片产生淡黄色近圆形或多角形病斑，潮湿时，叶背病斑产生白色霉层，严重时扩展到叶片正面，后期病斑呈黄褐色并连接成片，进而全叶干枯。此病害在温度为 15～17 ℃，相对湿度达到 85%以上时发病严重，另外在昼夜温差大、多雨积水、通风不良、连作地块等情况下发病严重。

绿色防控技术：①选择抗病品种。②合理轮作，病地与豆科、百合科、茄科等蔬菜轮作。③加强田间管理。采用高畦高垄覆盖地膜栽培，适期播种，合理密植，严禁大水漫灌，雨后及时排水，有条件的地区可采用滴灌栽培技术。种植前和收获后及时清除田块病残株，集中处理，切勿使用未腐熟的有机肥。④田间发现病情后，及时用药防治，可选用 25%吡唑醚菌酯悬浮剂 30～40 g/667 m^2、80%烯酰吗啉水分散粒剂 25～35 g/667 m^2、66.8%丙森·异丙可湿性粉剂 800～1 000 倍液等进行防治，均匀喷雾，视病情间隔 7～10 d 喷 1 次。

2. 菌核病

主要危害植株茎根部，染病初期病部出现黄褐色或褐色水渍状病斑，后扩展到整个根茎部，使其腐烂，最后植株萎蔫死亡。当湿度较大时，病部产生白色霉层，形成黑色鼠粪状的菌核。菌核病是冬春季莴苣生产中最为严重的病害，整个生育期均有可能发生。南方地区菌核病主要发生在 3—6 月和 9—11 月，在连作地块、地势低洼易积水、种植密度大、湿度大、偏施氮肥情况下易发病。

绿色防控技术：①与百合科蔬菜轮作 2～3 年。②加强田间管理。确定合理种植密度，合理施用氮、磷、钾肥，雨后及时排水。采收后及时清除病残落叶，进行深耕 50～60 cm，使菌核不能萌发。③田间发现病情，及时进行防治，可采用 50%乙烯菌核利可湿性粉剂 800～1 000 倍液、25%溴菌腈可湿性粉剂 600 倍液、50%腐霉利·多菌灵可湿性粉剂 1 000 倍液、66%甲硫·霉威可湿性粉剂 800～1 200 倍液等药剂，均匀喷雾，视病情间隔 7～10 d 喷 1 次。

3. 病毒病

危害植株叶片，以苗期发病对生产影响大。染病初期，叶片出现淡绿色至黄白色不规则斑驳，叶缘不整齐。成株染病表现为皱缩花叶。此种病害可以通过种子传播，也可以通过蚜虫传播，在高温干旱的环境下病害较重，一般平均气温高于 18 ℃和长时间缺水会使病情发展迅速。

绿色防控技术：①合理确定播种期，避开高温季节，适期播种。②苗期保持土壤湿润，避免过分蹲苗。③蚜虫是病毒病的主要传播媒介，消灭蚜虫可以减轻病害，可以采用 3%啶虫脒乳油 2 000～3 000 倍液、10%吡虫啉可湿性粉剂 1 500～2 000 倍液、50%噻虫胺水分散粒剂 2 000～3 000 倍液、5%氯氰·吡虫啉乳油 2 000～3 000 倍液等化学试剂进行防治。

4. 褐斑病

是一种常见的病害，主要危害莴笋的叶片。发病时主要有两种病症表现：一种是发病初期叶片呈水渍状，后逐渐扩大成圆形至不规则形、褐色或暗灰色病斑；另一种是深褐色病斑，边缘不规则，外围具有水渍状晕圈。在温暖潮湿环境下容易发病，植株生长衰弱、缺肥或偏施氮肥、生长过旺的情况下，病害发生严重。

绿色防控技术：①轮作倒茬，与非菊科蔬菜进行轮作。及时清除病株病叶，带出棚外销毁，及时排出田间积水，合理浇水施肥，避免偏施氮肥。②发病初期可选用 77%氢氧化铜可湿性粉剂 800～1 000 倍液、25%嘧菌酯悬浮剂 1 500～2 000 倍液、50%异菌脲可湿性粉剂 1 000～1 500 倍液、50%咪鲜胺锰盐可湿性粉剂 1 000～2 000 倍液等进行防治，均匀喷雾，隔 7～10 d 用药 1 次，连续喷 2～3 次。

5. 虫害

主要有蚜虫、斑潜蝇等。蚜虫可用 10%吡虫啉可湿性粉剂 1 500～2 000 倍液、240 g/L 螺虫乙酯悬浮剂 4 000～5 000 倍液、10%烯啶虫胺水剂 3 000～5 000 倍液、10%氟啶虫酰胺水分散粒剂 3 000～4 000 倍液进行防治，也可利用蚜虫的趋黄性，进行黄板诱杀；防治斑潜蝇可用 75%灭蝇胺可湿性粉剂 600 倍液、3%阿维菌素乳油 1 500 倍液等药剂喷雾处理。

六、采收

春莴笋露地栽培一般在 4 月中旬开始收获，保护地栽培一般在 3 月上旬收获。当莴笋茎顶端心叶与最高外叶齐平时（俗称“平口”），此时肉质茎已经充分膨大，视为采收期。若采收过早，产量下降，采收过晚，则会导致抽薹开花，使肉质茎变硬或中空，影响产品品质。

七、任务考核

描述春莴笋栽培技术要点。

工作任务 2　生菜露地栽培技术

任务目标：掌握生菜生产全过程，能熟练操作重要的技术环节。
任务材料：生菜种子、农家肥、化肥、生产用具等。
技能要求：学会生菜的露地栽培技术。

视频学习：
生菜生产技术

叶用莴苣，又称生菜。其叶片或叶球为主要的食用器官，口感脆嫩、含有丰富的铁和钾元素，以生食为主。生菜分为散叶生菜和结球生菜，露地栽培一般以结球生菜为主。

一、播种育苗

(1)苗床准备　生菜种子小,宜采用温室或保护地育苗移栽方式,且不受外界环境因素的限制。苗床宜选在地势高燥、背风向阳、排灌方便、土壤肥沃、保水保肥性好的沙壤土地块,且3年内未种植过菊科作物。播种前进行翻耕,按每平方米苗床施入腐熟的农家肥10～20 kg、磷肥0.025 kg,整平床面。夏季育苗,可在苗床中混合施入25%甲霜灵可湿性粉剂、70%代森锰锌,可以有效地降低苗期病害的发生。如果采用穴盘或营养钵育苗,可选择专用的育苗基质或无病虫害的园土,腐熟的有机肥、无机肥按照一定的比例进行配制,将育苗基质或配置好的营养土装入穴盘或营养钵中。

(2)浸种催芽　在高温季节播种,生菜种子需要进行低温催芽处理。选择品质优良饱满的种子,用清水浸泡6 h左右,冲洗干净,用纱布包好,置于15～18 ℃的恒温冷凉环境中进行催芽,2～3 d后种子即可出芽,待约80%种子露白后及时播种。

(3)播种　播前把苗床浇透底水,待水下渗后,将已催芽的生菜种子均匀播种于苗床,为使出苗均匀,可将种子与细沙混合均匀,撒播于苗床,覆土厚度0.3～0.5 cm为宜。一般每667 m^2 大田用种量20～30 g左右。

(4)苗床管理　生菜苗期生长适温为15～18 ℃。不同季节育苗,苗床管理要求不同。夏季育苗播种后要覆盖遮阳网,同时结合喷水降温,冬季或早春育苗播种后要覆盖地膜增温保湿。当幼苗长至2～3片真叶时进行间苗,苗距控制在8～10 cm,保证叶片充分接受光照,扩大营养面积。苗期要保持土壤湿润,缓苗后随水浇一次速效氮肥和磷肥或腐熟的稀粪肥提苗,苗期结球生菜对磷肥敏感,需补充磷肥,保证幼苗正常生长。苗期可喷施1～2次75%百菌清或70%甲基托布津,预防霜霉病的发生。

二、整地、施基肥

应选择地势平坦、土壤肥沃、排水良好的壤土且前茬作物为非菊科的地块种植生菜。定植前清除杂草,按每667 m^2 施充分腐熟农家肥3 000 kg、三元复合肥20～30 kg,深翻25 cm,整平做畦,畦宽1.8 m,畦长不限。

三、定植

生菜在温度过高或过低的情况下缓苗时间较长且不易成活,可选择直播。在春秋两季可选择育苗移栽。当幼苗长至5～6片真叶,苗龄25～45 d时即可定植。定植前1 d,将苗床浇透水,以利于起苗时多带土少伤根,缩短缓苗期。根据栽培季节适时移栽。生菜采用单株定植,栽植深度不宜过深,以稳栽为主。春茬生菜生长期长,伸展度大,可适当稀植,在畦面按照行距40～45 cm,株距25～35 cm标准进行定植,夏秋茬生菜生长期短,体型较小,要适当密植,在畦面按照行距25～30 cm,株距25～30 cm标准进行定植。定植后要及时浇定根水,视天气情况浇缓苗水。

四、田间管理

(1)温度管理　生菜喜冷凉气候,不耐高温,缓苗后温度要保持在18～22 ℃,此时是生菜商品器官形成的关键时期，对温度要求较严格，温度过高或过低会影响叶片分化。结球时期白天适温为 20～22 ℃，夜间为 12～15 ℃，温度高于 25 ℃会导致叶片发育不良，心叶腐烂，叶尖变黄。

(2)肥水管理　生菜定植后到发棵前期水分管理应该保持见干见湿，以促进根系向外扩展和叶片生长，发棵前期结合浇水施肥一次，按照每 667 m^2 施尿素 5～7 kg，促进幼苗生长。发棵后期为防止外叶早衰，形成紧实的叶球，应该保持土壤湿润，不断供给水分。在结球初期，结合浇水进行第二次施肥，按每 667 m^2 施三元复合肥 15～20 kg，促使叶球充实膨大。结球期要保证供水均匀，防止叶球开裂或结球松散。结球中期结合浇水进行第三次施肥，按每 667 m^2 施三元复合肥 20 kg 左右。结球后期要避免浇水太多，以免引起裂球或感染病害。采收前停止浇水，便于采收和贮藏。

(3)中耕除草　定植成活后进行中耕除草，增加土壤的透气性。封垄前可酌情中耕 1 次，封垄后不再进行中耕，及时拔除杂草即可。

五、病虫害防治

生菜生长发育期主要发生的病害有霜霉病、菌核病、灰霉病、褐斑病、软腐病。虫害主要有蚜虫、烟粉虱、小菜蛾等。

(1)软腐病　通常发生在生菜生长的中后期或结球期，多从植株基部伤口处开始侵染，呈浸润半透明状，病斑逐渐扩展到不规则形，充满褐色黏稠物，水渍状，并释放出恶臭味，病害继续向上迅速扩展使叶球腐烂，有时病菌也从外叶叶缘开始侵染，不断腐烂。此病害通过植株伤口侵染，发病适温为 25～30 ℃，在高湿环境下发病严重。

绿色防控技术：①轮作倒茬，在发病严重的田块与豆类、禾本科等作物轮作，避免与十字花科蔬菜连作。②及早翻耕土地，促进病残体腐烂分解，适期播种，使发病期避开高温雨季。③选择地势高、排灌方便的地块，避免施用未腐熟的有机肥，发现病株及时拔除并用生石灰消毒。④发病初期及时用药防治，可选用 84%王铜水分散粒剂 1 500～2 000 倍液、3%中生菌素可湿性粉剂 600～800 倍液、47%春雷·王铜可湿性粉剂 700～1 000 倍液、86.2%氧化亚铜可湿性粉剂 2 000～2 500 倍液等药剂进行防治，隔 7～10 d 用药 1 次，连续用药 2～3 次。

(2)灰霉病　主要是由于空气湿度过大造成的，在莴苣苗期和产品器官形成期发病。苗期受害部位呈现水渍状腐烂。产品器官形成期发病，初期叶片出现不规则病斑，呈水渍状，后续病斑继续扩大呈褐色。严重时整株死亡。当空气湿度较大时，出现灰绿色或灰褐色霉层。南方地区主要发生 3—7 月和 9—11 月。植株叶面有水滴，植株有伤口、长势衰弱情况下易发病，尤其是空气相对湿度较高，种植密度大、缺肥缺水、采用大水漫灌情况下发病严重。

绿色防控技术：①选用健康株留种，加强田间管理，及时清除病株、病叶，合理施肥浇水。②田间发现病情，及时用药防治，可采用 50%腐霉·多菌灵可湿性粉剂 800～1 000 倍液、75%百菌清可湿性粉剂 600～800 倍液、50%异菌脲悬浮剂 1 000～1 500 倍液、30%异菌脲·环己锌乳油 900～1 200 倍液等进行防治，均匀喷雾，视病情间隔 7～10 d 喷 1 次。

(3)菌核病　绿色防控技术参照春莴笋菌核病防治方法。

(4)霜霉病　绿色防控技术参照春莴笋霜霉病防治方法。

(5)褐斑病　绿色防控技术参照春莴笋褐斑病防治方法。

(6)虫害　主要有蚜虫、烟粉虱、小菜蛾等。蚜虫可用 10%吡虫啉可湿性粉剂 1 500～

2 000 倍液、240 g/L 螺虫乙酯悬浮剂 4 000～5 000 倍液、10%烯啶虫胺水剂 3 000～5 000 倍液、10%氟啶虫酰胺水分散粒剂 3 000～4 000 倍液等进行防治，也可利用蚜虫的趋黄性，进行黄板诱杀。烟粉虱可用 10%吡虫啉可湿性粉剂 1 500～2 000 倍液、2.5%联苯菊酯乳油 1 000 倍液、25%噻虫嗪水分散粒剂 1 000 倍液等进行防治。棚内可以利用生物防治法，释放丽蚜小蜂，配合使用高效低毒杀虫剂，可以有效控制烟粉虱的大量发生，也可利用烟粉虱对黄色的强烈趋性特点，用黄板诱杀成虫。小菜蛾可以利用性诱剂或高压汞灯进行物理防治，可选用 16 000 IU/mg 苏云金杆菌可湿性粉剂 800～1 000 倍液进行生物防治，可使用化学试剂 10%三氟甲吡醚乳油 1 500～2 000 倍液、2.5%阿维·氟铃脲乳油 2 000～3 000 倍液、5%多杀霉素悬浮剂 3 000～4 000 倍液、0.3%印楝素乳油 800～1 000 倍液、15%茚虫威乳油 3 000～3 500 倍液等进行化学防治。

六、采收

生菜从定植到收获，散叶生菜需 30～40 d，结球生菜需要 40～60 d。散叶生菜无严格的采收标准，可根据市场情况适时采收；结球生菜需要按时采收，在用手轻压球面有紧实感时即可采收。

七、任务考核

记录生菜栽培的全过程。

项目四 苋菜生产技术

视频学习：
苋菜生产技术

一、生物学特性与生产的关系

(一)形态特征

根 苋菜主根发达，分布较广，可以深入土层吸收水肥，故较耐旱。

茎 茎直立肥大，质脆，分枝少，绿色或红色。

叶 叶互生，全缘，卵状椭圆形至披针形，叶片平滑或皱缩，颜色有绿色、黄绿色、紫红色或杂色。

花 花小，顶生或腋生，单性或杂性，穗状花序。花被片膜质，3 片。雄蕊 3 枚，雌蕊柱头 2 或 3 个。

果实 果实为胞果，矩圆形，盖裂。

种子 紫黑色，有光泽，圆形，边缘钝，千粒重 0.72 g。

(二)对环境条件要求

(1)温度 苋菜属喜温暖蔬菜，耐热不耐寒。种子发芽需要较高的温度，适宜的温度为 25～35 ℃，10 ℃以下种子发芽困难。植株生长适温为 23～27 ℃，20 ℃以下生长缓慢，超过 35 ℃植株生长不良，品质变差，纤维增多。在春、夏、秋季均可栽培。

(2)光照 苋菜属于高温短日照蔬菜，在高温短日照的条件下极易抽薹开花结实，在长日照条件下植株生长茂盛。在温度适宜、日照较长的春季栽培，苋菜抽薹开花推迟，营养生长期长，品质柔嫩，产量高；夏秋季节栽培则易抽薹开花，品质较粗老。

（3）水分　苋菜对空气湿度要求不严格，要求土壤湿润。当土壤水分充足时，苋菜叶片柔嫩，产量高。排水不良、供水不均匀均会导致植株生长长势变差。

（4）土壤与营养　苋菜对土壤要求不严格，但以土层深厚、保水保肥能力强、肥沃的土壤生长良好。适宜的 pH 为 5.8～7.5，以偏碱性土壤生长较好。

二、类型与品种

根据苋菜叶形不同，可分为圆叶种和尖叶种两种类型。圆叶种苋菜叶片呈卵圆形或圆形，叶片皱缩，生长期 50～60 d，生长较慢，晚熟，产量高，品质好。如重庆大红袍、上海红圆叶、南京木耳苋、武汉红猪耳朵等。尖叶种苋菜叶片呈披针形，叶片稍皱，生长期 40～50 d，早熟，较易抽薹开花，产量较低，品质较差。如成都剪刀苋、浙江一点红、上海尖叶红米苋等。根据叶片的颜色不同，又可分为红叶苋、绿叶苋和彩叶苋。

（1）红叶苋　叶片和叶柄呈紫红色，食用口感较软糯，耐热性中等，适合春季栽培。如杭州红圆叶苋、广州红苋、湖北圆叶红苋菜等。

（2）绿叶苋　叶片和叶柄呈绿色或黄绿色，食用口感较硬，耐热性强，适合春、秋栽培。如湖北马蹄苋、圆叶青苋，南京木耳苋，广州高脚尖叶苋、柳叶苋等。

（3）彩叶苋　叶片边缘为绿色，叶脉附近紫红色，食用口感较绿叶苋软糯，早熟，耐寒性强，适于早春栽培。如四川蝴蝶苋、剪刀苋，广州尖叶花红苋、圆叶花红苋等。

三、生产季节与茬口安排

苋菜生产上可以选择适宜品种从春季到秋季期播种。露地栽培，长江中下游播种期一般为 3 月下旬到 8 月下旬，广州播种期为 2—10 月份，一般播后 30～50 d 即可收获。早春播种可选择彩叶苋和红叶苋，夏秋季节播种可选择红叶苋和绿叶苋。

工作任务　苋菜栽培技术

任务目标：掌握苋菜生产全过程，能熟练操作重要的技术环节。

任务材料：苋菜种子、农家肥、化肥、生产用具等。

技能要求：学会苋菜的栽培技术。

一、播种育苗

苋菜可以直播，也可以育苗移栽。苋菜早春直播，温度较低，出苗较差，播种量宜多，按照每 667 m^2 用种量 3～4 kg 进行播种。夏秋季节播种，温度较高，出苗快且整齐，播种量宜小，按照每 667 m^2 用种量 1 kg 进行播种。苋菜种子细小，直接撒播会导致播种不均匀，可与细土或细沙混合均匀后播种，每畦来回 2～3 次播完，播后踏实或轻镇压，使苋菜种子与土壤紧密接触。有些地区会浇灌浓厚的粪肥盖籽或播后覆盖细沙或草木灰。播后随即覆盖地膜，增温保湿，有利于苋菜种子提早出苗。如果以采摘嫩茎为主要目的，采用育苗移栽的方式，按每 667 m^2 用种量 30 g 进行育苗。

二、整地和定植

苋菜栽培宜选择在地势平坦、排灌方便、土壤肥沃、杂草少的地块。播种前将土地进行约

20 cm 翻耕，并按每 667 m^2 施入充分腐熟的农家肥 3 000 kg，整地做畦要求较高，畦面土壤必须细碎平整。要进行育苗移栽的，株行距约为 30 cm。

三、田间管理

(1)光温管理　苋菜为喜温暖蔬菜，不耐寒冷，20 ℃以下生长缓慢，因此早春栽培苋菜要做好保温措施，棚内温度从播种到采收一般要控制在 20～25 ℃。

(2)肥水管理　播种时浇足底水，出苗前一般不再浇水。早春播种出苗时间一般需要 7～10 d，出苗后及时撤掉地膜，使幼苗充分见光。晚春或初夏播种出苗时间一般需要 3～5 d。当幼苗长至 2～3 片真叶时，结合浇水，按每 667 m^2 追施三元复合肥 10～15 kg、尿素 15 kg 标准进行第一次追肥，12 d 后进行第二次追肥，第一次采收后进行第三次追肥。以后每采收 1 次，均需追施肥料，此时可追施充分腐熟的人粪尿，以保证苋菜柔嫩的品质和延长采收期。加强肥水管理是苋菜优质高产栽培的关键。春季栽培苋菜，浇水不宜过多，夏秋季栽培要适当灌水，利于生长。

(3)中耕除草　苋菜田间杂草较多，尤其是采收后，苗距较宽，容易滋生杂草，应结合采收人工拔除杂草，以免影响苋菜生长。

四、病虫害管理

苋菜在生长发育阶段发生的病害有 10 多种，主要有白锈病、黑斑病、褐斑病、疫病、病毒病、炭疽病等。主要发生的虫害有小地老虎、蚜虫等。

1. 白锈病

主要为害苋菜叶片。叶片正面在发病初期出现淡黄色或黄绿色的斑点，后来病斑逐渐扩大成圆形，叶片背面产生圆形或不规则形的白色疱斑，菜农称为“白点”。严重时，病斑呈褐色坏死，表皮破裂，散出白色粉状物。嫩茎受害时，一般为畸形，有瘤状疱斑，后发展成表皮破裂，散出白色粉状物，严重时，植株折断枯死。此病害在常年连作、排水不良、种植密度大、经常大水漫灌地块发病严重。

绿色防控技术：①病地与茄果类、瓜类、豆类蔬菜进行 2～3 年轮作。②选择地势平坦地块，播种前用 69%锰锌・烯酰可湿性粉剂进行拌种消毒，加强田间管理，确定合理种植密度，雨后及时排水，采收后及时清洁田园，病残株带出田外及时销毁。③田间发现病情，及时用药防治，可选用 72.2%霜霉威水剂 800 倍液、69%烯酰吗啉・锰锌可湿性粉剂 1 000 倍液、53%甲霜灵・锰锌可湿性粉剂 500～800 倍液、560 g/L 嘧菌・百菌清悬浮剂 800～1 000 倍液等进行防治，间隔 7～10 d 喷 1 次，连续喷 2～3 次。

2. 黑斑病

主要为害苋菜叶片。叶片发病初期出现褐色水渍状小斑点，后来病斑扩展成圆形或不规则形，有不明显轮纹，湿度大时病斑产生黑色霉状物。此病害在多雨季节、田间湿度大、播种密度大、水肥管理不当等情况下发病严重。

绿色防控技术：①及时清除田间杂草和病残株；发病严重地块禁止连作，与瓜类、豆类等蔬菜进行 2～3 年轮作；增施有机肥，雨后及时排水。②田间发现病情，及时用药防治，可选用 50%扑海因可湿性粉剂 1 000～1 500 倍液、70%代森锰锌可湿性粉剂 500～700 倍液、75%百菌清可湿性粉剂 500～600 倍液、250 g/L 嘧菌酯悬浮剂 1 500～2 000 倍液等进行防治，间隔

7～10 d喷1次，连续喷2～3次。

3. 病毒病

为系统性侵染病害，叶片症状表现明显。发病植株明显矮化，叶片为黄绿相间、卷曲皱缩，有时出现坏死斑点。此病害在蚜虫较多、缺肥缺水、田间管理不当等情况下发病严重。

绿色防控技术：①及时清除田间杂草和病残株；在蚜虫、白粉虱等虫害发生早期，及时防治；增施有机肥、磷钾肥，提高植株的抗病能力。②田间发现病情，及时用药防治，可选用2%香菇多糖水剂800～1 000倍液、5%氨基寡糖素水剂300～500倍液、20%盐酸吗啉胍·乙酸铜可湿性粉剂500～700倍液、25%琥铜·吗啉胍可湿性粉剂600～800倍液进行防治，间隔7 d喷施一次，连喷2～3次。

4. 猝倒病

在苋菜播种后至幼苗出土后均可发生，可造成烂种烂芽，幼苗出土后不久染病，在茎基部或根基部产生水渍状黄褐色病斑，然后幼苗倒伏死亡。此病毒喜高湿环境，任何不利于幼苗发育的温湿条件，均利于该病发生。

绿色防控技术：①选择地势较高，不易积水的地块；增施有机肥，提高土壤有机质含量，提高植株抗性；做好苗床消毒，可选用95%噁菌灵可湿性粉剂3 000倍液、54.5%噁霉·福锌可湿性粉剂1 500倍液喷洒床土。②田间发现病情，及时用药防治，可选用53%精甲霜·锰锌水分散粒剂500倍液、72.2%霜霉威水剂800～1 000倍液、18.7%烯酰·吡唑酯水分散粒剂2 000～3 000倍液等药剂进行防治。

5. 虫害

主要有蚜虫、小地老虎等。蚜虫可用10%吡虫啉可湿性粉剂3 000倍液、50%抗蚜威可湿性粉剂3 000倍液、10%烯啶虫胺水剂3 000～5 000倍液等药剂进行防治。小地老虎可用50%辛硫磷乳油800倍液、90%敌百虫原药56～111 g/667 m^2 等进行防治。

五、采收

苋菜是一次播种、多次采收的绿叶菜类蔬菜。当植株长至10～12 cm，具有5～6片真叶时开始采收。第一次采收结合间苗，拔除过大过密的苗，采收要掌握收大留小，留苗均匀，以增加后期的产量。以后每隔7～10 d采收1次，保留基部5 cm左右，一般可连续采收3～4次，每次采收后都要追肥1次。

六、任务考核

描述苋菜的栽培过程。

项目五　茼蒿生产技术

一、生物学特性与生产的关系

(一)形态特征

根　茼蒿为直根系蔬菜，根群主要分布在10～20 cm的土层中。

茎　茎直立，柔嫩多汁，浅绿色，分枝能力强。

叶 叶互生，具二回或三回羽状深裂，叶缘锯齿状或有缺刻，叶片淡绿色，表面有不明显的白色茸毛。

花 头状花序，单花为舌状，颜色黄色或黄白色，自花授粉，有时也可发生异花授粉。

种子 瘦果，褐色，有3个凸起的翅肋，翅肋间有几条纵肋，寿命可达2～3年，千粒重1.8～2.0 g。

(二)对环境条件要求

(1)温度 茼蒿是半耐寒性蔬菜，不耐严寒和高温，喜冷凉湿润的气候，生长适温为17～22 ℃，植株在12 ℃以下生长缓慢，高于30 ℃生长不良，叶片小且纤维多，品质降低。种子最适发芽温度为15～20 ℃，在10 ℃发芽缓慢。

(2)光照 茼蒿为长日照蔬菜，在高温长日照条件下，植株很快从营养生长转入生殖生长，抽薹开花。对光照强度要求不严格，较耐弱光。春秋两季均可栽培，以秋季播种为主。

(3)水分 茼蒿为浅根性蔬菜，生长速度快，生长期需要充足的水分。适宜的土壤相对湿度为70%～80%，空气相对湿度为85%～95%，水分不足会导致植株茎叶硬化，品质降低。

(4)土壤与营养 茼蒿对土壤要求不严格，但以保水保肥能力强的壤土或沙质壤土为宜。适宜的土壤pH为5.5～6.8。

二、类型与品种

根据茼蒿叶片大小、缺刻深浅不同，可分为大叶茼蒿和小叶茼蒿两种类型。

(1)大叶茼蒿 又称圆叶茼蒿或板叶茼蒿。叶片大而肥厚，匙形，叶缘缺刻少或无，绿色，叶片香味浓，纤维少，口感柔嫩，品质好，产量高。大叶茼蒿较耐热，不耐寒，适合南方种植，生长期长，成熟较晚。如上海圆叶茼蒿、大叶茼蒿、勺型茼蒿等。

(2)小叶茼蒿 又称细叶茼蒿或花叶茼蒿。叶片狭小，较薄，羽状，叶缘缺刻多且深，绿色，叶片香味较浓，口感较硬，品质低于大叶茼蒿，产量低。小叶茼蒿耐寒力较强，适宜北方栽培，生长速度快，早熟。如蒿子秆、上海鸡脚茼蒿、台湾裂叶茼蒿等。

三、生产季节与茬口安排

茼蒿为半耐寒性蔬菜，喜冷凉气候。在南方地区，茼蒿可春、秋、冬三季栽培。长江流域露地春季栽培通常在2月下旬到4月上旬，秋季通常在8月下旬到10月下旬播种，广州地区从9月份到翌年2月份均可播种。利用设施栽培茼蒿，可实现周年生产。

工作任务 茼蒿春露地栽培技术

任务目标：掌握茼蒿生产全过程，能熟练操作重要的技术环节。

任务材料：茼蒿种子、农家肥、化肥、生产用具等。

技能要求：学会春季茼蒿露地栽培技术。

一、整地施肥

茼蒿对土壤要求不严格，但是以肥沃、疏松的沙壤土为宜。结合整地，按每667 m^2 施入充分腐熟优质的农家肥5 000 kg、复合肥10 kg，翻耕后整地做畦，畦宽1.0～1.5 m，畦内耙平轻踩，防止灌水后土壤下陷。

二、播种

茼蒿露地春季栽培通常选用耐寒力强、生长速度快、早熟的小叶茼蒿品种。茼蒿通常采用直播的方式，少数地区采用育苗移栽。为了促进出苗，提高发芽率，播种前可进行浸种处理。将茼蒿种子放在 30 ℃左右的温水里浸泡 24 h，用清水冲洗干净，于 15～20 ℃温度下催芽，待种子有 60%～70%露白时即可播种。采用条播的方式进行播种。小叶茼蒿的用种量较大，按照 2.0～2.7 kg/667 m^2 种子进行播种；大叶茼蒿叶片开展度大，用种量少，按照 1 kg/667 m^2 种子进行播种。播种前在畦内按照 10～20 cm 标准进行开沟，沟深 1.0～1.5 cm，浇透底水，均匀撒播种子，覆土 0.5～1.0 cm。

三、田间管理

(1)光温管理　茼蒿从播种到出齐苗需要 6～7 d 时间。此期间要保持较高的温度，以利于出苗，白天温度 20～25℃，夜间温度 10℃。出苗后要防止高温徒长，白天温度为 15～20 ℃，夜间温度为 8～10 ℃。

(2)田间间苗　当幼苗长至两片叶时开始间苗，拔去小苗、病苗、生长过密的苗。当幼苗长至 3 片真叶时，进行第二次间苗并定苗，小叶茼蒿按照株、行距 3～5 cm 留苗，大叶茼蒿按照株、行距 20 cm 留苗。同时结合间苗拔除田间杂草。

(3)肥水管理　茼蒿播种后到出齐苗要保持土壤湿润。齐苗后要适当控水，防止幼苗徒长，促进根系向下生长。当幼苗长至约 10 cm 时，幼苗进入旺盛生长期，要结合浇水进行一次追肥，按照 20～25 kg/667 m^2 追施速效性氮肥。以后每采收 1 次追施相同数量的肥料，在采收前 7～10 d，停止施肥，保证产品达到无公害标准。

四、病虫害管理

茼蒿在生长发育阶段主要发生的病害有：霜霉病、炭疽病、叶枯病、立枯病、病毒病。主要发生的虫害有蚜虫和白粉虱。

1. 霜霉病

主要为害茼蒿叶片。发病初期，叶片表面出现多角形或近圆形的淡黄色的小病斑，然后扩展成褐色褪绿斑，病斑背部有白色霉层。严重时病斑连成一片，叶片发黄枯死。此病害发生的适宜温度为 15～17 ℃，相对湿度高于 85%。在多雨多雾、空气潮湿的阴雨天气易发病。另外种植密度过大、田间通透性差、氮肥使用过多、排水不良等因素也会加重病害的发生。

绿色防控技术：①病地与非菊科蔬菜进行 2～3 年轮作。②确定合理的种植密度，配合间苗，保证田间通风透光；避免使用大水漫灌，雨后及时排水，降低田间湿度；发现病株及时带到田外销毁。③田间发现病情，及时用药进行防治，可选用 58%甲霜灵·锰锌可湿性粉剂 500 倍液、64%噁霜·锰锌可湿性粉剂 500 倍液、70%乙膦·锰锌可湿性粉剂 500 倍液、40%三乙膦酸铝可湿性粉剂 250 倍液等进行防治。间隔 7～10 d 1 次，连续防治 2～3 次。

2. 叶枯病

叶枯病只侵害茼蒿的叶片。叶片发病时出现圆形或不规则形病斑，中央呈淡灰色，边缘为褐色。当空气湿度较大时，病斑的正面和背面出现灰色霉状物，后期病斑连接成片，叶片枯死。此病害在天气温暖、湿度大、昼夜温差大、有雾等条件下容易发病。此外在连作地块、地势低洼、排水不良、种植密度大、植株生长不良、水肥管理不当等条件下发病严重。

绿色防控技术：①病地与十字花科、茄果类、豆类、瓜类等蔬菜进行1～2年轮作。②加强田间管理，确定合理种植密度，增施有机肥、磷钾肥，提高植株抗病能力，避免大水漫灌，雨后及时排水。③田间发现病情，及时用药防治，可选用50%扑海因可湿性粉剂1 500倍液、70%甲基硫菌灵可湿性粉剂500倍液、75%百菌清可湿性粉剂800倍液、20%多抗霉素可湿性粉剂2 000～3 000倍液等进行防治，间隔7～10 d喷1次，连续喷2～3次。

3. 炭疽病

主要危害茼蒿的叶片和茎。叶片被害时，初期产生黄白色的斑点，后扩展成圆形或近圆形褐色病斑。茎被害时，出现纵裂、凹陷、呈椭圆形或长条形病斑，通常在湿度较大的地方出现粉红色黏质物。此病害可以通过种子传播，在环境相对湿度达到93%以上、温度20 ℃左右时发病严重。此外，在昼夜温差大、雾多雨多、连作地块、排水不良、种植密度大、肥水管理不当等条件下发病严重。

绿色防控技术：①病地与非菊科蔬菜进行2～3年轮作。②选择无病株留种或无病地块留种。③加强田间管理，施用充分腐熟的有机肥，增施磷钾肥，提高植株抗病能力，合理密植，保证田间通风透气良好。④田间发现病害，及时用药防治，可选用50%多菌灵可湿性粉剂500～600倍液、70%代森锰锌可湿性粉剂400～500倍液、20%苯醚·咪鲜胺微乳剂2 500～3 500倍液、70%甲硫·福美双可湿性粉剂800～1 000倍液等进行化学防治。以上农药交替使用，均匀喷雾，视病情间隔7～10 d喷1次，连续喷2～3次。

4. 立枯病

主要危害茼蒿的根部和根茎部。染病初期出现椭圆形浅褐色至褐色水渍状病斑，然后发展成病斑凹陷，根茎部收缩或干枯，植株萎蔫后逐渐枯死，但病株多呈现立而不倒。此病害在种植密度大、田间温度高等情况下容易发病。

绿色防控技术：①确定合理播种期，防止播种过密，幼苗徒长。②田间发现病情，及时用药防治，可选用5%井冈霉素水剂1 500倍液、15%噁霉灵水剂450倍液、60%唑醚·代森连水分散粒剂1 000～2 000倍液等药剂进行防治。

5. 虫害

主要有蚜虫、白粉虱等。防治蚜虫可用10%吡虫啉可湿性粉剂3 000倍液、50%抗蚜威可湿性粉剂3 000倍液、10%烯啶虫胺水剂3 000～5 000倍液。防治白粉虱可用21%噻虫嗪悬浮剂800～1 000倍、40%呋虫胺可溶粉剂15～25 g/667 m^2、22%联苯·噻虫嗪悬乳剂500～1 000倍、35%呋虫·哒螨灵水分散粒剂32～40 g/667 m^2等药剂。

五、采收

当茼蒿长至20 cm时可以开始采收，用刀具在距离茎基部3 cm处割下，可以促使其发侧枝，继续采收。收割后要加强肥水管理，隔20～30 d进行第二次收割。

六、任务考核

描述茼蒿的露地栽培过程。

思考题

1. 绿叶类蔬菜有哪些种类？栽培共性是什么？
2. 绿叶类蔬菜的肥水管理有哪些特点？
3. 简述菠菜生产中应注意的问题。
4. 简述芹菜播种育苗技术要点。
5. 简述春莴笋栽培技术要点。

思政小课堂

耕种收“一条龙”解决，
叶菜机械化生产提效 10 倍

知识拓展：蔬菜食叶
性害虫识别与防治

模块十一

豆类蔬菜生产

岗位要求

本模块内容是蔬菜生产管理岗位专业能力之一，工作任务是熟练掌握豆类蔬菜的生产管理技术，工作要求是熟练掌握豆类蔬菜栽培的生产管理技术，包括豆类蔬菜生产茬口安排、品种选择、育苗、整地做畦、定植、植株调整、肥水管理、病虫害防治、采收等。能及时发现、分析、解决生产中存在或出现的问题。

知识目标

识记豆类蔬菜的生物学特性、栽培类型；归纳总结菜豆、豌豆的高产栽培技术要点。

能力目标

根据栽培季节合理安排豆类蔬菜茬口，能因地制宜、因时制宜地制订栽培技术方案，协作完成主要豆类蔬菜的播种育苗、田间管理、植株调整、收获。能正确分析判断菜豆、豌豆栽培过程中常见问题的发生原因，并采取有效措施进行解决。

素质和课程思政目标

分享“青豌豆铺就乡村振兴致富路”“宜良：小豌豆撑起竹山乡村振兴大产业”等案例，让学生更多了解农业发展前沿动态，了解新技术、新产品、新模式等内容，厚植爱农情怀。产业兴则人才兴，人才强则产业强。乡村振兴需要懂农业、爱农村、爱农民的高素质农业人才投身其中，发挥聪明才智，实现人生价值。青年学生要立志扎根乡村大地，增长才干，砥砺品质，在农村这片广阔天地中练好本领，在乡村振兴的历史进程中大展才华、大显身手，成为乡村振兴的动力之源。

项目一　菜豆生产技术

视频学习：
菜豆生产技术

菜豆又名四季豆、芸豆、架豆、饭豆、梅豆、青刀豆、玉豆等，是世界上种植面积最大的食用豆类，起源于中南美洲，最早开始栽培菜豆的是印第安人。16 世纪末，菜豆传入中国。目前，菜豆在中国已经有约 500 年的栽培历史，我国已经成为世界上生产和消费菜豆最多的国家。

菜豆以嫩豆荚或老熟种子供食用，从用途上主要分为籽用菜豆和荚用菜豆两大类。我国云贵高原、西北、东北生产的籽用菜豆籽粒饱满、粒色鲜艳，主要用于出口外销。作为蔬菜栽培的菜豆则主要以嫩荚供食用，除鲜食外，还可干制、腌制、罐制、速冻等。

一、菜豆生物学特性

(一)形态特征

(1)根　菜豆属直根系植物，根系分布深而广，根群主要分布在 15～40 cm 的土层内，有较强的抗旱和耐瘠薄能力。且根系发育比地上部快，在植株幼苗期就能迅速形成根群。菜豆根系木栓化早，再生能力差，所以在保护地栽培时应采用护根育苗措施。菜豆根上虽有根瘤菌共生，但发生较晚，数量较少，因此菜豆栽培苗期需足够的速效氮供应，否则，对菜豆的生长发育和产量形成会带来不利影响。

(2)茎与叶　菜豆的茎依生长习性可分为矮生种和蔓生种，矮生菜豆茎直立不用搭架，蔓生菜豆一般茎长可达 2～3 m。蔓生菜豆茎的基部生长较慢，从第三节或第四节开始进入迅速生长期即伸蔓期，茎蔓左旋(即逆时针方向)缠绕。需要搭架生长。

菜豆的叶包括子叶、初生叶和蔓生叶。子叶一对，多呈肾形，为幼苗的生长发育提供养分。菜豆是子叶出土植物，播种不宜过深，以免影响出苗。前 2 片真叶为初生叶，是一对对生的心形单叶，从第三片真叶开始变成三出复叶，为蔓生叶，每片真叶由 3 个小叶组成，小叶心脏形或卵形。菜豆真叶的正反两面及叶柄都有茸毛。

(3)花　菜豆的花为完全花，总状花序，每个花序有花 2～8 朵。蝶形花冠，花有白、黄、红、粉、紫等多种颜色。典型的自花授粉，天然杂交率只有 0.2%～1%。

(4)荚和种子　菜豆果实均为荚果。形状有长短扁条形、长短圆棍形、长条形、念珠形以及若干介于中间状态的形状。长短也有较大差别，有的可长达 30 cm 以上，短的不足 10 cm，绝大部分在 10～20 cm。荚的颜色从白至浅绿到深绿可分为多个颜色，另有紫、黄和荚面具红色或紫色斑纹的花荚类型。

菜豆种子有白、红、黄、褐等颜色及多种花斑，使用年限通常为 1～3 年，随时间的延长种子发芽率及使用价值逐渐降低。

(二)对环境条件的要求

(1)温度　菜豆喜温，不耐热也不耐霜冻。种子发芽最低温度为 10～12 ℃，最适温度为 20～25 ℃，30 ℃以上发芽受阻。菜豆的春早熟栽培受到发芽起始温度(≥10 ℃)限制外，还受到花芽分化期所需温度(≥15 ℃)的限制。幼苗期适温为 18～20 ℃，短期处在 2～3 ℃则叶片失绿，0 ℃受冻。蔓生菜豆4～5片真叶至伸蔓发秧期正值花芽分化时期，花芽分化最适温度白天20～25 ℃，夜间18～20 ℃；温度在27 ℃以上、15 ℃以下易产生不稔花粉，落花落荚严重。开花结荚期白天20～27 ℃、夜间15～18 ℃为宜，28 ℃以上易落花，35 ℃落花率达到90%左右。地温应保持21～23 ℃为宜，地温13 ℃以下，根系不能伸长。

(2)湿度　菜豆喜湿润，也较耐旱，但不耐涝。幼苗期需水较少，抽蔓发秧期需水量增加，结荚期需水量较多。在土壤相对湿度为60%～70%为宜，在结荚期的结荚率、荚重、全株重最大。幼苗期如果水量大，则下部叶片变黄，开花期水量大则落花落蕾；采收期田间积水达2 h，则叶片萎蔫，积水6 h植物死亡。空气相对湿度日平均以70%为宜，80%左右有利于授粉受精，湿度过低，菜豆生长不良，病虫害严重；浇水过多，湿度偏大，又会造成落花落荚，影响产量。但湿度达到80%以上则锈病严重。

(3)光照　菜豆属于中光性植物，少数秋栽品种要求短日照，南北引种，春秋播种，均能正常开花结荚。但在高温而日照不足条件下，则叶柄伸长；秋冬季节连续阴天，则出现落花。在幼苗期，菜豆仍需较长和较强的光照，栽培时应尽量满足苗期光照。

(4)土壤和营养　菜豆对土壤条件的要求较高，适宜在土层深厚、有机质丰富、疏松透气的壤土或沙壤土上栽培。菜豆适宜的土壤pH为6.2～7.0，耐盐能力较弱。菜豆生育过程中，从土壤中吸收钾最多，其次氮和钙，磷最少，但缺磷时，植株和根瘤生长不良，叶片变小，开花结荚少，产量低。微量元素硼和钼对菜豆的生育和根瘤菌的活动有较好的作用。菜豆对氯离子较敏感，因此，生产上不宜施含氯肥料。施用有机肥，可明显增加菜豆株高、叶面和产量。

二、类型与品种

菜豆品种繁多，按豆荚组织纤维化程度不同，分为软荚菜豆和硬荚菜豆。按食用要求不同，分为荚用菜豆和豆粒用菜豆。按茎蔓生长习性分为蔓生型和矮生型。

(一)蔓生型

又称“架豆”。顶芽为叶芽，属于无限生长类型。主蔓长2～3 m，节间长，分枝少。每个茎的腋芽均可抽生侧枝或花序，陆续开花结荚，成熟较迟，从播种至初收50～90 d，采收期可长达30～60 d。产量较高，品质佳。生产中较优良的品种有：芸丰、丰收1号、双季豆、四川红花青壳四季豆、湖南龙爪豆、云南泥鳅豆、南方倒结豆等。

(二)矮生型

植株矮生而直立，一般主枝4～8节后开花封顶，株高40～60 cm。生长期短，早熟，从播种至初收40～50 d，采收期15～20 d。产量较低，品质较差。生产中较优良的品种有优胜者、供给者、新西兰3号、日本无筋四季豆、四川黄荚三月豆、湖南圆荚三月豆等。

三、生产季节与茬口安排

菜豆性喜温暖，不耐霜冻。我国除无霜期很短的高寒地区为夏播秋收外，其余南北各地均春、秋两季播种，并以春季露地栽培为主。春季露地栽培，多在断霜前几天，10 cm地温稳定在10 ℃时进行。长江流域露地春播宜在2月中旬至2月上旬，早春栽培可提前1～2个月播种。华中地区、西南大部分地区在2—3月播种，华南地区12月至翌年4月。云南热区、海南等的部分地区可周年露地生产，冬季栽培一般在10—12月播种育苗。秋播，长江流域多在7—8

月，华南地区 8—9 月。目前，菜豆设施栽培主要是利用塑料大棚和日光温室进行反季节栽培，塑料大棚以春茬栽培为主。温室栽培主要以秋冬茬和冬春茬为主。菜豆设施栽培保证了菜豆的周年生产和市场供应。

四、栽培中易出现的问题及对策

菜豆栽培中出现的问题主要有落花落荚和果荚过早老化两种。

（一）落花落荚

1. 落花落荚产生的原因

（1）营养因素　初花期，由于营养生长和生殖生长同时进行，花序得不到充分的营养；中期由于花序之间、花序内各花之间以及花与荚之间的营养争夺造成营养不均；生育后期，植物衰弱和不良环境条件也易引起落花。

（2）栽培管理　初花期浇水过早，使植株过早地进入营养生长和生殖生长并进阶段，茎叶生长和开花结荚间争夺养分的矛盾突出；早期偏施氮肥，使营养生长过旺，花芽分化受限；肥料不足，造成营养不良；栽植过密、支架不当、采收不及时、病虫害严重等均会引起落花落荚。

（3）环境条件　开花结荚期温度高于 30 ℃或低于 15 ℃均会影响授粉而引起落花；开花期遇雨或高温干旱影响授粉而导致落花；光照不足，光合产物少，导致花器发育不良而脱落。

2. 落花落荚的防治对策

——选用适应性广、坐荚率高的优良品种。

——要适期播种，减轻或避免高低温的危害。

——加强田间管理，调节好营养生长与生殖生长间的平衡关系，保证合理的水肥供应和充足的光合产物积累。如合理密植，及时搭架，引蔓，适当施用氮肥并增施磷钾肥，花期控制浇水，及时封顶，防治病虫害，及时采收等。

——花期喷施 5～25 mg/L 萘乙酸或 2 mg/L 的防落素，可减少落花落荚，提高结荚率。

（二）果荚过早老化

1. 果荚过早老化的原因

菜豆以嫩荚为食用器官，过早老化直接影响着食用品质和商品品质。果荚过早老化的原因有品种因素和环境因素两个方面：

（1）品种因素　如丰收 1 号等不易老化，法引 2 号等容易老化。

（2）环境因素　环境因素中，温度超过 31 ℃或日均温超过 15 ℃的高温易引起果荚老化。此外，营养不良、水分缺失等也会引起果荚老化。

2. 果荚过早老化的防治对策

——选择抗老化品种。

——适期播种，避免在高温季节结荚，同时加强肥水管理。对于易老化品种，最好秋播栽培。

——在豆荚老化前及时采收。

工作任务 1　菜豆塑料大棚春提早栽培技术

任务目标：制订菜豆的大棚春提早栽培方案，熟练操作重要管理技术环节。

任务材料:菜豆种子、塑料大棚、农家肥、化肥、生产用具等。

技能要求:学会菜豆的塑料大棚春提早栽培技术。

塑料大棚春提早栽培菜豆,一方面可比春季露地栽培和地膜覆盖栽培提早上市,另一方面嫩荚产量也超过露地栽培。其栽培季节特点为“前期温度低,后期温度高”,整个生育期的管理主要围绕保温增温来开展工作。现介绍如下。

一、品种选择

菜豆的塑料大棚春提前栽培多选择早熟、连续结荚率高、商品性和丰产性好、产量高、抗病性强的蔓生菜豆品种,如芸丰、丰收 1 号、老来少、春丰 4 号等;矮生菜豆可选择优胜者、供给者、新西兰 3 号等。

二、整地施肥

前茬作物收获后,及时清园并进行棚室消毒。深翻并精细整地。结合整地,每 667 m^2 施入腐熟有机肥 3 000～4 000 kg,磷酸二铵 20～25 kg 或过磷酸钙 30 kg,磷酸钾 20～25 kg 或草木灰 100～150 kg。耕翻后做成高 15～20 cm,宽 1.0～1.2 m 的小高畦。覆盖白色地膜以提高地温。

三、培育壮苗

选用粒大、饱满、无病虫的新种子进行播种。播种前先将种子晾晒 1～2 d,为了防止种子带菌,播前用 50%多菌灵拌种(用药量为种子质量的 0.2%),或用 40%福尔马林 300 倍液浸种 20 min,可预防炭疽病和枯萎病。然后用清水冲洗干净后播种。为了促进根瘤形成,可用根瘤菌拌种(50 g/667m^2),再用清水洗净后播种。

播种期一般在床温稳定在 10 ℃以上时,选择晴天上午进行播种。先浇足底水,每土块(钵)中央播种 3～4 粒,覆土 1.5～2.0 cm,然后覆盖地膜,进行增温、保温、保湿,以促进种子萌发出土。

播种后,出苗前,为了防止低温烂种,应保持较高温度,白天温度 25 ℃,夜间温度 20 ℃。出苗后白天温度控制在 20～25 ℃,夜间保持 15 ℃左右。若苗床内湿度过大,及时通风散湿。定植前 5～7 d 逐渐降温炼苗,以适应大棚内的环境。

菜豆细苗较耐旱,在底水充足的前提下,定植前一般不再浇水。苗期尽可能改善光照条件。

菜豆适宜苗龄为 25～30 d,幼苗 3～4 片叶时即可定植。

四、定植

棚内最低气温稳定在 0 ℃以上,10 cm 地温稳定在 10 ℃以上后定植。

五、田间管理

1. 温度管理

定植后,使棚温白天保持在 25～28 ℃,夜间 15～20 ℃。缓苗后白天 20～25 ℃,夜间不低于 13 ℃,并随着外界气温的升高,适当通风降温,满足菜豆对温度的要求,防止徒长。开花期,白天保持 20～25 ℃、夜间以 15～20 ℃为宜,因为菜豆花粉萌发的适宜温度为 20～25 ℃。结荚期，外界气温也不断升高，应逐步加大通风量，防止高温高湿而造成落花落果。当外界气温不低于 15 ℃时，可昼夜通风，以降温排湿，促进开花结荚。

2. 中耕补苗

直播幼苗出土或定植幼苗成活后，要及时查苗补缺。定植后要及时中耕，以提高地温。结合中耕，适当进行培土，以促进根基部侧根萌发生长。

图 11-1 菜豆植株管理

3. 肥水管理

浇足定植水后，开花结荚前，要适当控水蹲苗。当豆荚开始肥大伸长时，开始浇水，使地面呈半干半湿状态，干花湿荚是菜豆浇水的原则。菜豆苗期根瘤菌很少，需施用少量速效性氮肥，以利于根系生长和叶面积扩大。一般嫩荚坐住果后，施尿素 15 kg/667 m^2，硫酸钾 15 kg/667 m^2 或磷酸二铵 20 kg/667 m^2。以后每采收 2 次追肥 1 次。

4. 植株调整

菜豆蔓长至 30～50 cm 长时，及时用竹竿搭“人”字形架或用吊绳引蔓（图 11-1）。当主蔓接近棚顶时打顶，一是以防止长势过旺枝蔓和叶片封住棚顶，影响光照；二是促使中、上部的侧芽迅速生长，利于下部豆荚成熟，提早上市，使侧蔓结荚，提高产量。结荚后期，植物长势逐渐衰弱，需要及时摘除植株下部的病叶、老叶、黄叶，以减少养分的消耗和改善植株通风透光条件，减轻病害发生。

5. 病虫害防治

菜豆主要病害有锈病、炭疽病、细菌性疫病、菌核病、枯萎病、根腐病、病毒病，主要虫害有蚜虫、红蜘蛛、豆荚螟、斑潜蝇等。应根据大棚菜豆病虫害的发生规律及为害特点，本着“预防为主，综合防治”的原则，优先采用物理防治，协调利用生物防治、农业防治，科学合理使用化学防治，安全、经济、有效地防控病虫害。

图 11-2 菜豆采收

六、采收

菜豆开花后 10～15 d，达到食用成熟度即可分批采收上市。采收标准是：豆荚由细变粗、由扁变圆，颜色由深绿转浅绿，外表有光泽，种子略显露。一般结荚前期和后期 2～4 d，结荚盛期，1～2 d 采收 1 次。采收过早会影响产量，采收过晚则豆荚纤维含量增多，品质降低。清晨或傍晚采摘，确保豆荚色泽鲜亮，利于储存，注意保护花序和幼荚（图 11-2）。

七、任务考核

记录菜豆的大棚春提早栽培的全过程。

工作任务 2　菜豆塑料大棚秋延后栽培技术

任务目标：制订菜豆的大棚秋延后栽培技术方案，能熟练操作重要管理技术环节。
任务材料：菜豆种子、塑料大棚、农家肥、化肥、生产用具等。
技能要求：学会菜豆的塑料大棚秋延后栽培技术。

一、品种选择

选择适应性强，生长前期抗病、耐热，生长后期较耐寒，对光的反应不敏感或短日照的早熟品种，如丰收 1 号、意选 1 号、秋抗 6 号、秋紫豆、秋抗 19 号、老来少、泰国架豆王、优胜者等。

二、整地施肥

播种前 7～10 d，应将大棚前茬作物彻底清理，翻地后至少暴晒 3～5 d，然后 1 m^2 施入腐熟堆肥 4.5～6.0 kg，将其掺入土中混合均匀。将土块打碎、耙平，做成宽 1.0～1.2 m 平畦，株距 30～35 cm。

三、适时播种

秋菜豆若播种过早，开花结荚期正值高温季节，易落花落果。若播种过迟，生长期短，产量低。以 8 月中旬播种为宜。按 60～70 cm 行距，开沟浇水点播，每簇播种 2～3 粒。

四、补苗

播种时苗距已基本确定，如果出现缺苗，必然影响产量。在子叶展开时，尚未出土的种子势必弱差，即使后来出土也失去价值，就需及时补苗。为了让后补的菜豆与先播的幼苗生长势接近，在播种时要另设一小块苗床，用营养钵育苗。补苗时在空穴上挖开深 10 cm 的坑，浇水栽苗或栽苗后浇水，等水渗下时封坑。补苗越早，苗的整齐度越高。

五、田间管理

(1)光照管理　秋延后栽培的气候特点是前期光照条件好，温度较适宜，随着时间的推迟，光照条件越来越差。所以，前期要充分利用有利的光照、温度条件，轻控重促，待营养生长基本完成后，气温随之下降，植株的营养自然受到抑制，很难出现继续旺长的现象。

(2)通风降温　秋延后大棚菜豆定植初期一般气温尚高，幼苗生长较快，管理的重点是通风降温。方法是尽量加大放风力度，但降雨时要防止雨水落入棚内，以保持棚内适宜的湿度。条件许可时，可短时间覆盖遮阳网，降温效果更好。此期应尽可能使棚温白天不超过 30 ℃，夜间不低于 20 ℃。开花期也应注意通风降温，维持适宜的生长温度。菜豆坐荚后可逐渐提高棚温，白天 20～25 ℃，夜间 15～20 ℃，当棚温低于 15 ℃或高于 25 ℃时，对菜豆开花结荚不利，30 ℃以上高温会引起落花落荚。在菜豆生长前期，大棚应昼夜通风(注意刮大风时关闭棚膜)；生长中后期，随着外界温度的降低应注意保温，上午棚温达 15 ℃时开始放风，下午棚温降至 15 ℃时关闭风口。放风量和放风时间逐渐减小。

(3)肥水管理　菜豆开花前要控制浇水,促进根系生长,防止秧苗徒长。注意中耕改善根际环境,促进根系生长,适当延缓茎叶生长,使缓苗后的幼苗生长稳健、根冠比合理。一般每隔 7～10 d 中耕 1 次,共进行 2～3 次,最后 1 次中耕应向植株基部培土。当幼荚长至 4～5 cm 时及时浇水追肥,每浇水 2 次结合追肥 1 次,一般追肥 2～3 次,每次 1 m^2 追施尿素 22.5 g。直到 10 月中旬植株生长减弱时,浇水宜少并停止追肥。

(4)植株调整　植株调整技术可参照菜豆的塑料大棚春提前栽培中的植株调整技术。

六、采收

菜豆在大棚内定植后,经过 35～40 d 可开始采收嫩荚,采收要及时。在植株生长中后期,由于气温逐渐降低,豆荚生长速度减慢,可根据豆荚生长情况和市场供求情况适当迟收,有利于提高产值。

七、任务考核

记录大棚秋延后栽培全过程,详尽描述生产中遇到的问题及解决办法。

项目二　豌豆生产技术

视频学习：
豌豆生产技术

豌豆,又名麦豆、寒豆、回回豆等,豆科豌豆属一、二年生攀缘草本植物。在中国的栽培历史约有 2 000 多年,遍及全国。豌豆是世界性第二大食用豆类,嫩荚、嫩豆粒和嫩梢均作菜用,是世界卫生组织推荐的最佳健脑蔬菜之一。

一、豌豆生物学特性与生产的关系

(一)形态特征

根　直根系,主根发达,根群主要分布在 20 cm 左右的土壤中。主根着生根瘤多,侧根着生根瘤少,根瘤菌多集中于土壤表层 1 m 以内。

茎　茎近方形或圆形,中空,表面有蜡质,分矮生、蔓生和半蔓生 3 种。矮生种节间较短,直立,分枝 2～3 个。蔓生种节间长,半直立或缠绕,分枝性较强,需立支架。

叶　子叶不出土,基部 1～2 节为单生叶,真叶为偶数羽状复叶,具 1～3 对小叶,卵形。顶端小叶退化成卷须,基部有 1 对耳状托叶。

花　总状花序,腋生,每个花序着生 1～3 朵;花白色或紫红色,自花授粉。

果　荚果深绿色或黄绿色,分软荚和嫩荚。

种子　种子可呈圆形、圆柱形、椭圆、扁圆、凹圆形,每荚 2～8 粒,多为青绿色,也有黄白、褐、黑等颜色的品种。可根据表皮分为皱粒种和圆粒种。种子大小因品种不同而异。

(二)对环境条件的要求

(1)温度　豌豆为半耐寒性蔬菜,喜温和凉爽湿润气候,耐寒不耐热。种子发芽出土温度最低为 1～5 ℃，最适温度为 18～20 ℃。幼苗可耐－5 ℃的低温，茎叶生长适宜温度为 15～20 ℃。开花结荚期适宜温度为 15～18 ℃，嫩荚成熟期适温 18～20 ℃，超过 25 ℃时生长不良，受精率低、结荚少、产量低。

(2)湿度　豌豆根系较浅，稍能耐湿，适宜的土壤湿度为田间最大持水量 70%左右，适宜的空气相对湿度为 60%。当土壤水分不足时，会延迟出苗期，开花期如果空气干燥，会引起落花落荚。豆荚生长期，若遇到高温干旱，会使豆荚纤维提早硬化，过早成熟而降低品质和产量。豌豆不耐涝，如果土壤水分过大，则播种后易烂种，苗期易烂根，生长期间易发生白粉病。

(3)光照　豌豆属长日照作物，我国南方地区栽培的品种多数对日照长短要求不十分严格，但在低温、长日照条件下，能促进花芽分化，缩短生育期。

(4)土壤和营养　豌豆对土壤要求不严，在排水良好的沙壤上或新垦地均可栽植，但以疏松透气、含有机质较高的中性土壤为宜。土壤 pH 低于 5.5 时易发生病害和降低结荚率，应加施石灰改良。豌豆从土壤中吸收氮素最多，钙次之，钾最少。根瘤菌能固定土壤中及空气中的氮素，但在苗期，由于固氮作用不强，仍需要施用一定的氮肥。

二、类型与品种

(一)类型

(1)按茎蔓的生长特性　可分为矮生型、半蔓生型和蔓生型。矮生型品种一般株高 15～80 cm，半蔓生型品种一般株高 80～160 cm，蔓生型品种一般株高 160～200 cm。

(2)按纤维硬化程度　可分为软荚种和硬荚种。软荚种俗称荷兰豆，以嫩荚供食用；硬荚种剥取青豆粒供食用。

(3)按食用器官不同　可分为食荚(嫩荚)、食粒(嫩豆粒)和食苗(嫩茎)类型。

(4)按种子形状　可分为圆粒种和皱粒种。

(5)按用途　可分为菜用豌豆、粮用豌豆和饲用豌豆。

(二)品种

食嫩荚的矮生优良品种有：食荚大菜豌 1 号、食荚甜脆豌 1 号等。食嫩荚的半蔓生优良品种有：草原 21 号、子宝 30 日、延引软荚。食嫩荚的蔓生优良品种有：昆明紫花豌豆、大荚荷兰豆、饶平大花豌豆、中山青等。食嫩籽粒的优良品种有：长寿仁、成豌 6 号、团结豌 2 号、白玉豌豆等。食嫩梢的优良品种有：四川无须豆尖 1 号、上海豌豆尖、上农无须豌豆尖等。

三、生产季节与茬口安排

我国的食荚豌豆和食苗豌豆主要分布在长江流域以南地区，近年来，华北、西北、东北等地区也在发展。豌豆栽培主要以露地栽培为主，也可利用塑料大棚等设施进行反季节栽培。

我国南方地区分为春播和秋播两种栽培类型，以秋播类型为主。

(一)春播

春播，在不受霜冻的前提下尽量早播，以争取更长的适宜生长的季节，增加分枝和结荚数，以提高产量和品质。长江中下游地区在 2 月下旬至 3 月上旬播种，高温来临前收获；根据需要，用小棚、地膜等覆盖也可早播。春季栽培生长期短，前期低温，后期高温，因此要选择生长期短的耐寒品种，如赤花绢荚、甜脆豌豆等，并尽量早播。

(二)秋播

秋播,长江流域一般在 9—10 月播种,具体播种期因地区而异。最好是选择早熟品种,于 9 月初播种,11 月下旬寒潮来临之前采收完毕。秋季栽培生长期也短,可以通过夏季提前在遮阴棚内育苗,冬季用塑料薄膜覆盖延长生长期。

工作任务 1　荷兰豆露地栽培技术

任务目标:制订荷兰豆的栽培技术方案,熟练掌握重要的技术环节。

任务材料:荷兰豆、塑料大棚、农家肥、化肥、生产用具等。

技能要求:学会荷兰豆露地栽培技术。

荷兰豆,别名食荚豌豆、荷仁豆、回回豆等,为豆科豌豆属的攀缘植物。由原产于地中海和中亚的粮用豌豆演变而来。荷兰豆以嫩荚及荚内豆粒供食,口感清脆,营养丰富,可做汤或炒食。

荷兰豆适宜在凉爽的气候条件下栽培,喜欢长日照和湿润气候,对土壤适应性较广。荷兰豆为半耐寒蔬菜,4 ℃时种子开始缓慢发芽,在 16～18 ℃时 4～6 d 可出苗。幼苗可耐－6 ℃低温,茎蔓生长适温为 15～20 ℃,开花结荚期适温为 15～18 ℃,超过 26 ℃产量和品质降低。结荚期要求长日照和较低的温度,忌高温。

一、选择优良品种

选择抗逆性和抗病力强、商品性状好的品种,如食荚大菜豌豆 1 号、脆甜软荚 80-11、优选合欢 66、台湾 101 白花双荚荷兰豆、大荚豌豆、荷兰珍宝豆、长寿仁、小荚豆、中豌 4 号等。

二、整地做畦

前作收获后,要及时整地,施足基肥。一般每 667m² 施用腐熟有机肥 1 500～3 000 kg,过磷酸钙 15～25 kg。酸性土壤可用草木灰或石灰调节土壤 pH。耕翻整平后做垄或做畦。

三、适时适期播种

避开冬季低温霜期进行播种,南方一般每年的 1—9 月均可播种。春季露地栽培于 3 月中下旬播种,秋季露地 8—10 月中下旬播种。

荷兰豆一般以直播为主,可选用粒大、整齐、无病虫害的新种子进行播种,以确保全苗、壮苗和高产。生产上多采用条播,每畦种 2 行,行距 60 cm 左右,间隔 20～25 cm,播 2～3 粒种子,播种后覆土 3 cm。播种时,若天气干旱,需浇足底水后再播种。为促进早熟和降低开花节位,播前可先浸种催芽,在室温下浸种 2 h,5～6 ℃的条件下处理 5～7 d,当芽长至 5 mm 时播种。

四、田间管理

1. 中耕补苗

幼苗出土后,要及时查苗补缺。苗高 6～20 cm 时,结合追肥,及时浅中耕 1～2 次,使土壤疏松,以促进根系和根瘤菌的生长。

2. 肥水管理

荷兰豆出苗前不浇水,出苗后要及时浇水,保持土壤湿润,保持空气相对湿度 60%～

80%。开花期是荷兰豆需水临界期，要求80%左右的空气相对湿度，以保证正常授粉和生长。冬季尽量少浇水，以免降低地温。

荷兰豆有固氮能力，对氮肥需求量少，但花芽分化前应适当追施氮肥，以促进花芽分化和增加分枝数。多施磷肥能促进植株生长，如叶面施用硼、锰、钼等微量元素，则增产效果明显。荷兰豆开花结荚期长，分次采收，需肥量较大。除基肥外，需要进行追肥，第一次于抽蔓旺长期施用，每667 m^2 施复合肥15 kg，或人粪尿400 kg；结荚期追施磷钾肥，每667 m^2 施磷酸二铵15 kg，硫酸钾或氯化钾5 kg，增产效果明显。开花后，豆荚长到2～3 cm时，要追肥浇水，伴随浇水每667m^2 施尿素15 kg或复合肥20 kg。另外可以采取根外追肥，用3.5～7.0 mL天丰素加上50 g磷酸二氢钾兑水15 kg，在花蕾期开始每隔10 d喷施一次，连续喷3～4次。一般嫩荚坐住果后，施尿素15 kg/667 m^2，硫酸钾15 kg/667 m^2 或磷酸二铵20 kg/667 m^2。以后每采收2次追肥1次。

3. 植株调整

苗高15～20 cm时搭架引蔓，搭架材料以竹竿为宜。在墒面中间按2 m左右的间距插竹竿，竹竿上端用细铁丝做成横支架，地边插桩拉铁丝固定，用棉线在荷兰豆茎基部和横架之间来回牵引，使荷兰豆的株蔓沿棉线向上攀缘生长，随着豆株的生长，再用适当的粗线在架竿之间横拉围线3～4道，以防豆株倒伏，同时打去分叉枝留主枝，保持行间通风透光。

4. 病虫害防治

“豌豆能肥田，只能种一年”，荷兰豆连作障碍严重，病虫害发生种类较多。主要病害有苗期的立枯病、猝倒病和成株期的根腐病（枯萎、细菌性根腐）、灰霉病、白粉病、霜霉病、炭疽病、褐斑病、锈病、病毒病、根结线虫病等；虫害主要有蓟马、蚜虫、潜叶蝇、豆荚螟等。荷兰豆病虫害的防治要在合理轮作、选用抗病良种、培育壮苗、清洁田园等农业措施和色板诱杀物理措施的基础上，在病虫害发生初期选用在蔬菜上有登记的高效、低毒、微毒农药，按照标签标注的安全使用方法进行防治。

五、采收

荷兰豆应根据品种特性和市场需求及时采收，一般在开花后12～14 d采收最为适宜，此时嫩荚已充分长大但籽粒还没饱满，色泽碧绿、纤维少、豆荚脆嫩、口感好。若采收过迟，则纤维增加，风味和品质下降。采收从基部开始，用剪刀从豌豆豆柄处剪摘，尽可能保留豆荚上的粉，以提高商品价值。

六、任务考核

记录露地栽培荷兰豆的全过程。

工作任务2　甜脆豌豆栽培技术

任务目标：掌握甜脆豌豆的生产技术。
任务材料：甜脆豌豆种子、农家肥、化肥、生产用具等。
技能要求：学会甜脆豌豆栽培技术。

一、品种选择

选择纯度较高，抗病、丰产、优质、适应性强、受市场欢迎的品种。如台湾奇珍318、新西兰

3 号甜脆、台湾高抗 338、云豌 18 号、澳洲 600 等。

二、整地做畦

甜脆豌豆对土壤适应性较强，较耐瘠薄但怕涝，应以疏松，含有机质多，排灌方便，pH 6.5～8.0 的微碱性的沙质土壤或壤土为宜。播种前施足底肥，并增施磷钾肥，一般每 667 m^2 施腐熟农家肥 2 000～3 000 kg，过磷酸钙 20～30 kg，钾肥 10 kg。畦面宽 1 m，畦高 25～30 cm，沟宽为 35 cm。

三、播种

甜脆豌豆一般采用直播，精选粒大、饱满和无病虫害的种子进行播种。播前晒种 1～2 d，4 kg 种子用钼酸铵 10 g＋多菌灵 50 g 或炭疽福美 50 g 拌种，或种苗乐、迈舒平拌种剂等拌种，现拌种现播种。播种时要注意盛花期避开重霜期，一般播期在 8—10 月。每畦播种 1 行，穴距 10 cm，每穴播 2 粒种子，深度 2～3 cm。播种后须浇透水 1 次。

净种每 667m^2 用种量 6～8 kg。

四、田间管理

1. 温度

甜脆豌豆是长日照作物，在整个生育期都需要充足的阳光，性喜凉爽而湿润的气候，对温度适应范围较广，生长最适温度为 15～22 ℃。苗期遇低温或霜冻影响不大，但在开花结荚期遇霜冻会影响产量，故在播种时要注意盛花期避开重霜期。

2. 中耕补苗

幼苗出土后，要及时查苗补缺(图 11-3)。豌豆幼苗易受草害，需中耕除草 2～3 次，一般在苗高 8 cm 左右进行第一次中耕，株高 15 cm 左右进行第二次中耕，并进行培土。第三次中耕宜根据豌豆生长和杂草情况灵活掌握。除草宜在初花前进行，进入开花期严禁除草。中耕深度应掌握前浅后深的原则。要避免伤根。

图 11-3　豌豆幼苗

3. 肥水管理

秋季甜脆豌豆一般苗期不用浇水，但在开花结荚期，需灌水 2～3 次。苗期可用 1∶5 的清粪水或沼气水追施一次。开花结荚后每 667 m^2 施复合肥 20 kg、钾肥 5 kg。生长全过程内，每间隔 14 d，采用喷洒的方式施用富含硼、锰、钼等微量元素的复合肥溶液，目的在于促使甜脆豌豆籽粒饱满，达到提高产量和质量的目的。

开花前多浇水，开花后可采用灌水，灌水要求灌浅沟水，速灌速排，忌淹墒，防止“浸泡”植株根部，以免发生腐烂现象。以次日早晨查看叶尖或叶缘无露珠为灌水标志。遇到阴雨天气时，田间的积水应在短时间内清除干净。

苗期用1：100倍尿素兑水浇施提苗肥1次，或用尿素150 kg/hm^{2}或用清粪水提苗，间隔10 d再浇施1次。生长期叶面喷施0.2%～0.5%磷酸二氢钾1～2次，并经常保持土壤湿润。开花结荚期应加强肥水管理，促进植株和荚果生长，延长收获期，提高产量，每隔7～10 d施复合肥1次。初花期用复合肥(10-10-10)225 mL/hm^{2}捣碎溶解浇施1次。以后每采收1～2次用0.3%磷酸二氢钾或0.2%硼肥溶液喷施1次。

4. 植株管理

当甜脆豌豆长高至15～20 cm时应及时搭架，若搭架过晚则会导致甜脆豌豆茎秆贴地，由于豌豆缺乏向上生长所需的牵引物，致使茎秆容易倒在地上，直接与土壤接触，易遭受细菌感染，继而产生病害。一般选用长度为170 cm、粗度在3～5 cm的木杆，插在种植沟上，入土深度应控制在30～40 cm，每隔1.2～1.5 m插一根木杆，用绳子横向固定。在此基础上，由空中自上而下放吊蔓绳，采取直立式搭架方式，以此保障甜脆豌豆通风效果，此外吊蔓应在人工配合下完成绑蔓与引蔓工作，借助绑蔓工作将豌豆与架材形成统一整体，提高抗风性，不易倒塌，而引蔓工作则保障甜脆豌豆蔓条依附在架材之上，为豌豆顺利生长奠定基础。

以后视植株生长情况在离地处高30 cm用横线围1道，使整垧植株呈篱笆状一排，方便以后管理和采收(图11-4)。

图11-4 豌豆植株管理

5. 病虫害防治

豌豆幼苗期易发生根腐病、立枯病等病害，可用55%敌克松粉剂1 000倍液、75%百菌清可湿性粉剂600倍液淋根防治。虫害以地老虎、斜纹夜蛾幼虫、豆荚螟为主，可选用2.5%功夫乳油600～800倍液、10%氯氰菊酯乳油1 000倍液、20%杀灭菊酯乳油3 000～4 000倍液喷雾防治。豌豆蓟马(图11-5)可在发生期用吡虫啉、啶虫脒、烯啶虫胺等交替使用。中、后期易发生白粉病、霜霉病、褐斑病、细菌性斑点病等，白粉病、霜霉病、褐斑病可选用75%达克宁可湿性粉剂600倍液、70%甲基托布津1 000倍液，或70%的甲基硫菌灵可湿性粉剂800倍液喷雾防治，细菌性斑点病可选用72%农用链霉素4 000倍液喷雾防治。蚜虫可选用70%吡虫啉、艾美乐等喷雾防治，斑潜蝇可用杀虫单500倍液或潜蝇灵500倍喷雾防治。采收前15～20 d停止使用农药。也可用黄板诱杀，在成虫发生地设点225～300个/hm^2，3～5 d换板1次进行防治。

五、采收

一般以豆荚肥大饱满呈圆形，荚皮尚未变老，而豆仁幼嫩为采收最佳时期。采摘时用小折剪采收，留长豆荚柄利于保鲜，注意保留豆荚蜡粉层，便于后期运储。采收时要细心以免折断花序和茎蔓(图11-6)。

已收的青荚应置阴凉通风处，及时上市或加工处理。采收青荚前如逢雨季，荚壳易感病斑，使用生物杀菌剂喷雾，可有效降低荚壳病斑，提高青荚的外观品质。

图 11-5　蓟马危害豌豆

图 11-6　豌豆采收

六、任务考核

记录栽培甜脆豌豆的全过程。

思考题

1. 菜豆如何进行植株调整？
2. 简述菜豆落花落荚的原因及防治对策。
3. 菜豆的肥水管理有何特点？
4. 简述荷兰豆根外追肥特点及注意事项。

思政小课堂

无人化采收技术让蔬菜生产更智慧、更便捷

知识拓展：蔬菜吸汁类害虫识别与防治

模块十二

薯芋类蔬菜生产

岗位要求

本模块内容是蔬菜生产管理岗位专业能力之一，工作任务是熟练掌握薯芋类蔬菜的生产管理技术，包括制订薯芋类蔬菜生产管理工作计划，确定生产茬口，选择合适的品种，培育壮苗，做好整地、做畦、地膜覆盖等，生长期间加强植株调整、灌溉、追肥等；掌握薯芋类蔬菜常见的病虫害，及时进行综合防治，保证薯芋类蔬菜产品的质量安全。

知识目标

了解薯芋类蔬菜的产品器官类型与形成过程；掌握薯芋类蔬菜种子的处理与播种技术，培土与肥水管理技术，收获技术。掌握马铃薯种薯退化、种薯处理与培土技术；种姜处理技术，姜块的收获技术；山药的播种技术。

能力目标

能正确运用所学的原理和方法，根据给定的条件，科学、合理地制订栽培方案，协作完成主要薯芋类蔬菜的种子处理与播种、田间管理、收获的全过程，熟练掌握马铃薯种薯处理技能、种姜播前处理及播种、山药栽培技术等基本技能。

课程思政目标

薯芋类蔬菜兼具蔬菜和粮食的特点，既是粮食，又是蔬菜。结合理论教学与实践操作，让学生全程参与并完成薯芋类蔬菜的产前计划、产中管理、产后营销等整个生产过程，培养学生发现、分析、解决问题的能力，培养学生的岗位责任意识，激发创新思维能力。

薯芋类蔬菜是以淀粉含量比较高的地下变态器官(块茎、根茎、球茎、块根)为产品供食用的蔬菜总称,主要包括茄科的马铃薯、姜科的生姜、薯蓣科的山药、天南星科的芋头、豆科的豆薯等。按对气候的要求和茎叶的耐霜程度分为两类:一类喜冷凉温和气候,耐轻微霜冻,如马铃薯、菊芋、草石蚕等;另一类喜温暖气候,不耐霜冻,如芋、姜、山药、豆薯、蕉芋、葛、菜用土围儿等。产品以淀粉含量最多,其次有蛋白质、脂肪、维生素及矿物质,耐贮运,适于加工,是淡季供应的主要蔬菜之一。薯芋类蔬菜拉丁学名、俗名对照见表12-1。

薯芋类蔬菜在栽培特性上有许多共同点:

①具有肥大的地下茎或根供食用。

②耐贮运,可延长供应期,调节市场。

③除豆薯外,其他薯芋类蔬菜为无性繁殖,用种量大,繁殖系数低。

④要求土壤肥沃疏松,土层深厚,通气良好;并要求培土造成黑暗条件。

⑤在产品器官形成盛期,要求强光和较大的昼夜温差。钾肥促进淀粉的合成,利于高产。

表12-1　薯芋类蔬菜拉丁学名、俗名对照表

蔬菜名称	拉丁学名	俗名
马铃薯	*Solanum tuberosum*	土豆、山药蛋、洋芋、地蛋、荷兰薯、爪哇薯、洋山芋
姜	*Zingiber officinale*	生姜、黄姜、姜根、鲜姜、百辣云、因地辛、炎凉小子
山药	*Dioscorea polystachya*	大薯、薯蓣、佛掌薯、白苕、脚板苕、野山药、怀山、淮山、怀山药、山蓣
豆薯	*Pachyrhizus erosus*	沙葛、凉薯、新罗葛、地瓜、土瓜
菊芋	*Helianthus tuberosus*	洋姜、鬼子姜
甘露子	*Stachys sieboldii*	草食蚕、螺丝菜、宝塔菜、甘露儿、地蚕、罗汉
蕉芋	*Canna edulis*	蕉藕、姜芋、食用美人蕉、芭蕉芋
参薯	*Dioscorea alata*	地栗子、菜用土圆儿、香参、黄栗芋
葛	*Pueraria lobata*	粉葛、葛根、甘葛藤
甘薯	*Ipomoea batatas*	山芋、地瓜、番芋、红苕、番薯、红薯、白薯、香薯、蜜薯、番薯、甜薯、普薯
木薯	*Manihot esculenta*	木番薯、树薯
菊薯	*Smallanthus sonchifolius*	雪莲果、雪莲薯、地参果
芋	*Colocasia esculenta*	芋艿、芋头、水芋、芋芨、毛艿、毛芋、青皮叶、接骨草、独皮叶

项目一　马铃薯生产技术

马铃薯为一年生草本植物,茄科茄属蔬菜。别名土豆、洋芋、山药蛋、荷兰薯、爪哇薯、番鬼子茄等。原产南美,在世界各地种植已有400多年历史。

马铃薯单位面积产量高，块茎富含多种营养成分，适应性广，是世界上仅次于稻、麦、玉米的第四大作物之一。可粮菜兼用，分布广，栽培面积大，生长适应性强，是南北方淡季的主要蔬菜之一。马铃薯富含淀粉、糖类、蛋白质以及各种维生素和矿物质，且蛋白质主要为球蛋白，并含有禾谷类作物所没有的胡萝卜素和抗坏血酸，是一种营养全面的食物，又因其不含粗纤维，易消化吸收，故有健脾补气之效。

马铃薯可与粮、果、棉、菜进行间套作，充分发挥土地潜力，增加单位面积产量。

一、马铃薯生物学特性与生产的关系

视频学习：
马铃薯生产技术

(一)形态特征

1. 根

初生根：又称芽眼根，是主要吸收根系。块茎发芽后，根从幼芽基部长出。

匍匐根：随着芽的生长，在地下茎的叶节处水平生长(图 12-1)。

2. 茎

(1)地上茎　地面以上的主茎和分枝，高 30～100 cm。

(2)地下茎　主茎埋入地下的一部分，一般 6～8 节，10 cm 左右，其上着生根系和匍匐茎。

(3)匍匐茎　由地下茎的腋芽长成，一般一个主茎上能长出 4～8 条，长度为 3～10 cm，匍匐茎尖端膨大形成块茎。

(4)块茎　与匍匐茎相连的一端叫薯尾，另一端叫薯顶，表面分布着许多芽眼。每个芽眼有 1 个主芽 2 个副芽，副芽一般保持休眠状态，只有当主芽受到伤害后才萌发。薯顶芽眼较密，发芽势强，具有顶端优势(图 12-1)。

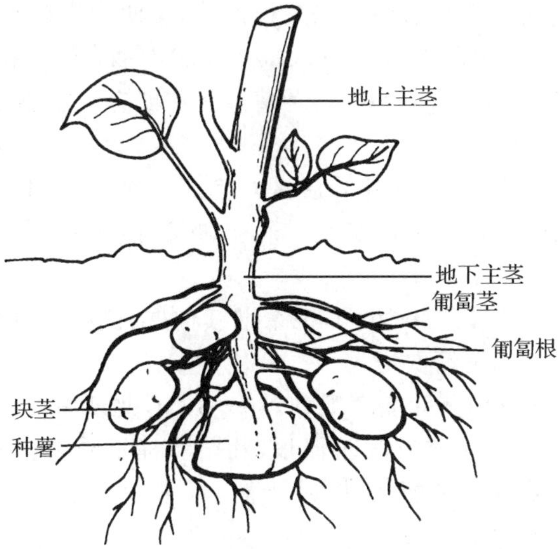

图 12-1　马铃薯的根系和地下茎形态

3. 叶

叶片深绿色，密生茸毛，马铃薯最先出土的叶为单叶，心脏形或倒心脏，全缘，称为初生叶，以后发生的叶为奇数羽状复叶，复叶基部着生托叶，其形状是区分和识别品种的标志。

4. 花

花白色或紫色，着生于枝顶端，为伞形或聚伞形花序。

5. 果实、种子

果实球形或椭圆形，果为浆果。种子细小，肾形。马铃薯多数品种花而不实，应早期摘除，促块茎生长（图 12-2）。

图 12-2 马铃薯的形态特征

a. 马铃薯植株；b. 马铃薯的根系和块茎；c. 马铃薯的地上茎；d. 马铃薯的叶片；e. 马铃薯的花；f. 马铃薯的果实

（二）生长发育周期

马铃薯的生育周期分为发芽期、幼苗期、发棵期、结薯期和休眠期（图 12-3）。

（1）发芽期　种薯上的幼苗萌动至出苗，需 20～35 d。在土壤相对湿度 40%～50%和有良好透气性的情况下发芽最好。营养均来自种薯。发芽期春季需要 25～35 d，秋季需要 10～20 d，南方冬季播种需要 20～30 d。

（2）幼苗期　从出苗到团棵（6～8 片叶展平），完成一个叶序，15～20 d，此期根系继续扩展，匍匐茎全部形成，匍匐茎先端开始膨大。幼苗期要求土壤疏松透气，湿度 50%～60%为宜。

（3）发棵期　从团棵至显薯，25～30 d，根系继续伸展，侧枝陆续形成，主茎叶全部形成功能叶，块茎膨大至 2～3 cm，幼薯渐次增大。

（4）结薯期　从显薯开花到茎叶变黄败秧，30～50 d，此期主要是块茎膨大和增重。短日照、强光照、适当的高温和昼夜温差有利于促根、壮苗和提早结薯。但温度过高、过猛追施氮肥、多阴雨则易引起徒长，影响块茎膨大，推迟结薯。低温、强光照、短日照、适时中耕培土，则可抑制茎叶生长，有利于块茎膨大。

（5）休眠期　收获后即进入休眠期，休眠期 1～3 个月。属于生理休眠。

马铃薯块茎的休眠实际上在块茎初始膨大时就开始了，但习惯上是把茎叶衰败、块茎收获后到块茎开始萌发这段时间称为休眠期。处于休眠状态的块茎即使在适宜发芽的条件下也不会萌发幼芽。通过化学药剂处理、切割种薯、改变温光条件等人工方法，可以提前打破块茎休眠。

图 12-3　马铃薯的生长发育周期

a. 发芽期；b、c. 幼苗期；d. 发棵期；e、f. 结薯期；g. 休眠期

(三)对环境条件的要求

马铃薯喜冷凉，不耐高温，产品器官以匍匐茎膨大而形成的块茎为产品供食用或作种。

(1)温度　喜温和气候，块茎在 4 ℃以上就能萌发，块茎膨大适温为 16～18 ℃，25 ℃以上块茎生长缓慢，至 30 ℃的高温时，块茎因呼吸作用的消耗超过养分积累而停止生长。如遇到土温降低(因雨水或灌水)时，则造成块茎发芽，或造成块茎形成子薯、球链薯、细腰薯等畸形薯。

因此，马铃薯的栽培季节必须依据其对温度的要求来确定，注意将块茎形成盛期放在冷凉天气。

(2)湿度　结薯期需要充足的土壤水分，适宜的土壤湿度为 80％～85％，马铃薯的根源于茎内，播种后发芽慢，发芽期长，为了确保苗全苗齐，要求保证土壤湿润。在旺盛生长期应供给充足水分，促苗早发，后期适当控水，以利于转入结薯期。结薯期要求土壤始终保持湿润状态，若供水不匀和土温过高过低，则影响块茎正常的形态。

(3)光照　喜欢光照，短日照有利于块茎形成。

(4)土壤　喜欢微酸性沙壤土，黏重土壤不利于根系发育和块茎膨大。

马铃薯忌连作，其他茄科蔬菜与其有共同病害，如青枯病、疫病等，故不应栽在其他茄科蔬菜之后。一般隔 1～2 年实行轮作，葱蒜类蔬菜鳞茎会分泌一种植物杀菌素，有杀死晚疫病及其他病害之病原菌的作用，因此在马铃薯之前种葱蒜类蔬菜可减轻病害，在其后种葱蒜则能缩短轮作年限。

马铃薯间套作必须严格掌握各轮作物的播种期或育苗期，应注意尽量选用早、中熟的品种，避免相互遮光。

二、栽培类型与品种

按块茎皮色分有红、紫、黄、白等品种；按薯块颜色分为黄肉和白肉两种；按块茎形状分有圆、扁圆、椭圆、卵圆等品种。按块茎休眠期的长短又可分为无休眠期、休眠期短(1 个月左右)和休眠期长(3 个月以上)三种。20 世纪 60 年代前古老的农家品种因病毒病危害，退化严重，逐渐为新引进及新育成的品种所替代。生产上一般按生育期长短进行分类:早熟品种 50～70 d;中熟品种 80～90 d;晚熟品种 100 d 以上。

作为蔬菜用的马铃薯,除要求其具备抗病虫、耐贮藏、块茎大而形状正等特性外,还要求块茎皮薄、芽眼浅以便削皮,以及含有较多的蛋白质和矿物质盐类以增进营养价值和风味。

三、栽培季节与茬口安排

因为各地的自然条件不同,构成了不同的栽培区。南方冬作区:贵州、四川、云南等地,冬季月平均气温为 14～19 ℃,主要是利用冬闲期种植马铃薯(秋冬 10 月,冬春 12 月、1 月)。西南单双季混作区:广东、福建、广西、云南、贵州等高寒山区一年一作,春种秋收;而在低山河谷区或盆地适于春秋两季栽培。

四、马铃薯的免耕栽培

马铃薯免耕栽培是一项新型节本增效新技术,是晚稻或单季中稻收割后,在未经翻耕犁耙的稻田上,直接开沟成畦,将种薯摆放在土面上,用稻草全程覆盖,并配合适当的施肥与管理措施,直至马铃薯收获的栽培方法。

1. 季节选择

由于马铃薯生长温度低,且生育期短,在湿热地区秋薯栽培于早中稻收获后 9 月中下旬播种;冬薯栽培于早中稻收获后 11 月下旬至 12 月上旬播种,能较好地避开霜冻危害,获得较高产量,及早上市。

2. 稻田选择

马铃薯喜肥耐旱怕渍,应选择地下水位低、土壤肥沃、排灌方便的稻田进行免耕栽培,切忌在涝洼田上栽培马铃薯。以沙土或沙壤土更适合发挥其技术优点。

3. 整田开畦

在稻谷收获前 5～7 d 把田间积水排除干净,保持田间湿润状态。田间不能有积水,避免稻田积水引起种薯腐烂和死苗。收获稻谷时,齐泥收稻,浅留稻茬,留稻桩 8～10 cm 为宜。稻谷收获后播种薯前,按照畦面宽 160 cm,沟宽 30 cm,沟深 15 cm 进行开沟做畦,把开沟所起泥土碎细均匀地撒在畦面中部,使畦面微呈弓背形,做到全田畦面高低一致,防止积水。

4. 种薯准备

(1)良种选用　根据秋冬季日照由长变短、气温由高变低、降雨由多变少的气候特点,以及市场的需求,一般宜选用适销对路、生育期短、品质优、丰产性和抗病性好的早、中熟品种,并且是专繁良种,避免使用带毒、带病的种薯和商品薯作种。

(2)精选种薯　为保证播种质量,在播种前必须选择好种薯。选择具有本品种特征,种薯外形周正,薯皮光滑、大小适中,薯肉紧,无畸形、无病斑、无虫眼、无霉烂、无表皮龟裂的种薯作种。

(3)整薯或切块薯作种　选择整薯作种,以露芽 2 个且重 20～30 g 以上的单薯为好。整薯播种芽眼多于切块薯,播后出苗多、茎数多、结薯多、大薯率高,同时整薯播种可以避免切刀口传染病害,抗旱抗寒力强,出苗整齐,生活力旺盛,生长势强,不易退化,易夺高产。在整薯不够的情况下,可采用 50 g 以上的种薯切块播种,一般当天播种当天切成种块,切成重 25～30 g、带 2 个以上芽眼的种薯块为宜,切块时淘汰病虫薯和老龄薯,切刀要严格消毒,有条件的可用75%酒精或0.5%高锰酸钾浸泡消毒。切下的种块,切面用草木灰或加多菌灵消毒即可播种。

(4)种薯催芽　马铃薯种薯在播种前采取催芽是一项有效的增产措施。一方面可以减少种后不出苗的现象,保证了出苗率;另一方面可以提早出苗,生长快,长势好,结薯早而多,产量高。种薯一般多采用自然催芽法,选择无病虫的种薯,置放在通风透气、阴凉避雨、背阳或只有散射光的室内或楼台上堆放催芽。也可采用赤霉素溶液或0.1%~0.2%高锰酸钾溶液浸种,然后堆放在与自然催芽相同的地点,再用稻草把种薯堆盖好保湿,防止药液散失作用,盖后5~7 d就可撤除覆盖物,达到催芽目的。

5. 播种规格

合理密植是马铃薯稻草覆盖免耕栽培技术获得高产的前提。种植密度应根据肥力、地力、土质、品种来确定。植株高大,分枝多,匍匐茎长,结薯分散的品种宜稀,反之宜密;肥田宜稀,瘦田宜密;早熟品种密,中熟品种宜稀。种植密度每667 m^2 种4 000~5 000株较好。每667 m^2 用种薯150~160 kg,每畦种4行,株行距为30 cm×40 cm,边行种薯要距离畦沟10 cm,防止薯根伸向沟中或所结的薯块露出沟中表土上面,稻草不易盖住形成绿薯,造成产量和品质下降。播种时将种薯摆放在土面上,芽眼向下贴近土面或侧向贴近土面,使种薯与土壤紧密接触,利于种薯扎根出苗。这样既可发挥个体的增产潜力,又可形成合理的田间群体结构,使单位面积上苗匀、茎粗,叶面积系数适中,薯多、薯大、薯重、并能有效地利用光能和土地,获得高产。

6. 施足底肥

由于稻草覆盖种植马铃薯出苗后不再追肥,播种时必须一次性施足底肥,以保证马铃薯在整个生育期对养分的需要。马铃薯对肥料反应较敏感,属于喜肥作物,在整个生育期内,需钾最多,氮次之,磷最少,较为合理的氮磷钾配比为2∶1∶4.5,采取"以底肥为主,重施底肥,实行根外追肥"的施肥方法,即每667 m^2 用腐熟的优质农家肥1 500~2 000 kg,硫酸钾10 kg,马铃薯专用复合肥40 kg。农家肥可撒施在畦面上,也可拌土当盖种肥,化肥则应施在离种薯5~6 cm的距离,不能与种薯直接接触,以防烂种,影响出苗。播种后8~10 d,每667 m^2 用充分腐熟的人畜粪水800~1 000 kg浇施于稻草面上,使出苗迅速而整齐,促苗健壮生长。

7. 稻草覆盖

畦面摆放好种薯后,及时用稻草覆盖畦面,每667 m^2 用干稻草约100 kg,稻草均匀铺平在畦面,稻草不留空隙,稻草基部朝向沟边,草尖相互交错。稻草覆盖不宜过厚或过薄,过厚使薯苗不易伸出草面而形成弯脚纤细苗,过薄漏光造成结绿薯,影响商品品质。盖草厚度以8~10 cm为宜,保温保湿,促使出苗均匀、整齐。盖草结束后,及时清沟、铲土,把土均匀稀撒畦面以压住稻草,防风刮走。

8. 田间管理

(1)引苗、定苗　稻草覆盖在马铃薯上时交错缠绕,有时会出现"卡苗"现象,需要人工引苗,把稻草卡住的苗引出稻草。齐苗后应及时定苗,每棵马铃薯保留最壮的1~2株,剪除多余弱苗、小苗,以利于结大薯。

(2)根外施肥　稻草覆盖种植马铃薯一般不需要追肥。但是,在马铃薯生长后期如果出现脱肥时可采取根外施肥的办法,即用0.2%磷酸二氢钾或0.5%的尿素溶液进行1~2次根外追肥，防止植株早衰。

(3)灌水防旱　马铃薯在整个生育期中，现蕾至开花期是一生中需水最多的时期，对水分较为敏感，应保持有足够的水分。如遇干旱，不注意对水分管理，常导致严重减产。因此，播种后，出苗期、现蕾期、开花期要防止干旱，土壤保持潮湿状态，遇干旱时要及时适度灌水，水层宜浅不宜深，以不使稻草漂移和不浸过畦面泡到种薯为度，并及时排水落干，切忌水淹，保持土壤湿润状态。

(4)清沟防涝　在马铃薯生长期间，如遇到连绵阴雨天气或长时间大雨时要注意清沟排水，防止渍水和贴近土面的稻草湿度过大，影响薯苗生长；并能降低田间湿度，减少晚疫病等病害的发生。

9. 适时收获

当马铃薯植株茎叶由绿逐渐变黄转枯，匍匐茎与块茎容易脱落，块茎色泽正常时即可收获。稻草覆盖种植的马铃薯有80%左右薯块生长在土面上，收获时掀开稻草，把薯块捡起，少数生长在裂缝或孔隙中的薯块入土也很浅，用木棍或竹签挖出，稍微晾晒，装筐运走，避免雨淋或日光暴晒导致薯块腐烂或薯皮变绿。如果在劳力许可的情况下，还可以分期采收，即将稻草轻轻掀开采收已长大的薯块，再用稻草盖好让小薯块继续生长，实行分期采收的方法，既能增加产量，又能增加收益。

五、马铃薯种性退化及防治措施

种性退化指马铃薯优良品种用块茎繁殖，连续几年种植后，植株变矮，分枝减少，叶片卷缩、畸形，薯块变小，产量逐年下降，甚至绝产的现象。

马铃薯种性退化是综合因素造成的。主要原因是品种抗病毒、抗逆性差，再加上高温、低营养水平所致。马铃薯种性退化可以采用正确的栽培措施来防治。

(1)冷凉季节复壮　种薯可利用早春或晚秋季节栽培，使结薯期避开高温季节，同时可避开有翅蚜迁飞高峰期，防止病毒侵染。

(2)采用整薯播种法　采用整薯播种，可避免病害借切刀传染。选用整薯播种时不宜选过小块茎，应选用露芽2个且重20～30 g以上的块茎为好。

(3)利用种子繁殖生产无病毒种薯　除马铃薯纺锤形块茎病毒外，病毒不能借感病株的实生种子传毒。因此可利用种子繁殖不带病毒的健株，但后代性状分离大。马铃薯种子细小，幼苗期占时间长，达70～80 d。需先育苗后移植，定植密度6 000～8 000株/667 m^2。种子繁殖应选健株采种。

(4)利用茎尖培养脱毒苗　在一些退化比较严重的地区，可采用茎尖培养排除病毒。由于病毒在植物体内分布不匀，在种子的胚、茎尖、根的生长点上不带病毒。由这些组织产生的植株，为不带病毒的健苗。

(5)控制生态条件综合防治　马铃薯感染病毒后，环境条件既影响病毒的发展，又影响马铃薯的生理状态。在综合的生态条件下，加速马铃薯退化和降低块茎产量的因素，主要有温度、水分和营养等。首先选好播种期，使结薯期尽量避开高温期，高温季节可小水勤浇，以降低田间温度抑制病毒的发展。同时增施肥料以补偿由病毒破坏导致的马铃薯体内的营养下降，从而获得较高的块茎产量。在栽培的全过程中，若发现病株应尽早拔除，同时在出苗后即喷洒杀蚜药剂，消灭传毒媒介。

工作任务1　马铃薯春露地栽培技术

任务目标：在学习马铃薯生产技术相关知识的基础上，根据给定的设施及生产资料，能独立设计栽培技术方案，掌握马铃薯生产全过程，能熟练操作马铃薯种薯处理、切块操作技术环节。

任务材料：马铃薯种薯、农家肥、化肥、生产用具等。

技能要求：学会春露地马铃薯栽培技术。

一、种薯的选择

一定要选用未退化、芽粗短壮，表皮新鲜光滑，具有品种特征特性的薯块作种。提倡山区马铃薯下坝区作种，或北种南移作种，或秋马铃薯春播，或通过组培脱毒等方法提纯复壮品种。

二、整地做畦

(1)深耕　选择表土深厚，结构疏松，排水通气良好，富含有机质的黑钙土、沙壤土较为适宜。黏重土壤使薯块畸形粗糙，质量下降。茎块适宜于微酸性土壤，碱性土壤易得疮痂病。马铃薯的产量随着耕作层的加深而增加。

(2)施基肥　基肥施肥量一般每 667 m^2 施农家肥 2 300～3 000 kg，配合硫酸钾 15 kg 和过磷酸钙 25 kg 为种肥，进行沟施或穴施。做垄做畦均可。

三、种薯处理

(1)暖种，晒种　播前 30～40 d，将种薯放在 20 ℃左右黑暗条件下暖种催芽(堆放在室内沙土中，上盖地膜)，以帮助种薯提前解除休眠期。10～15 d 后，当芽长到约 1 cm 时，再将种薯放在阳光下晒种，15 ℃左右，大约 20 d，其间及时剔除个别烂薯。

(2)赤霉素浸种　未经催芽的种薯，在切块后用 0.4～0.5 mg/L 的赤霉素溶液浸种 10～15 min。

四、切块及育苗

1. 切块

(1)场地消毒　切芽块的场地和装芽块的工具，要用 2%硫酸铜溶液喷雾，也可以用草木灰消毒，减少芽块被病菌和病毒感染的机会。

(2)切刀消毒　切刀是病原菌的主要传播工具，故要做好切刀消毒。具体做法是：准备一个盆子，盆内盛有一定量的 75%酒精或 0.3%高锰酸钾溶液，准备三把切刀，放入消毒溶液中浸泡消毒，切刀轮流使用，用后随即放入盆内消毒。可有效地防止马铃薯晚疫病、环腐病等病原菌通过切刀传染。

(3)切芽块　切块应在栽植前 1～2 d 进行。切块时必须注意要纵切，不可横切。每切块必须有 1～2 个芽眼，一般 20～25 g，应呈立体三角形，不能切成一片一片的。大小均匀，尽量多带薯肉，切好的薯块要放一段时间，使伤口愈合后再进行播种。大芽块能增强抗旱性，切好的薯块用草木灰拌种，既有种肥作用，又有防病作用(图 12-4)。

(4)剔除病薯　同时将切刀用 75%酒精消毒。

每 667 m^2 用种 130～150 kg。

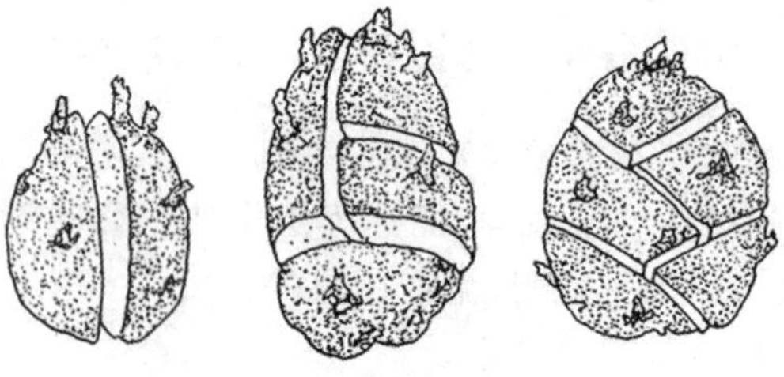

图 12-4 马铃薯种薯切块

2. 育苗

于晚霜前 20～30 d 晒种后进行，苗高 20 cm 左右时及时定植，定植前可以进行炼苗。

五、播种

1. 播种覆土

有沟播和穴播两种方法，采用“品”字形错株播种。将催好芽的薯块按芽长短分类，芽长相近的播在同一田块的相邻数垄内；未催芽的按薯块在母薯所处部位分类，相同部位的播在相邻数垄内，以利齐苗，便于统一管理。

下种时将切块种薯摆放穴内，切口朝下，芽眼朝上。注意薯块不能直接接触基肥。播种完毕后，立即将畦面土耙平，将种薯盖住，并将畦面整平；垄栽在开沟后将垄面耙平，沿垄两边植入薯块。

每 667 m^2 播 4 500～6 000 块，播深 10 cm 左右，覆盖地膜可以提早 10～15 d 收获，而且可以增产 5%以上。

2. 时间

气温稳定在 5～7 ℃时即可播种、10 cm 地温达到 7～8 ℃时进行。

3. 种植密度

栽植密度对马铃薯的产量有很大的影响，过稀过密都会造成减产。每 667 m^2 保苗不能少于 4 000～4 500 株，合理密植又要注意保持通风良好的透光条件。

4. 栽种深度

栽种太深、太浅都不适宜，以薯块上面覆土 5～6 cm 为宜。如果太浅，播种以后若遇到低温易受冻害，天气干旱也容易受旱；如果太深，会影响苗的出土时间，并影响产量。

六、田间管理

根据马铃薯各个生长时期根系、茎叶和块茎的生长特点，进行管理。

(1)出苗前　春播后地温比较低，需 20～30 d 才能出苗，应及时松土，消灭杂草，如遇干旱严重应浇水(小水)促使出苗，并及时松土，防土壤板结。出苗前十来天如遇干旱须立即灌水。

(2)幼苗期　幼苗期时间较短，齐苗后早追肥，浇水。

苗出齐后要尽早除去弱苗和过多分枝，每穴选留 3～4 株健壮苗。早施追肥，每 667 m^2 施用 20%人畜粪水 1 000 kg，加尿素 5 kg。结合中耕除草进行培土，培土以培住第一片单叶即可。

(3)发棵期　现薯后，封垄前进行培土，并深耕垄间土层，促薯控秧，初花期追肥每 667 m^2 施用草木灰 150 kg、腐熟土杂肥 1 000 kg 或硫酸钾 10 kg。茎叶徒长时用多效唑喷洒心叶，控制旺长。开花前应及时摘除花蕾,减少养分消耗。

(4)结薯期　保持土壤湿润状态,遇旱浇水,遇雨排水,收获前几天停止浇水,以利于贮运。

七、收获

早霜到来前后,土壤干爽时进行收获。

从块茎形成到植株变黄这段时间可随时收获。收获越早,产量越低,越晚产量越高。但作种薯用的应适当早收,以免受高温影响引起种性退化。作贮藏、加工、饲料用时应适当晚收。作商品薯还可视市场价格适时收获。收获前几天应停止浇水。

选择晴天或晴间多云天气收获,以免雨天拖泥带水,既不便收获、运输,又影响商品品质,同时又容易因薯皮损伤而导致病菌入侵,发生腐烂或影响贮藏。

收获方法:全程机械收获、刨土机采收、人工挖掘,要尽量减少机械损伤(图 12-5)。收获后既要避免烈日暴晒、雨淋,又要晾干表皮水汽,使皮层老化。预贮场所要宽敞、阴凉,不要有直射光线(暗处),堆高不要超过 50 cm,要通风,有换气条件,晾干。

图 12-5　马铃薯采收方式

a、b. 马铃薯全程机械采收;c. 马铃薯人工挖掘采收;d. 马铃薯刨土机采收

八、任务考核

详细叙述种薯切块的步骤及注意事项。

工作任务 2　马铃薯冬季栽培技术

任务目标:掌握马铃薯冬季生产全过程。

任务材料:马铃薯种薯、农家肥、化肥、生产用具等。

技能要求:学会马铃薯冬季栽培技术。

一、土地选择

用于冬季马铃薯生产的土地大多是秋季水稻收获后的稻田和一部分蔬菜地,土壤以含沙量高的壤土为最好。冬季种植马铃薯主要以人工灌溉为主，因此应选择水源条件较好，有灌溉条件的地区种植。

二、品种选择

应选择在短日照、较低气温下生长良好、生育期较短、结薯早的冬季专用品种。冬季种植的马铃薯还要考虑外销及出口东南亚地区的市场需求，因此最好选择块茎黄皮黄肉、椭圆形、薯皮光滑、芽眼极浅、薯块中大的品种，有利于外销出口。

三、种薯的选择

选择品种纯正、健康、无晚疫病及其他病害，并已通过休眠期的马铃薯作为种薯。冬季生产上使用的种薯应选用脱毒马铃薯，杜绝使用商品薯作为种薯。由于冬作区本地生产种薯困难，种薯一般来自大春生产。

四、打破种薯休眠

对未萌芽的薯种，在播种前应先进行晒种 1～2 d，让种薯表面接受阳光而发绿，然后用 5～10 mg/L 赤霉素喷湿种薯，加盖塑料薄膜增温，以提高堆捂温度，促进发芽。

五、播种

(1)播种时间　通常冬季马铃薯适宜播种期为 11 月中下旬至翌年 1 月上旬，收获时期为翌年 3—5 月。因各地气候复杂多样，确定播种时主要考虑马铃薯在生育期间避开低温霜冻和后期的高温。

(2)播种密度　冬季马铃薯种植需合理密植。由于在整个生育期气温及空气湿度较低，马铃薯植株生长不很旺盛，故可适当加大种植密度以获得理想产量。为了便于培土、施肥和除草等管理，播种时在畦面开 2 行种植沟，行距一般为 40～45 cm，株距为 30～35 cm，密度达到每 667 m^2 播种 4 000～5 000 株，出苗后保证每个薯块发出 1～2 株苗，多余萌芽需间除。

(3)播种方法　开沟播种，放种薯时，芽眼向上覆土盖种。随即在 2 个种薯之间施基肥，将全部有机肥作为基肥并施入适量磷钾化肥。覆土不应太浅，盖土厚 10～15 cm 为宜。播种时应把握深播浅覆土的原则，有利于保持水分，促进早出苗，有利于后期培土。

(4)地膜覆盖　地膜覆盖有利于增温保湿，促进植株生长，可提早成熟 7～15 d，使马铃薯提早上市，以提高经济效益。每 667 m^2 用膜 3 kg 左右。在马铃薯出苗后，气温逐渐升高，当苗高 5～7 cm 时，要及时破膜封口，防止烧苗。

六、田间管理

1. 查苗补缺

在出苗后应常检查，发现缺塘、缺苗时要设法补苗，可把过密苗或预备苗连根移植到空缺的地方。

2. 水分管理

冬季马铃薯的大部分生育期处于干旱少雨、空气湿度较低的季节。而马铃薯是需水较多的作物，土壤缺水会降低植株对 N、P、K 等养分的吸收速率，减少了块茎干物质的积累。在马铃薯的全生育期间，土壤湿度保持在田间最大持水量的60%～80%最为适宜。在播种后、出苗期、现蕾期、开花期要根据天气情况和土壤墒情及时灌水防旱，保持土壤潮湿，提高产量。应根据田间情况及时进行浇灌，保证水分的供给，及时灌溉还对防止霜冻有极好的效果。

3. 追肥

追肥以氮肥为主，但施用时间不宜过迟，尤其在后期，以避免茎叶徒长和影响块茎膨大及品质。追肥按每667 m^2 施用15 kg尿素，分为2～3次施用。齐苗时进行第一次追肥，兑水浇施，促早发，增加光合作用面积。现蕾时进行第二次追肥，促进茎叶持续生长，增加光合作用面积，有利于块茎的膨大。追肥宜在下午进行，应避免肥料沾在叶片上，如肥料撒施后应立即浇水以加速肥料溶解，兼顾清洗叶片。薯块膨大期喷施马铃薯膨大素2次，每次间隔10 d左右；叶面追肥0.5%磷酸二氢钾2～3次。

4. 除草培土

齐苗后封行前进行2次除草和培土。培土要求培宽、培高，增厚结薯层，目的是防止茎块外露，为结薯创造良好的条件。及时早培土对地下根、茎无伤害，高培土有利于保水保肥、防霜冻、减少绿薯、提高块茎品质、增加产量。

七、收获

冬季马铃薯播种到收获一般为120～130 d。当大部分茎叶淡黄，基部叶片已枯黄脱落，匍匐茎干缩，即可收获。选择晴天挖薯，收后及时销售，否则要放在黑暗的房内贮藏。不要把收获的薯块放在明亮处，块茎见光表皮容易变绿，严重影响品质。

八、任务考核

详尽记录冬季露地栽培马铃薯的全过程。

项目二　山药生产技术

山药又名薯蓣、山药蛋、山薯等，是薯蓣科薯蓣属一年生或多年生缠绕性草本植物。山药以地下块茎作为食用器官，组织内富含淀粉、蛋白质等碳水化合物。其肉质柔滑，风味独特，产量高，营养丰富，既能代粮，又能作为蔬菜，可炒食和煮食。山药的营养价值很高，有健脾、补肺、固肾等功能，具有调节和增强免疫功能与抗肿瘤作用，可抗衰老，能使加速机体衰老的酶活性降低，延年益寿。全国除西北、东北高寒地区外，其他各地均有栽培，但以河南省所产"怀山药"最为有名。

一、山药生物学特性与生产的关系

(一)形态特征

1. 根

在种薯萌芽后，芽嘴下端长出的10余条粗壮根，多横向向下伸展生长，且集中在土层下5～20 cm处，有的深达60～80 cm，最上层的根系距土表仅有2～3 cm，称嘴根，又名吸收根。地下块茎上会长出很多须根或不定根，配合嘴根供给植株营养(图12-6)。

图 12-6　山药的形态特征

a. 山药植株；b. 山药的块茎；c. 山药的茎和叶片；d. 山药的花序；e. 山药的零余子；f. 山药的果实和种子

2. 茎

山药的茎有 3 种，两种在地上，一种在地下。地上部的一种是茎蔓，即藤条，是山药真正的茎；另一种是生长于叶腋间的零余子，也称山药豆（俗称山药果），是一种变态茎，称地上块茎，也叫空中块茎、气生块茎。零余子和地下块茎是山药的繁殖器官。

（1）茎蔓　山药种薯顶芽萌发出土后长出柔软的茎蔓，右旋，光滑无毛，具有缠绕能力，常带紫色。整个茎蔓主要起支撑植株、吸收和输送养分的作用。一般茎蔓长 3～5 m。茎因长而纤细脆弱，20～30 cm 时应搭架使其攀缠生长。随着叶片的生长，叶腋间长出腋芽形成侧枝。

（2）零余子　有圆形和椭圆形，产量 200～600 kg/667 m^2，可以食用，也可用于繁殖。

（3）地下块茎　是山药的主要食用部分，形似根，故名根状茎。当种薯萌发后，随着茎基部的细胞分化分裂，逐渐向土内延伸，生长膨大形成地下块茎，地下块茎的肥大完全靠茎端分生组织细胞数量的增加和体积的不断增大来完成。根茎越长则产量越高。棍棒形山药一般 50～90 cm，最长可达 1 m 以上；单株块茎重 0.5～3.0 kg，最重的可达 5.0 kg 以上，山药块茎的成分以淀粉为主，也富含蛋白质等多种营养物质。

3. 叶

单叶，在茎下部互生，中部以上对生，少有三叶轮生；叶形多变，叶片呈心脏形、三角形或卵形，叶柄长，叶色呈浅绿、深绿或紫绿色，叶片互生和对生。

4. 花、果和种子

花小，雌雄异株，穗状花序，雄花序直立，雌花序下垂，黄色或白色，簇生。蒴果三棱翅状，翅半圆形。种子扁卵圆形，着生于每室中轴中部，四周有膜质翅，栽培中极少结实。

（二）生长发育周期

山药的生育周期分为幼苗期、发棵期、块茎膨大期和休眠期（图 12-7）。

（1）幼苗期　从发芽到出苗为幼苗期，约需 35 d。如用块茎段为繁殖材料，此期则需 50 d。再发芽过程中，顶芽向上生长抽生出幼芽，芽基部向下生长发育为块茎和形成吸收根。

（2）发棵期　从出苗到现蕾，并开始发生气生块茎为止，需 60 d。此阶段芽条生长迅速，10 d 可达 10 cm 左右。吸收根逐渐向土层深处伸展，块茎周围不断发生侧根，而块茎生长极微。

(3)根茎膨大期　从现蕾到块茎收获为止，需 60 d。此阶段茎叶及块茎的生长发育最为旺盛，生长中心是块茎，块茎 85%以上的组织在此期间形成。

(4)休眠期　茎叶因霜冻而衰败，块茎进入休眠状态。

图 12-7　山药的生长发育周期

a. 发芽期；b. 幼苗期；c. 发棵期；d. 根茎膨大期；e、f. 休眠期

(三)对环境条件的要求

(1)温度　山药地上部喜高温干燥，怕霜冻。生长盛期最适宜温度为 25～28 ℃。块茎生长适宜温度为 20～24 ℃。块茎发芽的适宜温度为 25 ℃，20 ℃以下生长缓慢。

(2)光照　山药较耐阴，但生长和块茎膨大期依然需要强光，低光照条件不利于地下块茎的形成和肥大。栽培上应立架栽培改善光照条件，增加产量。

(3)水分　山药对水分的要求不严格，较耐干旱，不耐涝，但在萌芽期要求土壤湿润，在块茎迅速生长期不能缺水，以免影响产量。

(4)土壤营养　山药需要排水良好、肥沃的沙壤土。土层宜深厚，土壤黏板易产生扁头、分杈，影响块茎的膨大和生长发育。山药需肥量较大，喜有机肥但必须充分腐熟，并与土壤拌匀，否则易烧根或分杈。块茎膨大期需要充足的磷、钾肥。栽培上，生长前期宜供给速效氮肥，生长中后期增施磷、钾肥。

二、栽培类型与品种

我国栽培的山药有两种，即田薯和普通山药。

(一)田薯

别名大薯、柱薯。茎多角形而具棱翼，叶柄短，块茎巨大。根据块茎形状可分为扁块种、圆筒种和长柱种。主要分布于台湾、广东、广西、福建、江西、云南等地。

(二)普通山药

别名家山药，茎圆无棱翼。包括分布于江西、湖南、四川、贵州、云南和浙江等地的扁块种，分布于浙江、台湾等地的圆筒种，分布于陕西、河南、山东和河北的长柱种。

三、栽培类型与品种

山药以露地栽培为主。有单作和间套作两种栽培方式。单作春种秋收，生长期长达 180 d

以上。云南、华南、四川3—4月上旬栽植，长江流域4月上中旬栽植。间套作常与瓜类、蔬菜类一起种植。山药只可连作三年，否则会发生严重病害及块茎发杈现象。

四、山药的繁殖方法

(1)块茎切块繁殖　长形块茎任何部分都可以发生不定芽，可以任意切断繁殖，以近顶部长势较旺，块状种一般只有顶部才发芽，分切时应该纵切，切成50～100 g大小的块茎，使每个切块都带有顶部。种薯切断后切口涂草木灰，放在室内2～3 d，栽种，或晒1～2 d后放温暖通风处催芽后种植。此法出苗比用山药栽子的出苗延迟7～10 d。

(2)山药栽子繁殖　山药栽子是山药块茎与藤连接点以下18～22 cm长的一段，是用作繁殖的主要方式。从外观上看，要选择生长健壮，无病虫害，隐芽完好，表皮光滑，肉色洁白，薯形良好，无病虫害的。在采收山药时用刀切下，伤口处蘸石灰水或草木灰进行消毒，晾晒3～4 d后在通风阴凉处贮藏备用。栽子的出苗快，但连续应用长势衰退，影响产量。一般3～4年后应该更新，提高种性。

(3)零余子(山药豆)繁殖　在山药收获期，晴天选采零余子，选饱满，圆形或椭圆形，毛孔稀疏，富有光泽的零余子，晒种3～5 d后，贮藏于低温干燥处。经过3～6个月的休眠贮藏后，点播或条播(密植)，育苗田畦面宽1 m，行距30～40 cm，株距10～15 cm，出土后的管理同大田栽培山药，当年长成25～30 cm左右的小块茎作为第二年的繁殖材料。为防止种性退化，在选种时最好选用当年用余零子育成的山药顶芽或选用栽培过一年的顶芽。虽然零余子繁殖时间较长，但其不易退化，可作为新种薯替换。

五、山药生产中常见问题及预防措施

(一)畸形山药

山药在栽培过程中，因受不良环境条件、栽培措施、管理方法等方面的影响，造成内部组织结构发生改变，从而产生各种奇形怪状，如山药块茎上端分杈、下端分杈、蛇形、扁头形、脚掌形、葫芦形、麻脸形等，这些统称为畸形山药。

1. 形成原因

(1)土壤中异物影响　山药沟中存有石块、砖块、沙砾、胶泥块等硬物，填沟时未能仔细地剔除或充分粉碎，山药块茎在生长中遇到这些硬物，生长点受阻而改变生长方向，形成分杈、扁头等。

(2)盲目施用种肥　由于种肥施用过多或未能充分与土壤混合，摆放山药栽子时，栽子与种肥接触，把芽或生长点烧坏，造成块茎分杈、多头等畸形产生。

(3)山药沟内施用未腐熟的有机肥　未腐熟的有机肥施到田间后，必须经过发酵、腐熟这一分解过程，而发酵时产生的热量容易伤害山药根系和块茎，农民俗称“烧根”，特别是块茎尖端是整个块茎的生长点，碰到未腐熟的粪块很容易被烧坏，从而使基端分生组织的汁液外渗，形成分杈或块茎外表麻脸状等畸形，如果山药毛细根被烧坏，影响养分的吸收，易产生蛇形、葫芦状畸形等。

(4)地下害虫危害　在山药种植时，沟内没有施用防治地下害虫的药剂，地下害虫在生长过程中对山药块茎生长造成危害，如咬食、截断生长点，使山药块茎不能正常生长，造成山药畸形。

2. 预防措施

(1)除去沟内异物　人工挖山药沟时应在冬前进行,土块经过冬春雨雪的侵蚀、冰冻、风化,充分粉碎,用时随风化解冻随填沟,填沟时仔细剔除土壤中的石块、砖块、沙砾等硬物,不要将大土块填入沟内。

(2)种植时按技术规程操作　种植山药不能在种植沟内施用种肥,为防治地下害虫施用毒土、毒饵时不能盲目加大剂量,方法是将豆饼炒香,用 90%敌百虫晶体 30 倍拌湿或每 667 m^2 用 3.0～4.5 kg 克线丹拌细土 30 kg,均匀撒于播种沟内,使毒饵充分与土壤混合,能有效防治蝼蛄、蛴螬、金针虫、线虫等地下害虫的发生。然后顺沟浇一遍小水,水渗后摆放栽子,覆土成垄。

(3)施用腐熟有机肥　如人粪尿、堆肥、厩肥和优质土杂肥等有机肥,要利用夏秋季节气温高、易发酵腐熟的有利时机提前进行沤制,避免施入土壤中出现烧根。另外提倡将有机肥和部分化肥在种植完山药后施入山药行间,把腐熟的有机肥铺施于两行山药之间的畦面上,然后耧划翻土 15 cm 左右,使土、肥充分混合,然后将畦面的肥土覆于山药垄的两侧。

(二)山药烂种死苗

1. 形成原因

(1)种块质量　用受伤或未晾晒的栽子作种,容易导致出苗慢、弱苗,严重时会引起烂种死苗。

(2)多雨高温,寡照低温　山药下种出苗期降雨量偏多,土壤湿度偏高,较长时间的寡照低温,也是导致山药烂种死苗的重要原因。气温偏低,降雨量越大,烂种死苗越严重。

(3)播种深度　播种过深是造成较大面积烂种死苗的另一重要原因。

(4)品种差异　不同山药品种烂种死苗程度差异显著,在主要栽培品种中,菜山药烂种死苗明显重于米山药。

2. 防治措施

(1)选择优质栽子,确保栽子质量　根据翌年山药种植面积确定留种数量,在收获山药栽子时要尽量减少伤口,用 2～3 年的栽子或段子时应将伤口蘸石灰粉或多菌灵粉剂并充分晾晒,要妥善保管,严防冻害。

(2)晒好山药种　晒种不仅能加快伤口愈合,防止病菌侵入,而且能促进山药种块的生命活动,使不定芽萌发生长出健壮幼芽。

(3)早打沟、早晒田　山药开沟起垄应在播种前 10 d 完成,这样可以提高地温,有利于发芽出苗和减少烂种死苗。

(4)适期播种　当 10 cm 地温稳定在 10 ℃以上,且在下种前 7～10 d 无连续阴雨天气时,为山药最佳播种期。

(5)控制播种深度　山药最适播种深度为 8～10 cm。播种过浅,如遇天气干旱,土壤墒情不足,则不利于发芽,播种过深,同时遇低温寡照或连续阴雨天气,容易烂种死苗。

(三)种性退化

1. 产生原因

一是山药栽子连年使用造成生活力衰退,品质下降,商品性差,抗逆性能降低。二是山药地块连作造成线虫在土壤中大量积累,使山药地茎上端红斑病逐年加重,产量逐年下降。

2. 防止措施

生产上一方面对山药栽子进行更新,每 3～4 年用山药豆重新繁育栽子或用山药段子对山药栽子更新一次，可有效防止山药种性退化；另一方面采用轮作换茬的栽培方式，可减少线虫在土壤中的积累，以降低种性退化的速度。

工作任务　山药栽培技术

任务目标：在学习山药生产技术相关知识的基础上，根据给定的设施及生产资料，能独立设计栽培技术方案，掌握山药生产全过程，能熟练操作山药生产操作中的重要技术环节。

任务材料：山药栽子、山药块茎或零余子、农家肥、化肥、生产用具等。

技能要求：学会山药栽培技术。

一、品种选择

目前主要种植的山药品种有细毛长山药、二毛山药和日本山药 3 个品种。细毛长山药和二毛山药都属于普通山药长柱变种。

二、选地整地

山药忌连作，连作易造成土壤养分失调和病害加重，一般以三年轮作一次为宜。应该选择土层深厚、疏松、肥沃的沙壤土或沙质土，有利于块茎生长，茎块直顺、光滑，产量高，品质好。一般栽培山药需深翻，栽培扁块种和圆筒种耕深较浅，耕翻 30 cm 后按 60～100 cm 宽作平畦或高畦栽培。长柱种按行距 2～3 m 距离，挖一深度与山药产品器官长度相等的深沟，一般深 60～100 cm、宽 33 cm 的深沟，挖土时表土与心土分两边堆放，经日晒风化后择晴天填土。填土时把翻出的土与充分腐熟的肥充分掺匀，每 667 m^2 用 500～1 000 kg 腐熟肥。然后回填，做标记，等待播种。这种传统的挖山药沟的栽培方法费工、费力。近年有用打洞栽培代替挖山药沟的栽培方式。打洞栽培是于秋末冬初，经施肥、平整后，在冬闲时按行距 70 cm 放线，在线上用铁锹挖 5～8 cm 的浅沟，然后用 10～12 cm 粗的钢筋棍，按株距 25～30 cm 逐一打洞，要求洞壁光滑结实，深 150 cm 备用。播种时，沟宽 10～15 cm，沟深 30～40 cm，每 667 m^2 用复合肥 50 kg，尿素 30 g。种前 5～10 d 浇匀浇足底肥，把种子平放沟中，株距 15～18 cm。

三、栽植

山药栽植期一般要求地表 5 cm 土温稳定在 9～10 ℃。栽植前一般开深 10 cm 浅沟，浇透水后，按株距 20～25 cm（山药顶端芽间距）有顺序地用手把山药栽子摆放在沟中央，与沟的方向平行，种苗的上端要顺沟走向横放在洞口上，覆土 6～10 cm 后，用镇压器镇压一次，于出苗前，趁雨后土壤墒情较好时，用乙草胺药剂灭草，用量 100～150 mL/667 m^2。

四、田间管理

1. 植株调整

山药出苗后甩蔓，藤条嫩而细长，不能直立生长，应及时支架扶蔓，常用人字架、三角架或四角架，增加架的高度可以使叶片分布均匀，增加透风透光，提高产量。当苗长至 20～25 cm 时，选用 2 m 以上的小竹杆或树枝等作支架最好，在每株旁插一条，再把每 4 株在距地面约 1.5 m 处交叉捆牢搭成四角架进行支架扶蔓。

用薯块切块繁殖时，一个切块同时萌发几个芽，一般保留一个健壮芽，抹掉多余的芽，藤上基部发生侧枝，必要时抹去。如不利用零余子，应尽早摘除，节约养分。

2. 合理浇水及排水

山药为耐旱作物，性喜晴朗的天气、较低的空气湿度和较高的土壤温度，但也要适当浇水。根据雨水多少一生需浇水 5～7 次。在浇足底墒水的情况下，第一水一般于基本齐苗时结合第 1 次追肥浇灌，以促进出苗和发根；第二水宁早勿晚，不等头水见干即浇。以后根据降雨情况，每隔 15 d 浇水 1 次。

3. 科学追肥

施肥原则以有机肥为主，化肥为辅，以保持或增加土壤肥力及土壤微生物活性。因此，肥料要保证产地环境和山药品质的安全，应施用合格肥料。由于山药需肥量比较大，一般山药产量为 2 000～2 500 kg/667 m^2，需纯 N 10.7 kg、P_2O_5 7.3 kg、K_2O 8.7 kg。山药喜肥，在施足基肥的基础上，早追肥，多追肥，施晚了、施少了幼苗生长迟缓，营养不良，影响产量，追肥一般不少于 2～3 次。生长后期如有黄瘦脱肥现象，可叶面喷施 0.2%磷酸二氢钾和 1%尿素，防早衰。

4. 中耕除草

生长前期应多次中耕除草，直到茎蔓上架为止，以后拔除田间杂草。山药发芽出苗期遇雨，易造成土壤板结，影响出苗，应立即松土破板。每次浇水和降水后，都应进行浅耕，以保持土壤良好的通透性，促进块茎膨大。

五、病虫害防治

病害有炭疽病、线虫病、枯萎病、白涩病、根腐病等，虫害有蛴螬、斜纹夜盗蛾、山药叶蜂等。

炭疽病主要危害叶片、茎蔓，叶片染病以后，会有急性型和慢性型两种。急性型的发病速度快，危害程度重，病斑相对较小，大多数在叶柄与叶片、叶柄与茎蔓交界处出现不规则形褐色病斑，很快叶片就会脱落。而慢性的，发病较慢，在发病初期，叶片上会出现褐色不规则小斑，随后逐渐扩大，变为黑褐色圆形、椭圆形、不规则形大斑，病斑处还会出现不规则同心轮纹，后期破裂穿孔，导致叶片脱落。山药茎部受害以后，会产生不定形、梭形的褐色病斑，严重时整株枯死。炭疽病的农业防治措施是拔草、松土、雨涝天气及时排出田间积水，防止塌洞。一旦发现有病，其初期可用 65%代森锌可湿性粉剂 500 倍液或 50%多菌灵胶悬剂 800 倍液喷雾，7～10 d 喷一次，共喷 2～3 次。

线虫病是山药块茎的一大病害。防治方法除了推广打洞栽培外，应提倡 3 年以上轮作，播种前将杀虫药剂均匀地撒在 10 cm 深的种植沟内，一般每 667 m^2 使用 5%灭克磷颗粒剂 6 000 g，或 5%敌线灵乳油 8 000 g。

根腐病为细菌性病害，主要为害二年生以上的成株，5 月开始发病，7—8 月最盛，可采用轮作，或用 65%的代森锌可湿性粉剂 500 倍液喷洒或灌根进行防治。

山药叶蜂是一种为害山药的专食性害虫。可用 1 000 倍液 90%敌百虫原药防治。

六、采收

秋季早霜后，到茎叶发黄时便可采收。南方冬季土壤不冻结，可留在地里，也可随时采收。收获时，先清除支架和茎蔓，在山药沟的一侧挖深坑，用铲铲断侧根和贴地层的根系，将整个块茎一起取出。打洞栽培的山药在采收时可用铁锹把培土的垄挖去，露出山药栽子，清除洞口上面的土，注意不要让土进洞内，之后用手轻轻把山药从洞内取出，然后把洞口封好，以备下年再用。挖掘时应注意要保持块茎的完整性。收获零余子时，须提前 1 个月采收。

七、任务考核

记录山药栽培的全过程。

项目三　生姜生产技术

视频学习：
生姜生产技术

生姜又称鲜姜、黄姜，为姜科姜属能形成地下肉质茎的生产种，为多年生草本植物。原产于中国南方及印度等热带地区，生产种多作一年生蔬菜进行生产。生姜地下块茎用途广泛。生姜辣味温和，芳香浓郁，清心开胃，主要做调味品，有独特的辛辣芳香，其辣味不因加工而改变。此外，可生食、腌渍，加工糖姜、姜干和姜汁，还有健胃祛寒和发汗等药用功效。生姜秋、冬二季采挖，除去须根及泥沙，有嫩生姜与老生姜，做酱菜都用嫩姜，药用以老姜为佳。生姜根茎切下的外皮称为生姜皮，性辛、凉，和脾行水，能治疗水肿。生姜集药用和菜用于一身，产量高，耐贮存，效益好，具有广阔的发展前景，近年来远销日本、东南亚等许多国家和地区，成为我国出口创汇重要产品，栽培面积逐渐扩大。

一、生姜生物学特性与生产的关系

（一）形态特征

根　生姜属于浅根系植物，根系不发达，吸收能力较弱。根系包括纤维根和肉质根两种。纤维根是在种姜播种后，从幼芽基部发生数条线状不定根，沿水平方向生长，也叫初生根。随着幼苗出土，纤维根数量逐渐增加成为姜的主要吸收根系。在旺盛生长前期，根系随植株的生长继续生长，从姜母和子姜上开始产生肉质根。

茎　生姜的茎包括地下茎和地上茎两部分。

地上茎是种姜发芽后长出的主茎，高可达 100 cm，为叶鞘所包被，称为假茎。

地下茎即为根茎，肥厚，扁平，有芳香和辛辣味，是生姜的繁殖器官，贮藏大量的营养物质。随着主茎生长，在姜母两侧的腋芽不断分生形成子姜、孙姜、曾孙姜等（图 12-8）。根茎的休眠期较短，如果环境条件适合，可以随时发芽。

地上茎和地下茎二者关系密切。据观察，如果地上植株粗壮、高大、分枝多，则根茎肥大，产量高；相反，如果地上植株小而细弱，则根茎瘦小，产量低。

叶　叶片互生，披针形，长 15～30 cm，宽约 2 cm，在茎上排成两列。叶鞘狭长，基部开裂，平滑无毛，有抱茎的叶鞘，无柄。生姜叶片的寿命较长，在生产上采取科学、精细的管理措施，促进主茎和第一、第二次分枝上的叶片健壮生长，利于提高生姜产量。

花和果　花茎直立，被以覆瓦状疏离的鳞片；穗状花序卵形至椭圆形，长约 5 cm，宽约 2.5 cm；苞片卵形，淡绿色；花稠密，先端锐尖；萼短筒状；花冠 3 裂，裂片披针形，黄色，唇瓣较短，长圆状倒卵形，呈淡紫色；雄蕊 1 枚，挺出，子房下位；花柱丝状，淡紫色，柱头放射状。蒴果长圆形约 2.5 cm。花期 6—8 月。

图 12-8　生姜根茎的形态与组成

1. 姜母；2. 子姜；3. 孙姜

（二）生长发育周期

生产上生姜作为一年生栽培。生姜为无性繁殖的蔬菜作物，播种所用的“种子”就是根茎，它的整个生长过程基本上是营养生长的过程。按照其生长发育特性可以分为发芽期、幼苗期、旺盛生长期和根茎休眠期四个时期（图 12-9）。

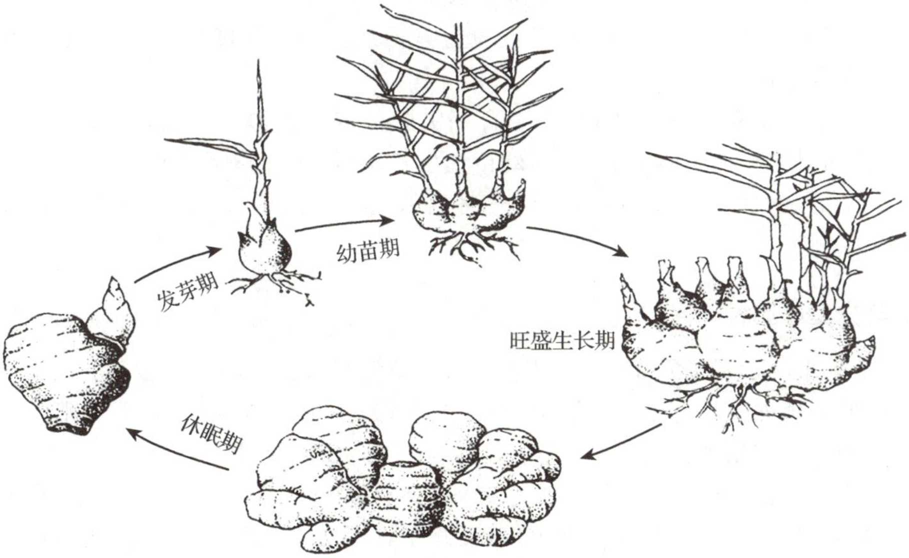

图 12-9　生姜的生长发育周期

(1)发芽期　从种姜上幼芽萌发至第一片姜叶展开为发芽期。发芽过程包括萌动、破皮、鳞片发生、发根、幼苗形成等几部分。生姜的发芽极慢，在一般条件下，从催芽到第一片叶展开需 45～50 d。这一时期主要靠种姜中贮藏的养分生长。

(2)幼苗期　从第一叶展开到具有两个较大的一级侧枝，即“三股杈”时为幼苗期。此期以根系和主茎生长为主，生长比较缓慢，幼苗期 60～70 d。

(3)旺盛生长期　从“三股杈”直至新姜采收为旺盛生长期，约 80 d。这一时期分枝大量发生，叶数剧增，叶面积迅速扩展，地下根茎加速膨大，是产品器官形成的主要时期。光照良好、肥水充足有利于地下根茎形成和膨大,可提高生姜产量,并且要求在霜期到来前收获并贮藏。

(4)根茎休眠期　生姜不耐霜,初霜到来时茎叶便遇霜枯死,根茎被迫休眠。休眠期因贮藏条件不同而有较大差异,短者几十天,长者达几年。

(三)对环境条件的要求

(1)温度　生姜喜温暖,不耐霜,幼芽的适宜发芽温度为 22～25 ℃,高于 28 ℃幼苗徒长而瘦弱。茎叶生长期以 25～28 ℃为宜,高于 35 ℃以上生长受抑制,姜苗及根群生长减慢或停止,植株渐渐死亡。在根茎旺盛生长期,要求有一定的昼夜温差,昼温 22～25 ℃,夜温 18 ℃以上,有利于根茎膨大和养分的积累,温度在 15 ℃以下则停止生长。

(2)光照　生姜耐阴,发芽时要求黑暗,幼苗期要求中等光照强度而不耐强光,需要遮阴。旺盛生长期则需稍强的光照以利光合作用。

(3)水分　姜根群浅,吸收水分能力较弱,且叶面保护组织不发达以致水分蒸发快,因此不耐干旱,对水分要求较严。出苗期生长缓慢需水不多,但若土壤湿度过大,则发育、出苗趋慢,并易导致种姜腐烂。生长盛期需水量大大增加,应经常保持土壤湿润,土壤湿度在 70%～80%为宜。若土壤湿度低于 20%,则生长不良,纤维素增多,品质变劣。生长后期需水量逐渐减少,若土壤湿度过高则根茎易腐烂。

(4)土壤　生姜适应性强,对土质要求不很严。但在土层深厚、疏松、肥沃、有机质丰富、通气而排水良好的土壤上栽培姜产量高,姜质细嫩,味平和。

生姜对土壤酸碱度的反应较敏感,适宜的土壤 pH 为 5～7,pH 低于 5 时,根系臃肿易裂,根生长受阻,发育不良;pH 大于 9,根群生长停止。

(5)养分　生姜属喜肥耐肥作物,全生育期吸收的养分钾最多,氮次之,然后是镁、钙、磷等。不同生长期对肥料的吸收亦有差别,幼苗期生长缓慢,这一时期对氮、磷、钾三要素吸收量占全期总吸收量的 12.25%;而旺盛生长期生长速度快,这一时期吸肥量占全生育期的 87.25%。

二、栽培类型与品种

根据生姜的植物学特征及生长习性,可分为疏苗型和密苗型两种类型。

(1)疏苗型　植株高大,茎秆粗壮,分枝少,叶深绿色,根茎节少而稀,姜块肥大,多单层排列,其代表品种如山东莱芜大姜、广东疏轮大肉姜、安丘大姜、藤叶大姜等。

(2)密苗型　生长势中等,分枝多,叶色绿,根茎节多而密,姜块多数双层或多层排列,其代表品种如山东莱芜片姜、广东密轮细肉姜、浙江临平红瓜姜、江西兴国生姜、陕西城固黄姜、云南黄姜等。

三、栽培季节和茬口安排

生姜喜温、不耐寒,不耐霜,因而要将其整个生长期安排在无霜的温暖季节。确定播种期应考虑以下条件:第一,终霜后地温稳定在 15 ℃以上;第二,从出苗到初霜适于生姜生长的天数应达 135～150 d 以上,生长期内有效积温达到 1 200～1 300 ℃以上;第三,将根茎形成期安排在温度适宜、有利于根茎膨大的季节里。冬季无霜、气候温暖的广东、广西、云南等地 1—4 月均可播种;长江流域各省,露地栽培一般于 4 月下旬至 5 月上旬播种。现在有些生姜产区可以适当提早播种或延迟收获,从而延长生姜生长期,收到显著增产效果。

工作任务　种姜处理、播种及田间管理

任务目标:在学习生姜生产技术相关知识的基础上,根据给定的设施及生产资料,能独立设计栽培技术方案,掌握生姜种姜处理及播种全过程,能熟练操作晒姜、困姜、选种、掰姜、消毒处理、播种等操作技术环节。

任务材料:种姜、农家肥、化肥、生产用具等。

技能要求:学会种姜处理、播种及田间管理技术。

一、选种

生姜以生产鲜食嫩姜为主,因此宜选用早熟、高产、抗病、适宜鲜食的品种。应根据各地条件,选择适宜当地栽培的品种。

选种姜时,要严格选择姜块肥大、丰满、皮色有光泽、肉质新鲜、不干缩、质地硬、未受冻、无病虫害的健康姜块作为种姜,淘汰干瘪、瘦弱、发软和肉质变褐的种姜。

二、培育壮芽

通常可分晒姜、困姜、催芽三个步骤。将种姜取出,用清水洗去姜片上的泥土,并放在阳光充足干净的地上晾晒 1～2 d,傍晚收进屋内,再把姜块置于室内地上堆放 3～4 d。

1. 晒姜与困姜

在适宜播期前 20～30 d,从窖中取出备用的种姜,如有泥土,可用清水洗去,平铺在草苫或地上晾晒 1～2 d,傍晚收进室内,以防冻害。注意晒姜应适度,种姜不宜长时间暴晒,阳光强烈可适当遮阴。通过晒姜能提高姜块温度,打破休眠,促进发芽,同时减少了姜块中的水分,防止姜块霉烂。晒后如姜块松软表示受过冻;发黑表示受过涝;紫黑色表示受过热;瘪皱无光表明是病姜。对于这些不正常的生姜应予以剔除。

姜块经 1～2 d 晾晒后,置于室内堆放 3～4 d,姜堆下垫干草、上盖草苫,以促进种姜内养分分解,利于发芽,这一过程叫困姜。经过 2～3 次晒姜和困姜,就可以进行催芽了。

2. 催芽

催芽可促使幼芽快速萌发,出苗快而整齐,幼芽生长健壮,因而是一项很重要的技术措施,南方叫"薰姜"或"催青"。催芽可在室内或室外催芽池进行,各地方法也不相同,但总体要求是保持黑暗,疏松透气,又能保温。温度一般保持在 22～25 ℃较为适宜,超过 28 ℃,虽然发芽快,但姜芽往往徒长、瘦弱。温度过高时要注意通风降温。当芽长 0.5～2.0 cm、粗 0.5～1.0 cm 时即可播种。

3. 整地、施基肥

姜忌连作,最好与水稻、葱蒜类及瓜、豆类作物轮作,选择排灌方便、土层深厚、保水保肥力强的肥沃沙壤土地块种植,利用农闲时间进行整地施肥,每 667 m^2 撒施腐熟有机肥 2 000～3 000 kg、三元复合肥 50 kg 作为基肥,深翻土壤,使肥料与土壤混匀。南方一般采用高畦种植,畦宽 1.2～1.3 m。

三、播种

1. 掰种姜

把催好芽的大姜块掰成 50～80 g 的小种块，并结合掰姜再一次块选和芽选。每个种块上一般只留 1 个壮芽，少数姜块可根据幼芽情况保留 2 个壮芽，其余芽用刀削去，伤口处沾草木灰，可以起到消毒和补充营养元素钾的作用。然后平摆在草苫上使芽绿化变软，以防栽植过程中将芽碰掉。

2. 播种

为保证姜芽顺利出土，播前 1 d 浇足底水。底水渗下后，即可排放种姜，与行向垂直或平放于播种沟内，按株距 16～20 cm 轻轻按入土中，芽尖稍向下倾斜，以利发新根，然后覆土 4～5 cm。播种量 150 kg/667 m^2 左右。姜种播好后立即用潮湿细土盖好种姜，一般要求覆土厚度 3～4 cm。生姜播种密度因土壤肥力不同而有差异，高肥水地块偏稀，地力越低密度越大，一般在 7 000～9 000 株/667 m^2。

四、田间管理

(1)遮阴　姜畏强光，应选适当荫蔽的地方栽种。生姜播种后，趁土壤潮湿，在姜沟南侧(东西向沟)距姜行 7～11 cm 距离，按每 3～4 根玉米秸(或谷草)为一束交叉斜插成高 50～60 cm 直立花篱，以防阳光直射影响姜苗正常生长。也可在行间套种玉米或上架豆类，还可搭荫棚或插树枝遮阴。

(2)中耕除草　生姜根系浅，不要多次中耕，以免伤根，一般在幼苗期结合浇水进行 1～2 次浅中耕，做到松土保墒和清除杂草。

(3)浇水　生姜在栽植后到出苗前要保持干燥，以利于提高地温，促进出苗；苗出齐后土壤不宜过干，可小水勤浇，保持地面湿润，特别是施肥、培土后应浇水。浇水宜选择晴天清晨为好；三股杈后浇水量应以浇深浇透、不积水为原则。

(4)追肥　幼苗期，植株生长量小，需肥不多，但幼苗期很长，为使幼苗生长健壮，通常于苗高 30 cm 左右并具 1～2 个小分枝时，进行第一次追肥，称为“小追肥”或“壮苗肥”。每 667 m^2 可施硫酸铵 15～20 kg。

立秋前后，姜苗处在三股杈阶段，是生长转折时期，植株生长速度加快，肥水需求大，在此期间应进行第 2 次追肥，又称“大追肥”或“转折肥”，对促进根茎膨大并获取高产起重要作用。这次追肥要求将肥效持久的农家肥与速效化肥结合施用，每 667 m^2 可施腐熟优质厩肥 3 000 kg，另加复合肥或硫酸铵 15～20 kg。在姜苗北侧距植株基部大约 15 cm 处开一施肥沟，将肥料施入沟中，使土、肥混合，然后覆土封沟。对土壤肥力较好、植株生长旺盛的姜田，也可酌情少施或不施，以免茎叶徒长，影响根茎膨大。

(5)培土　姜在生长期中要进行多次中耕培土。当苗高 15 cm 左右时结合中耕，进行培土。生姜中耕宜浅不宜深。以后随着分蘖的增加，每出 1 苗再培 1 次土，培土厚度以不埋没苗尖为宜，总计培土 3～4 次。培土可以抑制过多的分蘖，使姜块肥大。

(6)防治病虫害　姜的病虫害较少，主要是姜瘟病(姜腐败病)危害严重。其发病的时间多在立秋前后，尤其是在多阵雨、地势低洼积水的情况下最易引起发病蔓延。发病初期，植株叶片尖端开始枯萎，以后沿着叶脉变黄，经过数天以后，整个植株茎秆、叶片变为黄褐色而逐渐枯死，严重时成片死亡。姜块开始发病，出现水浸状黄色病斑，并逐渐软化腐烂，发出恶臭味。

茎部病害主要有姜瘟和姜腐烂病等。田间发觉病株时应即时清除病株及病株周边的土壤，并带出大棚外深埋。姜瘟病应以预防为主、化学防治为辅，雨后及时进行深沟排水，防止病菌随水扩散。与此同时，在病穴内撒生石灰消毒，药剂防治选用百菌清、姜瘟宁、敌克松、1%漂白粉等在穴内泼浇，然后用无菌土封住。

叶部病害有姜炭疽病、叶枯病等。田间发生病叶时，即时摘除放塑料袋内带出大田烧毁或深埋。同时采用70%的甲基硫菌灵可溶性粉剂1 000倍液或75%百菌清可溶性粉剂600～700倍液进行喷雾防治。采收前20 d中止用药。

虫害主要有姜螟、蚜虫、小地老虎。姜螟可用杀螟松、敌百虫、速灭杀丁等防治。小地老虎可用毒饵诱杀、药剂喷杀、毒液灌根相结合，药剂选用辛硫磷、敌敌畏、杀虫双等防治；同时，晚上开启杀虫灯诱杀成虫。

五、收获

生姜一季栽培，全年消费。从7—8月即可陆续采收，早采产量低，但产值高，在生产实践中，菜农根据市场需要分次采收，种姜宜在初霜后采收。

(1)收种姜　生姜与其他作物不同，种姜发芽长成新株后，留在土中不会腐烂，重量一般不会减轻，辣味反而增强，仍可收回食用，南方称之“偷娘姜”。种姜不蚀本，所以农谚有“姜够本”之说。一般在苗高20～30 cm，具5～6片叶，新姜开始形成时，即可采收。采收方法：先用小铲将种姜上的土挖开一些，一手用手指把姜株按住，不让姜株晃动，另一手用狭长的刀子或竹签把种姜挖出。注意尽挖土，少伤根。收后立即将挖穴用土填满拍实。出口创汇生姜或在生姜腐烂病严重地块不宜收种姜，而等到收嫩姜或生长结束时随老姜一起收。

(2)收嫩姜(子姜)　初秋天气转凉，在根茎旺盛生长期，植株旺盛分枝，形成株丛时，趁姜块鲜嫩，提前收获，称“收嫩姜”。这时采收的新姜组织鲜嫩，含水分多，辣味轻，含水量多，适宜于加工腌渍、酱渍和糖渍。收嫩姜越早产量越低，但品质较好；采收越迟，根茎越成熟，纤维增加，辣味加重，品质下降，但产量提高，故应适时采收。可根据市场价值规律决定收获时间。

(3)收老姜　一般在当地初霜来临之前，植株大部分茎叶开始枯黄，地下根状茎已充分老熟时采收。要选晴天挖收，一般应在收获前2～3 d浇一次水，使土壤湿润，土质疏松。收获时可用手将生姜整株拔出或用镢整株刨出，轻轻抖落根茎上的泥土，剪去地上部茎叶，保留2 cm左右的地上残茎，摘去根，不用晾晒即可贮藏，以免晒后表皮发皱。采收老姜产量高、辣味重、耐储运，可作加工、食用及留种。

六、生产中常见问题及对策

生姜在进行农业生产中常见的问题是烂姜死苗。导致此现象产生的主要原因有两个：一是姜瘟病，二是过量施肥或施肥方法不当造成的肥害。防治对策：一是对姜瘟病应及时进行防治，二是确保合理施肥。一般在整地时每667 m^2施腐熟猪牛粪3 000 kg、过磷酸钙30 kg、钾肥15 kg作为基肥；当幼苗高度达到30 cm左右时施1次肥，且每667 m^2施人畜粪水750～1 000 kg；当夏至前后姜苗长到3～4根苗时，则每667 m^2用腐熟枯饼50～100 kg且拌灰300～500 kg进行“点蔸”，或施人畜粪水1 000～1 500 kg，施肥后应盖一层细土或土渣肥。在大暑前后每667 m^2施猪粪1 000～1 500 kg、尿素4～5 kg。

七、任务考核

详细记录种姜处理、晒姜、困姜、选种、掰姜、消毒处理、播种等环节。

思考题

1. 简述马铃薯春季露地栽培技术要点。
2. 马铃薯种性退化的原因及防治措施是什么？
3. 生姜种姜如何培育壮芽？栽植后怎样管理才能获得高产？
4. 山药田间管理时的注意事项有哪些？
5. 山药有哪些繁殖方式？栽培要点是什么？

思政小课堂

蔬菜绿色防控技术模式之黄板诱杀技术

知识拓展：蔬菜钻蛀类害虫和地下害虫的识别与防治

模块十三
水生蔬菜生产

岗位要求

本模块内容是蔬菜生产管理岗位专业能力之一，工作任务是熟练掌握水生蔬菜的生产管理技术，包括制订水生蔬菜生产管理工作计划，确定生产茬口，选择合适的品种，培育壮苗，及时定植，加强田间管理等；掌握浅水莲藕种植机械化作业技术、植保机械化作业技术等。

知识目标

了解水生蔬菜的种类、生物学特性及栽培技术要点。

能力目标

掌握水生蔬菜的繁殖技术及水层管理技术。

素质和课程思政目标

培养学生科学生产、高效生产的能力，大力推进农业机械化、智能化，给农业现代化插上科技的翅膀；培养学生吃苦耐劳的精神；培养学生牢固树立“绿水青山就是金山银山”的绿色发展理念，树立食品安全意识及标准化生产意识。

水生蔬菜包括莲藕、茭白、慈姑、荸荠、水芹、芡实、菱、莼菜、蒲菜、水蕹菜、水芋和豆瓣菜等十余种。其中以莲藕、茭白、荸荠、慈姑、水芹、菱等栽培最为普遍。

水生蔬菜富含淀粉、蛋白质以及多种维生素等，营养价值很高。其中莲子、藕粉、马蹄粉及芡实等对人体有滋补及保健功能，也是很受欢迎的出口商品。同时大多数种类均耐贮藏运输，在调节蔬菜淡季供应上有重要作用。因地制宜发展水生蔬菜具有重要的意义。

水生蔬菜主要有以下几点共性：生育期较长，一般都在 150～200 d，喜温暖，不耐低温；喜水湿，不耐干旱，生育期间一般必须经常保持一定水层，但也不宜水位过深或猛涨猛落；根系较弱，根毛退化；组织疏松多孔，茎秆柔弱，对风浪的抵抗力弱，必须注意防范。

项目一　莲藕生产技术

莲藕又名藕、莲菜、荷等，属睡莲科多年水生草本植物。其果实称莲，根茎称藕，花称荷。原产亚洲南部，我国南北方均有栽培。莲藕质脆味美，营养丰富，供应期长，是冬春及秋季的重要蔬菜之一。

一、生物学特性与栽培的关系

(一)形态特性

莲藕的根为须状不定根，主根退化。各节上环生须状不定根 6 束，每束有 10～20 条，新萌发之根为白色，老熟后为深褐色。

莲藕的茎为地下根状茎，又称莲鞭或藕鞭。种藕顶芽萌发后，其先端生出细长的根状茎，粗 1～2 cm，先斜向下生长，然后在地下一定深度处水平生长。莲鞭的分枝性较强，每节都可抽生分枝，即侧鞭，侧鞭的节上又能再生分枝。莲鞭一般多在 10～13 节开始膨大而形成新藕，也有在 20 节形成新藕的。新藕多由 3～6 节组成，称主藕，其先端一节较短，称为藕头，中间的 2～4 节较长而肥大称为藕身，最后一节最长而细，称为尾稍。主藕抽生分枝称子藕。子藕还可抽生孙藕。藕的皮色有白色和黄白色，散生着淡褐色的皮孔。藕的中间有许多纵直的孔道，与莲鞭、叶柄中的孔道相通。叶柄的孔道又与荷叶中心的叶脐相接，进行气体交换。

莲藕的叶通称荷叶。叶片圆盘形，全缘，绿色，顶生。从种藕上发生的叶片很小，荷梗(即叶柄)细软不能直立，沉入水中，称为荷钱叶或钱叶。抽生莲鞭后发生的第一、二片叶浮于水面，也不能直立，称为浮叶，随后生出的叶，则随着气温上升，叶面积越来越大，宽 60～80 cm。荷梗粗硬，其上侧生刚刺，挺立水面上，称为立叶，并越来越高，一般高出土面 60～120 cm，形成上升阶梯的叶群。当叶群上升至一定高度以后，即停留在一般高度上，随后发生的叶片，一片比一片小，荷梗越来越短，便形成下降阶梯的叶群。新叶初生时卷合，然后张开，故见卷叶，便可找到藕头生长的地方。结藕前的一片立叶最高大，荷梗最粗硬，称为后栋叶(后把叶)。故植株出现后栋叶时，标志着地下茎开始结藕。最后一片叶为卷叶，叶色最深，叶片厚实，称为终止叶。主鞭自立叶开始到终止叶的叶数，因品种和栽培季节而不同，一般有 10～16 片。挖藕时将后栋叶与终止叶连成一线，可判断藕的方向及位置，也是采藕的标志。

莲藕的花通称荷花。早熟品种一般无花，中晚熟品种，主鞭自六七叶开始至后栋叶为止，各节与荷梗并生一花，或间隔数节抽生一花。主鞭开花的多少，与外界环境条件、种藕大小有关，土壤肥沃，种藕肥大，光照强、温度高时，开花较多；低温水深，种藕瘦小时，开花较少。

莲藕的花谢后，留下倒圆锥形的大花托，即为莲蓬。每一心皮形成一个椭圆形坚果，内含一种子，即莲子。自开花至莲子成熟需 40～50 d，一般荷花盛开，表示藕已进入生长盛期。果实成熟后，外有黑色硬壳，俗称莲乌或石莲子，去壳即见有紫红种皮的莲子。莲子也可繁殖，但变异较大，一般多用种藕繁殖。图 13-1 所示为莲藕的形态。

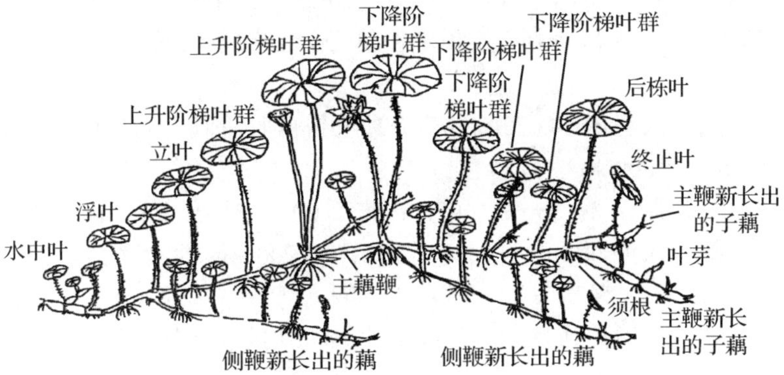

图 13-1　莲藕的形态

（二）生长发育周期

（1）萌芽生长期　本阶段从种藕萌芽开始到立叶发生为止。

（2）茎叶生长期　从植株抽立叶至再现后栋叶为止。

（3）结藕期　后栋叶出现到藕成熟，为产品器官形成期。

（三）对环境条件的要求

莲藕喜温暖、湿润、光照充足的气候条件。春季气温上升到 15 ℃以上才能萌芽生长；茎叶生长旺盛期生长适宜温度 25～35 ℃；结藕初期也要求较高的温度，以利于藕身的膨大；后期则要求较大的昼夜温差，白天气温 25～30 ℃，夜晚降到 15 ℃左右，以利于养分的积累和藕体的充实；休眠期要求保持 5～10 cm 水位，否则藕体易受冻腐烂。莲藕为喜光植物，生长和发育都要求光照充足，不耐遮阴。莲藕对日照长短的要求不严，一般长日照有利于茎、叶生长，短日照有利于结藕。要求水位基本稳定，水位深浅因品种和生育时期而异。浅的品种 12～15 cm，深的达 100～130 cm，一般保持在 50～100 cm 为宜；生长初期宜浅。生长盛期逐渐加深，结藕期宜浅。莲藕对土壤肥力要求较高，适于淤泥层达 10～16.6 cm 以上，有机质含量达 2%～4%以上的土壤中生长，富含有机质的壤土或黏壤土为最适。土壤 pH 6.5 左右。莲藕对氮、磷、钾三要素的要求并重。一般子莲类型的品种，对氮、磷的要求较多；而藕莲类型的品种，则氮、钾的需要量较多。

二、类型品种

（一）类型

莲藕的栽培种按产品器官的利用价值可分为三种类型：一种是以收获肥大的根状茎作为蔬菜栽培的称为藕莲；一种是以食用莲子为主的，称为子莲；还有一种是花供观赏用的，称为花莲。

(二)莲藕的主要栽培品种

1. 浅水藕

适于低洼水田或一般水田栽培。水位 10～30 cm 为宜,最深不超过 70～80 cm。一般多属早、中熟品种。主要品种有苏州花藕、湖州早白荷、合肥飘花藕、鄂莲一号、鄂莲三号、六月报、绍兴大梢种、嘉鱼藕、雀子秧藕、湘潭早藕、海南州藕、苏州慢荷、扬藕一号、浙湖一号、武植二号、鄂莲四号、鄂莲五号、杭州花藕、南京花香藕、湖北鸭蛋头、贵县莲藕等。其主要栽培品种有:

鄂莲一号:极早熟。入泥深 15～20 cm。7 月上旬可收青藕,亩产 1 000 kg;9—10 月后可收老熟藕,亩产 2 000～2 500 kg。宜炒食。

鄂莲二号:晚熟。入泥深 30 cm,每 667 m^2 产 2 000～2 500 kg。宜煨汤,炒食。

鄂莲三号:早中熟。入泥深 20 cm 每 667 m^2 产 2 200 kg,炒食、生食均可。

鄂莲四号:早中熟。入泥深 20～30 cm,每 667 m^2 产 2 500～3 000 kg。生食较甜,煨汤较粉。

鄂莲五号:中早熟。抗逆性强,稳产,藕型粗壮,节间均匀,藕肉厚实,每 667 m^2 产 2 500 kg。煨汤较粉,在南方市场很受欢迎。

2. 深水藕

相对浅水藕而言,能适应湖荡、河湾和池塘栽培,水位宜 30～60 cm,最深不超过 1 m。本类品种一般多为中、晚熟品种,如宝应美人红、湖南泡子、广东丝苗藕、大毛节、小暗红等。

白莲藕:白莲藕是济宁微山湖特产,藕身洁白,口感鲜嫩,脆甜清新,主藕 3～4 节,长约 1.2 m,每 667 m^2 产 2 000 kg 左右。

9217 莲藕:中晚熟品种,皮白,藕型肥大,煨汤易粉,商品性好,每 667 m^2 产 2 300 kg,在北方市场很受欢迎。

3735:原产地湖北,主藕 5～6 节,长 1.1～1.2 m,藕节粗大,每 667 m^2 产 2 500 kg。

3. 深水莲

适应较深水层,一般要求水位 30～50 cm,最深可达 1.2～1.5 m。适于浅水湖荡种植,优良品种有寸二莲、吴江青莲子、鄱阳红花等。

新一号(8135-1):由鄂莲一号自然籽经手选而成。中早熟,藕型粗壮,节间均匀,表皮白嫩,商品性好。

武籽一号(籽莲):莲蓬伞形,边缘有 1～2 mm 宽红晕。莲蓬心皮 16～38 枚,结籽率 85.8%～91.3%。莲子卵圆形,壳莲白粒重 153.5 g。

4. 浅水莲

一般要求水位 10～20 cm,最深不超过 50 cm,一般多在水田栽培,多次采收,品质好。优良品种有湘莲、建莲、太空 1 号、赣莲 85-4、赣莲 85-5 等。莲花的优良品种有千瓣莲、红千叶、白万万、小舞妃等。

太空莲 36 号:1994 年将广西籽莲经太空育种诱变培育而成。株高 110 cm,叶径 35～40 cm。花梗高 65～130 cm。花单瓣,莲蓬碗形,壳莲椭圆形,单蓬结实 25 粒左右,百粒重 102～106 g,采摘期 105～120 d,每 667 m^2 可收壳莲 90～120 kg。

泰国花奇莲:是国内目前最高产的一种稀有莲藕,在泰国就独领风骚,以其花、叶、莲藕的独特和产量高为奇,得名为花奇莲。花奇莲要比普通莲花大而艳,观赏价值高,叶要比普通莲叶大近两倍,叶面直径 80～100 cm,莲茎粗大强壮,产量更是诱人,亩产 7 000～9 000 kg 以上。泰国花奇莲藕身特大，洁白，主藕4～6节，长1.5～2.3 m，口感清脆、微甜、无渣、不涩，似水果味，淀粉含量高。

三、栽培制度与栽培季节

莲藕主要在炎热多雨的季节生长。种藕发芽温度为12～15 ℃，栽植时期因地区和品种而异。一般都在断霜后栽植，栽植过早，土温低，不利发芽，种藕易烂；栽植过迟，茎芽较长，栽植时易受损伤，定植后恢复生长慢，生长期偏短，不易获得高产。一般宜于清明、立夏之间当种藕萌芽时排种。湖荡水深，土温较低，待水温转暖并已稳定时栽植为宜。在适宜的栽植期内，早栽较晚栽的产量高。长江流域4月上旬至5月上旬栽植，大暑前后开始采收；华南、西南2月下旬至3月初即可栽藕，6月开始采收，根据市场需要直到翌年发芽以前挖完。浅水藕选择早熟品种进行塑料小拱棚覆盖栽培，覆膜期30～40 d，比露地提早10～15 d种植，采收期提早10 d以上。

南方无霜期较长，莲藕栽培制度多样化。田藕主要有藕稻、藕与水生蔬菜轮作等几种形式。塘藕常有藕蒲轮作、藕鱼兼作、莲菱间作等形式。

工作任务　莲藕栽培技术

任务目标：在学习莲藕生产技术相关知识的基础上，根据给定的生产资料，能独立设计栽培方案，掌握藕田选择与准备、藕种选择及栽植、藕田管理、采收与留种等各生产环节技术。

任务材料：种藕、农家肥、化肥、生产用具等。

技能要求：学习莲藕栽培及管理技术。

一、藕田选择与准备

莲藕植株庞大，要求土质肥沃、土层深厚、疏松、保肥保水性强的黏壤土，一般不宜连作。湖荡种藕要选择水流平缓、水位稳定，水深不超过1.3～1.6 m，淤泥层达20 cm以上的水面，种植一次，连收3～4年，以后清理重新栽植。田藕应选择水深不超过40 cm，淤泥层厚15～20 cm，排灌方便，阳光充足，避风的水面。

莲藕整地要深耕多耙，使田平、泥烂、杂草尽。藕田栽前半个月先旱耕，筑固田埂，施基肥后再水耕或栽藕前1～2 d再耙1次，使田土烂而平整，保持浅水3～5 cm待种。湖荡水位较深，要填补低洼处，弄平荡底。基肥以有机肥为主，配施磷、钾肥，每667 m^2 施人粪尿1 500～2 500 kg，或堆厩肥5000 kg，草木灰50～100 kg。湖荡以施堆厩肥、绿肥为好。

二、藕种选择及栽植

种藕一般于临栽前挖起，一般选择整藕或较大的子藕作为种藕，如用子藕作为种藕，则子藕必须粗壮，至少有二节以上充分成熟的藕身，顶芽完整。在第二节节把后1.5 cm处切断，切忌用手掰，以防泥水灌入藕孔而引起腐烂。

莲藕栽植的密度和用种量，因环境条件、品种及供应时期而不同。栽植密度一般早熟品种比晚熟品种密，田藕比塘藕密，早采比迟采密。栽藕量以藕头数计算。田藕早熟品种的适宜行距1.2 m，穴距1 m，每穴栽子藕2支；晚熟品种的适宜行距2.0～2.5 m，穴距1 m，每公顷用种量：大藕2 250～3 750 kg，小藕1 875 kg。

湖荡藕，一般行距2.5 m，穴距1.5～2.0 m，每穴栽植整藕1支（包括主藕1支、子藕2支）

或较大的子藕 4 支，每支重 250 g 以上，每公顷栽藕 2 250～3 300 穴，用藕量 3 000～3 750 kg。

栽植方法：栽田藕时先将藕种按规定行株距及藕鞭走向将藕排在田面，然后将藕头埋入泥中 10～13 cm 深，后把节稍翘在水面上，以接受阳光，增加温度，促进萌芽。排藕方式很多，有朝一个方向的，也有几行相对排列的，各株间以三角形的对空排列较好，这样可使莲鞭分布均匀，避免拥挤。栽植时要求四周边行藕头一律向田内，以免莲鞭伸出埂外。苏州排藕方法：一般多用整藕，由田块四边排起，藕头及分枝一律向内，至田中间藕头相对时，应放大行距，称为对厢。

种藕一般随挖、随选、随栽，如当天栽不完，应洒水覆盖保湿，防止叶芽干枯。远途引种，运输过程中尤须覆盖，每天浇洒凉水，防止碰伤。

云南、广东各地经验：早熟栽培，一般先行催芽，然后栽植，防止栽植过早，水温过低，以及晚霜冻害引起烂种缺株。催芽方法是将种藕置温暖室内，上下垫覆稻草，每天洒水 1～2 次，以保持 20～25 ℃及一定湿度。经 20 d 左右，芽长 10 cm 以上，即可栽植。用避风向阳的浅水田催芽亦可。

三、藕田管理

(1)水位调节　水位管理应遵循前浅、中深、后浅的原则。栽培田藕时，在栽植初期宜保持田中有 3～6 cm 浅水，使土温升高，以利于发芽。生长旺盛期，逐步加深到 15 cm 左右，太浅会引起倒伏，太深则植株生长柔弱。结藕期间又宜浅水，以 5～10 cm 为宜，促进结藕。但要注意防止水位猛涨，淹没立叶，造成减产。

(2)耘草、摘叶、摘花　在荷叶封行前，结合施肥进行耘草，拔下杂草随即塞入藕头下面泥中，作为肥料。定植后一个月左右，浮叶渐枯萎，应摘去，使阳光透入水中提高土温。夏至后有 5～6 片立叶时，荷叶茂盛，已经封行，地下早藕开始坐藕，不宜再下田耘草，以免碰伤藕身。耘草时应在卷叶的两侧进行。藕莲以采藕为目的，如有花蕾发生应将花梗曲折(为防雨水侵入不可折断)，以免开花结子消耗养分。

(3)追肥　莲藕生育期长，需肥较多，肥料一般以基肥为主，基肥约占全期施肥量 70%，追肥约占全期肥量 30%，一般追肥 2～3 次。第一次在栽后 20～25 d，有 1～2 片立叶或 6～7 片荷叶时，追施发棵肥，每 667 m^2 施人粪尿 1 500～2 000 kg。第二次在栽藕后 40～45 d，有 2～3 片立叶时，追施人粪尿 1 500～2 000 kg；第三次在出现终止叶结藕时(封行前)施结藕肥，每 667 m^2 施人粪尿 2 000～3 000 kg。排种密，采收早，施肥多。施肥应选晴朗无风的天气，不可在烈日的中午进行，每次施肥前应放干田水，让肥料吸入土中，然后再灌至原来的深度。追肥后泼浇清水冲洗荷叶。

(4)转藕梢　莲藕栽植不久，就抽出莲鞭，接近田埂的莲鞭，须随时将其转向田内，以免伸入邻田。田中过密的莲鞭，也可适当转向稀的地方，使地下藕鞭在田间生长均匀。转梢宜在晴天下午茎叶柔软时进行，扒开泥土，托起后把节，将梢头连带泥土轻轻转向田内，盖好泥土。在生长盛期每隔 3～5 d 即需拨转 1 次。

四、采收与留种

浅水藕当田间初生立叶发黄，出现很多终止叶时，新藕已形成，可采收嫩藕。霜后全部叶片枯黄时，挖取老藕，可陆续挖至翌年春天。采收时，先找出结藕位置，挖大留小，分次采收。最先结藕部位在后把叶与终止叶间，终止叶着生在藕节上。采收时，先将田间灌 5～10 cm 深水，选未展开的立叶，用手探摸藕的大小，如达到采收标准，挖出主藕，子藕和莲鞭留在田中，让其继续生长。收后将折断的莲叶清理出田，每 667 m^2 追施复合肥 25 kg。到 7 月下旬，每 667 m^2 还可再收获 1 500 kg 莲藕。深水采藕，手足并用，先找出终止叶叶柄，然后顺终止叶叶柄用脚尖插入泥中探藕，将藕身两侧泥土蹬去，再将后把叶叶节的外侧藕鞭踩断，一手抓住藕的后把，另一手从下托住藕身中段，轻轻向后抽出土，托出水面。如水深超过 1 m，可采用带长柄的铁钩，钩住藕节，提出水面。也可用挖藕机，省工省力。

项目二　浅水莲藕种植机械化作业技术

浅水莲藕是一种高产、高效的藕莲品种，主藕入泥深度小于 30 cm，藕和叶均较短小，适宜水深为 5～30 cm。浅水莲藕种植的各个环节中，除耕整地外，施肥、施药、采收一般都是人工完成，需要大量劳动力，存在劳动难度大、强度高、生产效率低、投入成本高等问题，已成为制约莲藕产业发展的瓶颈问题。因此，实现莲藕施肥、施药、采收环节机械化，使其更加省力、省时、高效，已成为莲藕种植产业化发展的根本出路。近年来，在有关高校、科研院所、农机企业及莲藕从业者的共同努力下，莲藕种植的机械化水平得到了进一步提升。

一、耕整机械化作业技术

藕田耕整的作用是对土层进行深翻，使土壤变得松软，改善土壤结构，提高土壤肥力，消灭虫害等。藕田耕整机械化技术就是利用农业机械对藕田进行耕整的过程，为藕田的后续工序提供基本条件。利用农业机械进行耕整地时，藕田耕整机（图 13-2）的选用非常关键，它决定着耕整地的质量和工作效率，一般根据藕田面积来选择：藕田面积小于 667 m^2 时，宜选用功率为 4～7 kW 的微耕机或小型水田耕整机进行作业；藕田面积为 667～2 000 m^2 时，宜选用功率为 8～15 kW 的手扶拖拉机或者机耕船进行作业；藕田面积大于 2 000 m^2 时，宜选用功率在 15 kW 以上的轮式拖拉机配旋耕机进行作业。

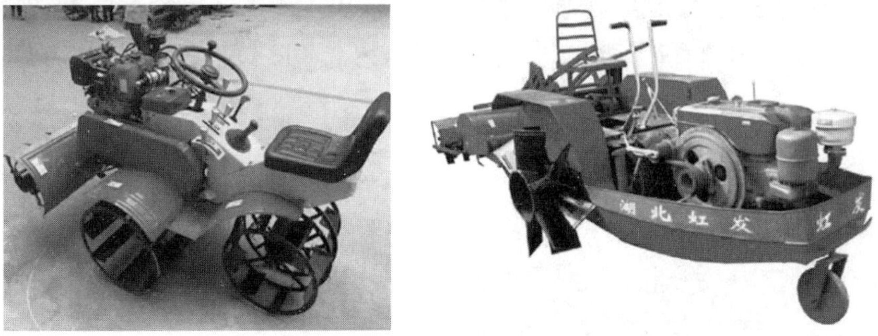

图 13-2　藕田耕整机械

应视待作业藕田的土壤状况确定提前灌水浸泡时间，一般需浸泡 24 h 以上。机械带水旋耕作业时，灌水深度一般以土壤吸透后田面水层高处见墩、低处有水为准。一般在大田定植 15 d 前整地。整地前应施足基肥，整地时将前茬根茎杂草及肥料翻入土层深处，定植前 1～2 d 再耙 1 次。一般旱地改藕田或水稻田改水田时，田块应耕整 2 遍，第 2 遍耕深控制在 25～30 cm，耕整后田土平整、呈泥泞状态，下一季定植前只需旋耕、平整即可。

二、排灌机械化作业技术

因浅水藕田田埂较矮，荷叶一般不会被淹没，也就不需要抽排。只有在藕田缺水时，才需要用机械进行抽水灌溉。对于排灌设备的选择，在取电方便时，宜选用出水流量在 50～80 m^3/h、出水口径为 75～100 mm 系列的潜水泵，潜水泵应置于坚固的网篮内放入水中，沉入水中 0.5 m 以上；在无法取电时，宜选用配套动力在 10 kW 左右，出水流量在 50～80 m^3/h 的自吸式离心泵，离心泵的实际吸水吸程必须低于水泵的允许吸程，离心泵的进水管应尽量短、直，进水管进水深度必须大于 0.5 m。

三、施肥机械化作业技术

莲藕喜肥，种植过程中，除施足基肥外，生长期间还应适时追肥。其中，基肥可结合耕整地机械作业进行撒施，在耕整地机具上装设肥箱及配套施肥装置，或在耕整地前，将肥料用离心式施肥机抛洒入田，耕整地作业后，肥料混合于土壤中，可做到施肥均匀，深浅一致。

藕田机械化追肥技术有滴灌施肥（图 13-3）、莲藕施肥机施肥（图 13-4）和无人机施肥（图 13-5）3 种。藕田滴灌施肥，是通过管道系统与滴灌带，将溶解后的化肥均匀施到荷叶下方水体内；需在藕田封行前将滴灌施肥系统安装铺设好，主管道铺设在田埂上，滴灌带沿预留水道铺放，一头连接主管道阀门，另一头固定于另一侧田埂。

图 13-3 莲藕滴灌施肥

图 13-4 莲藕施肥机施肥

图 13-5 莲藕无人机施肥

莲藕施肥机一般由燃油水泵机组、肥料箱、机架及配套水管等组成，结构简单，转运方便；工作时，施肥机停放在田边，肥料经水泵进水口与水一起进入水泵，水肥混合液从水泵出水口所连管道末端的喷头喷出，通过调节喷头口径大小来改变水肥混合液压力，从而控制水肥混合液的喷幅半径，喷幅半径与燃油动力及水泵射程有关，可达 50 m，施肥效率达 8.0～26.7 hm^2/d；采用该工作原理的莲藕施肥机施肥后，需立即用该机具抽清水冲洗荷叶，以防止荷叶被滞留的肥料灼伤。

藕田无人机施肥是通过在无人机上挂载肥箱进行施肥，施肥效率高，不受藕田地块大小和形状影响，肥料施撒更均匀，施肥效果更好，极大地解放了生产力，但由于无人机载重小，需频繁加装肥料，续航时间短，不适合大规模藕田施肥。

四、植保机械化作业技术

传统藕田施药，一般采用机动背负式弥雾机，根据风向确定喷向、走向和始向，定好喷头高度、角度和摆动量。该种作业方式需人工下田，荷叶封行后，作业极为不便，工作效率较低，工作质量较难保障。近年来，从业者逐渐采用无人机进行施药。植保无人机采用空中飞行的作业方式，可在距农作物 0.5～2.0 m 处喷药，加上旋翼向下产生的巨大气流，直接将药液压迫作用于作物叶片正反面及茎基部，雾流上下穿透力强，漂移少，雾滴均匀；采用 GPS 导航，自动规划路线飞行并可断点续航，可减少漏喷重喷现象；由"飞控手"遥控作业，远离施药环境，避免了中毒的危险。相较于传统人工喷药，植保无人机具有成本低、效果好、效率高等特点，作业效率为人工作业的 40～60 倍。无人机作业时，无人机喷头需与作物保持 1～2 m 高度，飞行速度根据具体作业地形和环境设置，根据不同药剂选择对应喷头孔径。自然风超过 3 级、下雨和叶面露水未干时不宜施药。

五、采挖机械化作业技术

目前，莲藕机械采挖，实际上就是利用高压水切割、破碎、冲刷莲藕周围土壤，使莲藕自行浮出水面或借助人工取出。根据莲藕机械采挖的实际应用情况大致可分为 3 种：大型自走式挖藕机（图 13-6）、小型手扶式挖藕机（图 13-7）、水泵机组漂浮式挖藕机（或岸基固定式，图 13-8）。

图 13-6　大型自走式挖藕机

图 13-7　小型手扶式挖藕机

图 13-8　水泵机组漂浮式挖藕机

大型自走式挖藕机将动力机、水力系统、传动系统、挖掘部件、行走装置和操作系统等有机地融为一体，作业时自动移动，无外延长水管，适用于堰塘、湖区自由采挖，整机质量大、功耗高、移动不便；浮筒式挖藕机主要由机架、发动机、水泵、储水室、喷嘴和管路系统组成，无外延长水管，作业时操作人员下水作业，手扶挖藕机移动，结构简单、操作方便、转移便利；大型自走式挖藕机和浮筒式挖藕机在不同土质条件下的采挖效果差异较大;水泵机组漂浮式(或岸基固定式)挖藕机作业过程中按需固定,具外延长水管,操作人员需要下水手持喷头冲挖采收作业,由于需要人工辅助下水冲挖,其采挖效果受土质条件影响小,但要求操作人员熟悉莲藕田间生长分布规律。目前,浮筒式挖藕机、岸基固定式或漂浮式水泵机组半人工采挖应用较为广泛。由于采用高压水枪冲挖代替了人工翻挖,不仅可以降低劳动强度,而且可以提高劳动效率,1 d 可采收 667～2 001 m^2。但因高压水枪采收莲藕容易损伤莲藕表皮,一般不用来采挖种藕。

项目三　茭白生产技术

茭白,别名茭瓜、茭笋、菰笋等,禾本科多年生宿根水生草本植物。原产我国及东南亚,在我国栽培范围较广。茭白在未老熟前,有机氮素是以氨基酸状态存在,味鲜美,营养价值较高。茭白的收获期在 5—6 月及 10 月前后,调剂蔬菜淡季有一定作用。

一、生物学特性与栽培的关系

(一)形态特征

茭白成长植株高 1.3～2.0 m。根为须根且发达,着生于地下茎和短缩茎的节上,主要分布在地表 30 cm 的土层内。

茎分为地上茎和根状茎。地上茎呈短缩状,部分埋入土中,有多节,节上发生 2～3 次分蘖,形成多蘖株丛,称"茭墩"。植株短缩茎上拔节,抽生花茎。由于黑粉菌大量寄生繁殖,分泌吲哚乙酸类细胞分裂素,使花茎不能正常抽薹开花,刺激花茎先端数节膨大和增粗,形成肥嫩的肉质茎,即"茭白"(图 13-9)。地下茎匍匐横生土中,其先端数节的芽,向上生长能形成新分株,称"游茭",是茭白营养繁殖的主要材料。

茭白的叶片呈披针形,着生在短缩茎上,由叶鞘和叶片组成。长 100～160 cm,叶鞘长 40～60 cm,互相抱合,形成"假茎",肉质茎在假茎内膨大。将叶鞘剥去,净留食用部分,通称"茭肉"或"玉子"。叶片与叶鞘相连接处有三角形的叶枕,俗称为"茭白眼"。其内侧有 1 对较大的叶耳。生长期间,水深不宜超过"茭白眼",以免水浸入叶鞘影响幼芽生长或被淹致死。

花为单性花,雌雄同株,但一般不易开花。只有未被黑粉菌侵染的植株,才能开花结实,这种植株俗称"雄茭"或"公茭"。茭白的雌花着生在花序的上部,雄花着生在花序的下部,雌花受精后能结成黑色的小果,称为"菰米",一般不作为繁殖用,可供食用,味鲜美。

茭白形成后,如不及时采收,则黑粉菌的菌丝体继续蔓延,并形成黑褐色的厚垣孢子,茭白的组织呈现黑色斑点,并逐渐增大形成黑条,形成孢子块,呈黑色粉末状,不堪食用,称为"灰茭"。此外,雄茭不被黑粉菌菌丝侵染,花茎不膨大,不能形成茭白。雄茭不能形成茭白的肉质茎,灰茭不能食用,都没有生产价值,一旦发生应及早拔除。雄茭、正常茭和灰茭的茎部比较见图 13-10。

(二)生长发育周期

茭白一般不开花结实,以分株进行无性繁殖。生育过程经历萌芽期、分蘖期、孕茭期和休眠期。

(1)萌芽期　从越冬母株基部茎节和地下根状茎先端的休眠芽萌发、出苗至长出 4 片叶,约需 25～40 d。萌芽始温 5 ℃,适温 15～20 ℃,并需 2～4 cm 的浅水层。

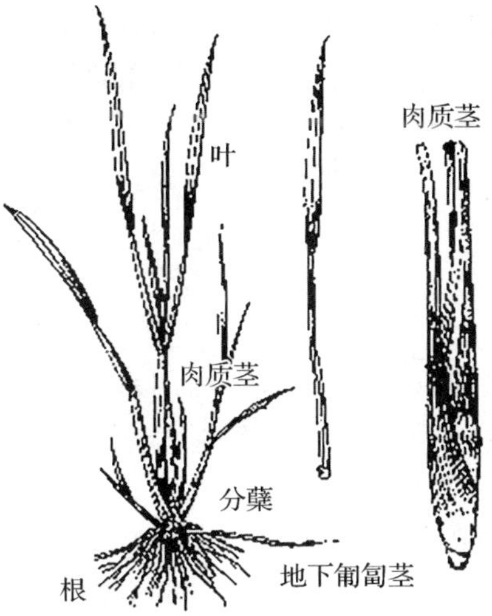

图 13-9　茭白植株

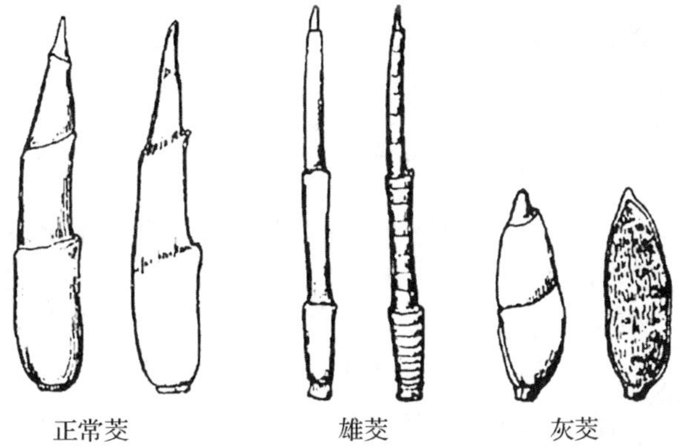

图 13-10　雄茭、正常茭和灰茭的茎部比较

(2)分蘖期　从主茎开始分蘖至地下，地上茎分蘖基本停止，主茎开始孕茭，需 120～150 d。

(3)孕茭期　从茎拔节至肉质茎充实膨大的过程，需 40～50 d。

(4)休眠期　地上部叶片全部枯死，从地上茎中下部和地下根状茎先端的休眠芽越冬开始，至翌春休眠芽开始萌芽，需 80～120 d。

(三)对环境条件的要求

茭白性喜温暖水湿。一般在春季或秋季利用母株丛各茎节萌生的分蘖和分株分墩进行无性繁殖。茭白萌芽始温 5 ℃，适温 15～20 ℃；孕茭始温 15 ℃，适温 20～25 ℃，10 ℃以下、30 ℃以上则不能孕茭。茭白整个生长期不能断水，水位要根据茭白不同生育阶段进行调节，一般随着植株的长大，水位相应地由浅到深，孕茭后可适当深灌，以利产品器官的软化。但深灌以不淹过“茭白眼”为宜，以免引起腐烂。

茭白不宜连作，对土质要求不严，但以耕作层深、富含有机质的黏质壤土和壤土最适宜。适宜微酸性至中性土壤。对肥料要求以氮、钾为主，适量配施磷肥，氮、磷、钾的适宜比例为 1∶0.8∶1.2。

茭白为喜光植物，生长和发育都要求光照充足，不耐遮阴。光照充足和短日照均有利于茭白孕茭。

二、类型品种

茭白按采收季节分为一熟茭(单季茭)和两熟茭(双季茭)。

(1)一熟茭　又称单季茭。于春季分墩栽植，当年秋季采收茭白。以后每年秋季采收一次，可连续采收 3～4 年。一熟茭上市一般均比两熟茭的秋茭早，多在 8—10 月上市，对水肥条件要求不高。主要品种有杭州一点红、常熟寒头茭、象牙茭、蒋墅茭、临海孔丘茭、绍兴美女茭、苏州青种、广州大苗、贵州伏茭白、江西丰城茭、湖南青麻壳、陕西西安茭、骆驼茭、漳州单季茭、鹅蛋笋、云南安宁绿皮茭、昆明红皮茭、云南富民象牙茭等。

(2)两熟茭　又称双季茭。于春季或早秋栽植，当年秋季采收一季茭白，称为秋茭。残留的茭墩在田中越冬，翌年春季萌芽后到夏季再采收一季茭白，称为夏茭。对水肥条件要求较高。主要品种有鄂茭二号、刘潭茭、广益茭、苏州小蜡台、杭州梭子茭、杭州绵条种、宁波四九茭、浙茭2号、浙茭5号、绍兴早茭、浙茭911、苏州中秋茭、吴江茭、常熟黄霉茭、无锡早夏茭、上海青练茭、武汉86-2、8937、扬茭1号等。

三、栽培制度与栽培季节

一熟茭在4月分墩定植，秋季采收，2～3年再择田栽植，耐粗放管理，可利用水边、沟边、塘边零星种植。两熟茭有两种栽培形式，一种是4月下旬栽植，当年秋茭产量高；另一种是8月上旬栽植，翌年夏茭产量高。晚熟品种多春栽，早熟品种多夏秋定植。

茭白不宜连作，低洼水田可与莲藕、慈姑、荸荠、水芹、蒲等轮作。在较高水田常与水稻轮作。茭白与旱地蔬菜轮作可增产。常见四季茭茬口有：春栽秋茭→夏茭→连作晚稻→蔬菜（两年四熟制）；早稻→秋茭→夏茭→连作晚稻（两年四熟制）；秋茭→夏茭→早稻→秋茭→夏茭（两年五熟制）；早藕→秋茭→夏茭→早稻→荸荠（两年五熟制）。

工作任务　茭白栽培技术

任务目标：在学习茭白生产技术相关知识的基础上，独立设计栽培方案，掌握茭白的品种选择、寄秧育苗、田块选择、整地施基肥、栽植、田间管理、采收等生产环节技术。

任务材料：优良母株丛、农家肥、化肥、生产用具等。

技能要求：学会茭白栽培及田间管理技术。

1. 品种选择

茭白的品种在采收上市时间上差异较大。选择适宜的品种应从以下几方面考虑：①要了解市场需求，一般应选用在当地蔬菜种类和数量较少上市的淡季能采收供应的品种。②要考虑品种的地区适应性。茭白因有黑粉菌的共生，在不同生态条件下变异较大。远距离引种必须先进行小面积试种。③应考虑不同品种合理搭配，避免采收上市高峰期重叠。茭白从适宜采收到过熟仅持续2～3 d，过期不采即失去商品价值。因此，大面积栽培应将一熟茭与两熟茭，早、中、晚熟品种合理搭配，尽量错开采收上市高峰。④对新栽培地区，要注意与茬口安排和管理水平相协调。

2. 寄秧育苗

寄秧育苗是近年来茭白栽培技术的重要改进，即在秋季选出优良母株丛（茭墩内无灰茭、雄茭；结茭整齐一致、薹管较低）挖起，先在茭秧田中寄植一定时间，然后再分苗定植于大田的方法。采用这种方法可促进茭白早熟，提高种苗纯度和质量，便于茬口安排。寄秧田与大田的比例为1∶20。寄秧田要求土地平整，排灌方便，整地时每667 m^2 施入有机肥1 500 kg。一般在12月中旬到翌年1月中旬进行，此时母株丛正处于休眠期，移栽时不易造成损伤。寄秧密度以株距15 cm，行距50 cm为宜，栽植深度与田土表面持平。

3. 田块选择

栽培茭白一般选用比较低洼的水田，但茭白能耐的最大水深与它的成长植株叶鞘所抱合的假茎高度相当，一般为35～40 cm。因此，要求所选水田汛期到来时水位也不会超过35～40 cm。如果超过35～40 cm，则茭白会遭受涝害或产生种性变异。尤其对于双季茭白品种，要求选择田间水位能够人工控制，灌、排两便的田块，才能保证优质、高产。

4. 整地施基肥

茭白生长期长，植株庞大，需要大量肥料。因此，在收完前茬作物后，要尽量放浅或放干田水，每 667 m^2 施入腐熟的粪肥或厩肥 3 000～3 500 kg，均匀撒开，然后深耕 20～25 cm，耙耱平整，做到田平、泥烂、肥足，并尽量保持浅水，以 2～3 cm 为宜。

5. 栽植

茭白栽植时期一般可分为春栽和秋栽两种。一熟茭多为春栽；两熟茭常可分为春栽和夏秋栽。

①春栽。一熟茭所有品种和两熟茭的晚熟品种都适于春栽。长江中、下游地区一般于 4 月中、下旬，当茭苗高 30 cm 左右，当地日平均气温达 15 ℃以上时即可栽植。从寄秧田或留种田连泥将母株丛挖出，用利刀顺着分蘖着生的方向纵切，分成若干小墩，尽量不伤及分蘖和新根。每小墩要求带有薹管，并有健全分蘖苗 3～5 株，随挖、随分、随栽。如从外地引种，运输过程中应注意保温。如栽时茭苗植株过高，可于栽前割去叶尖，留株高 30 cm 左右，以减少水分蒸发和防止栽后遇风动摇。一般株距 50 cm，行距 100 cm。栽植方法与水稻插秧相似，栽前先灌水，栽植深度以老茎和秧苗基部插入泥中不致浮起即可。宜在阴天或傍晚时进行。

②夏秋栽。在立秋前栽植，多利用早藕收获后抢种茭白。茭秧在 4 月于藕田四周或秧田育苗。7 月下旬至 8 月上旬栽插。栽前先打去基部老叶，然后起苗墩，用手将苗墩的分蘖顺势一一扒开，每株带 1～2 苗，剪去叶梢 50 cm 左右。栽植方法同春栽。栽植行距 40～50 cm，株距 25～30 cm，每公顷栽 60 000 穴。

6. 田间管理

(1)水位调节　茭白在不同的生育时期，对灌水的深度要求不同。水位调节的原则是："浅水栽插、深水活棵、浅水分蘖、中后期逐渐加深水层、采收期深浅结合、湿润越冬。"

春茭栽植，萌芽生长期及分蘖前期宜浅水，保持 3～5 cm 水层，以利于地温升高，促进分蘖和发根。每墩平均分蘖数达到 18 株左右时，将水层逐渐加深到 10 cm 左右，以控制无效分蘖的发生。7—8 月份高温阶段，水层要加深到 15 cm 左右，以降温并控制后期分蘖的形成，促进孕茭。最高水位不能超过"茭白眼"，以免水进入叶鞘内而引起薹管腐烂。采收中后期水位降至 3～7 cm，采收后保持 1.5～3.0 cm 浅水位，以利匍匐茎和分株芽的生长发育。越冬休眠期，保持土壤湿润或浅水层。

秋栽茭白缓苗期保持 3～5 cm 浅水层，以防茭苗漂浮。分蘖期保持 5～10 cm 水层，孕茭期保持 13～17 cm 水层，采收期和越冬期水分管理同春栽。翌年 2 月中、下旬萌芽生长期保持 1～3 cm 水层，分蘖期加深至 3～5 cm，孕茭期逐渐加深水层到 10～20 cm，采收期降至 3～10 cm。秋茭采收期间，间歇灌溉：平时灌水深度 20 cm 左右，当天在采收完毕后，降低水层至 1～2 cm，第二天再将水层恢复到 20 cm，以便根系能获得较多的氧气。

每次追肥前后几天，田间应保持浅水层，使肥料溶解和吸收，以后再恢复到原水位。

(2)追肥　茭田追肥掌握前促、中控、后促的原则。结合水层管理，促进前期有效分蘖，控制后期无效分蘖，促进孕茭，提高产量和品质。一般在栽植活棵后，每 667 m^2 追施尿素 5～8 kg 或粪肥 1 000 kg，称为"提苗肥"；第二次追肥在分蘖初期进行，一般于 5 月上旬，每 667 m^2 追施尿素 15～20 kg，或粪肥 2 000 kg，以促进分蘖形成和分蘖的快速生长，称为"分蘖肥"；第三次追肥应在全田有 20%～30%的株丛开始"扁秆"，即刚进入孕茭期时进行，一般每 667 m^2 追施尿素 20 kg，硫酸钾 15 kg，称为“催茭肥”。夏秋栽植的新茭田，当年生长期短，一般只在栽植后 10～15 d 追肥 1 次，每 667 m^2 施腐熟粪肥 1 500～2 000 kg。老茭田夏茭生长期短，追肥宜早、重、集中。立春前施第一次肥，3 月下旬施第二次肥。

(3)耘田　新栽茭田成活后或老茭田萌发至封行前，耘田 2～3 次。第一次在栽后 5～7 d 茭苗返青时，7～8 d 后再耘 1～2 次。耘田时先把水放干，把土浅翻一遍，将杂草、黄叶埋入泥中，耘田后立即浇水。

(4)剥黄叶、割茭墩　剥黄叶可改善田间通风透光条件，促进孕茭，共剥 2～3 次。春栽茭白第一次在 7 月中、下旬，第二次在 8 月上旬，第三次在 8 月中、下旬；秋栽茭白，定植后 10～15 d，第一次剥叶，7～10 d 后再剥 1 次。秋茭采收以后，地上部经霜冻枯死，老墩于翌年惊蛰萌芽之前，将地上枯叶齐泥割去，以降低来年分蘖节位，留下地下根株。同时剔除灰茭墩和雄茭墩，挖出种株寄秧。

7. 采收

茭白采收适期的外观指标是单株茎蘖假茎基部显著膨大，一侧“露白”。所谓露白，即相互抱合的叶鞘，因肉质茎的逐渐膨大，将它们的中部挤开裂缝，当裂缝长达 1～2 cm，露出其中白色的茭肉，即表示肉质茎已达到肥大、白嫩的程度，正好采收。

茭白在秋分到寒露间采收。一熟茭较二熟茭采收早；春栽的比秋栽的采收早。早期采收，3 d 采 1 次；后期气温低，茭白老化较慢，4～5 d 采收 1 次。夏茭白于立夏到夏至采收。夏茭白采收时，气温高，露出水面容易发青，3～4 d 采收一次。采收时，秋茭白应于薹管处拧断，夏茭白则连根拔起，削去薹管，留叶鞘 30 cm，切去叶片，然后包装。茭白最好鲜收鲜销，如运销外地，应将水壳放置荫凉处，可贮存一周。

思考题

1. 莲藕种植过程可以分为哪些步骤？如何调节藕田的水位？
2. 茭白是如何形成的？种植过程中需要注意什么？

思政小课堂

农机、农艺融合——江苏省率先实现水芹机械化采收“零”的突破

模块十四

多年生蔬菜和其他蔬菜生产

岗位要求

本模块内容是蔬菜生产管理岗位专业能力之一，工作任务是掌握多年生及其他蔬菜的生产管理技术，包括制订多年生蔬菜及芽苗菜的生产管理工作计划，确定生产茬口，选择合适的品种，培育壮苗，生长期间加强田间管理；掌握多年生蔬菜常见的病虫害，及时进行综合防治，保证多年生蔬菜产品的质量安全；掌握各种芽苗菜的生产特性，掌握芽菜的品种选择、种子处理、栽培管理、采收等一系列生产技术。

知识目标

理解黄花菜、芦笋、香椿、芽苗菜的生物学特性与栽培的关系；掌握黄花菜、芦笋、香椿、芽苗菜的高产栽培技术及采收技术。

能力目标

学会黄花菜、芦笋、香椿、芽苗菜的繁殖及栽培管理技术。

课程思政目标

培养学生科学生产、高效生产的能力；培养学生吃苦耐劳的精神；培养学生牢固树立"绿水青山就是金山银山"的绿色发展理念，树立食品安全意识及标准化生产意识。

多年生蔬菜是指一次种植可多年栽培和采收的蔬菜的总称。包括多年生草本蔬菜和多年生木本蔬菜。草本蔬菜主要有黄花菜、百合、芦笋、菊花脑、朝鲜蓟、食用大黄、辣根等;木本蔬菜主要有香椿等。多年生蔬菜大多采用无性繁殖,除鲜食外,很多种类适于干制。

视频学习:
黄花菜生产技术

项目一 黄花菜生产技术

黄花菜,别名金针菜、萱草、安神菜等。百合科萱草属多年生草本植物,是我国的特产蔬菜。主要产品是含苞欲放的花蕾,采摘加工制成干品以供食用。黄花菜既耐贮藏,又便于运输,是调节蔬菜淡季供应的优良蔬菜种类之一。其分布范围广,我国南北均有种植。其中陕西大荔、江苏宿迁、湖南邵东和甘肃庆阳是我国黄花菜的四大著名产区。

一、生物学特性与栽培的关系

(一)形态特征

根 根系发达,近肉质,中下部常有纺锤状膨大。根群多集中在 30～70 cm 的土层内。随着栽培时间的延长,根系不断上移,栽培管理上应培土和增施有机肥。

叶 叶对生,叶鞘抱合成扁阔的假茎。叶片狭长成丛,叶色深绿,长宽依品种而异。叶 7～20 枚,长 50～130 cm,宽 6～25 mm。

花 聚伞花序,花薹长短不一,一般稍长于叶,基部三棱形;苞片披针形,下面的长可达 3～10 cm,自下向上渐短,宽 3～6 mm;花梗较短,通常长不到 1 cm;花有多朵,最多可达 100 朵以上;花被淡黄色,有时在花蕾时顶端带黑紫色;花被管长 3～5 cm,花被裂片长 6～12 cm,宽 2～3 cm。花蕾表面有蜜腺分布,常诱集蜜蜂、蚂蚁采食,也易引起蚜虫为害。

果实 蒴果,钝三棱状椭圆形,长 3～5 cm。每果含种子 10～20 粒。

种子 黑色有光泽,有棱,从开花到种子成熟需 40～60 d。

(二)对环境条件的要求

(1)温度 黄花菜喜好温暖,地上部不耐霜冻,遇霜枯死,地下短缩茎和肉质根耐寒力极强,可安全越冬。生长适温为 14～20 ℃,抽薹开花要求 20～25 ℃。抽薹和开花期间在较高温度和日夜温差大的条件下,则植株生长旺盛,抽薹粗壮,发生花蕾多。

(2)光照 对光照适应范围广,要求不严,在树下也能生长,但花蕾迅速生长期要求充足的光照,阴雨天多,易落蕾。光照条件适宜时,能提高产量。

(3)水分 黄花菜根系发达,肉质根水分多,耐旱力较强,抽薹前需水较少,抽薹后要求土壤湿润,盛花期需水量最大。水分充足,花蕾发生多,生长快;干旱会导致小花蕾不能正常生长而脱落,造成产量降低。忌土壤积水,注意排水防涝,防止引起病害。

(4)土壤养分 黄花菜对土壤的适应性很强,耐贫瘠,山坡、平地、地边、梯田、丘陵山区均可种植。在 pH 6～8 的土壤中均能生长良好,喜排水良好的沙壤土或较疏松的黏壤土,土壤肥沃有利于提高产量。栽植 1～4 年的植株,需肥量小;分蘖多的老年植株,需肥量大,应增施肥料。不可偏施氮肥,防止叶丛过嫩而引起病害。

二、类型与品种

黄花菜按成熟时间可分为早熟、中熟及晚熟 3 种类型。品种较多，有 50 个以上，早熟型有四月花、五月花、清早花、早茶山条子花等品种，4 月下旬至 5 月中旬采收；中熟型有矮箭中期花、高箭中期花、白花、茄子花、杈子花、长把花、黑嘴子花、茶条子花、才朝花、红筋花、冲里花、棒槌花、金钱花、青叶子花、粗箭花、高垄花、长嘴子花、江苏大乌嘴、浙江蟠龙花、猛子花等，5 月下旬至 6 月上旬开始采收；晚熟型有荆州花、长嘴子花、倒箭花、细叶子花、中秋花、大叶子花等，6 月下旬开始采收。

三、生产季节

黄花菜在一年中任何季节栽植都能成活。除盛苗期和采摘期不宜栽植外，其余时期均可栽植。但最适宜的栽植季节有两个：一是早秋时期，即花蕾采摘完毕后到秋苗萌发前的时期；二是冬季降霜后从秋苗凋萎起，到翌年春苗萌发前的冬季休眠期。

工作任务　黄花菜分株繁殖

任务目标：了解黄花菜的生产特性，掌握黄花菜的选地、品种选择、分株繁殖、田间管理及采收技术。

任务材料：黄花菜母株、农药、化肥、生产用具等。

技能要求：学会黄花菜分株繁殖及田间管理技术。

一、选地

黄花菜喜温暖，适应性强，但地上部遇霜则枯萎；根系发达，耐旱力强，在山坡地生长良好；对土壤要求不严，沙土、黏土、平川、山地均可种植。但以红黄土壤最好。

二、品种选择

黄花菜一般以中熟品种的产量较高，早、晚熟品种的产量较低，故在发展中就以中熟品种当家。但黄花菜的采收时期长，必须适当安排早熟与晚熟品种，做到早、中、晚熟品种合理搭配。

三、培育壮苗

黄花菜主要采用分株繁殖，时间在花蕾采毕后到冬苗萌发前，也可在冬苗枯萎后春苗抽生前的一段时间，但以前者为好。挖苗分苗时最好选择晴天，尽量少伤根。边挖苗，边分苗，边栽苗，这样苗旺、返苗快。把每 2～3 个分蘖作为一丛，由株丛上掰下，将根茎下部的病、老根去除，只留下 1～2 层新根；再把过长的根留 10 cm 剪短，即可栽植（行距 70～90 cm，株距 33～50 cm，每 667 m^2 栽 2 000 株左右）。为了使株丛来年仍能保持较高产量，一般分株的部分约占整丛的 1/4 到 1/3，经几年可再在株丛的另一侧掘取分株。一般采用三角形栽植，每穴栽 3 丛。

四、施肥整地

深翻土地，每 667 m^2 施腐熟有机肥 5 000 kg。行距为 80～90 cm，穴距为 40～50 cm，每

穴 2～4 丛，每 667 m^2 播 1 600～2 000 穴。也可进行宽窄行定植，宽行距为 80～100 cm，窄行距为 60 cm，穴距 40 cm，每穴 2～4 丛，每 667 m^2 播 2 000 穴，这种种植方式可充分利用光能，方便采收。栽植时先开穴，定植穴深约 26 cm，口径为 33 cm。2 株时对栽，3 株排成等边三角形，4 株排成四边形。

五、定植

黄花菜自花蕾采收后到翌年春发芽前均可栽植，以秋季栽植为主。苗栽下后，根部埋入土中 10～13 cm，以顶芽露出土面 3 cm 为宜，浇缓苗水，并培土，促进发根。黄花菜的定植深度影响进入盛产期的迟早，过深，分蘖慢，进入盛产期的时间要推迟 1～2 年；过浅，容易引起"毛蔸"现象，即地上部分蘖成密集的株丛。冬季定植的黄花菜在第二年就可抽薹；栽植过迟，或栽后长期干旱，要经过一年培育后才能抽薹。

在栽植方式上，有多株丛栽和单株条栽两种类型。

(1)丛栽　分单行丛栽和宽窄行丛栽。单行丛栽，行、穴距为 80 cm×40 cm，每 667 m^2 栽 1 600～2 000 穴。宽窄行丛栽，行、穴距为宽行距 100 cm，窄行距 60～65 cm，穴距 40～50 cm，每 667 m^2 栽 1 600～2 000 穴。

(2)条栽　分为宽行单栽和宽窄行单栽两种。宽行单栽，行距为 65～80 cm，株距为 16～20 cm，每 667 m^2 栽 4 000～6 000 株。宽窄行单栽，宽行 65～80 cm，窄行 50 cm，株距 16～20 cm，每 667 m^2 栽 5 000～9 000 株。

六、田间管理

1. 施肥

黄花菜是耐肥作物，生育期需多次追肥。追肥往往与中耕除草相结合。定植缓苗或播种出苗后要中耕除草、施肥浇水和培土，越冬浇封冻水并培土。第二年返青时中耕松土，2 月下旬至 3 月上旬，为促使幼苗发育旺盛、生长整齐、早抽薹，要追施催苗肥，结合翻地撒施厩肥或穴施人粪尿，每 667 m^2 施尿素 10 kg；5 月中下旬，施催薹肥，先在行间浅中耕一次，深度为 6 cm 左右，每 667 m^2 施尿素 10 kg 左右，促使花茎抽生整齐健壮，为现蕾创造条件；6 月下旬至 7 月下旬，追施催蕾肥，结合浅中耕，每 667 m^2 施复合肥 20 kg，可减少落蕾，延长采收期，提高产量和品质，施蕾肥时间以开始采摘 10 d 后，即快要进入盛采期前进行为好。采收后中耕培土。黄花菜根系每年从新生的基节上发生，有逐年上升的趋势，所以培土对新根的发生有重要意义，培土以肥沃的塘泥、河泥为好。越冬肥是黄花菜生长周期中最重要的一次施肥，能够促进冬季植株营养积累，提高抗旱抗寒能力。越冬肥应以农家肥为主。越冬前结合秋深刨地，每 667 m^2 施有机肥 2 000 kg、过磷酸钙 25 kg。

2. 浇水

黄花菜是喜水作物。苗期植株小，需水量少。从抽薹开始，需水量逐渐增大，4—7 月为旺盛生长期，尤其是采收盛期，要勤浇水，浇饱水，并注意浇抽薹水、现蕾水。采摘结束后，植株需水不多，只浇一次水。7—8 月雨量太大时，要及时排水防涝。采收完毕后，需水量减少，中耕除草，以控为主，使地上营养在入冬前转移至地下部分。入冬前，为防冻保苗，促使来春早发苗、早出薹，在昼融夜冻时，浇冻水，用细土及时填补裂缝，以利于保墒。

3. 采后管理

寒露时，黄花菜的叶全部枯黄，要齐底割掉，并烧掉枯草、烂叶，减轻来年病虫危害。三年以上的黄花菜地，割叶后结合施有机肥深刨地，刨地深度为 20 cm，并在株丛上培土。

4. 翻土

生产上一般在花蕾采摘完毕后应及时翻挖行间土壤，在秋苗发生前结束挖土，一方面使翻挖土壤得到较长时间的曝晒，对烤土、灭草作用较大；另一方面，早翻挖土有利于当年秋苗早发和健壮生长，为第二年壮薹积累营养物质。

七、病虫害防治技术

黄花菜病害主要有锈病、叶枯病、叶斑病、根腐病，虫害主要有红蜘蛛、蓟马和蚜虫。在生产上应合理轮作，清洁田园，实行深耕，以减少病虫来源。施用化学药剂时，选用低毒、低残留药剂，应遵循预防为主、综合防治的原则，坚持农业防治和物理防治为主、化学防治为辅的植保方针。

(一)病害

1. 锈病

雨水多，空气湿度高，温度适宜，黄花菜锈病会流行发生。主要为害叶片、花薹，初期在花茎及叶片上产生泡状斑点；后期受害病株少抽薹或不抽薹，花茎变红褐色，花蕾干瘪，易脱落，严重的造成全株叶片枯死。合理施用氮、磷、钾肥，偏施氮肥春苗生长过嫩则易生锈病。冬季培客土，适当套种绿肥，多施土杂肥，酸性过重的土壤应多施焦泥灰和草木灰。加强通风透光，降低土壤湿度，及时清除田间杂草，病叶杂草及时烧毁，切断主要传播途径。化学防治常用药剂有 0.3～0.5°Bé 的石硫合剂；15%三唑酮(粉锈宁)可湿性粉剂 2 000 倍液；50%多菌灵可湿性粉剂 800～1 000 倍液。

2. 叶枯病

叶枯病主要危害叶片及花薹，多雨季节发病较重；初发时在叶尖端和边缘上出现水渍状小点，以后斑点从叶尖逐渐向下蔓延，形成黄褐色长条形病斑，并产生大量黑色霉点，严重时全叶干枯。发病初期，及时摘除病叶并集中销毁，适度增大株行距，改善田间通风透光的环境，降低土壤湿度；合理施用氮、磷、钾肥，在叶枯病频发田块，适度多施钾肥；早春松土，清除田间及周边杂草。可选用 70%甲基托布津可湿性粉剂 1 000 倍液、75%百菌清可湿性粉剂 800 倍液、50%多菌灵 800 倍液防治叶枯病。

3. 叶斑病

嫩叶先发病，先出现淡黄色斑点，后扩展为深褐色椭圆形或梭形病斑，病斑中央灰白色、周围有黄色晕圈，最后病斑破裂，叶片呈穿孔状。发病初期及时摘除病叶并集中销毁。每 667 m^2 用枯草芽孢杆菌(10 亿芽孢/g)可湿性粉剂 10 g，兑水 30 kg 喷雾防治；或者用 3 亿 CFU/g 哈茨木霉菌 200～300 倍液喷雾。药剂交替使用，间隔 5～7 d 防治 1 次，共防治 1～2 次，采收前 15 d 停止用药。也可喷洒 70%甲基托布津可湿性粉剂 1 000 倍液或 75%百菌清可湿性粉剂 800 倍液防治。

4. 根腐病

发病症状为返青晚、叶片细小、根茎发黑、肉质腐烂，初发时点片发生，有明显的发病中心，发病轻时植株不抽薹，严重时整穴植株死亡。可用 1∶1∶100 波尔多液或 70%甲基托布津 500 倍液灌根防治，每穴灌药液 1 kg，7 d 灌 1 次，共灌 3 次。

(二)虫害

1. 蓟马

主要为害黄花菜的叶片和花蕾，受害严重时植株叶片卷曲变形，甚至枯萎。受害植株生长缓慢、矮小，节间缩短，严重时不能抽薹；能抽薹的花蕾短小、弯曲，严重影响产量和商品价值。

物理防治：要清除杂草，合理密植，及时施肥，培育壮苗，增强植株抗逆性，减轻受害程度；利用蓟马趋光习性，在田间设置黄(蓝)色黏虫板诱杀成虫；黏虫板摆放高度应与黄花菜持平，挂插密度为 300～450 块/hm^2。

化学防治：防治蓟马的药剂有吡虫啉可湿性粉剂和啶虫脒＋高效氯氟氰菊酯。根据蓟马虫害轻重按照 3～5 d 的间隔进行替换。也可设置糖醋盆诱杀成虫，糖醋溶液按照 6%红糖＋1%醋＋少量吡虫啉或噻虫嗪的比例配制，每天傍晚放入黄花菜田间的行垄间，用来诱杀昼伏夜出的蓟马害虫。

生物防治：保护黄花菜田间的瓢虫、食蚜螨、小花蝽等蓟马天敌，利用自然天敌抑制蓟马的发生。

2. 蚜虫

6 月下旬至 7 月下旬发生严重，以成虫或若虫吸食植株汁液，开始群集叶片背面，后逐渐蔓延至花薹、花蕾，被害的花蕾瘦小，容易脱落。

结合修剪，剪除被害枝梢、残花，集中烧毁，降低越冬虫口；按照 300～400 块/hm^2 的密度架设黄色黏虫板诱杀有翅蚜，摆放高度与花薹基本持平；发现大量蚜虫时，及时喷施农药，可用吡虫啉可湿性粉剂 800～1 000 倍液防治，或在花期喷洒 4%鱼藤精 800～1 000 倍液防治，采摘前 10 d 停止施药。

3. 红蜘蛛

高温、干旱季节发生严重，主要在叶片背面刺吸汁液为害，叶片被害处常出现灰白色小点，被害叶片正面仍为绿色，为害严重时，叶片枯黄，植株不抽花薹。喷施 15%扫螨净可湿性粉剂 1 500 倍液或 73%克螨特 2 000 倍液进行化学防治。

八、采收

黄花菜花蕾的采收期一般为 30～80 d，采收标准是花蕾饱满、长度适宜、颜色黄绿、花苞上纵沟明显、蜜腺显著减少。晴天花蕾开放时间晚，采摘可稍迟；阴雨天花蕾开放早，应适当提前。采摘过早，花蕾未充分膨大，采摘过迟，花蕾咧嘴或松苞，均会影响产量和品质，且在贮藏期间易遭虫害。采摘时将拇指抵住花茎与花蕾连接的凹陷处，用食指和中指握住花蕾，轻轻向下折断，不可强拉硬扯，以免损伤花蕾。采摘要求带花蒂，不带梗，不损花，不碰伤幼蕾，采下的花蕾要按不同的品种分别放置。

九、采后加工

(1)原料选择　将采收的鲜菜进行分级挑选，拣出开放的黄花菜，除去杂物。

(2)热蒸　把黄花菜及时放进蒸锅中，密闭。先用大火蒸 5 min，再用文火蒸 3～4 min，蒸到黄花稍微变软变色为止。取出自然散热。

(3)晒制　蒸制后的花蕾，置于清洁通风的地方摊晾一个晚上，然后再进行干燥。将散热后的黄花菜摊在室外的晒席上进行晾晒，每隔 2～3 h 翻 1 次，晚上收回。2～3 d 后，用手紧握干菜，松手后仍能自然散开时即可。阳光干燥成本低，色泽美观，品质好。

(4)人工干制　在阴雨天不能晒制时，可采用烘房进行干制。先将烘房温度升到 85～90 ℃，然后放入黄花菜。黄花菜大量吸热，使烘房温度下降到 60～65 ℃，维持此温度 10～12 h，然后自然降温到 50 ℃，直到烘干为止。干燥期间注意通风排湿，翻动 3～4 次。此法工效高，质量好。

(5)保藏　烘干的黄花菜含水量低，质脆易断，要放进木制或竹制的容器中进行短期吸湿回软，使含水量达 15%左右，即可进行包装外运或贮藏。

十、任务考核

记录黄花菜种植的过程。详细叙述生产过程中遇到的问题及解决办法。

项目二　芦笋生产技术

芦笋，别名石刁柏、龙须菜，是百合科天门冬属多年生宿根草本植物。原产地中海沿岸一带，已有 2 000 年以上的栽培历史，是世界十大名菜之一，在国际市场上享有“蔬菜之王”的美称。芦笋以嫩茎供食用，可鲜食或制罐。营养丰富，质地鲜嫩，风味鲜美，柔嫩可口，能增进食欲、帮助消化，具有比普通蔬菜高得多的维生素和氨基酸含量，特别是芦笋中的天冬酰胺和微量元素硒、钼、铬、锰等，对人体有特殊的生理作用，具有消除疲劳、防止血管硬化、降低高血压、防癌抗癌的药用效能。

芦笋虽为多年生蔬菜，但地上茎叶每到冬季低温霜冻即枯死，以地下根茎越冬休眠，至翌年 3—4 月气温上升再由地下抽生新茎，新抽之嫩茎即芦笋，管理得好，采收期可长达 10 年以上。所以田间管理技术在芦笋的栽培中非常重要。

一、生物学特性与栽培的关系

(一)形态特性

根　须根系。根群发达，入土深度可达 1.2～3.0 m，由种子根、贮藏根和吸收根三种根系组成。贮藏根由地下根状茎节发生，多数分布在距地表 30 cm 的土层内，寿命长，只要不损伤生长点，每年可以不断向前延伸，一般可达 2 m 左右，起固定植株、贮藏茎叶、同化养分的作用。肉质贮藏根上发生须状吸收根。须状吸收根寿命短，在高温、干旱、土壤返盐或酸碱不适及水分过多、空气不足等不良条件下，随时都会发生萎缩。

茎　有地上茎和地下茎两种(图 14-1)。地下茎短缩，扁平状，节间极短，茎节下密生根群，茎节上着生瓦状的鳞片(复态叶)，叶腋中的芽被鳞片包被，称鳞芽。鳞芽向上抽生嫩茎，白色。嫩茎出土前，称为白芦笋；出土后见光呈绿色，称绿芦笋，即为食用部分。绿芦笋不及白芦笋柔嫩，但含营养成分比白芦笋多。嫩茎若任其生长，高可达 1.5～2.5 m，并发生许多分枝。分枝节上纵生 5～8 条绿色针状短枝，实为变态茎，具有叶的结构，含叶绿素，有叶的功能，称为“拟叶”，能代替叶片进行光合作用。拟叶基部有鳞片退化叶。

花、果实　雌雄异株植物。雄株茎细、株矮，分枝部位低，枝叶茂盛，生活力强，出笋多而壮；雌株茎粗、高大，分枝部位高，枝叶稀疏，生活力弱，出笋较少。芦笋的地上部分和地下部分形态见图 14-1。花从鳞片状叶腋发生，钟形而小，淡黄绿色，虫媒花。浆果圆球形，红色，有种子 3～6 粒，黑色坚硬，半圆球形，千粒重 20 g 左右。种子易丧失发芽力，生产上宜用新种子。

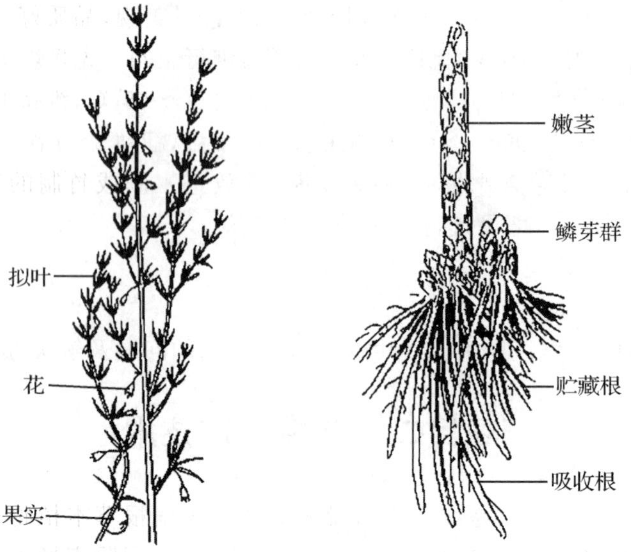

图 14-1　芦笋的地上部分和地下茎

(二)对环境条件的要求

(1)温度　种子的发芽适温为 25～30 ℃,高于 30 ℃,发芽率、发芽势明显下降。10 ℃以上嫩茎开始伸长;15～18 ℃最适于嫩芽形成;30 ℃以上嫩芽细弱,顶部鳞片散开,组织老化;35～37 ℃植株生长受抑制,甚至枯萎进入夏眠。芦笋光合作用的适宜温度是 15～20 ℃。温度过高,光合强度大大减弱,呼吸作用加强,光合效率降低。

(2)光照　芦笋喜光,通常光照充足,生长健壮,病害少,但夏季过强的阳光可能导致植株晒伤。

(3)水分　芦笋有强大的根系,故耐旱力强,不耐积水。土壤排水不良易造成茎枯病,甚至造成根部腐烂死亡。但嫩茎采收期需充足的水分,否则嫩茎少而细,易老化而品质下降。

(4)土壤　芦笋对土壤的适应性广,但以土层深厚、排水良好、富含有机质的壤土和沙壤土为最好。适宜的 pH 为 6.0～6.7,在微碱性土中也可以正常生长。

(三)芦笋的繁殖方式

芦笋的繁殖方式有分株繁殖和种子繁殖两种。

1. 分株繁殖

使用优良丰产的种株,掘出根株,分割地下茎后,栽于大田。其优点是植株间的性状一致、整齐,但费力费时,运输不便,定植后的植株长势弱,产量低,寿命短。一般只用于良种繁育栽培。

2. 种子繁殖

便于调运,繁殖系数大,长势强,产量高,寿命长。生产上多采用此法繁殖。种子繁殖有直播栽培和育苗移栽之分。

(1)直播栽培　有植株生长势强,株丛生长发育快,成园早,始产早,初年产量高的优点。但有出苗率低,用种量大,苗期管理困难,易滋生杂草,土地利用不经济,成本高,根株分布浅,植株容易倒伏,经济寿命短的缺点。此法应用较少。

（2）育苗移栽　是生产上最常用的方法，它便于苗期精细管理，出苗率高，用种量少，可以缩短大田的根株养育期，有利于提高土地利用率。

二、类型与品种

芦笋根据色泽不同分为白芦笋、绿芦笋、紫芦笋三类，紫芦笋为美国从绿芦笋中培育出的四倍体芦笋。按嫩茎抽生早晚分早熟、中熟、晚熟三类。早熟类型茎多而细，晚熟类型嫩茎少而粗。中国品种多引自欧美等国家，目前常用的品种有：阿波罗、哥兰德、阿特拉斯、玛丽·华盛顿500W、加州800（UC800）、加州72、加州157、UC711、UC873、UC157、UC309、UC873，绿色伟奇、德国全雄、Franklim、绿塔、台南选1～3号、鲁芦笋1号、芦笋王子、冠军、硕丰等。

三、生产季节

生产上多采用育苗移栽。春、秋两季均可播种。春季土温在10 ℃以上，秋季土温在30 ℃以下开始播种。长江流域以春播为好。南方3月上旬至4月中旬移栽。早春采用小拱棚防寒保暖。为配合土地茬口及定植期，播期可适当调整。

早春保护地育苗，一般3月上、中旬育苗，5月中、下旬定植小苗，加强夏、秋季生产管理，一般第二年春每667 m^2 产量可达400～500 kg；秋季育苗，翌年3月下旬或4月上旬定植到大田中，这种方法适合留春地。此法移植后由于芦笋当年生长期长，生长量大，营养积累丰富，第二年每667 m^2 产量会达到500 kg以上。

工作任务　芦笋栽培技术

任务目标：了解芦笋的生产特性，掌握芦笋的选茬选地、品种选择、育苗、定植、田间管理及采收技术。

任务材料：芦笋品种的种子、农药、化肥、生产用具等。

技能要求：学会芦笋栽培技术。

一、选茬选地

苗床以排水良好，疏松透气的壤土或沙壤土为宜，能使根系发育良好，容易挖掘，不易断根。苗床要早挖晒垡，施足底肥，每667 m^2 施腐熟厩肥2 500 kg，深翻入土。土壤酸度大的地方，每667 m^2 还应撒施消石灰60 kg，以中和土壤酸度。

如果用营养钵育小苗，最好制备营养土。营养土要求肥沃、疏松，既保水又透气，土温容易升高，无病菌、害虫和杂草种子。一般用洁净园土5份、腐熟堆厩肥2～3份、河泥1份、草木灰1份、过磷酸钙2%～3%，充分混合均匀，用40%甲醛100倍液喷洒，然后堆积成堆，用塑料薄膜密封，让其充分熏杀、腐熟发酵，杀灭病虫和杂草种子。堆制应在夏季进行，翌年播种前将这种培养土盛于直径6～8 cm的营养钵中。

二、品种选择

应选择高产优质品种，植株抗性强，嫩茎抽生早、数量多、肥大、粗细均匀，先端圆钝而鳞片包裹紧密，较高温度下也不松散，见光后呈淡绿色或淡紫色。绿芦笋还要求选择植株高大，分枝发生部位高，笋尖鳞片不易散开，颜色深绿的优良品种。

三、培育壮苗

育苗时的播种量应有利于苗株茎叶伸展和根系的发育，有利于通风透光，减轻病害发生。此外，还应根据种子发芽率来决定。育苗移栽时，播种量为 30～40 g/m^2，约有种子 1 500 粒以上。播种前应浇足底水，播后覆土 1～2 cm 厚。

芦笋种子皮厚坚硬，外被蜡质，直接播种往往不易吸水发芽，因此，播前必须先催芽。催芽的方法是：播种前将种子在 20～25 ℃水温下，漂洗去秕种和虫蛀种，再用 50%的多菌灵 300 倍液浸泡 12 h，消毒后将种子用 30～35 ℃的温水浸泡 48 h，每天早晚换水一次。待 10%左右的种子胚根露白时，即可进行播种。

播种前先将苗床畦面灌足底水，按株行距各 10 cm 划线，将催芽的种子单粒点播在方格中央，然后撒施联苯菊酯或噻虫嗪 4～5 kg/667 m^2，再用细土均匀地筛在畦面上，覆土 2 cm。然后覆盖遮阳网（夏季）或塑料薄膜（春季）。当播下的种子 20%～30%出土后，揭去覆盖物。苗高 10 cm 左右，每隔 10 d 施 1 次腐熟稀薄人粪尿，并拔除杂草。苗龄为 60～80 d，苗高 30～40 cm，茎数 3～5 个。

四、施肥整地

如图 14-2 所示，深翻土层 30～40 cm，耕后耙平耙碎表土，清除杂草和异物。全面施肥，定植田地每 667 m^2 均匀撒施腐熟有机肥 5 000 kg、过磷酸钙 60 kg/hm^2，深翻做畦后耙平。按 1.6～2.0 m 行距开种植沟，沟深 40～50 cm、宽 45 cm，沟底再施一层腐熟厩肥，每 667 m^2 施肥量为 2 500 kg，与土拌和、踏实。酸性土施石灰中和，然后覆土施过磷酸钙 20 kg/667 m^2、尿素 15 kg/667 m^2，并与土混匀。

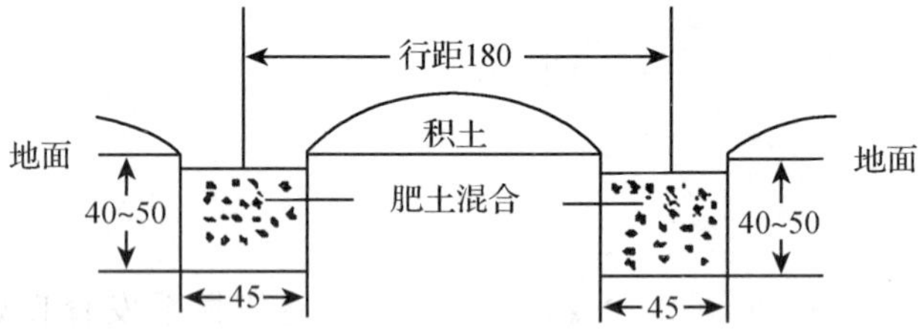

图 14-2 定植沟（单位：cm）

五、定植

施肥后定植沟深约 15 cm，即可栽苗。移植须在休眠期进行。

定植苗要求是当年生，苗高 20 cm，贮藏根长 15 cm，有 3 条地上茎；二年生苗高 40 cm，地下贮藏根 15～20 条，有地上茎 8～10 个。

白芦笋需培土软化，行距要宽，一般行距 1.5～1.8 m，株距 30～40 cm。绿芦笋行距 1.3～1.4 m，株距 20～30 cm。定植时，使贮藏根均匀向种植沟两侧伸展，方向与沟向垂直；地下茎上着生的鳞芽群一端与种植沟的方向平行，以使抽生嫩茎的位置能集中在沟中央成一直线，方便培土、田间管理和采收。苗放好后，先用少量土压实，使根与土壤密接，然后覆细土，春植覆土 3～4 cm，夏植覆土 5～6 cm，秋植覆土 4～5 cm。覆土后轻轻踏实，立即浇定根水或稀薄人粪尿，待水渗入后，再覆一层细土，以防土壤板结、裂缝。成活后再分次填平移植沟。定植深度一般离地表 10～15 cm，沙壤土 15 cm，黏性强的土壤 12 cm 左右。

六、田间管理

(一)夏季定植的田间管理

春季育苗、夏季定植的芦笋，第 3 年进入大量采笋期。田间管理分定植后当年管理和定植后第 2 年管理。

1. 定植后当年的管理

定植后缓苗期间，土壤干旱应及时浇水，雨涝时要及时排水，保持土壤见干见湿，一般 5～7 d 浇水 1 次。适时中耕，促进根系发育。雨季杂草极多，要及时锄草，做到“锄早、锄小、锄了”。防止杂草与植株争夺水肥，影响通风透光和拔大草伤苗。雨季到来前，应把定植沟填平，防止沟内积水沤根。填土时结合追肥，每 667 m^2 施草木灰 245～500 kg，或磷酸二铵 5 kg/667 m^2、氯化钾 5 kg/667 m^2，以促进植株生长发育，增强抗病力。可将肥料施于距植株 20～30 cm 处，然后埋土。8 月中旬再施草木灰 245 kg/667 m^2 或复合肥 6～10 kg/667 m^2。施肥时注意磷、钾肥复合，忌单施氮肥，以免植株徒长，降低抗病力。如发现立枯病、根腐病和茎枯病，应每月喷一次 250 倍等量式波尔多液(1∶1∶250)，或喷甲基托布津的 800 倍液防治。

芦笋定植当年，植株较小，行间很大，对土地利用不经济。为充分利用土地，可于行间间作对芦笋有益无害、不与芦笋争光争肥、无相同病虫害的作物，如萝卜、菠菜等。

冬季，芦笋进入冬眠期，在土壤封冻前应浇 1～2 次越冬水。当芦笋地上部完全枯死后，可将枯茎割除，并清理地面上的枯枝落叶，运出地外烧掉，以消灭病虫害源。

2. 定植后第 2 年的管理

定植后第 2 年，春天应适时浇水，中耕保墒，保持土壤见干见湿。在 4 月地温回升到 10 ℃以上时，地下害虫如金针虫、蝼蛄、地老虎、蛴螬、种蝇、蚂蚁等开始危害芦笋幼苗和嫩茎。5 月为害最严重，6 月为害部位下移。此期应及时用敌敌畏、敌百虫、辛硫磷等农药喷洒地面，或拌成毒土、毒饵撒于田间防治地下害虫。夏季高温多雨，应及时锄草和排涝，并防治病害。其他管理同定植当年。

(二)秋末春初定植的田间管理

芦笋的管理春季出苗后适时浇水，保持土壤见干见湿，一般 5～7 d 浇水 1 次。结合浇水施腐熟的有机肥 500～670 kg/667 m^2。在苗高 15 cm 左右时培土 4～5 cm，过半个月后再培土 4～5 cm。随着秧苗生长不断培土，使地下茎埋入地中约 16 cm。夏季追肥 2～3 次，每次施复合肥 10～15 kg/667 m^2。入秋后，植株进入秋发阶段，苗回青后施尿素 10 kg/667 m^2 或人粪尿 1 000 kg/667 m^2，过磷酸钙 15 kg/667 m^2，促使枝叶旺盛，积累更多的养分，为下年生长打下良好基础。雨季及时排涝防淹，及时中耕消灭草荒和防治病虫害。

定植后第二年，抽生的地上茎增多，为了使植株形成茂盛的地上部，增强光合能力，一般不应采收或少采收嫩茎。

(三)采收期间的田间管理

1. 施肥

芦笋从播种时计到第三年春季才能大量采收。采收期应注意施肥。

白芦笋应在早春未萌发前在植株旁浅掘沟并松土，施入人粪尿500～750 kg/667 m^2，然后培土。嫩茎采收结束后，在畦沟中施腐熟的有机肥30 000～37 000 kg/hm^2，人粪尿1 000 kg/667 m^2，过磷酸钙30～50 kg/667 m^2、氯化钾15～20 kg/667 m^2。浅松土使肥料与土壤混匀，然后把培在植株上的土扒下，盖在肥料上。夏季中耕松土后在植株附近施2～3次稀薄的人粪尿和氯化钾，促使秋梢生长。最后一次追肥应在秋梢旺发前、霜降前两个月施入，施复合肥20 kg/667 m^2。施肥过迟，会严重妨碍养分积累。以后每年的施肥方法相同。随着株丛发展，产量的增加，肥料的用量应适当增加。

采收绿芦笋的地块，在春季未萌发前，在两行之间掘深沟，施入腐熟的有机肥，施1 500～2 000 kg/667 m^2，过磷酸钙30 kg/667 m^2，氯化钾10 kg/667 m^2。肥料填入沟中，分层加工，充分混合，用土覆盖。夏秋季间在植株附近施人粪尿和氯化钾2～3次，每次施量500 kg/667 m^2 和15 kg/667 m^2。在降霜前两个月施最后一次追肥，每667 m^2 施复合肥20 kg。以后随着株丛的发展和产量的提高，施肥量逐年增加。

芦笋植株生长需要较多的钙。在红黄土壤中，钙含量较低，应适当施用石灰，一方面可以补钙，另一方面还有中和土壤酸度和改良土壤物理性质的作用。

2. 灌溉和排水

采笋期间应使土壤中保持足够的水分，嫩茎方能抽生得快而粗壮，组织柔嫩、品质好。春季萌发前根据土壤湿度及时浇萌发水是非常必要的。采笋期间灌水应保持土壤见干见湿。干旱缺水，不仅嫩茎抽生缓慢，而且纤维增多，食用品质降低。采笋结束后，在高温季节，更应及时灌水，促进株丛茂盛，为翌年的嫩茎增产贮备营养。雨季要及时排水，防止土中积水及空气缺乏，妨碍地下茎和根的生长，甚至引起烂根缺株。

在高温雨季，芦笋易倒伏，以致田间通风透光不良，妨碍光合作用，引起病害蔓延。倒伏的原因多为土壤含水量大，施氮肥过多，植株徒长所致。故及时排水，少施氮肥是很必要的。一旦倒伏，可设支柱扶持。

入冬土壤封冻前及时浇封冻水是保证冬季根系不致干旱致死和提高抗寒力的重要措施。

3. 培土

白芦笋培土(图14-3)的目的是使嫩茎避光，以获得鲜嫩、洁白、柔软、美观的嫩茎。在春季地温接近10 ℃，预计芦笋将要出土的前10～15 d进行培土。培土前清除地上的茎、枝叶，防止嫩茎染病。中耕松土，拣出石块等杂物，保持土壤细碎。如果土壤较湿，地下水位又高，培土前应晒土1～2 d，使土壤干湿适度然后再培土。勿用过湿的土壤，以免板结影响嫩笋出土和造成土壤空气缺乏影响根系生长。培土时勿使用有机肥，以免污染产品。

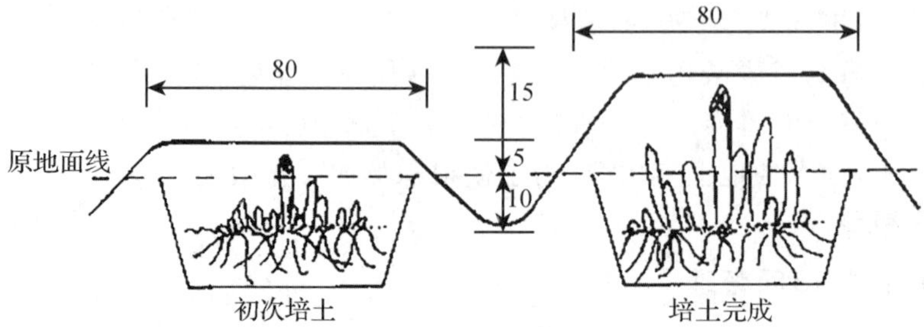

图14-3 分期培土示意图(单位:cm)

培成上窄下宽、横断面为梯形的土埂。高度为 25～30 cm，上部宽 30～40 cm，下部宽 50～60 cm；土埂要直，高度一致，位于株行的中间。具体做法是，培土时在行株中心插标记、拉线标直，并用 3 块木板钉成梯形的培埂模型，插入土中 15 cm，两人在两边合培一垄。培至垄土超过模型 10 cm 时，拍实垄顶，使土下沉与模型高度一致时为止，再拍实两边，达到内松外紧，埂面松紧一致。

培土高度与采收嫩茎的长度呈正相关。应根据采收的要求规格而定。培土宽度随着采收年限的增长而逐年加宽。雨后和多次采收后，若土垄下塌，应立即加工修整。嫩茎采收结束，应立即把培的土垄耙掉，使畦面恢复到培土前的高度，保持地下茎在土表下约 16 cm 处。倘若地下茎上方的土层过厚，则会促使它向上发展，造成以后培土困难。

七、病虫害防治技术

(一)主要病害

1. 茎枯病

茎枯病主要危害芦笋茎枝部位，气温较高、湿度较大梅雨季节最容易发生，温度达到 20～30 ℃即可造成茎枯病大面积暴发。典型症状是茎上会出现水浸状的斑点，逐渐加重，斑点会扩大成梭形或是线形暗褐色斑点，最后斑点形状会变为纺锤形或是椭圆形，中间为赤褐色，并出现凹陷和黑色小点，病斑会绕着芦笋根茎生长，7 d 左右就会导致芦笋出现干枯的情况，如果发病较为严重，会出现类似于火烧的症状。

(1)物理防治　芦笋田周边不可种植同科蔬菜、大豆、花生等作物。选择晴天留母茎和秋茎，发现病茎应及时清理并集中销毁。定植区域应保持良好的通风排水性能。雨水较多的情况下，应及时排水，可以采取挖沟排水的方式。加施有机肥及磷钾肥，适当把控氮肥的用量，以促使芦笋茎叶健壮生长，加强抗病能力。整枝搭架，避免出现大面积倒伏。采笋期结束之后，铲除地上母茎及残桩并彻底清扫，喷药杀菌以消毒鳞芽盘。

(2)化学防治　防治宜在母茎新枝展开前开始(母茎刚开始出土时)，每隔 3～7 d 用 50%多菌灵 500～600 倍液喷雾，70%代森锰锌可湿性粉剂 2 500～3 500 g/hm^2 兑水喷雾防治，丙环唑 4 000～7 000 倍液喷雾，苯醚甲环唑 5 000 倍液喷雾。

2. 褐斑病

主要危害芦笋的茎秆、侧枝及拟叶等部分，主要症状是茎秆会出现褐色小斑点，后期会变为圆形斑，中间还会夹带灰白色。茎秆边缘呈现出紫红色，空气湿度较大会产生一层灰白色的霉状物质。病重时常会引起芦笋植株提早干枯死亡。化学防治可以使用百菌清、多菌灵等药剂 10 d 左右喷洒 1 次，喷洒 2～3 次即可达到良好防治效果。

3. 叶枯病

主要症状是茎和侧枝上出现较大的椭圆形伤痕，伤痕边缘呈现黑色或是红色。会导致芦笋过早落叶，从而使芦笋出现死亡。种植期间应加强对芦笋的田间管理，增施有机肥料，有利于防止叶枯病的发生。发病初期，可以选择波尔多液和琥珀胶铜可湿性粉剂等进行喷洒。病情较为严重或是发病时间较长，可以选择喷百菌清等药剂。

4. 立枯病

芦笋嫩茎较易感染该病害，拟叶和茎会变为褐色，根部出现较为明显的褐色病斑，最终导致芦笋整株腐烂，产生白色或是红色的霉状物质。尤其是土壤较为湿润的区域比较容易发病。

应避免芦笋连作，可每隔 3～4 年轮作 1 次，有效避免立枯病的发生。及时清除田间枯死的枝条、杂草等，避免为病菌越冬提供条件。灌溉后或是降水后，要及时排水，降低土壤的湿度，避免增加芦笋种植区域的空气湿度。发病初期，可以喷洒芦笋清二号和多菌灵等药剂进行治疗。

5. 炭疽病

主要危害芦笋茎，病斑逐渐由灰色变为浅褐色，呈梭形或不规则形，发病后期会长出黑色小斑点。病原菌以菌丝体和分生孢子的形式在病残体上越冬，依靠雨水进行传播。

应及时清除田间存在的病原体，然后将病残体集中到合适的位置进行焚烧，从而避免病菌留存在病残体上越冬。在进行芦笋施肥时应选择腐熟的有机肥料，发病后期注意排水，避免雨水过多造成水涝的情况，从而导致芦笋出现炭疽病。可以选择百菌清可湿性粉剂进行防治，每隔 5～7 d 喷洒 1 次，连续喷洒 2～3 次即可达到有效防治。

6. 茎腐病

幼笋在出头后容易受到该病病菌的侵害，发病初期幼笋茎表面会出现水渍状的斑点，病情加重后斑点会逐渐变大，然后侵入幼笋茎内部，导致幼笋茎部组织腐烂，湿度过大，腐烂区域还会出现白色菌丝。菌丝感染幼笋后，可以通过水流、农具等多种渠道传播，如果幼笋种植间距较小，种植区域湿度较大，容易发病。

一般起垄栽培，合理控制种植间距，避免种植过密，可以利于排水。发现感染病株应及时清除，采取深埋或是焚烧的方式集中处理，避免病原体进入土壤再次感染幼笋。可以定期喷施杜邦克露可湿性粉剂。

7. 枯萎病

尖孢镰刀菌侵染土壤，渗入茎基部和地下根，在疫区形成斑块，最终导致全株病害。灌溉降雨、有机肥、土壤黏度、排水不良等因素也可引起该病。

8. 根腐病

由于根系过于发达，发生根腐病的可能性非常高。棒状孢子和镰刀菌可以破坏根系，发病初期，根部褐变，严重时引发根腐病。土壤也是根腐病的主要原因之一，所以要预防根腐病，就必须做好土壤绿化工作。

(二)主要虫害

1. 甜菜夜蛾

该虫是杂食性害虫，俗称夜盗蛾，具有繁殖迅速、耐高温、耐寒等特性。在 7—10 月高温、干旱少雨的环境中，容易发生。主要啃食芦笋嫩茎 、嫩叶及老茎皮层，严重影响芦笋产量和品质。

针对甜菜夜蛾，可采取多种防治措施。首先，要及时摘除并妥善处理芦笋植株上的卵块，药剂防治方面，可选择阿维菌素药剂每隔 7～10 d 喷洒 1 次，连续喷洒 2～3 次，即可遏制其繁殖速度；此外，人工捕捉成虫，也是个好办法，宜选择在清晨进行，此时成虫活动相对迟缓，将其振落在塑料薄膜上后集中捕杀，可大大提高捕捉效率。

2. 蓟马

蓟马是为害芦笋的害虫之一。其体型微小，多隐藏在芦笋的嫩梢、叶片褶皱处吸食汁液，使拟叶叶片出现灰白色斑点，嫩枝焦黄，向上反卷，节间缩短，严重时枝叶扭曲，植株枯死。防治蓟马，可优先选用生物防治手段，释放捕食螨等天敌昆虫，以虫治虫，维持生态平衡。若虫情较重，需采用化学防治时，可选择乙基多杀菌素、多杀霉素等药剂，按照说明书稀释后进行喷雾，重点喷施嫩梢、叶片背面等蓟马聚集部位，注意药剂要轮换使用，避免害虫产生抗药性。同时，加强田间管理，及时清除杂草残株，减少蓟马的栖息和繁殖场所。

八、采收

绿芦笋可在定植后第二年开始少量采收。当嫩茎长 20～25 cm、粗 1.3～1.5 cm，色泽淡绿色，有光泽时采收。每天早上或傍晚进行采收，以免芦笋见光变色。在离土面 1～2 cm 处用利刀割下，用湿毛巾包好。一般第一年采收期 20～30 d 为宜，第二年采收 30～40 d，以后可延长到 60 d 左右。

采收白芦笋要求在早晨和傍晚进行，以免见光变色。在嫩茎抽出之前要进行高培土，每天黎明时巡视田间，发现垄面有裂缝时，表明有嫩茎即将出土。此时在裂缝处用手或工具扒开表土，露出笋尖 5 cm，用特制圆口笋刀，对准幼茎位置插入土中，于接近地下茎处割断，长度在 17～18 cm，割时要注意不能损伤地下茎及鳞芽，收完后立即将扒开的土恢复原状。采下的白芦笋以黑色湿布包好防止见光变色，影响质量。

白芦笋每天早晚各收 1 次，绿芦笋 2～3 d 采 1 次。

九、任务考核

定期检查芦笋生产的工作记录，凭借工作记录进行任务考核。

项目三　香椿生产技术

香椿原产我国中部，为楝科香椿属多年生落叶乔木。以嫩芽为食用部分，味道醇香，清新可口，含有丰富的维生素 A、维生素 B_1 和维生素 B_2 以及钙、磷等人体所必需的物质，具有较高的营养和食用价值。可鲜食，也可腌制、罐藏、干制、糖渍等，是我国传统的木本蔬菜，其树皮、根皮和种子均可入药。香椿在我国栽培历史悠久，中心产区为黄河与长江流域之间，以山东、河南、安徽、河北等省为集中产区，栽培最多。自我国设施栽培迅速发展以后，香椿设施生产因具有较高的经济效益而备受人们青睐。

一、生物学特性与栽培的关系

(一)植物学特征

香椿为多年生落叶乔木，全株具特殊气味，植株直立，顶端优势强，树干高 15～18 m，最高达 30 m，树皮暗褐色，条线状剥落，小枝粗壮，叶痕大，扁圆形，内有 5 维管束痕。多为偶数羽状复叶，10～20 对小叶，小叶披针或长圆形，长 8～15 cm，幼嫩叶绛红色，成长叶绿色，先端渐尖，基部不对称，全缘或具不明显的钝齿，叶柄红色，有浅沟，基部肥大。花期 5—6 月，花序为复总状花序，长 30 cm 左右，花白色，花瓣 5 枚，椭圆形，基部黄色，有香味，花萼较短小，有退化的和正常的雄蕊各 5 枚，子房 5 室，卵形，每室胚珠 2 枚，子房花盘无毛。果期 9—10 月，果实为蒴果，长椭圆形，木质扁平，长 1.5～2.5 cm，5 瓣裂。种子一端有膜质长翅，种子千粒重 10～12 g。种子寿命短，发芽率半年后下降到 50%以下。

(二)对环境条件的要求

香椿的适应性和抗逆性均较强，喜较强光照，不耐阴。在光照充足、昼夜温差大、雨量适中的山区种植椿芽产量高，品质好。香椿对温度的适应性很强，在平均气温 8～20 ℃的地区均可正常生长，生长适温 20～25 ℃，高于 35 ℃时生长停止，在 3—4 月 20 ℃的条件下香椿生长最快，11 月下旬开始落叶(不完全落叶)，在南方冬季仍可继续生长。采用保护地栽培，可以控制较大的昼夜温差，有利于提高椿芽的品质和产量。香椿在酸性、微酸性和中性土壤中均可生长，在河谷、山区、路边、村头、庭院都可健壮生长，可不占用耕地，但以选择土质肥沃、疏松、通气性良好的壤土或沙壤土栽培最好。香椿耐旱，但干旱会影响其侧芽的萌发，应及时浇水。水分过多易引起根茎部腐烂而死苗，因此栽培地地下水位不能过高，以 1.5 m 以下为宜。

二、类型与品种

香椿根据芽苞和幼叶的颜色可分为紫香椿和绿香椿。在生产中一般选用香味浓郁、纤维少、品质佳的紫香椿。现在被广泛栽培的品种有红香椿、褐香椿、红叶椿、黑油椿、红油椿等。绿香椿树皮绿褐色，香味淡，品质稍差，主要品种有青油椿和薹椿。

三、生产季节

香椿可露地栽培，也可保护地反季节栽培，于冬春季节供应香椿芽。露地栽培需培育 1～2 年生实生苗木，于秋季落叶后或春季萌芽前移栽到大田。设施栽培则需在苗圃内培育健壮香椿苗木，于秋季移栽到温室或塑料大棚内进行长年栽培或高密度假植栽培。

工作任务　香椿保护地矮化密植栽培技术

任务目标：通过实践掌握保护地矮化密植栽培技术。
任务材料：香椿的种子、苗木、农药、化肥、生产用具等。
技能要求：学会香椿保护地矮化密植栽培技术。

一、品种选择

选择株型紧凑，适宜矮化栽培的优良品种，如褐香椿、黑油椿、红油椿和青油椿等。

二、培育壮苗

(1)选择优质种子　选当年的新种子，种子要饱满，颜色新鲜，呈红黄色，种仁黄白色，净度在 98%以上，发芽率在 40%以上。

(2)保温催芽　为了出苗整齐，需进行催芽处理。催芽方法是：用 40 ℃的温水，浸种 5 min 左右，不停地搅动，然后放在 20～30 ℃的水中浸泡 24 h，种子吸足水后；捞出种子，控去多余水分，放到干净的苇席上，摊 3 cm 厚，再覆盖干净布，放在 20～25 ℃环境下保湿催芽。催芽期间，每天翻动种子 1～2 次，并用 25 ℃左右的清水淘洗 2～3 遍，控去多余的水分。有 30%的种子萌芽时，即可播种。

(3)适时播种　选地势平坦，光照充足，排水良好的沙性土和土质肥沃的田块做育苗地，结合整地施肥，撒匀，翻透。在 1 m 宽畦内按 30 cm 行距开沟，沟宽 5～6 cm，沟深 5 cm，将催好芽的种子均匀地播下，覆盖 2 cm 厚的土。

(4)幼苗管理　播后 7 d 左右出苗，未出苗前严格控制浇水，以防土壤板结影响出苗。当小苗出土并长出 4～6 片真叶时，应进行间苗和定苗。定苗前先浇水，以株距 20 cm 定苗。株高 50 cm 左右时，进行苗木的矮化处理。用 15%多效唑 200～400 倍液，每 10～15 d 喷 1 次，连喷 2～3 次，即可控制徒长，促苗矮化，增加物质积累。在进行多效唑处理的同时结合摘心，可以增加分枝数。

三、施肥整地

栽培香椿一定要施足底肥。每 667 m^2 施优质农家肥 3 000～5 000 kg，过磷酸钙不少于 100 kg，尿素 25 kg，撒匀深翻。整畦栽苗，一般畦宽 80～100 cm。

四、定植

定植密度以每 667 m^2 定植 3 万株左右，株行距为 15 cm×15 cm 为宜。

五、田间管理

(1)温度管理　开始几天可不加温，使温度保持在 1～5 ℃以利于缓苗。定植 8～10 d 后在大棚上加盖草苫，白天揭开，晚上盖好。使棚内温度白天控制在 18～24 ℃、晚间 12～14 ℃。在这种条件下经 40～50 d 即可长出香椿芽。

(2)激素调节　定植缓苗后用抽枝宝进行处理，对香椿苗上部 4～5 个休眠芽用抽枝宝定位涂药，1 g 药涂 100～120 个芽，涂药可使芽体饱满，嫩芽健壮，产量可提高 10%～20%。

(3)湿度调节　初栽到温室里的香椿苗要保持较高的湿度。定植后浇透水，以后视情况浇小水，空气相对湿度要保持在 85%左右。萌发后生长期间，相对湿度以 70%左右为好。

(4)光照调节　尽量提供较好的光照以促使香椿更好地生长。

六、病虫害防治技术

(一)主要病害

1. 叶锈病

由香椿花孢锈菌引起，为害叶片。叶锈病菌的夏孢子堆生于叶片两面，散生或群生，黄褐色。可用 0.3°Bé 石硫合剂或 15%可湿性粉锈宁 600 倍液喷洒防治，每隔 15 d 喷 1 次，连续喷 3 次。

2. 根腐病

根腐病除生理失调引起外主要是病菌寄生所致，主要是立枯病菌引起的根腐病。土传易于高温、高湿条件下发生。防治方法：适时间苗，防止过密；选干燥地栽种，避免积水；及时拔除病株，撒入石灰消毒，用 50%代森锌 800 倍液灌根；出圃苗用 5%石灰水或 0.5%高锰酸钾液浸根 15～30 min，或用 50%代森锌 1 000 倍液喷根茎。

3. 黄萎病

局部发生，但危害很重，使苗木落叶而枯死。病叶先呈黄色，后呈浅褐色而脱落。6 月中、下旬开始发病，多雨时容易流行。防治方法：选择圃地时，避免与番茄、马铃薯、茄子、辣椒等易感染黄萎病的作物连茬，发病初期用 12.5%增效多菌灵 200～300 倍液，50%琥胶肥酸铜(DT)可湿性粉剂 300 倍液，或 25%萎锈灵可湿性粉剂 50 g，加水 50 kg，浇灌，每株 0.25 kg。

4. 白粉病

干旱，氮肥过多，苗过密，生长嫩弱的发病重。应及时清理落叶，焚烧或深埋。勿偏施氮肥。发病初期用 0.2～0.3°Bé 石硫合剂，或 1∶1∶200 倍波尔多液，50%退菌特 800～1 000 倍液，或 15%粉锈宁 600～800 倍液喷洒。

5. 流胶病

流胶病的症状是从树干伤口处流出黏液，遇空气后变成黄白色，是多种病害表现的同型现象。原因复杂，如树脂病、脚腐病、菌核病及日灼、虫伤、冻伤等都可引起。防治方法：避免机械损伤和虫伤，加强管理，增强树势，促使伤口迅速愈合。刮除病斑，用 20%抗菌剂 401 消毒，或用 40%增效氧化乐果 5 倍液兑 1∶1 柴油和 50%乙基托布津 500 倍液喷树干。

（二）主要虫害

1. 芳香木蠹蛾

除香椿外还危害核桃、苹果、梨、桃、杏、榆、栎、榛等。属毁灭性害虫。高温季节，受害处腐烂，并流出白沫，有腥味。防治方法：撬开受害树皮，钩出幼虫，或用 40%乐果乳剂 25～50 倍液注孔；挖除腐烂树皮，在伤口处涂抹石灰。7—8 月，在幼虫侵入孔附近，涂抹 50%杀螟松乳剂；6—7 月羽化期间用灯火诱杀。

2. 草履蚧

天冷时若虫先密集于近地面的树干基部，树芽萌动后上树为害嫩芽及 1～2 年生枝条，使幼芽枯萎，枝条干枯。防治方法：秋冬季结合挖树盘，施基肥，挖除树干周围越冬的卵囊。早春，若虫上树前在树干上涂黏虫胶环（蓖麻油或废机油，松香各 1 份，将蓖麻油加热后加入香粉搅匀，溶化），或在树干基部周围绑一圈塑料薄膜，宽 20 cm，钉住两端，阻止若虫上树。若虫上树后可用 80%敌敌畏 1 000 倍液喷洒。

3. 云斑天牛

杂食性，除为害香椿外，还为害核桃、苹果、梨、桑、泡桐、板栗和杨树等。幼虫在皮层及木质部钻蛀隧道，使之枯死。除治时除及时消灭卵粒，初孵幼虫外，可用铁钩从洞中钩杀；或用 50%敌敌畏 100 倍液或 40%氧化乐果 400 倍液注入排粪孔内，黄泥封口；或用磷化铝片或磷化锌毒签塞入虫孔，毒杀。

七、采收

香椿芽在合适的温度条件下（白天 18～24 ℃、晚上 12～14 ℃），生长快，呈紫红色，香味浓。温室加盖草苫后 40～50 d，当香椿芽长到 15～20 cm，而且着色良好时开始采收。第一茬椿芽要摘取丛生在芽薹上的顶芽，采摘时要稍留芽薹而把顶芽采下，让留下的芽薹基部继续分生叶片。采收宜在早晚进行。温室里香椿芽每隔 7～10 d 可采 1 次，共采 4～5 次，每次采芽后要追肥浇水。

八、任务考核

定期检查保护地香椿矮化密植栽培的工作记录，凭借工作记录进行任务考核。

项目四　芽苗菜生产技术

凡利用植物种子或其他营养贮存器官，在黑暗或光照条件下直接生长出可供食用的嫩芽、芽苗、芽球、幼梢或幼茎均称为芽苗类蔬菜，简称芽苗菜或芽菜。

根据芽苗类蔬菜产品形成所利用营养的不同来源，又可将芽苗类蔬菜分为“种芽菜”和“体芽菜”两类。前者指利用种子中贮存的养分直接培育成幼嫩的芽或芽苗(多数子叶展开,真叶露心),如黄豆、绿豆、赤豆、蚕豆等,以及香椿、豌豆、萝卜、荞麦、蕹菜、苜蓿芽苗等;后者多指利用二年生或多年生作物的宿根、肉质直根、根茎或枝条中累积的养分,培育成芽球、嫩芽、幼茎或幼梢。如由肉质直根在黑暗条件下培育的芽球菊苣,由宿根培育的菊花脑、苦荬芽等(均为幼芽或幼梢),由根茎培育成的姜芽、蒲芽(均为幼茎)以及由植株、枝条培育的树芽香椿、枸杞头、花椒脑(均为嫩芽)和豌豆尖、辣椒尖、佛手瓜尖(均为幼梢)等。

一、生物学特性与栽培的关系

各种芽菜在植物学分类上分属于各个不同的科属种,其相互间的亲缘关系有近有远,其生物学特性也各不相同,但按食用器官分类,它们都属于芽苗菜蔬菜,有着许多共同的特点。

1. 芽苗菜对环境条件的要求

芽苗菜的产品形成所需营养,主要依靠种子或根茎等营养贮藏器官所累积的养分。栽培管理上一般不必施肥,只需在适宜的温度环境下,保证其水分供应,便可培育出芽苗、嫩芽、幼梢或幼茎;而且其中的大多数因生长周期比较短,很少感染病虫害,而不必使用农药;因此,只要所采用的种子等养分贮藏器官和栽培环境清洁无污染,则芽苗产品便较易达到绿色食品的要求(优质、高营养、清洁无污染、食用安全食品称为绿色食品)。

2. 芽苗菜具有很高的生产效率和经济效益

芽苗菜多属于速生和生物效率较高的蔬菜,尤其是种芽菜,它们在适宜温湿度条件下,产品形成周期最短只需 5～6 d、最长也不过 20 d 左右,平均每年可生产 30 茬,复种指数比一般蔬菜生产高出 10～15 倍。以萝卜苗和种芽香椿为例,萝卜在 5～7 d 每 75 g 种子可形成 500 g 芽苗,每平方米可生产 3 300 g 产品;香椿在 15～20 d 每 50～100 g 种子可形成 500 g 芽苗,每平方米可生产 2 300～3 300 g 产品。加之,芽苗菜大多较耐弱光,适合进行多层立体栽培,土地利用率可提高 3～5 倍。正是由于芽苗菜拥有上述这些优势,因此它们具有极高的综合生产效率。高效率加高品质,为芽苗菜带来了很高的经济效益。

3. 芽苗菜生产技术具有广泛的适用性

由于大多数芽苗菜较耐弱光、较耐低温,因此既可以在露地进行遮光栽培,也可以于严寒冬季在温室、大棚、改良阳畦等保护设施内栽培,还可以在工业废弃厂房和空闲民房中进行栽培。芽苗菜生产不但可以采用传统的土壤平面栽培,也可以采用无土立体栽培;此外,还可以利用光照的不同强弱或黑暗条件下生产“绿化型”“半软化型”和“软化型”芽苗类蔬菜产品。正是上述这种适于多种方式栽培的特点,使芽苗菜在南北各地得以广泛栽培,特别是在房屋中进行半封闭式多层立体、苗盘纸床、无土免营养液栽培这一规范化集约生产新模式,极适合于土地资源紧缺的繁华城市以及外界环境条件恶劣的科学观察站(南极考察基地长城站已采用此项技术)、海岛前哨、边缘林区、航行中的船只等。

二、类型与品种

(一)芽苗菜的类型

1. 芽菜类

芽菜类也称籽芽菜,是利用作物的种子通过遮光等措施培育出来的未经光合作用的幼嫩洁白的芽体。它们多数处在子叶已展平而真叶刚刚露心的阶段,如绿豆芽、花椒芽、蚕豆芽、红小豆芽、黄豆芽、香椿芽、苜蓿芽、萝卜芽、紫苏芽、芥菜芽、胡麻芽等。它们都是白嫩清脆的幼芽。这些芽菜类蔬菜多采用水培法、沙培法，或利用蛭石、珍珠岩颗粒作为培养基质，也可在育苗盘或盆内铺设报纸或棉布播种保湿、遮光培养，还可用土培法席地做畦生产，一般 7～15 d 可生产一茬。

2. 菜芽类

菜芽类也称体芽菜，是利用蔬菜的根、茎、枝、芽等组织或器官为材料，先经过一段遮光培育期，然后在有光的条件下继续培养，促其生长，培育出的白绿相伴或黄绿或紫绿色的幼芽、芽球、嫩茎、嫩枝、幼梢等幼嫩蔬菜。例如，利用粗壮根培育出来的萝卜芽球、甘蓝芽球、菊花脑芽球、胡萝卜芽球、苦苣菜芽球等；由宿根培育出的蒲公英、马兰头的嫩芽或幼梢等，由根基培育出的芦笋芽、姜芽和竹笋的幼嫩茎芽等；由植体或枝条培育出的香椿芽、花椒芽、枸杞头、佛手瓜嫩梢，辣椒和蕹菜、落葵的幼嫩梢等；用鳞茎培育的蒜苗；通过软化栽培生产的蒜黄、韭黄等。菜芽类芽苗菜的生产方式多用土培法、沙培法进行席地生产或在育苗盆内生产，也可用蛭石或珍珠岩等作为基质，一般每生产 1 茬需半个月左右。

3. 苗菜类

苗菜类也称小植体菜，它的生产是以种子为材料，在芽菜生产的基础上，继续见光生长，培育出幼小而且独立的植体，一般在未纤维化前就采收上市，全株都可以食用。各种蔬菜的秧苗，如豌豆苗、香椿苗、苜蓿苗、荞麦苗、葱苗、蒜苗、蕹菜苗、落葵苗、苦苣苗、蒲公英苗等都属于这一类。苗菜生产多用育苗盘进行水培、沙培或用珍珠岩作为基质，也可用土培法席地（就地）做垄或做畦培养，一般每生产一茬需 15～20 d。苗菜类是芽苗蔬菜中数量最大的一种类型。

4. 整形蔬菜

芽苗菜也称“活体蔬菜”，可以在生长过程中上市。芽苗菜中的多数蔓生蔬菜，例如落葵、佛手瓜（幼嫩茎梢称龙须菜）及甘薯等在食用芽苗的同时，也可造型上市展销。其主要方法是：在蔓生的植株上选留几个侧蔓使其继续生长，在育苗盆或生产芽苗菜的其他容器内插架，按自己的设计图案进行造型，将其摆在阳台上或天井的适当位置，不仅可以继续采摘幼嫩茎叶，而且还可观赏其艺术造型。

整形蔬菜多在育苗盆内进行土培法生产或以营养液、沙培法生产，也可席地做垄或做畦栽培。一般芽苗菜可 10～15 d 采收一次嫩茎叶。如果为了观赏价值需要整型造型，就需要一个多月的时间，相应地也延长了芽苗菜采收的时间，一般长达 4～5 个月。当整形的植株老化后，其嫩茎叶的采收才宣告结束。

（二）芽苗菜的品种

用来生产芽苗菜的蔬菜种类和品种，要求种子纯度和净度好、发芽率高、种子颗粒大、芽苗品质好、抗病、产量高。一般生产豌豆苗可采用青豌豆、花豌豆、灰豌豆、褐豌豆、麻豌豆等粮用豌豆；萝卜苗可采用石家庄白萝卜、国光萝卜、大红袍萝卜等秋冬萝卜；荞麦苗可采用山西荞麦或内蒙古荞麦等；种芽香椿可采用武陵山红香椿等。另外，在购买种子时除应注意种子质量外，还要考虑到货源是否充足、稳定，种子是否清洁无污染等情况。

工作任务 1　芽苗菜生产准备

任务目标：芽苗菜的生产，需要一定的产地及生产设施。所以安排适宜的场地和生产设施是生产芽苗菜的基础。通过学习实践，生产出绿色无公害的芽苗菜。

任务材料:黄豆种子、绿豆种子、蚕豆种子、花生种子、豌豆种子、萝卜种子、荞麦种子、香椿种子、苜蓿种子、赤豆种子等及各种生产设备。

技能要求:通过学习实践,会根据芽苗菜品种特性选定适宜的生产场地和设施,为芽苗菜高效生产奠定基础。

一、生产场地的选择

用作芽苗菜生产的场地必须具备以下条件:一是能经常保持催芽室温度 20~25 ℃,栽培室白天 20 ℃以上,夜晚不低于 16 ℃;二是有适宜的光照条件,强光季节需使用遮阳网遮阴;三是能保持催芽室和栽培室空气清新;四是水源要有保证,以满足芽苗菜对水分的需求。此外,特别是在房室内生产,还必须设置排水系统。

一般来说南方地区生产重点在酷热夏季,宜选择在较易降温的房室内,生产半软化型产品(在室内弱光下形成茎秆较细,叶片较少、色泽较浅的产品);而北方地区生产重点在严寒冬季,可选择在高效节能型日光温室等耗能较少的保护地设施中,生产绿化型产品(在稍强的光照下,形成茎秆较粗壮,叶片肥大,色泽较深的产品)。此外,在温度适宜的季节,也可在露地遮阴棚或塑料大棚中进行芽苗菜生产。

二、生产设施的准备

1. 栽培架与集装架

栽培架主要用于栽培室摆放多层苗盘,进行立体栽培以提高空间利用率。栽培架一般由 30 mm×30 mm×4 mm 角铁或横断面高 55~60 mm,宽 40~45 mm 的红松方木等材料制成。架高 160~210 cm,每架 4~5 层,层间距 50 cm,架长 150 cm,宽 60 cm,每层放置 6 个苗盘,每架共计 24~30 个苗盘(图 14-4)。

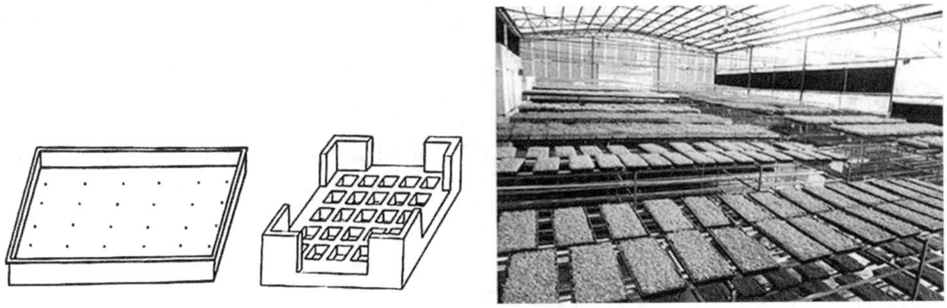

图 14-4　栽培架与栽培容器

集装架方便进行整盘活体销售,可以提高产品运输效率。集装架大小需与运输工具相配套,制作方法同栽培架,但层间距离可缩小至 22~23 cm。

2. 栽培容器与基质

为了减轻多层栽培架的承重,一般多选用较轻质的塑料蔬菜育苗盘,苗盘要求大小适当,底面平整,有透气眼,整体形状规范,且坚固耐用,价格低廉。苗盘的一般规格为:外长 62 cm,外宽 23.6 cm,外高 3~5 cm。

栽培基质应选用清洁、无毒、质轻、吸水持水能力较强,使用后其残留物容易处理的纸张,如芽苗菜种植专用新闻纸、包装纸、纸巾纸等，以及白棉布、无纺布和珍珠岩等。

3. 浸种及苗盘清洗容器

浸种及苗盘清洗容器可依据不同生产规模分别采用盆、缸、桶、浴缸或砖砌水泥池等。采用或设计这些容器时应以作业方便，能减轻换水等劳动强度为原则。此外，浸种和洗刷苗盘用的容器不得混用。

4. 喷淋器械

采用苗盘纸床栽培生产芽苗菜，必须经常地、均匀地进行喷淋浇水，并针对不同种类品种和不同生长阶段分别进行喷雾或喷淋。喷雾常用的器械有背负式喷雾器和压力喷雾器等，喷淋常用的器械有市售淋浴喷头或自制浇水壶细孔加密喷头（接在自来水管引出的皮管上）等。

5. 产品运输工具

可因地制宜地采用自行车、三轮车以及厢式汽车等，并配备相应的集装架。

三、任务考核

检查产地及生产设施的准备情况。

工作任务2　大豆芽苗菜栽培技术

任务目标：通过实践，学会豆芽菜的栽培技术。

任务材料：大豆种子、农膜、无根素、豆芽专用调节剂、生产用具等。

技能要求：学会大豆芽苗菜栽培技术。

一、品种选择

大豆原产于我国，3 000多年前已在黄河中下游地区普遍栽培。在其长期栽培过程中，由于自然选择和人工选择的结果，逐渐形成了豆粒大小、形状、颜色等性状有着明显差异的各种各样的大豆类型。其中，按种子种皮颜色不同可分为：

黄豆类型：种皮为浓黄至黄白色，是传统“发豆芽”的常用品种；

黑豆类型：种皮完全黑色或不完全黑色（乌黑色或带泥膜黑色）；

青豆类型：种皮暗绿色至淡绿色；

褐豆类型：种皮为淡褐色至深褐色和紫红色；

双色豆类型：种皮为“虎斑”（如黄底褐斑）或“鞍挂”（种脐两侧具马鞍状色斑）等。

目前“绿瓣豆芽菜”的生产多选用黄豆、黑豆和红大豆等。

二、种子处理

选用颗粒饱满、发芽率在95%以上的新豆种，通过风选、过筛、人工清选或水选等方法，剔除干瘪、霉变、破损、虫蛀的种子及杂质。用55 ℃温水浸泡15 min（同时要不断急速搅拌）。然后在清水（20 ℃左右）中继续浸泡12～18 h，再将种子捞出沥干备播。

为生产出无根豆芽并提高产量，也可在清水浸种时加入无根豆芽专用制剂（一般每50 g清水加4 mL无根豆芽专用制剂）。

三、栽培管理

1. 沙培

选择前茬无严重土传病害，土壤透气性、渗水性好的日光温室或塑料大棚，耕翻、耙匀、整平（一般不施底肥，主要利用豆种本身贮藏的养分形成豆芽产品）。播种前做成南北延长的畦，畦宽 1.2～1.5 m，深 10～20 cm，畦间留 30～40 cm 的畦埂以方便管理。做好畦后，在畦面平铺一层 2～3 cm 厚的清洁细沙（使用前最好过筛），然后将浸好的豆种按 2 kg/m^2（指干种子重量）均匀撒播在畦内，使畦面密布一层豆种，做到粒挨粒而不成堆，用木板轻拍压实后再在种子上面盖一层窗纱，窗纱上面再覆 2～3 cm 厚的细沙，覆沙后要随即喷水（保证浇透），保持 20～25 ℃的温度。播种后 3～4 d，当豆种已发芽拱土“定橛”（根已扎入畦底）时，及时将窗纱及其上面的细沙取走，豆苗子叶（豆瓣）微露，随即喷 1 次水补充水分。喷水也可将子叶上的沙子冲净，使根扎实。再用湿麻袋片、黑棉布或双层遮阳网、黑无纺布等盖在豆芽上，以创造豆芽生长所需要的弱光环境，并可保湿。同时，尽量保持温度稳定在 18～25 ℃，保持相对湿度在 75%～85%（过干易老化，过湿易引起烂根、烂茎等）。在豆芽高约 2 cm 时，为提高豆芽产量，改善豆芽品质，可结合浇水加入无根豆芽专用制剂和增粗剂（每 50 kg 清水加无根豆芽专用制剂和增粗剂各 20 mL），能抑制须根产生，使豆芽粗壮、嫩白。采收前 1～2 d，白天将生产畦的覆盖物适当揭去，让豆芽菜充分接受散射光，使豆瓣充分转绿。

2. 塑料育苗盘无土栽培

取已消过毒的塑料育苗盘，在盘底铺一层湿润的芽苗菜种植专用新闻纸或餐巾纸等，然后按每盘 350～400 g（指干种子重量）的播种量把已浸好的豆种均匀撒播在盘内，随即进行叠盘催芽，在最上层盖一层湿麻袋片保湿，保持 20～25 ℃，每天淋水 2～3 次，同时进行倒盘。经过 1～2 d 发芽后将育苗盘分散摆放到栽培架上进行培育。栽培室四周要注意遮光，尽量使豆芽生长在黑暗环境中，保持 18～25 ℃，每天淋水 3～4 次，注意通风换气，以防湿度过大造成霉烂等病害。为抑制须根产生并增加下胚轴粗度，使豆芽肥嫩，改善豆芽品质，提高豆芽产量，在豆芽长高 2 cm 时可结合淋水喷施无根豆芽专用制剂和增粗剂（每 50 kg 水加无根豆芽专用制剂和增粗剂各 20 mL）。在采收前 1～2 d 可去掉栽培室四周的遮光物，让豆芽菜充分接受散射光，使豆芽充分转绿。

四、采收上市

当豆芽菜长到高 15 cm 左右、豆瓣变绿、子叶似展开又未展开时即可采收。采收时整株拔起，按每 500 g 左右捆成一小把，洗净后包装上市。对于用塑料育苗盘无土栽培的豆芽菜，也可采用整盘活体销售。

五、任务考核

对大豆芽苗菜产品的质量及产量进行考核。

工作任务 3 荞麦芽苗菜栽培技术

任务目标：通过实践，了解荞麦芽苗菜的生产特性，掌握荞麦芽苗菜的品种选择、种子处理、栽培管理、采收等一系列生产技术。

任务材料:荞麦种子、农膜、无根素、生产用具等。

技能要求:学会荞麦芽苗菜栽培技术。

一、品种选择

目前,生产上多选用山西荞麦或日本荞麦,其种子呈三角形或三角状卵形,先端尖,有三棱、光滑,棕褐色。

二、种子处理

剔除破损、虫蛀、霉变、干瘪的种子及杂质,选取新鲜、饱满、发芽率高的种子,先在太阳下晒 1 d,然后用清水浸泡 36 h,捞出沥干备播。

三、栽培管理

取已经消过毒的塑料育苗盘,在盘底铺一层湿润的报纸,按每盘 150～175 g(指干种子重量)的播种量把事先浸好的种子均匀撒播在盘内,然后进行叠盘催芽,最上面盖一层湿麻袋保湿,保持 23～26 ℃。每天喷水 2～3 次,同时进行倒盘,注意通风换气。约 3 d 后,芽苗可长至 2～3 cm,把育苗盘分散摆放在栽培架上,保持稍强的光照,每天喷水 3～4 次,保持空气相对湿度在 85%左右,温度 20～25 ℃。

四、采收上市

当荞麦芽苗高 10～12 cm、子叶绿色、整齐一致、平展肥大、下胚轴红色、无猝倒病、无烂脖、无异味时即可采收。销售方式可采用整盘活体销售,也可从梢部向下 9～10 cm 处剪割,用透明塑料袋或小盒包装上市。

五、任务考核

对荞麦芽苗菜产品的质量及产量进行考核。

工作任务 4　香椿芽苗菜栽培技术

任务目标:通过实践,了解香椿芽苗菜的生产特性,掌握香椿芽苗菜的品种选择、种子处理、栽培管理、采收等一系列生产技术。

任务材料:香椿种子、农膜、无根素、生产用具等。

技能要求:学会香椿芽苗菜栽培技术。

一、品种选择

香椿品种较多,常为人们食用的有红油香椿、紫油香椿和绿椿,其中紫油香椿的种粒大而饱满,发芽率高,是生产芽香椿的最佳品种。香椿种子呈三角形、半圆形或菱形,红褐色,一端有膜质长翅。千粒重为 10～11 g。选择 10～25 年树龄的香椿树种子为宜。香椿芽生产中宜选用未过夏的新种子,切忌使用隔年陈种。

二、种子处理

香椿种子在浸种前要进行清选，先将虫蛀、破损及混杂种子剔除，然后把种子放在口袋中轻轻揉搓，吹去或扇去膜质长翅，筛除果梗、果壳，拣去混在种子中的各种杂质。根据生产量的要求计算好用种量，清洗干净后先淘洗 2～3 次再进行浸种，水温 20～30 ℃，水量是种子体积的 2～3 倍。香椿种子发芽所需最适浸种时间为 24 h。浸种期间最好换一次水，洗去种皮上的黏液，以利于提高发芽速度。浸种结束将种子捞出洗净并沥去水分，放入清洗干净的、底部铺有湿润白棉布（消过毒）的苗盘中（每盘 500～700 g），种子上面再覆盖洁净的湿布保湿，然后放入 20～25 ℃的催芽室催芽。催芽期间每天翻动种子 2～3 次，并在其保湿布上喷水，以保证种子的适宜湿度，当有 60％以上的种子露芽、芽长不超过 2 mm 时即可播种。

三、播种

催了芽的种子再清洗一次并沥干，然后可播种到清洗干净的、底部铺有湿润白棉布的苗盘中，播种量一般为干种子 40～50 g/盘，种子上面再覆盖保湿纸或洁净的白棉布，将播完种的苗盘每 6～7 盘为一摞，摞叠放置。此阶段要注意保持种子的湿润，但不能存水，每天喷 2～3 次，当苗高 12 cm 时，揭去覆盖在种子上的布或纸，移到光照较弱的栽培架上生长。栽培架可根据栽培容器的规格用角钢为材料设计成多层立体型，每层间隔 35 cm 左右，一般可设计 4～6 层。栽培室可用空闲房屋，有条件的可在冬季利用温室，夏季利用遮阴棚，但都要采取一定的措施保证适宜的温度。

四、芽苗管理

香椿苗需要中等强度的光照，当芽苗高 6～7 cm 时，移至散光较强处，使子叶较绿。此期还要保持香椿苗生长适温为 20～23 ℃，最低不低于 16 ℃，最高不高于 30 ℃。由于芽苗鲜嫩多汁，基质保水力又弱，所以，水分管理在芽苗菜生产中占有十分重要的地位，小水勤浇是芽苗生产中补水的基本原则。因此，适宜用喷雾器或微喷装置补充水分，一般每天 2～3 次，以保证种子及底部湿润、不存水为度，同时还要使地面保持湿润，使空气有足够的相对湿度。另外，阴、雨、雾、雪天气及气温低时要少浇，高温、晴朗、空气湿度小时多浇。此期间要注意防止发生种子霉烂及烂根等现象，避免使用化学农药。如种子质量不好，则要在各个环节前进行多次清洗，及时检查并挑出破烂、霉烂、不发芽的种子。

五、采收与销售

当苗高 10 cm 左右时，子叶已展开，并充分肥大，无烂种、烂根，香味浓郁时，就可连根拔起洗净后用塑料盒包装上市，也可采取整盘活体销售。或者剪割成长度 8 cm 左右，用透明塑料盒或封口袋小包装上市。

知识拓展：
芽苗菜家庭生产技术

六、任务考核

根据香椿芽苗菜产品的质量及产量进行考核。

思考题

1. 什么叫作芽苗菜？
2. 什么叫作叠盘催芽？
3. 芽苗菜生产的场地必须具备哪些条件？
4. 香椿芽苗菜在生产的过程中，应注意的技术要点是什么？
5. 豆芽菜在生产的过程中，应注意的技术要点有哪些？

参考文献：李旭，杜铮，刘海，等．浅水莲藕种植机械化作业技术[J]．长江蔬菜，2021(04)：7-10.

思政小课堂

确保人民群众“舌尖上的安全”